U0263417

卫星遥感水利监测模型及其应用

蔡 阳 孟令奎 成建国 等 著

科学出版社

北 京

内 容 简 介

　　全书共分 6 章。第 1 章介绍水利监测与卫星遥感技术结合的必要性、常用水利监测方法及卫星遥感水利监测研究进展。第 2 章论述卫星遥感大数据并行处理技术，旨在提高海量遥感数据和各监测模型的处理效率。第 3 章论述水体遥感监测方法，适用于对洪涝、水土保持和水资源监测中的水体进行提取。第 4 章论述旱情遥感监测方法，重点分析干旱时空特征，论述基于短波红外光谱特征空间的旱情监测方法和基于 BP 神经网络的旱情监测方法。第 5 章论述卫星遥感水利监测应用系统设计技术。第 6 章阐述旱情、水体、冰凌等遥感监测的典型应用案例。

　　本书围绕卫星遥感水利监测模型和应用两个方面展开，系统论述了旱情监测、水体监测和冰凌监测的业务流程及处理技术，给出了大量实例，可供水利遥感科研人员及相关学科的研究生参考，也可作为水利、遥感及相关专业的本科生的课程参考。

审图号：GS（2018）6737 号

图书在版编目（CIP）数据

卫星遥感水利监测模型及其应用 / 蔡阳，孟令奎，成建国等著. —北京：科学出版社，2018.12

　ISBN 978-7-03-046502-3

　Ⅰ．①卫…　Ⅱ．①蔡…　②孟…　③成…　Ⅲ．①水利遥感–卫星遥感　Ⅳ．①TV211

中国版本图书馆 CIP 数据核字（2015）第 277765 号

責任编辑：彭胜潮　朱海燕等 / 责任校对：李 影
责任印制：肖 兴 / 封面设计：铭轩堂

科 学 出 版 社 出版
北京东黄城根北街 16 号
邮政编码：100717
http://www.sciencep.com
中国科学院印刷厂 印刷
科学出版社发行　各地新华书店经销
*
2018 年 12 月第 一 版　　开本：787×1092　1/16
2018 年 12 月第一次印刷　　印张：22
字数：515 000
定价：198.00 元
（如有印装质量问题，我社负责调换）

本书出版由以下项目资助

- 水利部公益性行业科研专项：卫星遥感水利应用机理及数据处理技术研究(201001046);

- 高分辨率对地观测系统重大专项(民用部分)：高分水利遥感应用示范系统(一期)(08-Y30B07-9001-13/15)。

前　　言

　　遥感是在不直接接触目标的情况下，对目标或自然现象远距离感知的一门探测技术。卫星遥感将卫星作为载荷平台，具有监测范围大、监测周期短、获取资料及时、可全天候全天时工作等特点。将卫星遥感技术应用于水利监测中，既拓展了遥感应用领域，又促进了水利信息化技术发展。两者的密切结合和深度融合可以便捷、高效地为各项水利业务提供可靠的监测数据和定量分析结果，有力推进卫星遥感水利监测技术体系的形成，也使得卫星遥感水利监测成为水利领域，特别是水利信息化研究的一个重要发展方向。

　　21 世纪初根据业务发展需要，作者承担了大量卫星遥感水利监测科研项目和生产任务，在水利遥感业务化监测和应急监测方面取得了多项成果，因此有必要对这些成果进行梳理和总结，指导水利遥感监测更加规范和高效开展，这也是编著本书的主要目的。全书围绕卫星遥感水利监测模型和应用两个方面展开，从旱情监测、洪涝监测、冰凌监测、水土保持监测、水资源监测等角度介绍卫星遥感水利监测的相关内容，重点论述旱情监测、水体监测和冰凌监测的业务流程及处理技术，并结合实例进行分析。鉴于卫星遥感水利监测内容较新，相关资料不多，希望本书能为水利遥感业务相关科研人员及相关学科的研究生提供有益的参考，也为水利、遥感、测绘、地理国情监测、地理信息科学、地理空间信息工程等专业的本科生提供学习参考。

　　全书分为 6 章。第 1 章分析了水利监测与卫星遥感技术结合的必要性、常用的水利监测方法，以及卫星遥感水利监测的研究进展。第 2 章论述了卫星遥感大数据并行处理技术，这是本书的理论基础，旨在提高海量遥感数据和各监测模型的处理效率，包括遥感大数据并行算法设计模式、全局型遥感影像聚类初始化并行算法、迭代式 ISODATA 聚类算法、分布式遥感信息 SOLAP 立方体模型、基于 MapReduce 的 TileCube 高性能聚集计算方法等内容。第 3 章论述了水体的遥感监测方法，主要内容适用于对洪涝、水土保持和水资源监测中的水体进行提取，并在介绍水体遥感监测基础模型的基础上，重点论述了基于改进的光谱指数法的水体提取方法和基于主动轮廓搜索的水体边界提取方法，同时详述了冰雪特征遥感监测模型。第 4 章论述了旱情的遥感监测方法，在阐述传统旱情监测方法和常用遥感旱情监测方法的基础上，重点分析了干旱的时空特征，提出了基于短波红外光谱特征空间的旱情监测方法和基于 BP 神经网络的旱情监测方法。第 5 章论述了卫星遥感水利监测模型的应用系统设计技术，根据水利行业特点设计出应用系统的总体结构，并从数据存储与交换、业务处理与分析、数据服务管理与发布 3 个方面予以实现，以解决遥感技术在水利信息化领域的规范化、实用化和业务化应用问题。第 6 章围绕旱情、水体、冰凌等遥感监测业务阐述了几个有代表性的应用，包括湖北省旱情监测、贵州省旱情监测、鄱阳湖水体监测、洞庭湖水体监测、云南楚雄旱期水体变化监测、黑龙江同江洪水监测，以及长江中下游洪水监测、黄河冰凌监测等。

　　全书由蔡阳、孟令奎、成建国、张文、李继园、夏辉宇等著，此外，还有李元熙参著第 2 章，吕琪菲、李珏、吴晓晨参著第 3 章，董婷参著第 4 章，任润东、张志远、邢晨、贾祎琳制作了本书的部分影像产品。杨倍倍、胡凤敏、徐小迪、崔长露、王梦琦、吴皓楠、葛创杰、王旭觐、赵晓晨、魏晓冰、瞿孟、石东博、周湘恺等对全书插图进行了修改和完善。

　　本书是在广泛参阅当今国内外水利和遥感领域研究成果并综合了作者多年科研成果和实践经验的基础上，经过反复酝酿和修改，历经 3 年完成的。

　　在本书的编著过程中，科学出版社和部分成果应用部门给予了大力支持和帮助，在此对他们的辛勤付出表示由衷的谢意！

　　由于作者水平有限，书中难免存在疏漏和不当之处，敬请读者批评指正。

目　　录

第1章 概 述

水是生命之源、生产之要、生态之基。从远古时代起，先民们逐水而居，社会文明在水边萌芽、滋生、成长、苗壮。趋水利、避水害一直就是人类生产生活的重要内容，河清海晏、水润万物成为无数先贤的理想。

我国地处亚欧大陆板块的东南部分，西北占据亚欧大陆腹地，东南沿海濒临太平洋，地势由西向东呈三级阶梯依次下降。东中部地区受东南和西南季风的影响，降水较多，洪涝灾害频繁；西北内陆地区除新疆西部和北部降水较多，其他地区由于水汽受山脉阻拦导致降水稀少、气候干燥。另外，每年的季风、台风生成时间、空间、强度的差异性，使得不同空间区域具有较大差异。我国空间降水量呈现东南多雨、西北干旱的大格局。由于自然地理、季风气候条件和河流流向等影响，我国成为水旱灾害多发的国家。

水旱灾害每年都给人民的生命和财产造成重大损失。历史统计资料显示，我国平均两年就会各出现一次严重的洪灾和旱灾。根据国家防汛抗旱总指挥部与水利部联合发布的《中国水旱灾害公报（2016）》和国家统计局网站提供的 GDP 数据资料，1990～2016 年洪涝灾害年均直接经济损失 1481.62 亿元，占同期 GDP 的 0.60%；2006～2016 年干旱灾害年均直接经济损失 922.71 亿元，占同期 GDP 的 0.19%。就经济损失来看，水旱灾害无疑是我国第一大自然灾害，其损失远超其他自然灾害的损失之和，已成为制约我国经济社会可持续发展的主要因素之一。

1.1 卫星遥感水利监测需求

新中国成立以来，党中央、国务院高度重视防洪抗旱工程建设，建成了许多大规模的江河治理、抗旱工程。特别是 1998 年以来，随着国家对水利事业投入的不断加大，基本形成了一整套防洪抗旱减灾体系，为保障人民群众的生命财产安全和经济社会的可持续发展作出了重大贡献。然而，随着全球气候变化加剧导致的极端天气事件的频发多发，对国家防灾减灾能力提出了更高的要求。

水利信息是对水灾害进行客观认识、准确预报预警、管理调度和应急响应的重要依据。及时获取有效的水利信息对减少人民生命和财产损失有着重大意义。目前，我国防汛抗旱信息的采集主要依靠布设在江河湖库上的水文站网，以及分散在田间地头的土壤墒情监测站；冰凌信息则主要依靠沿岸巡守观测。由于洪涝、干旱和冰凌等水灾害信息具有高维的时空变异性，仅使用地面观测方法，难以满足长时间、持续、大范围和精准观测的需求，更不能满足突发涉水事件时的应急需要，因此需要扩展其他观测手段。以旱情监测为例，在现有旱情监测中，我国主要依靠分布在田间的土壤墒情测站来采集土壤墒情，或利用气象站点获取降水数据来评估区域干旱。这种主要通过获取点上信息进行旱情监测与评估的方法，虽具有单点精度高的优势，但就整体来看，存在测站点密度不足、点状信息空间代表性差等缺陷，难以满足工作中进行大面积干旱分析评估的需求。

遥感监测具有观测范围广、多时相等特征，在及时、快速获取灾害空间分布信息方面具有明显优势，在防汛抗旱和水资源管理中得到了广泛和有效的应用。

1. 旱情监测

当前国内外对"干旱"的定义还未达成一致，国际气象界将干旱定义为"长时期缺乏降水或降水明显短缺或降水短缺导致某方面活动缺水的现象"（Heim and Richard，2002）。中国气象局认为，"干旱"是指"因水分的收与支或供与求不平衡而形成的持续的水分短缺现象"[《中华人民共和国气象行业标准》（QX/T81—2007）]。《中华人民共和国抗旱条例》中将"干旱灾害"定义为"由于降水减少、水工程供水不足引起的用水短缺，并对生活、生产和生态造成危害的事件"。这些对干旱不同的定义，从不同角度都反映出"水少"这一因素指标，但由于"干旱"所涉及的范围广泛，以及人们对水资源的需求不同，使干旱的单一定义很难满足不同行业、不同部门的需求。于是研究者开始对不同类型的干旱进行分类和重新定义。目前，对于将干旱分成气象干旱、农业干旱、水文干旱和社会经济干旱的分类方法已基本达成共识。

气象干旱指某时段由于蒸发量和降水量收支不平衡，水分支出大于水分收入而造成的水分短缺现象。农业干旱是长时间降水异常短缺、土壤水分不能满足农作物水分需求，致使农作物正常生长受到胁迫，进而导致作物生物量和产量减少的现象。水文干旱是指河川径流等储水体低于其正常值或地下含水层水位降低的现象。社会经济干旱是指自然系统与人类社会经济系统中，水资源供需失调造成的水分异常短缺现象。

气候、水文环境、地理空间和社会活动等多种因素的变化都可能导致旱情灾害的发生。正是这种复杂的致灾机理过程，使得对干旱的研究成为了行业内公认的研究难题。无论是气象干旱、水文干旱、农业干旱，还是社会经济干旱，开展旱情监测评估对于抗旱工作都具有重大现实意义，已经成为政府和学术界高度重视的热点问题。在人们不断地研究中，先后构造出多个干旱指数，用以定量描述干旱程度。干旱指数与干旱的分类对应，包括气象干旱指数、农业干旱指数、水文干旱指数等。因干旱具有空间范围广、发展过程非线性等特点，每类指数在表述干旱程度方面都具有一定的局限性。一直以来，水利部门主要根据河流水文序列对干旱进行监测，但信息反映存在不同程度的滞后。水文干旱指数公式中的主要影响参数是河流流量，其大多以某一流量为临界值，一旦河流流量低于临界值则视为干旱发生。临界值评价标准所采用的参考因素主要是基流观测流量或时段平均流量，这些参考因素无法反映干旱的空间分布情况。

相对于传统的地面监测方法，遥感监测具有监测范围广、受地面条件限制少等特征。利用遥感技术可以快速获取大范围土壤、植被、地表水等信息，在获取区域旱情信息方面具有明显优势，可在预警干旱发生、降低灾害损失、后期灾情评价等方面发挥重大作用。

本书基于遥感技术建立综合干旱指数，以便全面判断干旱等级，辅助水利部门制定抗旱减灾措施。

2. 洪涝监测

洪涝灾害是一种由降雨、融雪、冰凌、风暴潮等导致江河湖库水位异常升高、土地被淹或渍水，从而严重影响工农业生产和人民群众生命及财产安全的一种自然灾害，其造成的损失占到全球自然灾害损失的五分之一(Munich Reinsurance Company, 2010)。我国自古就是洪涝灾害严重的国家，据统计，从公元前 206 年到 1949 年，共发生较大水灾 1092 次，平均两年一次。新中国成立以来曾发生过的特大洪水主要有：1954 年长江特大洪水，1963 年海河特大洪水，1975 年淮河流域"75·8"特大暴雨洪水，1991 年华东地区严重水灾，1998 年长江、嫩江、松花江特大洪水，2013 年黑龙江、嫩江、松花江特大洪水。洪涝灾害不仅会导致直接的人员伤亡和财产损失，而且很容易形成如滑坡、泥石流等次生灾害，使损失加剧。为减少洪涝灾害损失，通常施以筑堤防洪、泄洪、分洪、蓄洪、滞洪、蓄洪垦殖、水土保持等工程措施，新中国成立后大力兴修水利工程，抗御洪水能力得到显著提高。

洪涝灾害的形成既有气候、地形地貌和水文等因素的影响，也与人类活动和不合理的开发有关。受传统的与洪水争地思想的影响，我国受洪涝威胁面积和成灾面积不断上升，国土纳洪空间持续缩减，有雨则涝、无雨便旱在大部分地区成为常见的现象。减少洪涝灾害的发生，降低洪涝灾害的危害，需要采取多种有效措施加强洪水监测和风险评估。提高预报预警水平，既要有理念上的创新，也要有技术上的突破。在治洪理念上，从控制洪水向洪水管理转变，合理规避洪水风险，鼓励人口从蓄滞洪区外迁，发展"耐淹型"材料适应洪水淹没风险等。在技术上进一步优化全国水文站网布设，加强重要防洪工程和山洪灾害危险点的监测，提高水雨情监测能力和预报水平，提升流域防洪调度和监测预报预警能力，实现人水和谐，与洪水共生存。

洪涝监测的主要难点在于水体提取和洪水淹没水深提取、洪水灾害风险评估、洪水灾害损失评估等，关键是监测与评估的时效性和精度，这也是加强洪涝灾害管理的迫切需求(李加林等，2014)。

全面、及时、准确地掌握水体变化信息是洪涝监测的基础。当前我国的水体变化信息以地面站网监测为主，需要在水域范围布设大量监测点，有时甚至需要通过人工调查取样等方法进行监测。这些监测和分析水体变化的方法不仅工程复杂、周期长，需要耗费大量人力、物力和财力，还受到气候和水文等自然条件的制约，并且所采集的信息具有局部特征，无法全面反映水域整体态势，不能满足对水域实时、大尺度监测和评估的要求。

遥感技术所拥有的监测范围广、巡访频次高、不间断工作等特点是传统的信息采集技术无法比拟的，尤其是应对复杂地形、灾害环境和极端气候等特殊环境的快速监测更具显著优势。通过建立水文站点监测和遥感监测的点、面结合的立体监测体系，实现遥感影像快速、准确的水体信息提取，并与地面水文站点监测数据充分融合，再结合物联网、大数据、云计算等现代技术，可以迅速反映水体在时空范围内的分布和变化情况，为洪涝监测提供精准而及时的信息支撑，实现灾前持续监测、灾中密切监控、灾后精确评估。

3. 冰凌监测

当河湖水温为0℃或低于0℃时，水会凝结成冰，沿水流方向流动的浮冰被称为凌，河湖中冰和凌的形成与融化具有重要的水文意义。在冰冻期，流入湖泊和海洋的河水会减速甚至停止；相反，在消融期水流的速度会加快；而在融化期，如果浮冰或冰锥阻塞，水就会涌上周围陆地。河湖冰凌一旦形成，极易阻碍水运，损坏港口，也影响堤岸建筑及停泊的船只安全，是一种破坏力极大的自然灾害。因此，对冰凌的监测显得尤为重要（戴礼云和车涛，2010）。

黄河冰凌是黄河流域多发的自然灾害之一，是影响因素多、成灾机理复杂的一种灾害，具有突发性强、涨势猛、持续时间长、防守困难、容易决口成灾等特点（可素娟等，2000）。古人曾认为凌汛所造成的河流决口是人力所不能抵抗的，从"凌汛决口、河官无罪"及"伏汛好抢、凌汛难防"等古谚语即可见一斑。黄河凌汛几乎每年都会发生，流域防凌工作在黄河水利防汛业务中占有重要地位。传统的黄河汛情监测主要采用地面点测量方法，这种方法虽然可反映当前区域的汛情状况，但由于视域的局限性，获取信息和精度有限，无法满足对黄河凌汛全面监测的需求。而遥感技术的发展使大范围、快速监测和评估冰凌成为可能，对冰凌监测评估的内容和方法体系产生了极大的影响。因此，研究黄河冰凌洪水成灾机理，探讨冰情信息的遥感监测手段，形成冰凌遥感动态监测模式对黄河流域防灾减灾具有十分重要的意义。

4. 水土保持监测

人类的基础生存环境是由土壤、水分和空气组成的。水土保持监测是对自然因素和人为活动造成水土流失及其防治效果的监测。水体和土壤在自然环境多种因素作用下，位移到地势较低的地方，并在重力作用下汇聚到江河河道中的过程，统称为水土流失，水土流失以地表土壤侵蚀和水分运移为基础。按照侵蚀发生的驱动要素可将侵蚀类型分为水力侵蚀、风力侵蚀、重力侵蚀、冻融侵蚀和冰川侵蚀等。土壤侵蚀的成因复杂，这些侵蚀直接导致水土流失的发生。水土流失对区域生态环境和农业生产生活极具破坏力，跟随河道倾泻而下的泥沙对沿河人民生命财产安全带来极大危害。

水土流失在我国呈现出分布区域广泛、影响面积大的特点，各省、自治区和直辖市均在不同程度上存在类似问题。由于自然和人为等多种因素的共同作用，水土流失还呈现出强度高、侵蚀重等特征，流失的泥土砂石多沉积到湖泊、水库和河床。由于我国降水时段相对集中，雨季降水量常达年降水量的60%～80%，较易导致水土流失。当地表缺少植物覆盖时，土壤无法长时间储存水分，导致其质地松散无法聚合，这样的土质在突然遭遇大量的水流带动时，会发生严重的水土流失现象。水土流失进一步造成地表破坏，形成恶性循环，严重影响工农业生产和社会经济发展。利用遥感技术可以宏观掌控实时地貌、植被、水体和人工等多种关键信息，在评估模拟大范围土壤侵蚀量方面具有很大优势，在监测土壤侵蚀发生、减少灾害损失、进行灾害评价方面能够发挥重大作用。

5. 水资源监测

水资源监测是指对水资源数量、质量、分布、开发利用与保护状况等进行观测和分析的活动。随着经济发展和人口增长，全球可利用的淡水资源日益减少，水资源短缺已成为制约国家和区域可持续发展的重要问题。由于我国地理环境多样化的特性和社会人口复杂的特征，水资源人均占有量低，水资源分布相对集中、供需矛盾突出、分配紧张、生产布局匹配困难，这些问题严重制约着经济社会的快速发展，是国家长期面临的基本国情。2011 年，《中共中央国务院关于加快水利改革发展的决定》对水利改革发展工作进行了全面部署，文件提出要实施最严格的水资源管理制度，这包括建立用水总量控制、用水效率控制和水功能区限制纳污"三项制度"，相应地，划定用水总量、用水效率和水功能区限制纳污"三条红线"，这对水的观测、研究、管理、保护都提出了新的课题。2014 年，习近平总书记提出"节水优先、空间均衡、系统治理、两手发力"十六字的新时期治水方针，并强调，要善用系统思维统筹水的全过程治理，分清主次、因果关系，关键环节是节水，从观念、意识、措施等各方面都要把节水放在优先位置。

为落实水资源管理的"三条红线"，我国启动了国家水资源监控能力建设项目，这是实行最严格水资源管理制度的关键技术支撑，是摸清水资源数量、质量、分布，实现水资源科学化、定量化、精细化管理的必要手段。项目按照"三年基本建成，五年基本完善"的总体部署，分两个阶段实施。第一阶段为 2012～2014 年，总体目标是用三年左右的时间基本建立与水资源开发利用、用水效率和水功能区限制纳污等控制管理相适应的重要取水户、重要水功能区和大江大河主要省界断面三大监控体系，基本建立国家水资源管理系统，初步形成与实行最严格的水资源管理制度相适应的水资源监控能力，逐步增强支撑水资源定量管理和对"三条红线"执行情况进行考核的能力(蔡阳，2013)。第二阶段为 2015～2017 年，主要考虑适当扩大三大监控体系监测点的范围并加强应急监控能力建设，基本建成国家水资源管理系统，为最严格的水资源管理制度提供可靠支撑(金喜来等，2015)。

在项目建设中，对水资源的监测是一项基础性、关键性的工作。由于水资源具有天然和社会二元属性，监测需要从二元角度组织和开展。目前，国内外水资源监测体系建设总体上以天然水循环和地面监测为主。在这种情况下，难以实现水资源的精细化、定量化和实时化管理。利用立体监测体系，天地协同、优势互补地解决水资源监测难题是适应变化需求的必然之选，尤其是利用航天航空遥感、中低空和地面遥感，以及地面监测站网构成天空地一体化监测体系，可以及时获取水资源变化数据(如关系到水资源储量的水体面积空间动态变化)，实现对水资源全面、准确、高效的监测。

1.2　常用的水利监测方法

人类与水的关系非常密切，人类很早就开始对原始的水位、雨量进行观测，如在公元前 3500～前 3000 年，埃及人便开始观测尼罗河的水位；远在 2000 多年前，中华民族的祖先为了防治黄河洪水，就观察了水位涨落情况和天气变化的规律。在漫长的历史长河中，人类基于生产生活的发展需要，在某些河流的局部位置对水体信息进行了针对性的观测和记录。

15 世纪以后，伴随着文艺复兴和工业革命，水利、交通、能源等大量社会工程活动迫切需要解决许多涉水问题。水温测验仪器的出现和水文站网的发展使得人类对水的观测逐步走向系统化、现代化、业务化。通过广域的水文站网，人类可以了解陆地江河湖库的水文情势。

截至目前，通过水文站网对水体进行观测依然是我国水文观测的最主要方法。根据《全国水文统计年报（2017 年）》，截至 2017 年年底，全国水文系统共有各类水文测站113 245 处，包括国家基本水文站 3 148 处（含其他部门管理的国家基本水文站 72 处）、专用水文站 3 954 处、水位站 13 579 处、雨量站 54 477 处、蒸发站 19 处、墒情站 2 751 处、水质站 16 123 处、地下水站 19 147 处、实验站 47 处，其中向县级以上防汛指挥部门报送水文信息的水文测站 59 104 处，发布预报的水文测站 1 565 处。与上一年度相比，水文测站总数增加 9 283 处，增幅 9%；报汛站增加 7 508 处，增幅 14.6%。2017 年，全国水文基础设施建设持续推进，中央投资主要用于国家地下水监测工程、大江大河水文监测系统建设工程、水资源监控能力建设工程等项目实施，新建改建了一批水文测站、水文监测中心和部分水文业务系统建设。同时，随着中小河流水文监测系统项目建设完成和验收工作加快推进，一批水文测站投入运行，水文站网整体功能得到进一步充实完善，增强了水文监测和水文服务支撑能力，拓展了水文资料收集范围，为服务防灾减灾体系建设、最严格水资源管理制度实施、全面推行河长制湖长制、水生态文明建设等领域提供了重要的基础支撑。

随着新一代信息技术的进步，新技术和新方法不断影响着水文水资源领域的发展，电子、通信、互联网、"3S[①]"等新一代信息技术在水文测验中得到广泛应用，水文观测技术日益现代化。

1.2.1　旱情监测方法

对旱情的监测通常利用气象和水文观测站获得气象和水文数据以及通过农业气象观测的墒情数据，再依据各种干旱指标进行计算和统计、分类。不难看出，旱情监测涉及气象、水文和农业等方面，包括降水、温度、蒸散、流量、土壤含水量等指标的监测。常用监测指标包括以下几种。

1. 降水距平

降水距平是将当年实际降水量与多年平均降水量相除所得到的百分比值。利用降水距平可以充分体现某地区的水分盈亏状态，其作为一种简单、直观的表述方法被长期使用。利用降水距平可以在不同地区间建立标准的评价体系，通过与往年降水量相比来反映短期气候异常状况。

---

① "3S"即遥感（remote sensing，RS）、地理信息系统（geographical information system，GIS）、全球定位系统（global positioning system，GPS）。

2. 标准化降水指数

标准化降水指数(standardized precipitation index,SPI;McKee et al.,1993)是一种数据分析比较的方法,可用于表征干旱严重程度,表述多种时间尺度上的降水不足。这些不同的时间尺度反映了干旱对多种可用水资源的影响。SPI 为正值表示降水量大于多年降水中值,SPI 为负值则表示降水量低于多年降水中值。由于 SPI 经过归一化处理,湿润气候与干燥气候可用同一种方法表示,并且多雨气候也可用 SPI 进行监测。

3. 降水和蒸散发方法

依据水量平衡方程建立的降水和蒸散发方法包括湿润度旱情指标法(《水文情报预报技术手册》)和相对湿润度指数[《气象干旱等级》(GB/T 20481—2006)]等,其中,湿润度旱情指标表示一个地区的某时期降水量与相应时期的可能最大蒸发量的比值,在一定程度上可反映该地区的干旱程度。相对湿润度指数是表征某时段降水量与蒸发量之间平衡的指标之一,适用于作物生长季节旬以上尺度的旱情监测和评估。

4. 土壤墒情

土壤墒情指田间土壤含水量及其对应作物的水分状态。土壤含水量是评价干旱的指标之一,它在地表与大气界面的水分和能量交换中起重要作用。在水文方面,土壤含水量与降水总量、径流水量和入渗水量三者紧密关联。在旱情监测方面,土壤墒情数据是决定土地沙化、植被覆盖和干旱的重要因素之一,是旱情监测的基础。在农业生产方面,土壤水分是农作物发芽、生长发育的基本条件。同时,它还影响土壤侵蚀和蒸发,是气候、水文、作物生长模拟等模型中重要的初始参数。土壤水分状况的好坏直接影响着农作物的生长态势,通过测定土壤水分状况,可以分析得到土壤与植物间水分的供需关系,进而分析旱情是否发生及其发展态势。

5. 帕默尔干旱指数(PDSI)

1965 年,Palmer 发表了干旱指数模式,该模式将前期降水、水分供给和水分需求(以Thorn-thwaite 首创的蒸散工作为基础)结合在水文计算系统中。根据旱度是水分亏缺量及其持续时间的原理,应用水量平衡方法,考虑前期天气条件对后期的影响,研究了一个能够进行干旱严重程度时空比较的指标,称为帕默尔干旱指数(Palmer drought severity index,PDSI)。刘巍巍等(2004)根据我国的实际情况对帕默尔旱度模式进行了修正,用该模式计算了我国北方地区 139 个站 1961~2000 年的逐月 PDSI。结果表明,修正的帕默尔旱度模式适用于我国,并能较为准确地评估旱涝情况。

6. 综合气象干旱指数(CI)

将降水量距平、标准化降水指数、湿润度指数及综合旱涝指标(composite index,CI)(《气象干旱等级》)等多种观察指标融合,可以实现对干旱状态的宏观实时监测。CI 是由标准化降水指数、湿润百分率指数和近期降水量等多种要素融合分析后的综合指数，既能反映短时间尺度(月)和长时间尺度(季)降水量气候异常的情况，又能反映短时间尺度(影响农作物)水分亏欠的情况。

1.2.2　洪涝监测方法

洪涝监测主要是对河流、湖泊、水库和其他水体的水文及有关要素的现势情况进行观测和分析，侧重于对水体及其变化进行监测，传统上主要依托布设的水文站网开展监测，在泥石流、滑坡、崩塌隐患点通常需安排监测员和组建应急监测队。水文站网包括雨量站、水位站、流量站、蒸发站等类型。

1. 雨量站和雨量监测

雨量站是指在选定的固定观测场使用雨量计(人工或自记)进行降水量观测的水文测站。降水量是指某一时段内从大气降落到地面上的液态降水和固体降水(雪、雹经融化后)在地平面上积累的水层深度。降水量包括降雨、降雪、降雹的水量，单位为毫米(mm)。

常规的降水量观测方法可分为人工观测和自动采集两种。采用人工观测时，观测员需按时段观测雨量，获取时段雨量和日雨量；自动采集时，利用雨量传感器及相关采集存储设备实现雨量的自动采集。降水仪器大致可以分为降雨仪器和降雪仪器两大类。在我国，降水量大部分由液态降水组成，主要利用雨量器和雨量计进行水量统计，其中最常用的 3 种仪器是漏斗式雨量器、虹吸式雨量计和翻斗式雨量计。

2. 水位站和水位监测

水位站是指设在河流、水库(湖泊)、人工河渠、受潮汐影响河段和水利工程附近河段，用水尺、自记水位计等设备观测水体自由水面高程的水文测站。水位是指河流、水库(湖泊)、海洋等水体的自由水面在某一指定基面以上的高程。水位单位为米(m)，测量精度记至 0.01m。

水位监测采用人工观测和自动采集两种方式。人工观测需要利用水位观测站，在水位观测站点上有确定的基本水尺断面，这是一种为观测水文测站水位而设置的断面。有条件的站点建设水位测井并配置自记水位计。观测员可以通过观读水尺或自记模拟记录获得水位。自动水位采集通过配置浮子式、压力式、超声波、雷达激光等几大类水位计及相关采集存储设备，实现水位的自动采集。

3. 流量站和流量监测

流量站是设在天然河流、湖泊、水库、人工河渠、受潮汐影响河段和水利工程附近河段，采用流速仪法、多普勒流速剖面仪(ADCP)法、浮标法、比降法和其他方法，进行流量测验、研究河段水位流量关系的水文测站。流量站必须同步观测水位。流量是指单位时间内通过某一断面的水体体积。流量单位为立方米/秒(m^3/s)。

常规流量测量方法有流速面积法(谭成志，1990)、量水建筑物(杨晓峰，2003)、比降面积法(吕亚平，2007)和稀释法(尤宾，2002)等。

1) 流速面积法

在河流中测量水流的流速和断面面积，根据两者的乘积确定流量。测量水流流速常用的方法如下。

(1) 流速仪法。流速仪法测流速适用于以下条件：断面内大多数测点的流速不能超过流速仪的测速范围；垂线水深不小于流速仪用一点法测速的必要水深；在一次测流的起止时间内，水位涨落差不大于平均水深的 10%，水深较小而涨落急剧的河流不大于平均水深的 20%；流经测流断面的漂浮物不致频繁影响流速仪正常运转。

(2) 浮标法。当不适于用流速仪法测量流速时，应使用浮标法测量流速。使用浮标法测流速适于流速仪测速困难或超出流速仪测速范围的高流速、低流速、小水深等情况的流量测验。

(3) 动床法。应用流速面积法测流速，是将常规流速仪测量作变更后的一种方法。该方法不需要固定的设施，如果条件具备，可以应用在所需要施测的地方。受水流流向改变而引起的流速变化，特别是当出现盐水楔形体时，必须对流速进行修正。

(4) 超声波测流方法。在河的两岸均安置换能器，同时朝着两个方向发射穿透水体的脉冲信号来测量声波在水中的传播速度。或是将两个换能器安装在同一河岸，在另一河岸设置反射器或转换器。换能器的安装位置应使发出的脉冲在一个方向上逆水传播，在另一个方向上顺水传播。这两个超声波速度之间的差值与该换能器所在高程上水流的速度有关。该速度又可同整个断面的平均流速建立关系，同时具备断面面积和水位之间的关系，可以通过实测的流速和水位推求流量。

2) 量水建筑物

量水建筑物即量水堰，通常是指在实验室内建立的堰顶水头和流量之间的关系应用于野外施测的设备。测量堰上水头的数值并将该值代入近似公式，即可获得一个流量值。如果在水流淹没状态时下游水位相当高，以至影响堰的上游水位和流量，则可通过测量堰的上游水头以及堰顶或下游的水头来确定流量。

(1) 测流槽。建立测流槽喉部的上游水头与流量之间的关系。同量水堰一样，测流槽也是通过测量上游水位来确定流量。如果水流是淹没状态，则必须施测上游和下游的水头。

(2) 自由溢流(末端深度法)。在一个能使水流形成跌水的装置上，施测跌水坎处的渠道水深和跌坎断面处的渠道过水断面面积，然后利用近似公式确定流量。

3) 比降面积法

沿顺直、均匀的河段测量河道的若干个过水断面，经渠道测定验算或施测河床特征，可估算出河道的糙率。然后，通过施测已知间距的两三个断面上的水位，并将水面比降、水面宽度、水深及糙率代入明渠水流计算公式中求出流量。

4) 稀释法

将一种液态指示剂注入水流中，在隔一定距离的下游，紊流作用已使指示剂在整个断面均匀稀释，在该处可取水样。注入溶液和所采水样之间的指示剂浓度之比即是反映流量值的一个指标。

4. 蒸发站和蒸发监测

蒸发站是指在固定观测场用蒸发器(皿)进行水面蒸发观测的水文测站。蒸发是一种自然现象，因蒸发面的不同，可分为水面蒸发、冰雪蒸发、土壤蒸发和植物蒸发；水面蒸发是最简单的蒸发方式，也是蒸发监测的主要对象。水面蒸发量是指在单位时间内，液态水和固态水转变成气态水逸入大气的量，常用蒸发掉的水层深度表示，单位为 mm，水面蒸发编报精度为 0.1 mm。水面蒸发观测是为了获得水体的水面蒸发及蒸发能力在不同地区和时间上的变化规律，可以为洪涝监测、旱情监测及水资源评价提供依据。正常情况下，汛期每日定时编报蒸发量。若春季或秋季发生干旱或者有特殊要求，可提前或延长蒸发量的编报时间。一般在冬季不做蒸发量的编报。

在实际应用中，经常使用水量平衡法、经验公式法和器测法等对水面蒸发进行观测和计算。器测法是一种伪水面蒸发观测方法，它所测得的蒸发量要和代表天然水体的蒸发量进行折算才能得到水库、湖泊等天然水体的蒸发量，是当前最简单和实用的方法。

1.2.3　冰凌监测方法

冰情现象是冬季影响河道运行的重要因素，主要包括冰的形成、发展、运动、积累、融化的过程，它直接影响水利工程的运行和维护、内陆航运、水力发电、冬季输水、河流的环境和生态等问题。黄河是中国凌汛出现最为频繁的河流，其中宁夏和内蒙古河段及河南、山东河段，凌汛最为严重。冰情灾害频频发生，轻则妨碍给水排水工程和水电站正常运行，迫使航运中断，破坏桥梁及河道中的水工建筑物；重则威胁堤防，甚至决堤满溢，给人民生命财产、工农业生产造成严重损失(陈赞廷和可素娟，2000；陈赞廷，2009)。

我国对黄河冰凌监测有着悠久的历史。新中国成立以来，党和政府非常重视治理黄河灾害，开始在凌汛期对重点站点进行系统的观测和预报。河流冰凌量测主要包括冰厚测量、强度测量、冰冻融状态、冰坝测量等。根据冰情信息获取方式可分为直接测量和物理方法测量。根据测量信息和模型对冰凌进行监测预报，主要包括指标法、经验相关法以及其他监测预报模型。首先在黄河下游山东河段和上游内蒙古河段开展冰情预报，初期主要采用指标法，继而发展到经验相关法，后来学习借鉴国外冰情模拟技术，建立了冰情预报数学模型。

1. 指标法

20 世纪 50～60 年代，常用指标法监测黄河冰凌。根据观测资料，选出与冰情相关的 1～3 个指标，如流凌条件、封河条件、开河日期和开河凌峰流量等(可素娟等，2000)。开河日期可以根据均气温稳定转正日期和气温回暖日期来预报。开河凌峰流量预报是利用槽蓄水总量和上游站凌峰流量来预测的。指标法存在着预见期短、精度差及每年指标固定不变等问题。

2. 经验相关法

为了克服指标法的不足，20 世纪 60 年代后期逐渐采用经验相关法进行冰情预报，建立了大量的冰情预报相关图和关系式。

1)初始流凌日期预报

可以根据气温转负日期和转负日水温关系，或者水温与气温相等日期和该日水温关系来判定初始流凌的日期，也可以根据某一时期水温、气温及气温差的关系来进行判定。

2)封河日期预报

可以根据流冰量和断面输冰能力加以判断封河日期。由于流冰量与气温有关，断面输冰能力与流速成正比，因此可进一步转变为根据气温和流量的关系来判定封河日期。

黄河上游选用流凌日期和日平均气温转负后至流凌日的累积负气温预报封河日期，或选用日平均气温转负后 10 天的气温累积值，以反映降温强度和水体湿热情况。

用封河前某一时段的平均流量及日平均气温转负后至流凌日的累积负气温预报封河日期。前期流量反映了河道水流动力作用，累积负气温反映水体失热量的多少。

黄河下游纬度低，气温相对较高，封河较晚，以气温转负日期和该日流速或流量来考虑封河日期。

3)开河日期预报

根据水力因素、热力因素及河道条件的关系来预报开河日期，或者以开河最高水位与上游来水、封冻后水位的高低，以及开河形势、卡冰结坝等关系来判定开河日期。

气温转正日期反映冰盖大量吸热的开始时间，转正日期越早，开河日期也越早，累积正气温值反映冰盖的吸热量，为延长预报期，采用最高气温转正日期。

以某一旬平均气温、流量和河槽蓄水量预报开河日期。

以某一时期气温，考虑最大冰厚及流量预报开河日期。

以最高气温超过 5℃的日期和上游热流量(流量与水温的乘积)，或前期上游某一旬平均水温(或气温)等因素预报开河日期。

4)开河最高水位预报

根据封冻后某一时期水位、开河前气温、流量或断面槽蓄水量等关系，建立相关图来判定开河最高水位。

以某一时期水位和气温或流量、槽蓄水量等预报开河最高水位。

以上游流量和最大冰厚预报开河最高水位。流量表示水力因素，冰厚表示对水流的阻力作用，冰层越厚，对水流的阻力越大，壅水越严重，则开河最高水位越高。

以封河最高水位和 2 月最高气温达 5℃的当日及前两日的 3 天平均水位预报开河最高水位。

5）最大流量预报

根据开河期气温、上游来水、河槽蓄水量、冰雪融水及断面过流能力等因素之间的关系来判定最大流量。

虽然经验相关法对冰凌监测有一定的物理成因基础，较指标法有所进步，但由于多重因素的限制，只能静态预报，总体来说精度不高，并且其应用条件受到限制，所以该预报方法仍然比较落后。

3. 其他冰情预报数学模型

20 世纪 90 年代，伴随着国外冰情模拟技术的发展，我国先后与芬兰和美国合作，研制和建立了黄河冰情预报数学模型，具体有流凌日期预报模型、封河日期预报数学模型、开河日期预报模型、冰厚计算模型、凌汛期流量演算方法、冰塞壅水计算方法和冰坝预报。相较于经验相关法，冰情预报数学模型是一种理论与经验相结合的方法，具有精度较高、预见期长、预报项目全、预报手段先进、快速及动态预报与实时修正相结合等优点。

1.2.4　水土保持监测方法

水土保持监测的重点包括水土流失及其防治效果，水土流失导致的水沙变化影响水资源管理、流域开发规划、防灾减灾等方面的决策，是水利、国土、农业、林业部门和学者所关注的焦点。水土保持监测对象包括区域监测、中小流域监测和开发建设项目监测。监测方法传统上以地面定点观测监测、巡查监测、调查监测等为主，所用设备仪器主要是自计雨量计、测绳、水准仪、码表、角规等，人工投入量大。监测要素包括不同侵蚀类型的面积、强度、流失量等。基于监测要素，根据监测模型可得到需要的物理量。水利部门普遍采用的水土保持监测的计算模型主要有以下几种。

1. 水文模型计算法

水文模型计算法简称水文法，是利用水文泥沙观测资料分析水土保持蓄水拦沙作用的一种方法，其基本原理是首先对降雨产流产沙基本规律进行分析，建立降雨径流、降雨输沙和径流输沙之间一个或若干个定量的相关关系，然后将治理后的降雨条件代入，还原计算得到治理前的产流产沙量，再与治理后的实测水沙量比较，从而可以推算得到人类活动影响量（王浩等，2005）。

姚文艺等（2013）根据黄河上中游水文泥沙观测数据，利用水沙变化成因分析法、未来天然径流量预测法、人类活动干扰后的来水来沙量预测法，对流域 1997~2006 年水沙变化进行了评估。结果表明，与多年平均相比，黄河源区径流量年均减少 43.90 亿 m^3，其中降雨等自然因素的影响量占 92.26%，人类活动影响量占 7.74%；黄河实测径流量较 1970 年以前年均减少 112.1 亿 m³，实测输沙量较 1970 年以前年均减少 11.80 亿 t；并预测 2050 年以前黄河来水来沙量总体呈平偏枯趋势，但不排除个别年份或短时段仍会发生丰水丰沙的可能性。

水文法的优点是模型建立直观、简单，计算方便，在目前水文资料精度的情况下，水文法对于大面积水沙变化监测计算不失为一种有效的方法。其不足之处在于：①模型建立所依据的基准期资料较少，精度偏低，虽经插补和展延，但插补和展延本身存在误差，这些误差必然会带到计算结果中去；②模型一般以月（或汛期）为计算时段，而暴雨产沙往往是在几小时内形成的，模型对于暴雨产流产沙过程的反映不够；③该模型是只考虑输入与输出的黑箱模型，不能分离各项措施对径流、泥沙的影响。

2. 水土保持计算法

水土保持计算法简称水保法，或称为成因分析法，是根据数量、质量和蓄水拦沙指标等因素分别计算各项水利水保措施的减洪减沙量的一种方法。该方法的主要优点包括：一是能够较为直观地了解各项措施实施中的土壤侵蚀减轻的程度；二是可以在一定范围内检验水保法计算结果的合理性；三是不仅能够分析现状治理措施的蓄水拦沙作用，而且还能预测治理措施的蓄水拦沙效益。其不足之处在于将小区域观测资料移用到大、中流域时，存在人为指定性和各项水土保持措施分项计算逐项相加，难以反映产流产沙过程中的内在联系。

坡面措施减洪计算是重要环节，减洪指标主要依据各地径流场的试验资料确定（冉大川，2006）。该方法的关键是建立坡面措施减洪指标体系，实现从小区域到大流域的转化。为实现这种转化，首先根据小区域观测资料，计算出小区域不同洪量频率、不同雨量级下各项坡面措施减洪指标；然后再建立流域坡面措施减洪指标体系，为此需消除时段、点面、地区的差异。冉大川等（2012）研究了 1997～2006 年河龙区间人类活动对减沙的贡献率，得出如下结论：河龙区间近期坡面措施的贡献率为 54.5%、淤地坝减沙 27.8%、水利措施减沙 20.9%、人为新增水土流失增沙 9.7%。坡面措施中，梯田减沙 16.8%、林地减沙 30.5%、草地减沙 7.1%、封禁治理减沙 2.2%。河龙区间水土保持减沙的措施的主体和构成发生重大变化，林地减沙贡献率最大。

3. 模型模拟法

通过构建水文模型，采用模型水文参数的修正方法研究植被变化的生态水文效应。Ouyang 等（2010）采用分布式水文模型 SWAT 研究分析了黄河流域上游土壤侵蚀对景观格局的动态响应问题。结果显示，区域土壤侵蚀与景观变化紧密联系，草地面积的扩展可以防止土壤侵蚀的发生，草地斑块的增加会带来斑块边缘数量的增加，这些斑块边缘可有效减少泥沙输移，进而减少流域土壤侵蚀。

4. 小区观测法

实验观测是获取水沙资料最直接、最简便的手段。国内开展的大量野外径流小区的原位观测工作已经积累了丰富的降水、侵蚀、泥沙传输、水土流失单项与综合治理措施和拦蓄效益数据，为揭示黄土高原主要类型区水土规律、水土保持措施配置与效益评价等提供了强有力的技术支持。罗伟祥等(1990)在陕西省永寿县中部、侯喜禄等(1991)在陕北安塞纸坊沟流域、江忠善等(1996)在陕北安塞站相继开展了野外观测工作，为植被变化对水沙变化研究积累了大量的第一手资料。

1.2.5　水资源监测方法

水资源监测主要包括地表水监测、取水计量监测、行业用水监测、地下水监测、水质监测等方面的内容。地表水监测主要依行政区断面布设监测站网，监测要素有流量和水位。流量监测主要采用巡测、自动测流等技术，水位监测通常采用自动监测记录方法。取水计量监测主要是对取水户的取水量进行监测，包括明渠和管道两种输水方式的取水量监测。明渠取水量监测主要有超声波时差法、流速-面积法、水工建筑物测流法、测流堰和测流槽法、比降面积法等几种方式；管道输水量监测主要包括各类水表流量计、节流式流量计等传统监测方法和电磁感应、超声波等新型监测方法。行业用水监测主要是对农业、工业和居民用水的典型监测与调查，以满足对取用水指标的监测监督考核要求，具体监测方法与取水计量监测相同。地下水监测依托地下水监测站网来进行，监测要素主要是地下水水位，可通过地下水监测井进行观测。水质监测主要针对我国重要江河湖库水功能区以及重要饮用水水源地而开展，仍以理化监测技术为主，包括化学法、电化学法、原子吸收分光光度法、离子选择电极法、离子色谱法、气相色谱法等。

在水资源监测基础上，构建各类水文模型特别是分布式水文模型对于流域水资源的评价和模拟至关重要。分布式水文模型因考虑了气候、土壤、植被及地形等因素的空间分布对水循环过程要素的影响而得名。随着对水资源产生过程和空间分布各要素的深入研究，以及计算机、遥感(RS)、地理信息系统(GIS)和数值模拟等信息技术的迅速发展，构造基于物理过程的流域分布式水文模型成为水文模型发展的趋势(芮孝芳和黄国如，2004)。

在分布式水文模型发展的最初阶段(20世纪七八十年代)，由于受到计算机技术、数据获取手段的限制，分布式水文模型的应用落后于集中式水文模型。但是，随着信息技术的发展和普及，获取和描述流域下垫面空间异质性的技术日渐成熟，分布式水文模型也因此获得了长足进步，出现了如 MIKE SHE(European hydrological system)、VIC(variable infiltration capacity)、TOPMODEL(TOPography based hydrological MODEL)、SWAT(soil and water assessment tool)等一系列分布式水文模型(王中根等，2004)。目前，国内外开发的分布式水文模型的共同特点和发展趋势是将分布式水文物理模型或者概念性模型与数字高程模型(DEM)、GIS 和 RS 集成，在充分提取流域多种重要水文特征参数信息(如坡度、坡向、汇流方向、汇流网络、流域界线)的同时，借助于 GIS 和 RS 技术拓展数据获取和情景模拟能力，揭示气候变化和人类活动影响下的流域水循环规律。

分布式水文模型的研究范围覆盖了洪水预报、水资源评价、土壤侵蚀和水环境污染等各方面，在此基础上也建立了各种分布式、半分布式的水文模型。总的来说，分布式水文模型的建模思路可分为 3 种(王中根等，2002)：①紧耦合型模型。应用数学物理模型和数值分析来建立格网单元之间的时空关系，即具有物理基础的完全分布式水文模型，如 SHE 模型(Abbott et al.，1986)。②松耦合型模型。应用现有的概念性模型在每一个网格单元(或子流域)上先进行产流计算，然后再进行汇流演算，求得出口断面流量，如 VIC-3L(Liang et al.，1994)、SWAT 模型(Arnold et al.，1995)。SWAT 能够利用 GIS 和 RS 提供的空间信息，反映降水、蒸发等气候因素和下垫面因素的空间分布特征，以及人类活动对流域水文循环的影响。③半分布式模型。由 DEM 提取地形信息模拟水文响应特性，求得出口断面流量，如 TOPMODEL(Beven et al.，1984)。美国国家海洋与大气管理局(NOAA)水文实验室于 2000 年组织了分布式水文模型比较项目(distributed model intercomparison project，DMIP)(Smith et al.，2004)，对 MIKE 11、SWAT、VIC-3L、TOPMODEL、LL-II(LILAN-II)等多种全分布式和半分布式水文模型进行了比较，并与集中式模型模拟结果进行了对比。比较结果表明，分布式模型在经过参数优化后，可以取得相当于甚至优于集中式模型的结果，但分布式模型中具有物理机制的参数比集中式模型要难确定一些(Reed et al.，2004)。

国内学者李兰和钟名军(2003)基于数学物理方程建立了 LL-II 模型；杨大文等(2004)提出了基于山坡单元划分和动力学过程的 GBHM 模型；夏军等(2004)将时变增益非线性水文系统 TVGM 与 DEM 相结合，开发了分布式时变增益水文模型 DTVGM；刘卓颖(2005)和王蕾(2006)研究和发展了基于规则格网和不规则三角格网的分布式物理水文模型；贾仰文等(2005)将分布式水文模型(WEP-L)和集中式水资源调配模型(WARM)相结合，建立了流域二元模型，并应用于黄河和黑河等流域；李致家等(2006)根据分布式模型和新安江模型的最新理论，建立了基于栅格的分布式新安江水文模型；刘昌明等(2008)从水资源研究的需要出发，广泛参考国内外有关水文建模经验，立足于自主开发，建立了一种具有多种功能的水文水资源模拟系统(hydro informatic modeling system，HIMS)；李致家等(2014)进一步采用 SAC、TANK、TOPMODEL 和新安江模型这 4 种经典的概念性水文模型构造出先超后蓄模型、先蓄后超模型、超渗产流模型和增加超渗产流模型 4 种灵活结构模型，并将其应用于湿润、半湿润及半干旱地区的 11 个典型流域，开展了模型对比分析；包红军等(2016)研究了基于 Holtan 产流的分布式水文模型(Grid-Holtan)，模型中栅格产流采用 Holtan 下渗方法的超渗产流计算方法，坡面汇流和河道汇流采用逐栅格一维扩散波水流演算模型进行模拟，并将 Grid-Holtan 模型、陕北模型与新安江模型应用于半干旱的沁河孔家坡流域，用 GIS 与 DEM 技术予以实现。

1.3　卫星遥感水利监测研究进展

人多水少、水资源时空分布不均、与生产力布局不相匹配，这既是现阶段我国的突出水情，也是我国将要长期面临的基本国情。当前的水文信息采集仍以地面站网监测为主，但是受监测条件和监测环境的制约，存在空间和时间上的空缺、特殊地区等情况下信息采集困难、应急信息采集能力不足、面上信息采集能力薄弱等问题。

与常规的信息获取手段相比，卫星遥感监测具有范围更大、监测周期更短、获取资料更及时、可全天候全天时工作，以及经济、客观等特点。现代遥感技术已经进入一个能提供动态、快速、多平台、多时相、高分辨率对地观测数据的全方位应用阶段。各种小卫星群计划已经成为现代遥感的另一发展趋势。

多年来，卫星遥感在国内外得到了广泛应用，特别是在气象、环境保护、测绘、海洋、林业等行业，专业卫星的应用逐步成为趋势。卫星遥感也在水利行业得到了应用，在不同程度上涉及水利工作的各个方面，并取得了一些经验。从发展趋势看，卫星遥感技术将为水利监测提供更加完善、及时和精准的信息支持和技术支撑，两者的深度结合将有效地提升水利监测的水平和能力。

1.3.1　旱情监测进展

干旱的形成及影响范围和程度跟许多因素有关，如降水、蒸发、气温、灌溉条件、种植结构、作物生育期的抗旱能力以及工业和城乡用水等。

最初利用气象数据来监测干旱，这些气象数据主要来源于分布在全国范围内的气象站点。由于气象站点的观测数据较为稀疏，不能反映干旱发生、发展过程的全貌，难以代表一整块较大区域的整体水平，在旱情监测时往往不能得到较高的准确性。

遥感技术可以在时间上、空间上快速获取大面积的地物光谱信息，不仅能宏观地监测地表水分收支平衡状况，还能微观地反映由于水分盈亏引起的地物光谱、地表蒸散变化。目前，在卫星遥感旱情监测领域提出了各种方法和模型，主要包括表观热惯量法、植被指数法和植被温度综合指数法等。

1. 表观热惯量法

热惯量是地物阻止自身温度变化的一种特性，在地物温度变化中起着决定性作用。土壤热惯量与土壤的热传导率、比热容等有关，而这些特性与土壤含水量密切相连，因此可以通过推算不同形式的土壤热惯量反演土壤水分。

在建立最佳的热惯量与土壤水分关系式方面，国内学者做了不少探讨和研究。例如，从数理角度出发，建立表观热惯量和土壤水分的统计模型的研究，主要有线性函数、指数函数、对数函数等形式。刘良明和李德仁(1999)分别用上述模型对湖北省进行了旱情监测，精度均达到80%以上，其中线性模型的结果较指数模型和对数模型稍差。

热惯量法从土壤本身的热特性出发反演土壤水分，要求获取纯土壤单元的温度信息，当有植被覆盖时，受混合像元分解技术的限制，精度将降低，因此热惯量法主要应用于裸土或者植被覆盖较低的区域(汪潇等，2007)。

2. 植被指数法

植被生理状态、长势等与土壤水分有着密切的关系，利用植被指数进行不同时期作物长势的比较，是卫星遥感监测农业干旱的主要方法。归一化植被指数(normalized difference vegetation index，NDVI)是迄今为止应用最广的植被指数，大多数卫星数据都提供了计算这个指数所需要的通道信息。它可以反映植被的长势，也可以间接反映干旱情况。

由于干旱直接影响作物生物量的积累、叶面积指数及覆盖度的增长，因此，根据植物的光谱反射特性(红光波段强吸收、近红外强反射)进行波段组合，可以求得各种植被指数，从而实现对土壤干旱的监测。常见的植被指数有比值植被指数(RVI)、距平植被指数(ANDVI)、相对距平植被指数(RNDVI)等。

虽然利用 NDVI 能够对干旱作出适当的监测，但由于 NDVI 值受植被、土壤、地形等因素影响，在不同地区和不同植被覆盖下，发生旱情时的 NDVI 会有不同，如果仅把NDVI 作为旱情指标，可能会造成某一特定时间内大范围旱情监测结果的可比性较差(杨绍锷等，2010)。另外，由于 NDVI 的变化受天气的影响，尤其是遇到类似严重干旱的极端天气现象时，会远远超过正常年际间的 NDVI 变化，因此把 NDVI 作为参数的指数，可能造成某一特定时期内同一影像不同像素间监测结果的可比性变差。为了反映天气极端变化的情况，消除 NDVI 空间变化，减少地理或生态系统变量的影响，使不同地区之间有可比性，Kogan(1990)提出植被状态指数(vegetation condition index，VCI)对植被生长期的旱情监测效果比较好，而作物播种或者收割后反演得到的 VCI 数据的监测效果往往不太理想。

根据近红外-红光波段特征空间中水分的空间分布特征，Ghulam(2007a，2007b)提出了垂直干旱指数(perpendicular drought index，PDI)和修正的垂直干旱指数(modified perpendicular drought index，MPDI)。Shahabfar 等(2012)使用 PDI 指数和 MPDI 指数对伊朗进行旱情监测，结果表明，PDI 指数只适用于裸土区域或者植被生长早期阶段，而MPDI 指数则不仅适用于裸土区域，同时也适用于植被覆盖区域。

3. 植被温度综合指数法

当植被受水分胁迫时，反映植被生长状况的遥感植被指数就会发生相应的变化，可通过这种变化来间接监测土壤水分状况。研究者起初多以单一植被指数作为监测指标，但它对干旱的反映具有滞后性。而由蒸发引起的土壤、冠层温度的升高现象对水分胁迫的反映更具时效性。因此，后来就发展出将植被指数和各种温度综合起来构造干旱监测指标。例如，温度植被干旱指数(temperature-vegetation dryness index，TVDI)在一定植被覆盖范围内与土壤水分具有显著相关性，植被温度状态指数(vegetation temperature condition index，VTCI)适合于相对干旱程度监测与旱情空间分布分析，这些方法均取得了不错的应用效果(孙丽等，2010；吴孟泉等，2007；杨曦等，2009；杨胜天等，2003)。

上述基于植被指数和地表温度构造的干旱监测指标都需要反演地表的真实温度，这一直是定量遥感的难点，因此要取得理论上的突破并建立起有效的反演模型从而确保反演精度，还需要做大量的工作。

基于植被指数和地表温度组合与基于植被指数和植被冠层温度组合监测干旱的方式都是根据植被覆盖状况的变化来进行的，因此裸土的情况并不适用。现阶段，应用遥感的方法开展旱情监测已取得大量成果，但距实际应用尚有差距，而随着对地观测手段的日趋多样化，可用遥感数据日益增多，学者们已经开始将多源卫星遥感影像和地面监测资料相结合开展综合旱情监测的研究。

1.3.2 洪涝监测进展

遥感技术便于长期动态跟踪监测，与传统的水体调查和提取方法相比有着明显优势，成为水体研究强有力的技术手段（王海波，2009）。洪涝灾害监测的关键是水体和水体变化的信息提取，根据水体的动态变化确定洪涝灾害的发生和发展情况。洪涝灾害具有突发性和范围大的特点，对洪涝区域内的水体提取主要基于光谱特征和空间位置关系分析并排除其他非水体信息而实现（赵阳和程先富，2012）。通常采用两种主要的遥感传感器获取地表水体信息：一是光学传感器，用于捕捉同一时刻、特定范围的地面影像，但洪水期间多云雨，光学传感器无法及时获取地面影像；二是微波传感器，能够提供洪水淹没区的最新影像，并且不受恶劣天气影响，获取的微波影像可弥补光学影像的不足，不过基于单幅微波影像提取的水体信息精度不高。为了解决效率和精度之间的矛盾，一般采取多传感器影像融合技术，例如，将灾前多光谱影像和灾中微波影像特征进行快速融合，可有效抑制微波影像中的非水体地带和未淹没区，突出洪水淹没区，从而提高洪水的识别度及信息提取的有效性。

水体提取的实质是将水体与其他地物进行区分。对于洪涝灾害监测而言，则主要是水体的动态变化监测。多时相卫星遥感影像是水体变化监测的重要数据支撑，通过对时序性影像中水体信息的识别和提取，分析得出水体的动态变化过程，实现水体变化监测。卫星遥感洪涝监测在地表水体提取、水体变化监测和洪涝灾害评估等方面具有重要作用，应用前景十分广阔。

1. 地表水体提取

适于水体提取和变化监测的卫星遥感数据源主要为光学和微波数据两种。常见的光学遥感数据源有 NOAA-AVHRR、MODIS、Landsat TM/ETM+、SPOT、中巴资源卫星和环境减灾卫星（简称环境星或 HJ，包括 HJ-1A、HJ-1B 等）以及高分辨率对地观测卫星（简称高分或 GF，包括 GF-1、GF-2 等）。主动微波遥感数据源有 ERS-1/2、JERS-1、Radarsat 和 GF-3 等。

AVHRR 因其覆盖面大和观测周期短等特点，常用于建立长时间序列数据集，是长时间序列水体动态变化研究的重要数据源。胡东生等（1996）将 Landsat MSS 和 TM 影像资料进行对比分析，发现 NOAA AVHRR 遥感影像在监测盐湖潜伏或半潜伏状态的水体动态变化方面优于前者，具有提取密度大、选择性强等特点。

中分辨率成像光谱仪（MODerate resolution imaging spectro-radiometer，MODIS）是美国对地观测系统（EOS）装在 Terra 和 Aqua 卫星及后继卫星上的重要传感器，主要承担对大气、水、海洋、生物、陆地等地球综合圈层的测量及相关信息获取工作。MODIS 卫星影像具有时间分辨率高、空间分辨率适中、光谱分辨率高、覆盖范围广且可以免费获取的特点，利用其进行水资源调查可实时获取大尺度的水体信息，进而得到水体变化信息（李永生和武鹏飞，2008）。

多波段卫星影像是水体识别及变化监测研究中最常用的数据源。SPOT、Landsat TM/ETM、中巴资源卫星和环境卫星等多波段信息源不仅分辨率较高，而且逐渐面向大众用户免费开放，促进了其向纵深领域拓展。针对这种数据源的水体提取，学者们提出了多种水体提取指数，如归一化差异水体指数(normalized difference water index，NDWI)、改进的归一化差异水体指数(modified NDWI，MNDWI)(徐涵秋，2005)、增强型水体指数(EWI)(闫霈等，2007)等。也有学者提出利用谱间关系进行水体提取，如综合利用光谱特征分析及利用 NDVI 区分水体和其他地物(王培培，2009)，综合利用 TM 影像的多波段谱间关系和单波段特征提取平原湖泊(杨莹和阮仁宗，2010)。此外，还有学者利用光谱特征和其他方法进行水体提取，如波谱关系和决策树的结合(都金康等，2001)、利用图像增强和光谱分析的结合(邓劲松等，2005)、单波段阈值法和阴影去除方法的结合(余明和李慧，2006)等都取得了一定的成效。

微波遥感技术的发展及其在水体动态监测中的应用促进了水体动态监测的快速发展。微波数据源，如 Radarsat、TRMM、SSM/I、ERS、ENVISAT、LiDAR、COSMO 等，已展现出估测水体的潜力。姚展予等(2002)基于热带降雨测量卫星(TRMM)微波成像仪(TM1)亮温数据，利用动态聚类、土壤湿度指数、极化亮温差指数和极化亮温比指数 4 种方法监测了 1998 年夏季中国江淮流域的洪涝灾害。颜锋华和金亚秋(2005)用淮河流域 7 年同月的美国防卫气象卫星计划(DMSP)特别微波成像辐射计(SSM/I)观测数据，监测出该流域 2003 年 7 月的洪涝汛情。刘新和曹晓庆(2008)利用 Radarsat 影像，并以 TM 和 DEM 作为参考信息，提取出 2003 年三峡水库一期和二期蓄水的水体范围。窦建方等(2008)采用序列非线性滤波的处理方法，有效地实现了 ERS SAR 影像水体目标的自动识别与提取。胡德勇等(2008)以单波段单极化 Radarsat-1 SAR 图像为研究对象，建立了适于图像分类的多维特征空间，并使用支持向量机分类器进行水体信息提取。王栋等(2009)利用 ENVISAT ASAR 多极化影像和形态学重构运算，从分离出的图像分量中提取出水体目标。王宗跃等(2009)提出一种高分辨率影像与机载激光雷达(LiDAR)点云数据相结合的水体轮廓线提取方法，能精确提取出清江水体轮廓线。李景刚等(2009，2010)应用阈值法对 ENVISAT ASAR 数据进行水体提取，有效提取了洞庭湖地区 2007 年枯水期和洪水期水体分布情况。郑伟等(2012)基于被动微波遥感 SSM/I 数据计算的计划比值指数 PRI 和 RAT 技术，提出极化比值变化指数(PRVI)，利用淮河流域的 PRVI 数据研究了淮河流域洪涝时空特征。熊金国等(2012)利用数据融合方法，结合意大利 COSMO Skymed SAR 数据和福卫-2 号多光谱数据，展开了多光谱影像辅助雷达图像的水体信息提取研究。微波遥感不仅可有效区分水体及其周围地物，而且具有全天候、全天时的探测能力，其穿云透雾的特点在水体监测，尤其是洪水期阴雨天气的水体监测中具有特殊优势。

2. 水体变化监测

卫星遥感具有的较强轨道重复能力和稳定的观测性能是利用其进行水体变化监测的重要原因及数据基础，尤其是对快速变化的水体。利用遥感技术进行水体的动态变化监测意义重大。目前，基于遥感影像的水体动态变化监测大体可以分为两类方法：一是针对不同时相的影像先进行地物分类再实施变化监测，称为先分类后比较法；二是对多时相影像进行变换后再提取变化信息，称为光谱变换比较法，包括彩色合成法、时间序列分析法等。

1）先分类后比较法

该法首先通过对同一地区不同时相的影像进行分类以区别水体和其他地物，然后将提取出的不同时相的水体部分进行比较，以确定水体的变化情况。该方法不仅能监测出水体是否变化，而且能判定变化的范围和趋势，还能有效地解决空间匹配和影像间的辐射差异问题。因此，适合多源传感器多时相间的水体变化监测。但使用该法时涉及影像多次分类，而分类误差容易传播和累加，故极易造成变化误差的放大后果。

张学等（2009）以上海市为例，利用一种基于叠合像元的变化检测方法，提取 1989～1995 年、1995～2001年、2001～2006 年 3 个时间段的水体等土地覆盖类型的变化，证实了这种方法的有效性。

2）彩色合成法

该方法选用研究区域不同时相遥感影像中特定的波段分别赋予红、绿、蓝 3 种颜色，水体变化区域在彩色合成影像中显示出亮度变化。彩色合成法可以实现多幅影像的水体变化监测，且可使用多种数据源，便于实现水体变化的自动提取，但是无法监测水体变化的类型和大小。

3）时间序列分析法

该方法是指以研究区域一段时期内一系列遥感影像为数据源，进行水体特征提取和分析，监测该区域这段时间内水体的动态变化范围和变化趋势。进行水体变化监测时间序列分析的数据源主要是中低分辨率的 MODIS 和中等分辨率的 Landsat TM/ETM+，其中 MODIS 数据具有较高的时间分辨率，多用于短时期大范围水体变化的时序性监测，如汛情等；而 TM/ETM+虽然时间分辨率不及 MODIS，但是其较高的空间分辨率和较高质量的图像，极适合长时期的年际水体变化时间序列分析。

王坚等（2005）以三峡库区 2001 年和 2003 年 MODIS 数据反演的 NDVI 时间序列影像为例，进行库区植被变化分析，采用阈值分割法将库区变化强度分为未变化、小变化、中等变化与剧烈变化 4 种类型，得到了有效的结果。

水体提取是水体变化监测的重要基础。总体上，水体提取方法主要包括多光谱分析法、单波段阈值法、多波段组合法和水体指数法等。多光谱分析法是通过分析水体与背景地物的波谱曲线特征，建立逻辑判别表达式，进而从影像中分离出水体。单波段阈值法是利用遥感影像中的短红外波段提取水体，该方法简单易行，但混淆信息较多，提取精度不高。多波段组合法综合多个波段的水体光谱特征，利用波段相加、相减和作比值等方法，达到抑制非水体信息、增强水体信息的效果，进而采用决策树、阈值法等方法提取水体信息。相较于单波段阈值法，多波段组合法提取精度较高，但波段组合选择和阈值设定过程较烦琐，且对于不同传感器、不同水体甚至不同时相的影像均不同。水体指数法是对多波段组合法的一种改进，在多波段水体特征分析的基础上，选择与水体识别密切相关的波段，分析水体与遥感影像之间的映射关系，构建水体指数计算模型，由决策树、阈值法或神经网络等方法实现水体信息的提取。

由于物理意义明确，提取效果良好，且水体是防洪、抗旱、水资源管理等业务工作的重要指标，水体提取已成为遥感技术应用于水利业务的重要切入点，其在洪涝监测、旱情监测、水资源管理、水行政执法等方面得到日益广泛的应用。

3. 洪涝灾害评估

国内外针对洪涝灾害的监测和评估方法研究较多，如依据气象指标、地形地貌、水文模型、卫星遥感及灾情统计资料等开展的洪涝灾害监测、预警、灾情评估、风险区划等。基于卫星遥感技术的洪涝损失评估更是受到很多学者的关注，并取得了很多具有实用性的成果。

方建等(2015)利用全球范围内的降水、径流量、数字高程、土地利用、人口、GDP等数据，评估了国家、格网、流域 3 个层次单元上全球洪水灾害的经济和人口风险，使用历史洪水损失及前人研究结果进行了比较验证，结果表明，自然因素和人口经济分布导致亚洲地区(尤其是东亚、南亚及东南亚地区)、美国中南部和欧洲西部的洪水灾害风险最高。此外，非洲地区因其社会经济和管理水平等原因，导致洪水灾害人口风险也比较严峻。谢秋霞等(2017)利用 HIS 变换、小波变换和 Gram-Schimdt(GS)变换 3 种典型融合方法提取洪水信息，并用 GS 和小波变换相结合的彩色密度分割法精确提取洪水信息。尹卫霞等(2016)针对暴雨洪水洪灾导致的人口损失进行了评估，构建了"影响指标–损失指标–分析方法"多维图，认为"综合影响因素–人口损失"关系分析是评估暴雨洪水灾害人口损失的核心，进一步得出结论：从灾害系统角度出发，从单一要素向多要素综合、从单一方法向综合集成等的转变是人口损失及风险定量评估的发展趋势。李加林等(2014)认为增加遥感数据源、提高遥感影像质量、开发云下水体提取技术、完善地面数据库、细化灾害统计基本单元及加强洪涝损失预警等是洪涝灾害遥感监测评估的发展方向。范一大等(2016)认为，当前基于遥感技术进行洪涝监测还存在一些不足，主要体现在暴雨性洪涝灾害监测仍受云层等因素影响，难以在业务应用中发挥作用；对于城市内涝灾害难以及时准确提取内涝时间，从而影响对灾害损失的评估。针对这些问题，认为深化光学与微波技术融合研究是提高洪涝灾害遥感监测能力的必由之路。李纪人(2016)在《与时俱进的水利遥感》一文中，分析了遥感技术在灾害监测评估中的应用，认为利用遥感技术获取孕灾环境信息和承灾体信息，进而实现较准确的灾情统计评估，是对防洪减灾的贡献。

1.3.3 冰凌监测进展

国际上对冰雪或冰凌遥感监测的研究可分为以下 5 类。

(1)光学传感器监测冰雪。众多学者开展了这方面的研究工作。例如，Hall 等(1995,

2002）及 Hall 和 Riggs（2007）提出的基于 MODIS 数据进行冰雪监测的 Snowmap 算法，利用归一化冰雪指数（normalized difference snow/ice index，NDSI）增强冰雪特征；Fernandes 和 Zhao（2008）专门为覆盖北半球的 AVHRR（五光谱通道的扫描辐射仪）数据所研究的 Snowcover 算法；Sirguey 等（2008）提出的对 MODIS 空间分辨率降尺度后进行冰雪覆盖监测的 ARSIS 算法。这些算法均在不同程度上取得了预期的效果。

（2）对局部冰雪覆盖进行监测。这类研究主要有 Pepe 等（2005）采用监督分类法对 MERIS 数据进行估算；Vikhamar 和 Solberg（2002）提出了 SnowFrac 方法，用来提高森林地区冰雪覆盖的监测精度；Painter 等（2009）建立并测试了 MODSCAG 模型（MODIS 的雪盖面积及晶粒尺寸），该模型能够从 MODIS 数据中估算出局部积雪覆盖、晶粒尺寸和雪反照率。

（3）利用光谱反射信息对云层下的冰雪覆盖进行监测。例如，Parajka 等（2010）提出了 Snowl 算法，基于 MODIS 冰雪覆盖产品来决定雪线区域，如果云覆盖像素位于雪线区域之上，可以定义为冰雪覆盖，否则，它会被重新分类为无雪；Wang 等（2009a，2009b）提出应用 Terra 和 Aqua MODIS 相结合的算法来减少云层覆盖的影响。

（4）利用无源微波传感器监测冰雪覆盖。主要有 Pulliainen 和 Hallikainen（2001）对芬兰的 Kemijoki 流域面积分别用传统的无源微波观测方法和基于雪辐射模型的自动反演算法来计算雪水当量，并对两项结果进行了比较。因该算法是在赫尔辛基科技大学（HUT）开发的，所以也被称为 HUT 算法。

（5）基于影像融合监测冰雪覆盖。Gao 等（2010）结合 Aqua 和 Terra MODIS 进行去云处理后，将 MODIS 可见光波段和地球观测系统的先进微波扫描辐射计（advanced microwave scanning radiometer-EOS，AMSR-E）被动微波数据进行融合，使用融合后 MODIS 冰雪覆盖产品的冰雪覆盖像素的实际数量计算雪水当量；Foster 等（2011）提出了 ANSA 算法，该算法结合 MODIS 可见光波段、AMSR-E 被动微波和 QSCAT 散射数据，产生一个单一的冰雪数据集，该数据集包含雪水当量、冰雪范围、局部冰雪覆盖、雪包成熟、冰雪刚融化和冰雪已融化区。

我国对冰雪遥感的研究起步较晚，但在冰雪覆盖面积的遥感提取和雪深、雪水当量的模型计算方面已经开展了大量研究工作。曾群柱和陈贤章（1990）研究了冰川与积雪动态的遥感监测方法。陈贤章和李新（1996）对多种平台和传感器进行了分析，并对积雪面积、深度和干湿雪的定量研究与应用进行了系统的综述评价。梁天刚等（2004）利用 NOAA/AVHRR 建立积雪监测反演模型，在去云基础上，利用缺值插补的方法对云下积雪进行处理。郑照军等（2004）对已有的业务化极轨气象卫星冬季旬积雪监测算法和流程进行了改进。李三妹等（2006）利用 MODIS 数据对冰雪雪深进行研究，在考虑多种积雪性质情况下，对积雪进行分类，并建立积雪深度反演模型，该模型对深度在 30cm 以内的积雪反演精度达到 80% 以上。车涛等（2004）利用被动微波数据反演青藏高原的雪深度和密度，计算出积雪的雪水当量，并建立回归分析，得到直接反演雪水当量的算法。孙知文等（2007）利用风云三号（FY-3）微波成像仪（MWRI）建立了中国区域的积雪参数半经验反演算法，在特定区域该方法优于 AMSR-E 算法。

此外，我国学者也将冰雪监测方法应用于冰凌监测，具有现实意义。陈守煜和冀鸿兰(2004)针对黄河内蒙古河段,选择热力因素和动力因素,利用模糊优选神经网络 BP模型,进行封河、开河日期的预测。刘良明等(2012)利用 HJ 的 CCD 数据,采用主成分分析和决策树法进行黄河地区的冰凌提取。夏辉宇等(2012)利用 HJ 对黄河 2009~2010年的凌汛情况进行了重点监测。

1.3.4　水土保持监测进展

美国农业部推出的 USLE(Wischmeier and Smith,1978)和 RUSLE(Renard et al.,1997)及其变种 MUSLE 方程(Williams,1975)在模拟、估算土壤侵蚀方面有着广泛的应用,并取得了丰硕成果。

Renard 和 Freimund(1994)利用美国 132 个气象站点月均降水量数据与 EI10 算法计算结果进行对比,相关系数 R^2 达到 0.81;Foster 等(1982)使用 PI30(P 为次降水量)来替代 EI30,结果表明,两者的相关性很高;Richardson 等(1983)使用日雨量的指数形式计算降雨侵蚀力;Yu 和 Rosewell(1996)利用澳大利亚东南部 29 个气象站的月均和年均降水量数据,对比两者计算的降雨侵蚀力,相关系数 R^2 达到 0.91;章文波等(2003)以全国564 个国家气象站 1971~1998 年的逐日降雨资料为基础,采用一种新方法估算降雨侵蚀力,分析全国降雨侵蚀力空间变化特征;殷水清等(2007)在水蚀严重的中国东部季风区选择 5 个代表性站点共 456 次降雨过程资料,建立了用 1h 等间隔雨量资料估算次降雨侵蚀力的计算方法,计算结果较日、月、年资料计算的结果精度更高。在区域降雨侵蚀力因子计算时,通常是在监测区域内架设气象站或雨量计得到次降雨资料,或利用附近已有的次、日、月、年降雨资料,用 EI30 算法计算站点降雨侵蚀力,再使用反距离加权(IDW)、克里金法(Kriging)等插值方法扩展到区域(章文波等,2003;刘燕玲等,2010)。

Woodburn 和 Kozachyn(1956)在密西西比河沟谷,使用团聚体稳定性和分散率作为指标,对土壤可蚀性进行了探讨。Farres 和 Corsen(1985)在 Woodburn 等的研究的基础上使用团聚体稳定性和风干率作为指标,应用标准小区域观测数据,对土壤可蚀性进行了分析。Wischmeier 和 Mannering(1969)用 5 年时间分析计算了 55 种土壤的理化性质指标与土壤可蚀性因子 K 值的关系,得到一个包含 24 个参数的土壤可蚀性 K 值计算方程,这些参数包括土壤中沙分黏粒的含量、有机质含量、土壤 pH、土壤结构、土壤容重、孔隙度等。朱显谟(1954)是我国最早研究土壤性质对侵蚀影响作用的学者,通过测定土壤膨胀系数及分散速度与侵蚀的关系,认为土体易分散性和抗蚀力与吸水后膨胀的大小有关。一般吸水后膨胀越大者,越易分散;膨胀较小者,不易分散,其流失量也较少。朱显谟还指出,土壤的透水性能也是影响土壤侵蚀的主要原因。周佩华和武春龙(1993)用山西水土保持站的小区域观测资料研究了黄土的可蚀性问题。张玉平(2010)应用标准小区域的实测结果和 Wischmeier 公式分别计算了黄土、黑土、红壤、紫色土的土壤可蚀性 K 值,并对两者结果进行了比较。

地形因子在 USLE 中也称为坡度坡长因子,它反映了地形地貌特征对土壤侵蚀的影响,是对土壤侵蚀计算影响最大的因子(Moore and Wilson,1992)。坡长定义为从地表径流源点到坡度减小至有沉积出现的地方,或到一个明显的渠道之间的水平距离

(Wischmeier and Smith, 1978)，它是反映区域地形、地貌条件的重要指标，与产流和侵蚀过程存在复杂关系。坡度是地貌形态特征的主要要素，对坡面土壤侵蚀具有重要影响。McCool 等(1987)发现，土壤侵蚀量随坡度的变化在较陡坡上比在较缓坡上明显，并且存在一个转折坡度。曹文洪(1993)通过理论分析，指出土壤侵蚀坡度界线与坡面径流深、泥沙粒径及植被等因素存在一定的函数关系。靳长兴(1995)从坡面流的能量角度出发，经理论分析得出，坡面土壤侵蚀临界坡度为 24°～29°。通常认为，由于从上坡到下坡，径流深逐渐增加，使侵蚀加剧，因此单位面积土壤流失量随坡长的增加而增加(Smith and Wischmeier, 1957)。由 Zingg(1940)提出的土壤侵蚀量与坡长间的指数关系受到普遍认可，并在后来的坡长因子计算中得到广泛应用。Foster 和 Meyer(1975)给出了坡长指数与细沟侵蚀的计算关系式。

植被措施因子也称为植被覆盖与管理因子、耕作-管理措施因子、覆盖-管理措施因子，均是指一定条件下，有植被覆盖或实施田间管理的土地土壤流失总量与同等条件下实施清耕的连续休闲地土壤流失总量的比值，是一个无量纲数，值为 0～1。植物措施因子最早由 Smith(1941)以种植制度的形式提出。Browning 等(1947)在种植制度的基础上增加了田间管理的作用。植被覆盖与管理因子取值的变化范围较大，因此其对最终土壤侵蚀计算结果的影响十分巨大。同时，植被措施因子也是 USLE 方程中最复杂的因子，美国农业部 703 号手册(Renard et al., 1997)中考虑了前期土地利用次因子(PLU)、冠层覆盖次因子(CC)、表面糙度次因子(SR)、土壤水分次因子(SM)、地面覆盖次因子(SC) 5 个参数，并给出这些参数的计算公式，以它们的乘积作为植被覆盖与管理因子值。杨子生(1999)通过建立滇东北山区 4 种代表性作物种植类型(玉米、马铃薯、黄豆、玉米-黄豆间作)对降雨引起土壤侵蚀的影响试验小区并进行连续 3 年实测，分析确定了植被覆盖与管理因子的值。

水土保持措施因子是指特定保持措施下的土壤流失量，与未实施保持措施之前相应的顺坡耕作时土壤流失量的比值。水土保持措施主要通过调整水流形态、斜坡坡度和表面流的汇流方向，减少径流量，降低径流速率等作用减轻土壤侵蚀(Renard and Foster, 1983)。水土保持措施主要包括耕作措施和工程措施，如等高耕作、带状耕作、梯田、鱼鳞坑等。Meyer 和 Harmon(1985)对等高耕作时犁沟与坡度对土壤侵蚀的影响进行探讨，当坡度非常小时，从犁垄侵蚀下来的泥沙大部分会淤积在犁沟里。Van Doren 等(1950)对等高耕作与顺坡耕作的差别开展研究，结果表明，等高耕作地块的径流量小于顺坡耕作地块的径流量，因为等高耕作减小了径流量和水流梯度，使土壤侵蚀大为减少。Jacobson(1981)认为，梯田发挥效益的最佳宽度为 34 m，随着宽度的增加，效益逐渐减小，当宽度达到 91 m 时，效益为 0。

姜琳琳和吴炳方(2013)综合考虑了降雨、土壤可蚀性、地形、土地覆盖和水土保持措施等因素的影响后，将遥感和 GIS 技术结合起来对密云水库上游地区近 20 年的水土流失状况进行监测和评估，利用修正后的 RUSLE 模型计算出该地区三期(1990 年、2000 年和 2008 年)的土壤侵蚀量，结果发现，1990～2008 年该地区水土流失经历了由加剧到减轻的过程，加剧区和减轻区面积分别为 2287.71 km^2 和 3083.11 km^2，总体是减轻的，导致这种变化的主要原因是人为因素，如各种水土保持工程和措施及时合理，在水土流失减轻区主要由水土保持效果较差的土地利用类型向较好的转换，而在水土流失加剧区则相反。进一步分析发现，该区的水土流失与降雨也有一定的关系，但与坡度无关。

冯存均(2016)利用 SPOT 5 影像、0.2m 和 0.5m 航空影像、DEM，以及水土保持样地调查数据、土地利用调查数据等专题数据，对浙江省德清县的土地利用、植被覆盖度和坡度 3 项水土流失关键影响因子进行提取，形成了一套准工程化的水土流失分布提取及统计分析方法，并成功应用于该县级区域的水土流失评估。结果表明，利用高分辨率遥感影像和多期调绘数据，结合实证研究和变化统计方法，对区域变化驱动力分析成效显著。随着水利普查和地理国情普查成果的整理、推广和应用，会更方便地从地表覆盖数据、高精度地形地貌数据中直接提取土地利用因子和坡度因子等，并将有效地提高水土流失遥感监测的效率和精度。

1.3.5　水资源监测进展

20 世纪 70 年代初，科学家开始不断探索遥感技术在水文学应用中的潜力。实践表明，虽然遥感技术不能直接探测到径流量，但是它独有的特点使得其在水文应用中具有明显优势，主要体现在时空分辨率高，可以提供长期、动态和连续的空间分布信息；探测范围广，可以获取人类无法到达的偏远地区的信息；提供面状信息而非点状信息，具有周期短、信息量大和成本低的特点。这些优势使得遥感技术在水文学上的应用不断深入，可以直接或间接测量出常规手段无法测量到的水文变量和参数，进而与水文模型耦合模拟得到径流量。目前，遥感在水文学上主要有两方面的应用：一是直接应用，即利用遥感技术直接提取水文信息，如利用遥感影像监测各种水体面积的变化、监测冰川和积雪的融化状态、监测洪水过程的动态变化等；二是间接应用，即利用遥感影像推求有关水文过程中的参数和变量，用于间接估算河川径流。

1. 基于遥感提取水文参数和变量

遥感技术已广泛地应用于流域水文变量和参数的获取，包括地表覆被状况、地形地貌、河网水系等水文下垫面影响因子，以及降水量、气温、积雪、蒸散发、土壤水等气象水文因子。

1)降水量遥感反演

降水是造成陆面水文模型非确定性的最主要因素，是区域水资源的输入项，直接影响着水循环过程和水平衡。对于大尺度流域或区域，传统的站点观测降水量很难同时满足水文模型模拟对时间和空间分辨率的要求，而且在数据时空解集中不可避免地带入其他不确定性因素(地形等)的影响(周玉良等，2010)，一定程度上制约了分布式水文模型在流域水文模拟与预报方面的应用。卫星遥感影像反演降水量自 20 世纪 70 年代逐渐受到人们的关注，其最大的优点是具有较高的时空分辨率，能较好地满足水文模拟对高时空分辨率的要求，已形成了一些遥感降水产品(Huffman and Bolvin，2009)。遥感探测降水技术可分为 3 类：可见光/红外辐射计降水估计、主动微波雷达探测和被动微波辐射计反演(Michaelides et al.，2009)。

可见光/红外方法是最早使用的一种降水估计方法，目前已发展了多种降水估计算法，如云指数法、双通道法、生命史法和基于云模式法，这些方法都是通过云的物理属性来推算降水量的。我国于 20 世纪 80 年代开始研制第一代地球静止气象卫星——风云二号(FY-2)，2004 年发射 FY-2C，2006 年发射 FY-2D，2008 年发射 FY-2E 等业务星，其主要有效载荷为红外和可见光自选扫描辐射仪(VISSR)，2008 年发射 FY-3A，2010 年发射 FY-3B 卫星，主要载荷为可见光红外扫描辐射计(VIRR)和微波成像仪(MWRI)。目前，提供的 2005 年 6 月至今的降水产品就是根据云的物理特征并结合地面观测资料估计的(卢乃锰和游然，2005；刘香娥和王广河，2008)，数据的星下点分辨率约为 5km。目前，FY 系列卫星降水估计产品的精度评价及其在水文模拟中的应用的研究较少。

微波雷达通过直接探测不同高度雨滴的后向散射来获取降水信息，其特点是可以穿透云层，探测降水粒子的信息及降水的垂直结构。针对热带降雨观测计划设计的 TRMM(tropical rainfall measuring mission)卫星上装载了微波成像仪(TMI)、降水雷达(PR)、可见光/红外辐射计(VIRS)、云和地球能量系统(CERES)和闪电成像系统(LIS)。TRMM 可提供自 1998 年开始的系列产品，包括降雨和潜热通量时空四维分布的详细数据集，目前覆盖区域由最初的全球 35°S～35°N 扩展到 50°S～50°N，降水数据的空间格网分辨率为 0.25°×0.25°，时间步长为 3 小时，由于其良好的空间分辨率和时间分辨率，TRMM 数据备受水文研究者的青睐，被广泛应用于水文模拟中，并取得了较好的应用效果。

2)大气温度遥感反演

大气温度是水文模型的一个重要输入参数，其深刻影响着水循环过程中的融雪和蒸发过程。目前，仅有较高大气层的气温能通过红外和微波遥感的方式获取，而近地表的大气温度尚无法直接由遥感获取。由于遥感反演地表温度(land surface temperature，LST)的技术相对比较成熟，且能从不同的数据源反演 LST(Tang and Li，2008；Mao et al.，2008)，因此不少研究者通过遥感反演的 LST 间接估算大气温度，其方法大致可归纳为统计法和能量平衡法两类。

统计法一般直接建立 LST 和气温的线性回归方程，如 Colombi 等(2007)基于 MODIS LST 计算阿尔卑斯山区的瞬时大气温度，并由此推算日均气温。该方法有一定的假设性或局限于某一研究区域，在其研究区内能获得具有较高时间和空间分辨率的大气温度，且具有较好的精度(2～3 K)，但推广应用的效果不佳。统计法发展到后来出现了引入多因子参与统计关系建立的高级统计法，相对于最初直接建立 LST 与气温的相关关系，高级统计法通过选择多要素参与回归方程的建立，希望体现多种气候和下垫面要素(地形、植被、季节等)对气温的影响，至少包括两个参与回归分析的参数。Klemen 和 Marion(2009)提出基于 LST 求算卫星过境时刻 2 m 处大气温度的算法，并将该算法应用于欧洲中部地区，获得的结果具有 2K 的均方根误差。

能量平衡法是一种基于能量平衡的物理方法。Meteotest(2009)在 SEB 模型中建立了结合净辐射、云覆盖、风速和地表反照率估算大气温度的方法。基于遥感 LST 推算大气温度能够获取时空分布的气温数据，但是这种方法也存在一些问题，包括 LST 反演带来的间接误差，遥感 LST 在时空上的不连续导致数据空缺而产生的时空插值问题，以及近地面气温与 LST 之间关系的不确定性等，当下垫面发生变化时（如相邻的林地和裸岩），LST 的空间变异可能很大，而实际上其上界面气温的变异却并没有 LST 那样敏感。

3）蒸散发遥感反演

蒸散发是一个从生物赖以生存的下垫面丧失水分的连续过程，既是地面热量平衡的组成部分，又是水分平衡的组成部分，掌握蒸散发状况对于了解大范围能量平衡和水分循环具有重要意义。自 1802 年 Dalton 提出蒸发计算公式以来，经历了从传统方法、模拟方法到遥感方法等多种用于估算蒸散发的方法。传统的模拟方法主要有水文学方法和气象学方法。20 世纪后期，随着遥感和 GIS 技术的发展，区域蒸发量的研究取得了突破性进展，构建了许多遥感蒸散发模型（Dominqu et al.，2005），可概括为经验统计法、水文气象法和能量余项法 3 类。

经验统计法通过回归分析，直接建立局地获得的蒸散发量与遥感反演的地表参数之间的统计关系，进而计算区域地表通量，如建立蒸散发与净辐射、地表辐射温度的经验关系；植被指数-地表温度法通过建立遥感反演的 LST 和植被指数之间的关系，计算地表水分有效性指数，并结合潜在蒸散估算实际蒸散。该方法操作简单，适用于大面积均匀下垫面蒸散发估算，但在非均匀地表处计算的效果不好。

水文气象法利用构建的水文、气象模型刻画蒸散发发生的过程，通过气象、水文驱动要素的获取，反演得到蒸散发量。气象模型对蒸散发的反演侧重于蒸发产生的气象条件模拟；水文模型则侧重于从水量平衡的角度，控制平衡其余水分分量，进而得到蒸散发量。水文气象法经过长时间的发展，更加重视将遥感反演的地表参数应用于传统的蒸散发模型（如 Priestley-Taylor 公式、互补相关模型、Peman-Monteith 公式、Kristen-Jensen 模型等）来估算区域蒸散量。刘绍民等（2004）应用遥感技术反演的反射率等数据驱动互补相关模型，计算了黄河流域地表蒸散量。该方法具有一定的物理依据，且仅需要传统的气象资料便可计算蒸散量，不需要径流和土壤湿度资料，参数少，计算简单。

能量余项法基于能量平衡方程，计算净辐射、土壤热通量、显热通量，采用余项法计算潜热通量，进而得到地表蒸散发量。目前，已构建了一系列基于能量平衡原理的蒸散发遥感信息模型，如 SEBS（Su，2001，2002）、SEBAL（Bastiaanssen et al.，1998a，1998b；Bastiaanssen，2000）等，该方法是目前遥感蒸散发研究的热点，应用较为广泛。能量余项法计算感热通量时通过空气动力学阻抗将气象数据、遥感表面温度及能量通量联系起来，但是辐射表面温度并不等于空气动力学温度，尤其是在稀疏植被覆盖下两者差别很大；另外，平流的影响也是这类模型尚未解决的问题。

2. 耦合遥感信息的水文模型

尽管遥感技术无法直接测量河川径流，但是结合遥感提供的地形、土壤、植被、土地利用和水系水体等下垫面条件信息，以及降水量和蒸散发量等信息，在确定汇流特性及水文模型参数时十分有效；通过间接转化可以获得一些传统水文方法观测不到的信息，且由于遥感具有周期短、同步性好、及时准确等特点，能较好地满足水文模拟实时、空间分布的需求；与描述时空变异性的多变量或参数化的水文模型进行有效耦合，可用于水文过程模拟及水循环规律研究。遥感技术与水文模型相结合形成的遥感信息水文模型(Boegh et al.，2004；Schuurmans et al.，2003；Stisen et al.，2008)，可以直接或间接地应用遥感影像在更大范围内更准确地实现流域的水文概况估算、水体变化监测、洪水过程监测预报等。傅国斌和刘昌明(2001)将应用遥感信息的水文模型分成以下3类。

(1)遥感信息和地面同步实测资料的回归模型。该模型基本上没有物理机制，所以时空分辨率都较低，可用于较大流域(如 10 000km²)长时段(如月)的水资源规划和管理。国内如 Zhang 等(2004)在长江的汉口段流域上，提出利用高分辨率的 QuickBird 2 卫星影像资料估算河流流量的方法，该方法通过与河流宽度-水位及遥测水位-流量关系曲线耦合来测量河流水面宽度变化，从而准确评估其流量。

(2)将遥感信息作为水文模型中参数的输入，或者将调整结构后的水文模型与具有空间特征的遥感影像相结合形成遥感水文模型。这类模型以 SCS(soil conservation services)模型为典型，最早尝试应用遥感信息确定模型的重要参数 CN 值。刘贤赵等(2005)应用遥感影像确定模型的土地利用和土壤类型，改进了 SCS 模型，取得了较好的水文模拟结果；许有鹏等(1995)采用萨克门托水文模型，探讨了利用 Landsat TM 直接或辅助确定水文模型参数的途径和方法，并将其应用于浙江省曹娥江流域，进行日、月和年径流的动态模拟，获取了较高的精度。

(3)应用遥感影像的水量平衡模型。该模型的结构非常简单且清晰，即水量平衡方程，利用遥感信息结合地面实测资料求得降水、区域蒸散发及土壤持水量的变化后，即可得到径流量，但计算过程中存在误差累计问题。对于区域蒸散发遥感估算模型，因涉及地表反照率、植被覆盖度、地表温度、净辐射等下垫面物理特征参数，以及云、大气、太阳角和观测视角的影响，对遥感数据有效性会产生一定限制，加上地表参数反演累积误差，导致区域蒸散发遥感估算精度不高。高分辨率遥感卫星的发射，特别是多角度热红外波段和微波波段影像的逐步应用，能为蒸散发模型提供更全面和丰富的信息源，促进遥感估算模型精度的提高(张荣华等，2012)。

3. 水资源天空地立体监测

自 2012 年启动建设国家水资源管理系统一期工程以来，于 2015 年完成一期工程(比预期稍晚)，已经建成 7137 个规模以上取用水户取水量的在线监测点、4141 个重要水功能区断面水质监测点、141 个水源地水质在线监测点和 737 个省界断面水量水质监测点，可在线监测的取水量约占总用水量的 32%，是目前全球范围内规模最大、体系最完整的取用水量监测系统，显著提升了我国水资源的监控能力。2016 年开始二期工程建设，计划将系统监测比例提高到总用水量的 50%。一期监测的难点在于分散的农业用水和规模以下城市取用水完全地面监测困难，二期监测的难点在于大范围农业灌溉用水监测困难。

水资源监测是水资源管理的基础性支撑，是落实最严格水资源管理制度的需要，也是提高水资源管理水平的关键。在建设国家水资源管理系统的同时，国家还启动了"水资源高效开发利用"重点研发计划专项建设，重点开展综合节水、非常规水资源开发利用、水资源优化配置、重大水利工程建设与安全运行、江河治理与水沙调控、水资源精细化管理等方面的科学技术研究，促进科技成果应用，培育和发展水安全产业，形成重点区域水资源安全供给系统性技术解决方案及配套技术装备，形成 50 亿 m³ 的水资源当量效益，远景支撑正常年份缺水率降至 3% 以下。

在该专项中，国家水资源立体监测体系与遥感技术应用被首次明确提出并着力建设。这实际上就是要构建"天-空-陆-水"一体化水资源监测体系和组建智能传感网络，开发国家水资源遥感监测平台，以服务于国家水资源监控能力建设。项目重点是研发基于国产卫星影像特别是高分系列卫星影像的水资源要素遥感反演技术，研究遥感与国家水资源地面监控体系数据的深度融合技术。在遥感影像获取方面，除了陆续发射的 GF-1、GF-2、…、GF-7 外，还将发射"全球水循环观测卫星（WCOM）"和 HJ-2 卫星，"十四五"计划发射我国首颗"陆地水资源卫星"。可以看出，随着条件的不断改善和研究成果的推广应用，将形成由多颗卫星、多种传感器(红外、可见光、微波和激光等)和地面观测系统构建的天空地一体化观测体系，是未来水资源监测的重要发展方向。

总体上，针对已有业务应用，水利行业构建了满足一定需求的地面监测站网，初步满足了水资源开发利用和治理保护的需要。遥感技术因具有对空间分布信息快速、廉价的获取能力，在水体提取、旱情监测等领域开展了大量研究和实践。随着经济社会的发展，洪涝、干旱、冰凌等灾害的监测面临严峻形势，结合正在实施的最严格水资源管理制度，迫切需要综合利用卫星遥感技术和地面站网监测，充分发挥各自优势，对干旱、水体和冰凌的时空分布进行更好地监测。

参 考 文 献

包红军，王莉莉，李致家，等. 2016. 基于 Holtan 产流的分布式水文模型. 河海大学学报(自然科学版)，44(4)：340-346.

蔡阳. 2013. 国家水资源监控能力建设项目及其进展. 水利信息化，(6)：5-10.

曹文洪. 1993. 土壤侵蚀的坡度界限研究. 水土保持通报，13(4)：1-5.

车涛，李新，高峰. 2004. 青藏高原积雪深度和雪水当量的被动微波遥感反演. 冰川冻土，26(3)：363-368.

陈守煜，黄鸿兰. 2004. 冰凌预报模糊优选神经网络 BP 方法. 水利学报，(6)：114-118.

陈贤章，李新. 1996. 积雪定量化遥感研究进展. 遥感技术与应用，11(4)：46-52.

陈赞廷，可素娟. 2000. 黄河冰凌预报方法评述//黄河水文科技成果与论文选集(四). 郑州：黄河水利出版社：245-252.

陈赞廷. 2009. 黄河洪水及冰凌预报研究与实践. 郑州：黄河水利出版社.

戴礼云，车涛. 2010. 1999~2008 年中国地区雪密度的时空分布及其影响特征. 冰川冻土，(5)：861-866.

邓劲松，王珂，李君，等. 2005. 决策树方法从 SPOT-5 卫星影像中自动提取水体信息研究. 浙江大学学报(农业与生命科学版)，31(2)：171-174.

董婷. 2016. 基于多源数据的遥感旱情监测方法研究. 武汉大学博士学位论文.

都金康，黄永胜，冯学智，等. 2001. SPOT 卫星影像的水体提取方法及分类研究. 遥感学报，5(3)：214-219.

窦建方，陈鹰，翁玉坤. 2008. 基于序列非线性滤波 SAR 影像水体自动提取. 海洋测绘，28(4)：69-72.

范一大，吴玮，王薇，等. 2016. 中国灾害遥感研究进展. 遥感学报，20(5)：1170-1184.

方建，李梦婕，王静爱，等. 2015. 全球暴雨洪水灾害风险评估与制图. 自然灾害学报，24(1)：1-8.

冯存均. 2016. 水土流失地理国情监测关键技术研究. 测绘通报，(1)：121-124.

傅国斌，刘昌明. 2001. 遥感技术在水文学中的应用与研究进展. 水科学进展，12(4)：548-559.

郭铌，王小平. 2015. 遥感干旱应用技术进展及面临的技术问题与发展机遇. 干旱气象，33(1)：1-18.

侯喜禄，梁一民，曹清玉. 1991. 黄土丘陵沟壑区主要水保林类型及草地水保效益的研究. 水土保持研究，(2)：96-103.

胡德勇，李京，陈云浩，等. 2008. 单波段单极化 SAR 图像水体和居民地信息提取方法研究. 中国图象图形学报，13(2)：

257-263.

胡东生, 贲常恭, 郑一泊. 1996. 气象卫星 NOAA 遥感数据在盐湖动态变化中的应用研究. 科学通报, 41(14): 1311-1314.

贾仰文, 王浩, 倪广恒, 等. 2005. 分布式流域水文模型原理与实践. 北京: 中国水利水电出版社.

姜琳琳, 吴炳方. 2013. 近 30 年来密云水库上游水土流失动态监测. 测绘与空间地理信息, 36(10): 140-145.

江忠善, 王志强, 刘志. 1996. 应用地理信息系统评价黄土丘陵区小流域土壤侵蚀的研究. 水土保持研究, (2): 84-97.

金喜来, 甘治国, 陆旭. 2015. 国家水资源监控能力建设项目建设与管理. 中国水利, (11): 24-25.

靳长兴. 1995. 论坡面侵蚀的临界坡度. 地理学报, 50(3): 234-239.

可素娟, 王敏, 饶素秋. 2000. 黄河冰凌研究. 郑州: 黄河水利出版社.

李纪人. 2016. 与时俱进的水利遥感. 水利学报, 47(3): 436-442.

李加林, 曹罗丹, 浦瑞良. 2014. 洪涝灾害遥感监测评估研究综述. 水利学报, 45(3): 253-260.

李景刚, 黄诗峰, 李纪人. 2010. ENVISAT 卫星先进合成孔径雷达数据水体提取研究——改进的最大类间方差阈值法. 自然灾害学报, 19(3): 139-145.

李景刚, 李纪人, 黄诗峰, 等. 2009. Terra/MODIS 时间序列数据在湖泊水域面积动态监测中的应用研究——以洞庭湖地区为例. 自然资源学报, 24(5): 923-933.

李兰, 钟名军. 2003. 基于 GIS 的 LL-2 分布式降雨径流模型的结构. 水电能源科学, 21(4): 35-38.

李三妹, 傅华, 黄镇, 等. 2006. 用 EOS/MODIS 资料反演积雪深度参量. 干旱区地理, 29(5): 718-725.

李永生, 武鹏飞. 2008. 基于 MODIS 数据的艾比湖湖面变化研究. 水资源与水工程学报, 19(5): 110-112.

李致家, 黄鹏年, 姚成, 等. 2014. 灵活架构水文模型在不同产流区的应用. 水科学进展, 25(1): 28-35.

李致家, 张珂, 姚成. 2006. 基于 GIS 的 DEM 和分布式水文模型的应用比较. 水利学报, 37(8): 1022-1028.

梁天刚, 吴彩霞, 陈全功, 等. 2004. 北疆牧区积雪图像分类与雪深反演模型的研究. 冰川冻土, 2.

刘昌明, 王中根, 郑红星, 等. 2008. HIMS 系统及其定制模型的开发与应用. 中国科学 E 辑: 技术科学, 38(3): 350-360.

刘良明, 李德仁. 1999. 基于辅助数据的遥感干旱分析. 武汉测绘科技大学学报, 24(4): 300-305.

刘良明, 徐琪, 周正, 等. 2012. 利用 HJ-1A/1B CCD 数据进行黄河凌汛监测. 武汉大学学报(信息科学版), 37(2): 141-144.

刘绍民, 孙睿, 孙中平, 等. 2004. 基于互补相关原理的区域蒸散量估算模型比较. 地理学报, 59(3): 331-340.

刘巍巍, 安顺清, 刘庚山, 等. 2004. 帕默尔旱度模式的进一步修正. 应用气象学报, 15(2): 207-216.

刘贤赵, 康绍忠, 刘德林, 等. 2005. 基于地理信息的 SCS 模型及其在黄土高原小流域降雨-径流关系中的应用. 农业工程学报, 21(5): 93-97.

刘香娥, 王广河. 2008. 风云-2C 卫星反演云降水参数及业务产品开发//第十五届全国云降水与人工影响天气科学会议论文集. 774-777.

刘新, 曹晓庆. 2008. 基于 Radarsat 的三峡库区水体表面积提取方法研究. 三峡环境与生态, 1(2): 18-20.

刘燕玲, 刘滨辉, 王力刚, 等. 2010. 黑龙江省降雨侵蚀力的变化规律. 中国水土保持科学, 8(2): 24-29.

刘卓颖. 2005. 黄土高原地区分布式水文模型的研究与应用. 清华大学博士学位论文.

卢乃锰, 游然. 2005. FY-2C 卫星降水估计产品: 风云二号 C 卫星业务产品释用手册. 北京: 国家卫星中心.

罗伟祥, 白立强, 宋西德, 等. 1990. 不同覆盖度林地和草地的径流量与冲刷量. 水土保持学报, 4(1): 30-35.

吕琪菲. 2015. 国产高分辨率遥感影像水体提取技术研究. 武汉大学博士学位论文.

吕亚平. 2007. 浅析比降面积法测流. 陕西水利, (4): 34-35.

冉大川, 吴永红, 李雪梅, 等. 2012. 河龙区间近期人类活动减水减沙贡献率分析. 人民黄河, 34(2): 84-86.

冉大川. 2006. 黄河中游水土保持措施的减水减沙作用研究. 资源科学, 28(1): 93-100.

芮孝芳, 黄国如. 2004. 分布式水文模型的现状与未来. 水利水电科技进展, 24(2): 55-58.

孙丽, 王飞, 吴全. 2010. 干旱遥感监测模型在中国冬小麦区的应用. 农业工程学报, (1): 243-249, 389.

孙知文, 施建成, 杨虎, 等. 2007. 风云三号微波成像仪积雪参数反演算法初步研究. 遥感技术与应用, 22(2): 264-267.

水利部水文局. 2017. 2016 水文发展年度报告. 北京: 中国水利水电出版社.

谭成志. 1990. 流速-面积法流量计算的讨论. 水文, (1): 40-42.

汪潇, 张增祥, 赵晓丽, 等. 2007. 遥感监测土壤水分研究综述. 土壤学报, 44(1): 157-163.

王栋, 陈映鹰, 秦平. 2009. 基于形态学和盲源分离合成孔径雷达水体提取. 同济大学学报(自然科学版), 37(12): 1673-1678.

王海波, 马明国. 2009. 基于遥感的湖泊水域动态变化检测研究进展. 遥感技术与应用, 24(5): 674-684.

王浩，杨爱民，周祖昊，等.2005.基于分布式水文模型的水土保持水文水资源效应研究.中国水土保持科学，3(4)：6-10.

王坚，张继贤，刘正军，等.2005.基于NDVI序列影像精化结果的植被覆盖变化研究.测绘科学，30(6)：43-44.

王蕾.2006.基于不规则三角形网格的物理性流域水文模型研究.清华大学.

王培培.2009.基于ETM影像的水体信息自动提取与分类研究.首都师范大学学报：自然科学版，30(6)：75-79.

王中根，刘昌明，左其亭，等.2002.基于DEM的分布式水文模型构建方法.地理科学进展.21(5)：430-439.

王中根，郑红星，刘昌明，等.2004.基于GIS/RS的流域水文过程分布式模拟——Ⅰ模型的原理与结构.水科学进展，15(4)：501-505.

王宗跃，马洪超，徐宏根，等.2009.结合影像和LiDAR点云数据的水体轮廓线提取方法.计算机工程与应用，45(21)：33-36.

吴孟泉，崔伟宏，李景刚.2007.温度植被干旱指数(TVDI)在复杂山区干旱监测的应用研究.干旱区地理，30(1)：30-35.

夏辉宇，孟令奎，李继元，等.2012.环境减灾卫星数据在黄河凌汛监测中的应用.水利信息化，(2)：20-23.

夏军，王纲胜，谈戈，等.2004.水文非线性系统与分布式时变增益模型.中国科学(D辑)，34(11)：1062-1071.

谢秋霞，张佳晖，陆坤，等.2017.基于典型遥感影像融合方法的洪水信息精确提取研究与应用.灾害学，32(1)：183-186，204.

熊金国，王丽涛，王世新.2012.基于多光谱影像辅助的微波遥感水体提取方法研究.中国水利水电科学研究院学报，10(1)：23-28.

徐涵秋.2005.利用改进的归一化差异水体指数(MDNWI)提取水体信息的研究.遥感学报，9(5)：589-595.

许有鹏，陈钦峦，朱静玉.1995.遥感信息在水文动态模拟中的应用.水科学进展，6(2)：156-161.

闫霈，张友静，张元.2007.利用增强型水体指数(EWI)和GIS去噪音技术提取半干旱地区水系信息的研究.遥感应用，(6)：62-67.

颜锋华，金亚秋.2005.星载微波SSM/I多时相辐射观测的特征指数检测与评估2003年7月中国淮河流域汛情.地球物理学报，48(4)：775-779.

杨大文，李翀，倪广恒，等.2004.分布式水文模型在黄河流域的应用.地理学报，59(1)：143-154.

杨绍锷，闫娜娜，吴炳方.2010.农业干旱遥感监测研究进展.遥感信息，(10)：103-109.

杨胜天，刘昌明，孙睿.2003.黄河流域干旱状况变化的气候与植被特征分析.自然资源学报，18(2)：136-141，257.

杨曦，武建军，闫峰，等.2009.基于地表温度-植被指数特征空间的区域土壤干湿状况.生态学报，29(5)：1205-1216.

杨晓峰，杨雨行.2003.一种较理想的量水建筑物——平坦V形堰.中国水土保持科学，1(3)：6-79.

杨莹，阮仁宗.2010.基于TM影像的平原湖泊水体信息提取的研究.遥感应用，(3)：60-64.

杨子生.1999.滇东北山区坡耕地土壤流失方程研究.水土保持通报，19(1)：1-9.

姚文艺，冉大川，陈江南.2013.黄河流域近期水沙变化及其趋势预测.水科学进展，24(5)：607-616.

姚展予，李万彪，高慧琳，等.2002.用TRMM卫星微波成像仪资料遥感地面洪涝的研究.气象学报，60(2)：243-249.

殷水清，谢云，王春刚.2007.用小时降雨资料估算降雨侵蚀力的方法.地理研究，26(3)：541-547.

尹卫霞，余瀚，崔淑娟，等.2016.暴雨洪水灾害人口损失评估方法研究进展.地理科学进展，35(2)：148-158.

尤宾.2002.用稀释法测量排污口流量试验研究.水文，22(6)：46-49.

余明，李慧.2006.基于SPOT影像的水体信息提取以及在湿地分类中的应用研究.应用技术，(3)：44-47.

张荣华，杜君平，孙睿.2012.区域蒸散发遥感估算方法及验证综述.地球科学进展，27(12)：1295-1307.

张学，童小华，刘妙龙.2009.一种扩展的土地覆盖转换像元变化检测方法.同济大学学报(自然科学版)，37(5)：685-689.

张玉平.2010.基于抽样调查的区域土壤侵蚀规律定量研究.北京师范大学硕士学位论文.

章文波，谢云，刘宝元.2003.中国降雨侵蚀力空间变化特征.山地学报，21(1)：33-40.

赵阳，程先富.2012.洪水灾害遥感监测研究综述.四川环境，31(4)：106-109.

曾群柱，陈贤章.1990.冰川与积雪动态的遥感监测.遥感信息，(2)：28-29.

郑伟，韩秀珍，王新，等.2012.基于SSM/I数据的淮河流域洪涝监测分析.地理研究，31(1)：45-51.

郑照军，刘玉洁，张炳川.2004.中国地区冬季积雪遥感监测方法改进.应用气象学报，15(B12)：75-84.

周佩华，武春龙.1993.黄土高原土壤抗冲性的实验研究方法探讨.水土保持学报，7(1)：29-34.

周玉良，陆桂华，吴志勇，等.2010.基于多重分形的降雨时空解集研究.四川大学学报(工程科学版)，42(2)：26-33.

朱显谟.1954.泾河流域土壤侵蚀现象及其演变.土壤学报，2(4)：209-222.

Abbot M B，Bathurst J C，Cunge J A，et al. 1986. An introduction to the European hydrologic system-system hydrologique

European，SHE. Journal of Hydrology，87：45-77.

Arnold J G，Williams J R，Maidment D R. 1995. Continuous-time water and sediment-routing model for large basins. Journal of Hydraulic Engineering， 121（2）：171-183.

Bastiaanssen W G M. 2000. SEBAL-based sensible and latent heat fluxes in the irrigated gediz basin，Turkey. Journal of Hydrology，229：87-100.

Bastiaanssen W G M，Menenti M，Feddes R A，et al. 1998a. A remote sensing surface energy balance algorithm forland（SEBAL）1. formulation. Journal of Hydrology，212-213：198-212.

Bastiaanssen W G M，Pelgrum H，Wang J，et al. 1998b. A remote sensing surface energy balance algorithm for land（SEBAL）2. validation. Journal of Hydrology，212-213：213-229.

Beven K J，Kirkby M J，Schofield N，et al. 1984. Testing a physically-based flood forecasting model（TOPMODEL）for three UK catchments. Journal of Hydrology，69（1）：119-143.

Boegh E，Thorsen M，Butts M B，et al. 2004. Incorporating remote sensing data in physically based distributed agro-hydrological modeling. Journal of Hydrology，287（1-4）：279-299.

Browning G M，Parish C L，Lass J G. 1947. A method of determining the use and limitations of rotations and conservation practices in the control of erosion in Iowa. Soil Sci Soc Am Proc，23：249-264.

Colombi A，de Michele C，Pepe M，et al. 2007. Estimation of daily mean air temperature from MODIS LST in Alpine Areas. EARSeL eProceedings，6（1）：38-46.

Dominqu C，Bernard S，Albert O. 2005. Review on estimation of evapotranspiration from remote sensing data： from empirical to numerical modeling approaches. Irrigation and Drainage Systems，19：223-249.

Farres P J，Corsen S M. 1985. An improved method of aggregate stability measurement. Earth Surface Processes Landforms，10：321-329.

Fernandes R，Zhao H. 2008. Mapping Daily Snow Cover Extent over Land Surfaces using NOAA AVHRR Imagery. Proceedings of 5th EARSeL Workshop：Remote Sensing of Land Ice and Snow. Bern，Switzerland：European Association of Remote Sensing Laboratories：1-8.

Foster G R，Johnson C B，Moldenhauer W C. 1982. Hydraulic of failure of unanchored cornstalk and wheat staw mulches for erosion control. Transactions of the ASAE，25（4）：940-947.

Foster G R，Meyer L D. 1975. Mathematical simulation of upland erosion by fundamental erosion mechanics. Present and Prospective Technology for Predicting Sediment Yields and Sources，40：190-207.

Foster J L，Hall D K，Eylander J B，et al. 2011. A blended global snow productusing visible，passive microwave and scatterometer satellite data. International Journal of Remote Sensing，32（5）：1371-1395.

Gao Y，Xie H，Lu N，et al. 2010. Toward advanced daily cloud-free snow cover and snow water equivalent products from Terra-Aqua MODIS and Aqua AMSR-E measurements. Journal of Hydrology，385（1）：23-35.

Ghulam A，Qin Q M，Zhan Z M. 2007a. Designing of the perpendicular drought index. Environmental Geology，52（6）：1045-1052.

Ghulam A，Qin Q M，Teyip T，et al. 2007b. Modified perpendicular drought index（MPDI）：a real-time drought monitoring method. Isprs Journal of Photogrammetry and Remote Sensing，62（2）：150-164.

Hall D K，Riggs G A. 2007. Accuracy assessment of the MODIS snow products. Hydrological Processes，21（12）：1534-1547.

Hall D K，Riggs G A，Salomonson V V. 1995. Development of methods for napping global snow cover using moderate resolution imaging spectroradiometer data. Remote Sensing of Environment，54（2）：127-140.

Hall D K，Riggs G A，Salomonson V V，et al. Bayr K. J. 2002. MODIS snow-cover products. Remote Sensing of Environment，83（1）：181-194.

Heim Jr，Richard R. 2002. A review of twentieth-century drought indices used in the United States. Bulletin of the American Meteorological Society，3（8）：1149-1165.

Huffman G J，Bolvin D T. 2009. TRMM and other Data Precipitation Data Set Documentation. ftp：//precip.gsfc.nasa.gov/pub/trmmdocs/3B42_3B43_doc.pdf.

Jacobson P. 1981. Terrace planning criteria for runoff control for deep loess soil. Transactions of the ASAE，24（3）：699-704.

Klemen Z，Marion S H. 2009. Parameterization of air temperature in high temporal and spatial resolution from a combination of the

SEVIRI and MODIS instruments. Journal of Photogrammetry and Remote Sensing, 64(4): 414-421.

Kogan F N. 1990. Remote sensing of weather impacts on vegetation in non-homogeneous areas. International Journal of Remote Sensing, 11(8): 1405-1419.

Liang X, Lettenmaier D P, Wood E F, et al. 1994. A simple hydrologically based model of land-surface water and energy fluxes for general-circulation models. Journal of Geophysical Research-Atmospheres, 99(D7): 14415-14428.

Mao K, Qin Z, Shi J, et al. 2005. A practical split-window algorithm for retrieving land-surface temperature from MODIS data. International Journal of Remote Sensing, 26(15): 3181-3204.

McCool D K, Brown L C, Foster G R, et al. 1987. Revised slope steepness factor for the universal saoil loss equation. Transactions of the ASAE, 30(5): 1387-1396.

McKee T B, Doesken N J, Kleist J. 1993. Drought Monitoring with Multiple Time Scales//Preprints, Eighth Conf on Applied Climatology, Anaheim, CA, American Meteorological Society: 179-184.

Meteotest. 2009. Meteonorm Handbook, Part III: Theory Part 2. http: //www.meteotest.ch/pdf/am/ theory_2.pdf.

Meyer L D, Harmon W C. 1985. Sediment losses from cropland furrows of different gradients. Transactions of the ASAE, 28(2): 448-453.

Michaelides S, Levizzani V, Anagnostou E, et al. 2009. Precipitation: measurement, remote sensing, climatology and modeling. Atmospheric Research, 94(4): 512-533.

Moore I D, Wilson J P. 1992. Length slope factors for the revised universal soil loss equation: simplified method of estimation. Journal of Soil and Water Conservation, 47(5): 423-428.

Munich Reinsurance Company. 2010. Topics Geo, Natural Catastrophes 2009: Analysis, Assessment, Positions. Munich, Germany.

Ouyang W, Skidmore A K, Hao F, et al. 2010. Soil erosion dynamics response to landscape pattern. Science of the Total Environment, 408(6): 1358-1366.

Painter T H, Rittger K, McKenzie C, et al. 2009. Retrieval of subpixel snow covered area, grain size, and albedo from MODIS. Remote Sensing of Environment, 113(4): 868-879.

Palmer W C. 1965. Meteorological Drought. Washington, DC: US Department of Commerce, Weather Bureau. Research Paper, 45-58.

Parajka J, Pepe M, Rampini A, et al. 2010. A regional snow-line method for estimating snow cover from MODIS during cloud cover. Journal of Hydrology, 381(3): 203-212.

Pepe M, Brivio P A, Rampini A, et al. 2005. Snow cover monitoring in alpine regions using ENVISAT optical data. International Journal of Remote Sensing, 26(21): 4661-4667.

Pulliainen J T, Hallikainen M. 2001. Retrieval of regional snow water equivalent from space-borne passive microwave observations. Remote Sensing of Environment, 75(1): 76-85.

Reed S, Koren V, Smith M, et al. 2004. Overall distributed model intercomparison project results. Journal of Hydrology, 298(1-4): 27-60.

Renard K G, Foster G R. 1983. Soil conservation: principles of erosion by water. Dryland Agriculture, 155-176.

Renard K G, Foster G R, Weeies G A, et al. 1997. Predicting soil erosion by water: a guide to conservation planning with the revised universal soil loss equation(RUSLE). U. S. Department of Agriculture, Agriculture Handbook: 703.

Renard K G, Freimund J R. 1994. Using monthly precipitation data to estimate the R-factor in the revised USLE. Journal of Hydrology, 157(1-4): 287-306.

Richardson C W, Foster G R, Wright D A. 1983. Estimation of erosion index from daily rainfall amount. Transctions of the ASAE, 26(1): 153-156.

Schuurmans J M, Troch P A, Veldhuizen A A, et al. 2003. Assimilation of remotely sensed latent heat flux in a distributed hydrological model. Advances in Water Resources, 26(2): 151-159.

Shahabfar A, Ghulam A, Eitzinger J. 2012. Drought monitoring in Iran using the perpendicular drought indices. International Journal of Applied Earth Observation and Geoinformation, 18: 119-127.

Sirguey P, Mathieu R, Arnoud Y, et al. 2008. Improving MODIS spatial resolution for snow mapping using wavelet fusion and ARSIS concept. IEEE Transactions on Geoscience and Remote Sensing, 5(1): 78-82.

Smith D.D. 1941. Interpretation of soil conservation data for field use. Agricultural Engineering, 22(5): 173-175.

Smith D D, Wischmeier W H. 1957. Factor affecting sheet and rill erosion. Transactions of American Geophysical Union, 38(6): 889-896.

Smith M B, Georgakakos K P, Liang X. 2004. The distributed model intercomparison project(DMIP). Journal of Hydrology, 298(1-4): 1-3.

Stisen S, Jensen K H, Sandholt I, et al. 2008. A remote sensing driven distributed hydrological model of the senegal river basin. Journal of Hydrology, 354(1-4): 131-148.

Su Z. 2001. A surface energy balance system(SEBS) for estimation of turbulent heat fluxes from point to continental scale//Su Z, Jacobs J. Advanced Earth Observation-Land Surface Climate. Publications of the National Remote Sensing Board(BCRS), 2(1-2): 91-108.

Su Z. 2002. The Surface energy balance system(SEBS) for estimation of turbulennt heat fluexes. Hydrology and Earth System Sciences Discussions. 6(1): 85-99.

Tang B H, Li Z L. 2008. Estimation of instantaneous net surface longwave radiation from MODIS cloud-free data. Remote Sensing of Environment, 112(9): 3482-3492.

van Doren C A, Stauffer R S, Kidder E H. 1950. Effect of Contour Farming on Soil Loss and Runoff. Soil Science Society of America Proceedings, 15: 413-417.

Vikhamar D, Solberg R. 2002. Subpixel mapping of snow cover in forests by optical remote sensing. Remote Sensing of Environment, 84(1): 69-82.

Wang X, Xie H, Liang T. 2009a. Development and assessment of combined Terra and Aqua MODIS snow cover products in Colorado Plateau, USA and Northern Xinjiang, China. Journal of Applied Remote Sensing, 3(1): 1-15.

Wang X, Xie H, Liang T, et al. 2009b. Comparison and validation of MODIS standard and new combination of Terra and Aqua snow cover products in Northern Xinjiang, China. Hydrological Processes, 23(3): 419-429.

Williams J R. 1975. Sediment-yield Prediction with Universal Equation using Runoff Energy Factor. Present and Prospective Technology for Predicting Sediment Yield and Sources: Proceedings of the Sediment Yield Workshop. Oxford: USDA Sedimentation Lab, Oxford, MS, November 28-30, ARS-S-40: 244-252.

Wischmeier W H, Mannering J V. 1969. Relation of soil properties to its erodibility. Soil Science Society of America Journal, 33(1): 131-137.

Wischmeier W H, Smith D D. 1978. Predicting rainfall erosion losses: a guide to conservation planning. Agriculture Handbook, 537, USDA.

Woodburn R, Kozachyn J. 1956. A study of relative erodibility of a group of mississippi gully soils. Eos, Transactions American Geophysical Union, 37(6): 749-753.

Yu B, Rosewell C J. 1996. A robust estimator of the R-factor for the universal soil loss equation. Transactions of the ASAE, 39(2): 559-561.

Zhang J Q, Xu K Q, Watanabe M, et al. 2004. Estimation of river discharge from non-trapezoidal open channel using QuickBird-2 satellite imagery. Hydrological Sciences Journal, 49(2): 247-260.

Zingg A W. 1940. Degree and length of land slope as it affects soil loss in runoff. Agricultural Engineering, 21(2): 59-64.

第 2 章　卫星遥感大数据并行处理

卫星遥感水利监测的数据源主要是各种分辨率的卫星遥感影像，具有来源广、体量大、处理速度要求高等典型大数据的特征。本章介绍 MapReduce 环境下遥感大数据的并行处理与计算方法，提出基于 MapReduce 的遥感影像并行算法设计模式，在此基础上提出一种全局型遥感聚类初始化算法和一种迭代式遥感聚类并行算法。为解决多维遥感影像的快速分析计算和多维特征的表达与扩展问题，提出集成遥感影像的分布式 SOLAP 立方体模型，发展了基于 MapReduce 的并行多维地图代数方法，实现了 SOLAP 立方体模型中的大规模遥感信息快速时空聚集与在线分析。

2.1　遥感大数据并行算法设计模式

现有的遥感影像 MapReduce 并行处理研究大多是针对某一应用领域内一个或多个具体遥感算法实现的 MapReduce 并行化，本节首先对现有的遥感影像处理算法类型及遥感影像并行算法设计模式进行归纳总结，在此基础上提出通用的 MapReduce 遥感影像并行算法设计模式，包括独立式 MapReduce 遥感影像并行算法设计模式和组合式 MapReduce 遥感影像并行算法设计模式两种。

2.1.1　遥感大数据并行处理概述

1. 遥感影像处理算法类型

遥感影像处理算法众多，从数据运算角度可以将其分为 3 种类型：像素级运算算法、特征级运算算法和目标级运算算法（Downton and Crookes，1998；卢丽君等，2005；杨靖宇，2011）。

像素级运算算法通常是将图像转换为图像的算法，处理的数据大多具有规则性和局部性。在像素级运算算法中，每个像素点的计算仅依赖于当前像素点值或一定大小邻域内像素点的值。常见的像素级运算算法包括几何校正、图像增强等。像素级运算算法在遥感影像处理中属于底层处理算法，通常作为基础算法为上层处理提供预处理产品（Bräunl，2001）。

特征级运算算法通常是将图像转换为一系列特征数据的算法，这些特征包括从遥感影像提取点、线或面状特征，它们通常具有象征性及非局部特性。常见的特征级运算算法包括遥感影像线特征、面特征提取等。特征级运算算法通常只在特征区域内具有并行性，它在遥感影像处理中属于中层处理算法。

目标级运算算法通常是在特征数据的基础上生成一系列目标，以实现对遥感影像识别和理解的算法。目标级运算算法所处理的数据复杂且具有象征性，涉及相关专业知识，通常属于模型驱动型处理，如三维重建、专题图制作、影像解译和目标识别等。很多面向对象的遥感影像分类和特征级影像融合算法都属于目标级运算算法。目标级运算算法在遥感影像处理中属于高层处理，通常需要建立在底层和中层处理算法的基础上，且人工知识干预较多。

总体来看，像素级运算、特征级运算和目标级运算算法三层之间的关系可以由金字塔结构来表示，如图 2-1 所示。

图 2-1　遥感算法类型层级关系

底层像素级运算算法处理的数据量大，但由于处理过程较少涉及人工(知识)干预，因此算法自动化程度较高。越往金字塔高层，算法处理的数据量越小，目标级运算算法处理的基本是感兴趣区域内少量的特征。但是，越处在高层的算法，所涉及的人工(知识)干预程度越多，因此算法自动化程度和并行化程度越低。越往金字塔底层，算法对并行化的需求越高，同时并行化程度也越高。其中，处于金字塔最底层的像素级运算算法常常放在预处理阶段，用来直接对原始遥感影像进行加工处理，为上层应用提供预处理产品。像素级运算算法的逻辑通常比特征级运算算法和目标级运算算法简单，但处理的数据规模更大，在遥感算法中，大部分数据密集型算法都集中在这一层。像素级运算算法非常耗时，对并行化的需求最高。另外，像素级运算算法通常是将像素点作为基本处理单位，每个像素点运算相对独立，算法本身的自动化程度较高。在设定一些基本参数后，可以完全交由计算机自动完成，其过程无需人工干预，非常适合自动化并行处理。

部分特征级运算算法同样适合并行化，特征级运算算法处理的数据通常是由像素级运算算法处理后得到的预处理影像，在此基础上进一步提取出各类特征信息。对于一些比较成熟且自动化程度较高的特征提取算法和模型，同样可以用并行化的方式提高处理效率。

目标级运算算法需要大量人工知识干预。由于涉及遥感影像中具体目标的理解和识别，对不同研究区域和研究场景，该算法需要不断调整逻辑和参数，以适应不同情况。因此，大部分目标级运算算法的自动化程度较低，不适合计算机自动化处理，更不易实现自动化并行处理。此外，目标级运算算法通常针对具体研究区域，数据是经过像素级运算算法和特征级运算算法处理后的产品，规模相对要小很多，所以目标级运算算法对并行化的需求不高。

对于并行化需求最高的像素级运算算法来说，根据算法处理过程中像素点之间的依赖性不同，又可将其分为点运算、局部型运算及全局型运算算法。图 2-2 展示了 3 种类型运算之间的区别。

　　点运算算法是指影像中各像素点的处理不依赖于其他像素点的算法。这类算法由于各像素点处理相对独立，本身就具有较强的数据并行性，很容易通过数据并行模式映射到单指令多数据流(single instruct-tion multiple data，SIMD)并行计算机。点运算算法在遥感影像处理算法中占有较大比例，如主成分分析、植被指数提取、影像像素级融合等。

　　局部型运算算法比点运算算法计算量大，为了计算一个新的像素，局部型运算算法既要用该像素的值，又要用到它邻域像素的值。如图 2-2 所示，以 3×3 邻域算法为例，计算每个像素就包含 9 个像素的运算。但是，由于局部型运算算法中不同像素点之间的计算仍然相互独立，因此也具有较强的数据并行性，只需要在数据划分方式上作出相应的改变即可(黄国满和

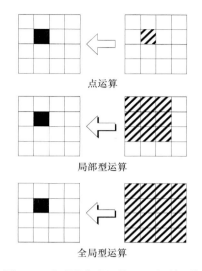

点运算

局部型运算

全局型运算

图 2-2　遥感影像点运算、局部型运算及全局型运算算法的区别

郭建峰，2001)。常见的局部型运算算法包括图像平滑、边缘检测、卷积运算等。

　　全局型运算算法是指每个像素点的计算结果取决于图像所有其他像素的处理算法。相较于点运算和局部型运算算法，全局型运算算法的计算量更大，是最复杂的一类像素级图像处理任务。全局型运算算法本质上是一种特殊形式的局部型运算算法，只是将邻域范围扩大到了整幅影像。常见的全局型运算算法包括遥感聚类算法和聚类相关算法，以及傅里叶变换等。

　　全局型运算算法的并行化难度相对于点运算和局部型运算算法要大得多。尽管各像素点的计算是相互独立的，可以交给并行线程独自处理，但是由于每个像素点的计算都需要其他所有像素点的信息，这意味着每个并行线程的计算都需要来自其他所有线程的信息，需要在并行程序中灵活控制大量的线程间通信或数据交换，因此设计与实现较复杂。

2. 遥感影像并行算法设计模式

　　常用的遥感影像并行算法设计模式分为 3 种：流水线并行模式、任务并行模式及数据并行模式(杨靖宇，2011；周海芳，2003)，以下对这 3 种并行模式进行具体介绍。

1)流水线并行模式

　　一套完整的遥感影像处理流程通常由一系列不同处理任务构成，将这些不同处理任务或模块交给不同的处理单元并发执行时，就构成了流水线并行模式，如图 2-3 所示。

　　当流水线并行模式程序处理多幅影像时，辐射校正模块首先处理第一幅图像，完成后将中间结果交给接下来的几何校正模块处理，并立即读取第二幅图像开始处理。此时，辐射校正模块和几何校正模块就在并发执行处理不同的图像，而接下来的几何校正也是在完成一幅图像后立即开始处理下一幅，同时将中间结果交给 NDVI 计算模块处理。多

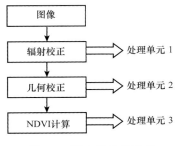

图 2-3　流水线并行模式

幅遥感影像轮流经过各个模块处理,形成流水线形式的处理。事实上,不仅针对多幅影像处理,即使是处理单幅遥感影像,也可以实现流水线并行。只需将这幅图像按区域切分为若干部分,每一部分轮流经过各模块处理,最后将结果合并即可。

在流水线并行模式中,各功能模块分离,具有一定的松耦合性,有着同步控制、灵活简单的特点。然而,它的缺点同样明显:首先,对于一套完整的流水线程序来说,其并行性能取决于处理时间最长的功能模块;其次,流水线并行模式只在专有硬件设备,如流水线模式并行机上才能发挥最大效率,而在目前主流的利用以太网搭建的多节点平台上执行流水线,则会产生大量的数据传输,降低使用性能;最后,流水线并行模式的扩展性不足,当并行平台节点数增加时,想要充分利用增加的节点计算资源,需要重新部署功能模块,甚至需要重新设计并行处理任务,难以实现大规模快速扩展。

2)任务并行模式

任务并行模式是指将遥感影像处理总任务划分为多个子任务,由不同的处理单元分别处理不同子任务,每个处理单元既可以处理相同的数据,也可以处理不同的数据。和流水线并行模式的顺序任务执行方式不同,任务并行模式中,多幅影像可以被加载到不同处理单元执行不同的任务。如图 2-4 所示,不同的输入图像分别交给 NDVI 计算模块、地表温度指数计算模块及云提取模块,在不同处理单元上并发执行。

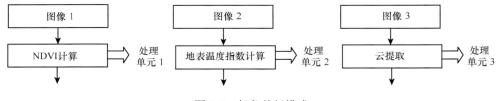

图 2-4　任务并行模式

任务并行模式常和流水线并行模式结合起来应用。例如,流水线并行模式中单个模块如果还可以细分为不同子任务,则将这些子任务部署到不同处理单元上并发执行,等每个子任务处理完后,再将结果交给流水线下一个模块继续处理。然而,单纯的任务并行对遥感影像处理而言难度较大,适合一些较复杂的多源影像多任务处理模型,而大部分影像处理算法很难进行任务分解。

3)数据并行模式

数据并行模式是指将输入影像按一定的策略划分为不同分块,然后将影像分块发给不同的处理单元执行相同的算法,最后将分块处理结果汇总,合并为完整的输出结果。如图 2-5 所示,输入图像被划分为不同分块,分别执行特征提取算法,再将分块中提取

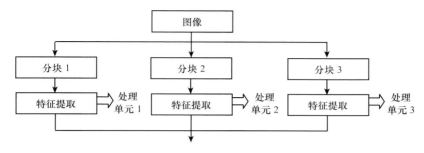

图 2-5　数据并行模式

的特征信息合并，得到最终的特征提取结果。数据并行思想符合当前主流的并行计算机系统，相较于流水线并行模式和任务并行模式来说，它的适用性及可扩展性更高。

使用数据并行设计模式时，遥感影像数据划分方式是首先需要考虑的因素。数据划分目的是将一块完整的影像分裂为多块独立的、相对较小的数据。数据划分策略的好坏直接关系到并行程序的运算能力和处理效率。在遥感影像并行处理中，影像的划分首先要满足处理后的数据能按划分的次序合成。其次，需要考虑应尽量减少处理单元之间互相通信的数据量(李军和李德仁，1999)。传统的遥感影像并行计算数据划分主要包含 4 种：水平条带划分、竖直条带划分、矩形块(棋盘)划分和不规则划分(黄国满和郭建峰，2001)。前 3 类划分属于规则划分，即按照影像像素排列规则进行平均划分，满足大部分遥感影像数据并行算法处理要求。不规则划分策略是在先验知识的辅助下，经过光谱和纹理特征影像预分割或预分类后得到影像区域划分。这种不规则划分方式适用于影像中含有大面积水体、林地、植被等区别较明显的区域。

对于大部分遥感影像像素级运算算法，由于在每个像素上执行的操作具有相互独立性，因此与数据并行模式有着天然的结合性。

对于像素级点运算算法，由于每个像素点的处理不依赖于其他像素点，因此水平条带、竖直条带及矩形块划分等基于规则的划分方式都能够实现并行化。

对于像素级局部型运算算法，像素点的运算仍然独立，只是要用到邻域像素的值，如果采用规则划分方式，得到的每个数据块中大部分像素点仍可以在各自并行线程内访问到其邻域的像素点，只有处于分块边缘的像素点无法获得邻域信息。目前，这种情况通用的做法是在采用规则划分方式时，在分块边缘增加冗余数据，以保证所有像素点都能够访问到邻域信息，这种冗余方式不仅可以减少通信量，而且能降低并行线程间的耦合性。

像素级全局型运算算法情况较为复杂，无论以何种方式进行规则划分，每一个像素点的运算都需要用到其他所有并行数据块信息。在这种情况下，可以利用线程间互相通信或者由主节点统一通信的方式来控制全局信息。然而，这将造成并行程序执行时大量的数据通信开销，严重增加并行线程间的耦合性。针对全局型遥感影像处理的数据并行模式还需要进一步研究。

2.1.2　基于 MapReduce 的并行算法设计模式

基于 MapReduce 的遥感影像并行算法设计模式包括独立式 MapReduce 遥感影像并

行算法设计模式和组合式 MapReduce 遥感影像并行算法设计模式两种。前者主要针对的是单个具有独立运算功能且独立输入和独立输出的遥感影像处理算法。复杂的遥感影像算法或处理流程通常都由多个这样的独立算法组合而成。组合式 MapReduce 遥感影像并行算法设计模式则主要针对这些复杂的遥感影像算法及处理流程。

1. 独立式 MapReduce 遥感影像并行算法设计模式

独立式 MapReduce 遥感影像并行算法设计模式是指用一个 MapReduce 作业实现遥感影像并行化算法的设计方法,它包括整体型并行模式和划分型并行模式两种。

1)整体型并行模式

整体型并行模式适用于单个影像文件数据量较小的遥感影像处理算法,这些影像文件可能是单幅卫星影像,也可能是一景裁剪后感兴趣区域的影像文件。该并行模式利用不同影像文件之间的数据并行性实现并行处理。设计模式如图 2-6 所示。

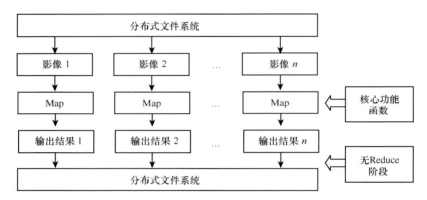

图 2-6　整体型并行模式

在整体型并行模式中,MapReduce 并行程序从分布式文件系统上一次获取多个遥感影像后,不作任何数据划分,直接将每幅影像完整交给一个 Map 读取并处理,每个 Map 上执行的是相同的遥感算法核心功能函数。Map 处理完成后,直接将结果输出至分布式文件系统中,从而省略了 Reduce 阶段。

整体型并行模式实现起来较为简单,对应好影像和 Map 之间的关系后,重写 MapReduce 数据读取接口,即 FileInputFormat 类的功能,使其不作数据划分,即可将整个影像输入一个 Map 处理。

整体型并行模式的优点在于简单直观,易于实现。使用该模式对遥感影像处理算法进行并行化,不需要对原有算法结构作出任何改变,将其封装成对应的 Map 函数即可实现多幅遥感影像文件的并行处理,是一种粗粒度的并行模式。同时,整体型并行模式也存在一定的局限性。使用整体型并行模式一般只能处理单个文件数据量较小的影像,在单幅影像文件数据量较大的情况下,一个 Map 完整读取并处理该影像会占用大量 CPU、内存等资源。此外,在单幅影像文件较大时,它是以物理分块形式分布式存储在底层文件系统上的,如果只有一个 Map 处理这幅影像,那么这个 Map 将被分配在一个节点上运行，当它需要来自其他节点的分块时，这些分块只能通过网络传输到这个 Map 所在节点，因此会造成大量的网络通信开销，影响算法效率。

2）划分型并行模式

划分型并行模式适用于单个影像文件数据量较大的遥感处理算法，这些影像文件可能是单幅卫星影像，也可能是一幅拼接后感兴趣区域内的影像文件。

划分型并行模式利用了单个影像文件划分后得到的不同影像分块之间的数据并行性实现并行处理，设计模式如图 2-7 所示。

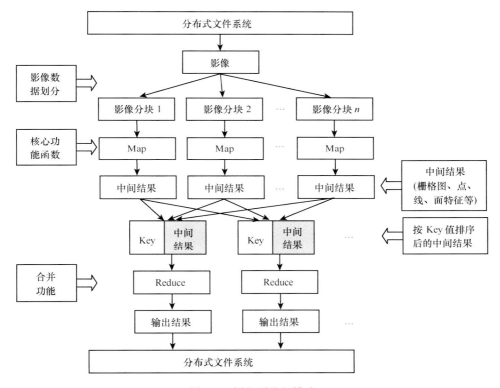

图 2-7　划分型并行模式

在划分型并行模式中，MapReduce 模型首先从底层分布式文件系统上读取要处理的遥感影像文件，按照特定的图像划分方式，将输入影像切分为多个影像分块。图像划分需要为后续规约过程提供结果合并依据，划分后的各子图像块经过自定义的读取方法，以键-值对（<Key，Value>或<k，v>）的形式交给不同 Map 并行处理。需要注意的是，影像分块并非对原影像进行的物理划分，只是一种逻辑划分。

Map 上包含的是并行算法的核心功能函数。Map 的设计有以下 3 个约束条件：

（1）Map 上执行的过程是独立的，相互间不能通信；

（2）每个 Map 执行过程中是不能通信的；

（3）每个 Map 的结果需要和最终结果有规约关系，即所有结果都能够合并为最终需要的结果。

Reduce 上执行的即是对每个 Map 结果合并的过程，这些结果可能是栅格数据，也可能是一些特征值集合，还可能是其他格式数据，其主要取决于 Map 上执行的具体算法。Reduce 按照规约条件将结果合并后，再将结果以文件形式写入到 MapReduce 底层分布式文件系统上。

不难看出，在划分型并行模式中，影像数据划分、并行功能及合并功能是该模式的设计重点和技术关键。

(1)影像数据划分设计。划分型并行模式设计首先需要设计的就是遥感影像数据划分方法。与 MapReduce 底层分布式文件系统中大图像块的物理分块(称为 Block)不同，MapReduce 程序中的数据划分只是逻辑意义上的划分。每个影像分块又称为数据片，它本身不包含实体数据，只存储与分布式文件系统上数据块的对应关系，Map 根据这种对应关系分配到不同节点上执行，充分体现了 MapReduce "移动计算而非移动数据"的设计哲学。如果数据划分考虑到与底层分布式数据块的映射关系，还可以优化节点间数据传输，进一步优化并行程序效率，但在实际应用中，可以不考虑底层数据块分布，直接将分布式文件系统上的文件视为一个普通的完整的影像文件即可。

遥感影像并行处理中常用的数据划分方式，如水平条带划分、竖直条带划分、矩形块(棋盘)划分，都适用于划分型并行模式。在实际遥感应用中，根据问题类型不同，采用的数据划分方式也不同。例如，对于点运算类型的遥感影像处理，每个像素上的运算只取决于其像素值本身，不依赖其他像素，在这种类型的遥感影像并行处理中，采用任何一种划分方式都可以满足计算需求。

对于局部型遥感影像处理算法，如常见的卷积运算和边缘提取算法，每个像素点的运算还需要它周围一定范围内(如 3×3 或 5×5 处理窗口)的邻域像素点信息。对于这种形式的运算，若采用简单的数据划分方式，数据块边缘的像素点就无法获得完整的邻域像素点信息。通常采用的方法是在划分数据块时，在其边缘"缓冲"一定数量像素，形成重叠区域。如图 2-8 所示，当算法所需邻域窗口大小为 3×3 时，数据划分是在边缘留两个像素的重叠区域，这样所有像素点都可以获得其邻域信息，实现并行计算。以此类推，对于邻域窗口为 5×5 的算法，重叠区则为 4 个像素。

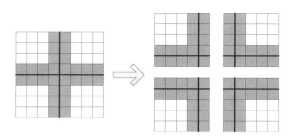

图 2-8　遥感局部型算法并行数据划分方式

(2)并行功能设计。划分好的影像块首先需要完成键-值对转换后才能交给 Map 处理。在 MapReduce 并行环境中，数据均以键-值对的形式进行调度，因此键-值对的设计直接关系到 MapReduce 算法能否成功。通常在图像输入阶段对数据块的 Key 值没有过多要求，而 Value 值需要记录图像块的实际值，可以通过二进制形式记录，也可以由用户自定义格式记录。

Map 上包含的是遥感影像处理算法的核心部分。每个 Map 上执行的运算完全一致，且执行过程中 Map 之间不能通信。Map 的输出结果仅代表算法在其所分配的数据块上执行的中间结果，它们都是以键-值对形式传递的。具有相同 Key 值的中间结果将会被交给同一个 Reduce 进行规约处理，因此需要针对具体应用设计键-值对。例如，可以将表示同一类特征的影像处理中间结果设为相同的 Key 值，这样所有表示该特征的结果集合就能够在 Reduce 中合并，不同的 Reduce 输出不同的特征。

（3）合并功能设计。经过 Map 处理后的中间影像处理结果将被传送至 Reduce 处理。这些中间结果可能是局部结果栅格图像，也可能是提取的局部遥感点、线、面特征。在 MapReduce 模型中，具有相同 Key 值的中间结果将归为一组，形成一个数据集合，Reduce 对这样一个或多个数据集进行合并操作，最后将结果以文件的形式写到底层分布式文件系统上。上述过程相对简单，但还需要注意：结果的合并过程需要遵循一定的约束条件，可以在设计 Map 中间结果键-值对时将这些约束条件传递给 Reduce，或者直接在 MapReduce 任务启动时从全局指定。另外，Reduce 不具有本地化优势，它是远程读取 Map 所在节点上缓存的数据，所以在 Reduce 中不宜设计运算复杂度高的操作。

2. 组合式 MapReduce 遥感影像并行算法设计模式

组合式 MapReduce 遥感影像并行算法设计模式是指由多个 MapReduce 作业组合实现的遥感算法或流程的设计方法，主要包括顺序组合式结构和依赖关系组合式结构两类。

在实际的遥感影像处理流程中，许多任务很难用一个 MapReduce 作业完成，需要灵活组合这些 MapReduce 作业来实现更复杂的遥感影像处理过程（刘鹏，2011）。在组合式 MapReduce 遥感影像并行算法设计模式中，将一个由独立式 MapReduce 遥感影像并行算法设计模式实现的遥感影像并行算法称为一个遥感 MapReduce 单元，组合式遥感 MapReduce 并行算法是由多个遥感 MapReduce 单元组合而成的。

1）顺序组合式结构

顺序组合式结构是遥感影像处理中最常见的组合模式。在顺序组合式结构中，每个遥感 MapReduce 单元按照前后任务间的执行顺序连接为一个队列，排在前面的处理单元输出作为后续单元的输入，自动完成顺序化的执行流程。

顺序组合式结构示例如图 2-9 所示。其中，每个块代表一个遥感 MapReduce 单元，分别在单个 MapReduce 作业中实现了图像的几何校正、反射率计算，以及植被指数计算的并行化处理。

图 2-9　顺序组合式结构

在这个例子中，输入几何校正并行处理单元的是原始影像，并行处理完成后，几何校正并行处理单元将纠正后的图像产品输出到分布式文件系统路径中，接下来的反射率计算单元开始执行。对于反射率并行计算单元，其分布式文件输入路径就是上一步几何校正单元的产品输出路径，它基于上一单元的处理结果进行接下来的并行处理。同理，反射率并行计算单元处理结束后，NDVI 并行计算单元开始执行，在反射率计算产品基础上进一步处理，最终生成植被指数产品。该例子中，顺序组合式结构将 3 个 MapReduce 作业任务连接了起来，实现了将原始影像转化为植被指数产品的并行处理。前一个遥感 MapReduce 单元输出的结果作为后一个并行处理单元的输入。这种组合模式符合遥感影像的流程式处理特点，在实际遥感处理应用中具有最好的适用性，而生成的中间产品，如几何校正产品、影像反射率产品等，也可以根据需要选择保留或者删除。

在顺序组合式结构中还存在一种特殊形式，即迭代组合式结构。与顺序组合式结构不同的是，迭代组合式结构中，遥感 MapReduce 单元的输出结果不是传递给其后续处理单元，而是作为该单元下一轮执行的输入数据，形成一个迭代循环处理过程，直到满足循环停止条件结束。

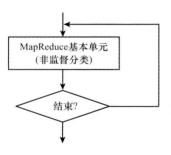

图 2-10　迭代组合式结构

迭代组合式结构如图 2-10 所示。

迭代组合式结构适用于一些需要使用迭代方式不断逼近最终结果的遥感算法，即递推型算法。通常在这种类型的算法中，单次 MapReduce 作业只能完成一轮求解过程的并行化，因此，需要将上一轮的结果重新作为输入，进行下一轮的 MapReduce 作业，直到达到满意结果或者达到预设迭代轮数为止。这种迭代式算法在机器学习领域较为常见，而在遥感处理中该算法常用于影像非监督分类处理中。

图 2-10 是以遥感影像非监督分类中广泛使用的 K 均值 (K-means) 聚类算法为例，描述的迭代组合式结构。K-means 是一种典型的使用迭代方式不断逼近最优解的算法，每一轮的迭代计算包含大量像素点和聚类中心点的相似度(距离)运算，以及新聚类中心点的计算，在用 MapReduce 对其进行并行化时，很难用一次 MapReduce 作业就得到最终的分类结果。所以，在并行程序设计中，单次 MapReduce 并行处理作业只负责一轮迭代计算的并行化，将上轮并行迭代作业输出的聚类中心点结果作为下一轮并行计算的输入参数循环执行，不断逼近最优分类结果。

2) 依赖关系组合式结构

依赖关系组合式结构中，遥感 MapReduce 单元间并不是按线性方式顺序组合，而是按照单元间的依赖关系进行组合的。图 2-11 为一个简单的依赖关系组合式结构，它由 3 个并行处理单元构成，其中遥感 MapReduce 单元 1 和单元 2 是相互独立的，分别对遥感影像不同波段进行几何校正处理；遥感 MapReduce 单元 3 依赖于单元 1 和单元 2，对它们的输出结果进行波段融合，遥感 MapReduce 单元 3 仅当单元 1 和单元 2 都完成后才会执行。

MapReduce 通过 Job 和 JobControl 类为这种依赖关系组合提供具体的实现方法。Job 维护了各并行处理单元的配置信息和依赖关系，而所有处理单元都会加入 JobControl 中，由它来控制整个流程的执行。

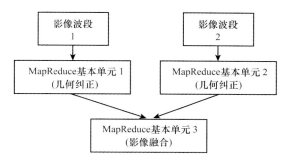

图 2-11　依赖关系组合式结构

图 2-11 中，对于遥感 MapReduce 单元 1 和单元 2 来说，两者之间不存在依赖关系，因此这两个 MapReduce 作业是可以同步执行的。而当遥感影像处理流程很复杂时，这种依赖关系组合式框架也会变得复杂，因此很容易出现多个 MapReduce 作业可同时执行的情况。MapReduce 对于多个作业的执行有其自己的调度机制，可以选择默认的 FIFO 调度，即顺序队列执行，或选择 FairScheduler 实现作业的公平调度。

2.2　全局型遥感影像聚类初始化并行算法

本节以遥感影像聚类初始化 Kaufman 算法这一典型的全局型处理算法为对象，研究它在 MapReduce 框架下的并行化方法。先从传统遥感影像并行处理数据划分的角度入手，设计一种基于系统采样方法的数据划分方法(grid-based sequential systematic sampling，GS3)。在此基础上，实现基于 MapReduce 的 Kaufman 并行算法 MPK(MapReduce-based parallel Kaufman)，进而实现 MapReduce 框架下全局型遥感影像聚类初始化的并行算法。

2.2.1　遥感影像聚类初始化与 Kaufman 聚类初始化算法

1. 聚类初始化

聚类初始化是解决聚类分析算法初始值选取问题的方法。在遥感影像分类应用领域，常会出现对分类图像代表的区域不了解，即缺乏先验知识的情况，所以此时非监督分类就显得尤为重要，而遥感影像非监督分类最核心的技术之一就是聚类分析方法。聚类分析是数据挖掘应用中最重要的组成部分之一(韩家炜和坎伯，2001)，它将数据对象分组为多个类或簇(cluster)，同一个簇中对象间具有较高的相似度，而不同簇中的对象差别则较大。通过聚类分析，人们能够识别数据集中分布密集和稀疏的区域，进而发掘数据的整体分布模式及数据间的相互关系。聚类算法种类繁多，在遥感影像非监督分类中，使用最为广泛的聚类算法包括 K-means(MacQueen，1967)和 ISODATA 聚类算法(Ball and Hall，1965)。

以 K-means 和 ISODATA 为代表的基于划分的聚类算法在原理上以对象间的相似性函数为划分准则，将聚类问题转换为寻找代价函数极值的优化问题，在搜索空间中对聚类中心点和隶属度交替迭代，直到收敛。但是，由于目标函数可能具有多个极小值点与鞍点，迭代过程在寻找最优解时对初始值极其敏感，容易陷入局部极小值而非全局最优解(Milligan，1980)。如果初始值选取不合适，不仅会使聚类结果不准确，而且会影响收敛速度，耗费大量计算时间，对于大数据集的聚类，这一点尤为明显。

现有的聚类初始化研究大体上分为随机采样法、距离优化法和密度估计法 3 类(He et al.，2004)。随机采样法是最常用和直接的聚类初始化方法，它从输入数据中随机选 k 个点作为初始聚类中心(Forgy，1965)，或随机将数据划分为 k 类并以每类中心作为初始聚类中心，再根据目标函数进行迭代。距离优化法致力于选取能够体现类和类之间相异性的初始聚类中心，在以距离作为度量的聚类迭代中，类内元素距离尽可能接近，而类间距离尽可能大。密度估计法假定输入的数据服从高斯混合分布，选择输入数据集中密集区域作为初始聚类中心。目前的聚类初始化方法各有优缺点，没有一种适用于所有应用领域聚类的方法。

2. Kaufman 聚类初始化算法

Kaufman 算法是一种经典的基于密度估计法的聚类初始化算法，第一个聚类中心点是离数据集中心最近的点，其他的中心点在第一个中心点的基础上，根据启发式原则从剩下的点中依次选取，使得其周围存在尽可能多的点，同时和上一个中心点距离尽可能远。Kaufman 聚类初始化算法过程如下。

(1)选择离数据集中心最近的点作为第一个初始聚类中心 C_1。

(2)对数据集中剩下未被选择的每个点 w_i，计算：

i. 对数据集中剩下未被选择的每个点 $w_j(j \neq i)$，计算 $C_{ji} = \max(D_j - d_{ji}, 0)$。其中，$d_{ji} = \mathrm{dis}(w_i, w_j) = \|w_i - w_j\|$，$d_{ji}$ 即 w_i 和 w_j 之间的距离；$D_j = \min[\mathrm{dis}(w_j, C_s)]$，$D_j$ 表示 w_j 和已选定的聚类中心集合 C_s 之间的最小距离。

ii. 计算 $\Sigma_j C_{ji}$。

(3)选择 w_i 作为下一个初始聚类中心，当 w_i 满足条件：具有最大的值 $\Sigma_j C_{ji}$。

(4)如果已选择的初始聚类中心数达到预定数 K，则算法结束，否则返回步骤(2)。

Kaufman 聚类初始化算法本质上是通过两两比较数据集元素间的距离来发现分布集中的区域，对于遥感影像处理来说，通常这种距离指的就是两个像素点值的欧氏距离。以红绿蓝波段合成的真彩色影像为例，p 和 q 分别代表图像中的两个像素点，p 的像素值为 (r_1, g_1, b_1) 而 q 的像素值为 (r_2, g_2, b_2)，则 p 和 q 之间的欧氏距离如式(2-1)所示。

$$D_e(p,q) = \sqrt{(r_1 - r_2)^2 + (g_1 - g_2)^2 + (b_1 - b_2)^2} \tag{2-1}$$

Kaufman 聚类初始化算法主要用于遥感影像非监督分类，Kaufman 聚类初始化在遥感影像非监督分类中的应用方式如图 2-12 所示。

将待处理的遥感影像及欲分类数 K 输入 Kaufman 聚类初始化算法，经过算法处理，得到 K 个初始聚类中心(如图 2-12 中 Seed)，再将这 K 个点交给后续的非监督分类作为初始化输入参数，最终生成影像非监督分类结果。

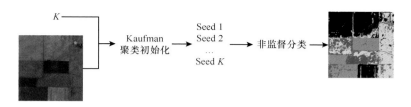

图 2-12　Kaufman 聚类初始化在遥感影像非监督分类中的应用

　　尽管 Kaufman 聚类初始化算法能带来良好的聚类效果，但其计算十分耗时，尤其是处理大数据量遥感影像时。利用采样方法得到小规模样本，再在样本上执行 Kaufman 聚类初始化算法是解决这个问题的途径之一。然而，在实际操作中发现，影像采样率是一个较难把握的因素。高采样率能够保证 Kaufman 聚类初始化算法结果的稳定性，但无法有效减少运算量；而低采样率尽管减少了计算量，但结果变化波动较大，很不稳定。

2.2.2　Kaufman 算法的 MapReduce 并行策略

1. Kaufman 算法并行化难点

　　前已述及，在 MapReduce 遥感影像并行处理框架中，经过数据划分，每个图像数据片转换为键-值对<Key，Value>形式分配给 Map 处理，Reduce 再负责将 Map 的中间结果规约为最终结果。然而，这种模式却很难直接用于 Kaufman 聚类初始化算法的并行化。

　　在 MapReduce 中，无论采用哪一种图像划分方式，每个图像数据片都只是原始影像的一部分，它只包含原始影像的一部分信息。从 Kaufman 算法流程可以看到，在每一次循环中，每个数据点 w_i 都需要和其他所有数据点 w_j 作运算，如果 w_i 位于数据总体分布中密集区域的中心时，就会被选为下一个聚类中心点。在遥感影像中，数据总体分布体现在像素值的概率密度分布上，而每个数据片上的像素值分布密度仅代表了局部区域的像素值分布密度。所以，如果直接使用数据并行模式，在每个数据片上执行 Kaufman 算法，得到的仅仅是局部像素值分布密集区域的代表点，反映的是影像局部区域像素值概率密度分布信息。由于遥感影像覆盖区域地物不同，不同区域像素值概率密度分布信息也不同，因此，在不同数据片上得到的 Kaufman 初始聚类中心点之间的差异将十分明显。

　　使用数据并行方式并行化 Kaufman 算法意味着 Map 在每个划分的数据片上执行 Kaufman 算法。基于以上分析，每个 Map 输出的中间结果都是不同且没有任何相关性的，当这些中间结果再以键-值对形式交给 Reduce 处理时，Reduce 没有办法从这些中间结果中找到关联与规律，难以将中间结果规约为最终初始聚类中心。

　　这种局限性正是由 Kaufman 算法的全局性计算模式和 MapReduce 模型的分布式处理特性之间的冲突造成的。在 Kaufman 算法的第 1 步，即选择离数据集中心最近的点作为第一个初始聚类中心步骤是能够使用 MapReduce 实现并行的。然而，在第 2 步循环中，步骤 $d_{ji}=\mathrm{dis}(w_i, w_j)$ 表示 w_i 和 w_j 之间的距离，这就意味着每个像素点的计算都需要数据集中全局数据点的信息，后续的比较步骤 $C_{ji}=\max(D_j-d_{ji}, 0)$ 及求和步骤 $\Sigma_j C_{ji}$ 均是在计算 d_{ji} 的基础上实现的。对应到 MapReduce 框架，每个像素点的 Kaufman 运算都需要来自其他所有数据片的信息，而 MapReduce 没有灵活的消息传递机制，不能在每个并行 Map 中实现信息传递；同时，也无法通过访问共享内存的形式达到全局信息传递的目的，这就是实现并行化 Kaufman 算法的难点所在。

现有遥感影像并行计算数据划分方式不论是水平、竖直条带划分，还是矩形块划分，本质上都是一种基于区域的划分方式，即以影像横坐标或纵坐标为标准，按一定的区间等量或不等量地将影像分成多块，每一块代表某个局部区域，这种方式将区域作为独立划分单元，难免会产生局部性。区域划分方式不适合 Kaufman 算法的并行化的根本原因是，基于区域划分方式得到的每个并行处理影像块都无法代表原始遥感影像的总体像素值分布密度信息。

2. 基于格网的数据划分方法 GS3

遥感影像中每个像素点的灰度值可视为离散型随机变量，这样一幅遥感影像便可看成若干个离散型随机变量的集合。Kaufman 算法作为一种基于密度估计的算法，正是从总体像素值分布密度稠密的区域选取代表点作为初始聚类中心。为克服传统数据划分方法对 Kaufman 算法并行化所带来的局限性，本书以每个像素点作为基本划分单元，提出一种新的数据划分方法 GS3。

GS3 本质上是一种结合系统采样的数据划分方法，旨在将总体像素值分布密度信息保存在每个并行处理数据块中。系统采样是统计中最常用的采样方法，又称为等距采样，先将总体中各元素按一定顺序排列，根据样本容量的要求确定采样间隔，再按照规定原则随机确定起点，每隔一定采样间隔选取一个元素。例如，总体样本按 1~N 顺序编号，N 为总体元素总量，设 n 为采样样本容量，计算得到采样间隔 $I=N/n$，然后在 1~I 中选择起始数 I_1 作为样本第 1 个元素，再依次选择 I_1+I，I_1+2I，…，直到样本数量达到 n 为止。

在系统采样中，如果采样间隔选择不当，遥感影像中某些覆盖了特殊地物的点可能不会被选中，那么此时采样样本就无法正确反映地面的真实信息；另外，如果要保证得到对总体分布有良好代表性的样本，则需要增加采样率，即减小采样间隔。这样当原始影像数据量很大时，样本数据量同样会很大，并不能有效降低 Kaufman 算法的计算量。如果直接采用单样本减少计算量的方式，对于不同的影像而言，相同的采样率所得到的 Kaufman 聚类初始化点精度不具有一致性。

为了避免这种情况造成的结果偏差，GS3 通过多样本方式来补偿单样本可能导致的关键模式缺失，这种多样本方式思路来源于机器学习方法中经典的集成学习思想。传统的系统采样通常是从总体中以确定(如第 1 个)或随机的方式选取起始点，再从该点出发，根据确定的采样间隔选择出一个样本。而 GS3 在系统采样方法的基础上，以 N 个起始点为根据选出 N 个采样样本。GS3 选择 N 个样本的过程如下：

(1)将输入影像用大小为 $m×n$ 像素的格网划分，令 $N=m×n$；

(2)对于第一个格网中每一个像素：①将该像素点作为第一个采样像素点；②找到输入影像中其他所有格网内对应位置的像素点。

图 2-13 说明了 GS3 方法的过程，图像上标记的白色×型符号表示 GS3 选出的第 1 个样本数据块中所有像素点成员。

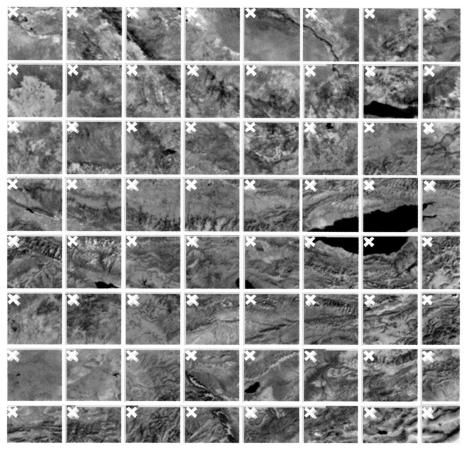

图 2-13　GS3 方法示意图

在 GS3 方法中，m 和 n 是用户定义的参数，在很多情况下，输入影像并不能完全被多个 $m \times n$ 规则排列的格网完整划分。例如，图 2-13 中，图像右边界和下边界没有被格网完整覆盖，即使在这种情况下，GS3 方法仍然能够保证获取 N 个样本数据块，只是部分数据块的数据量会相对小一些，并不影响后续步骤。

由 GS3 获得的样本数据块都是由原始影像中均匀分布的采样像素点所构成的集合，因此这些数据块所包含的统计属性与总体样本均具有一定程度的相似性。Kaufman 算法是一种基于密度估计的方法，选取概率分布密度高区域的点作为初始聚类中心，所以能够推测在 GS3 方法获取的 N 个样本数据块上执行 Kaufman 算法得到的 K 个初始聚类中心同样具有一定程度上的相似性。为了验证这种推断并衡量这种相似性程度，在图 2-13 中三波段彩色合成图像得到的 GS3 数据块上执行 Kaufman 算法，得到 $(N \times K)$ 个初始聚类中心，每个中心点都是一个三维点向量。使用 $V_i = (R_i, G_i, B_i)$ $(i=1, 2, \cdots, N \times K)$ 来表示该点向量，$S^v = \{ V_1, V_2, \cdots, V_{(N \times K)} \}$，表示所有 $(N \times K)$ 个点向量的集合，再将所有 S^v 中点向量的值 (R_i, G_i, B_i) 映射到三维笛卡儿直角坐标系中，观察其分布模式。

图 2-14～图 2-16 为 GS3 格网大小分别为 8×8 $(N=64)$、6×6 $(N=36)$ 和 4×4 $(N=16)$，Kaufman 初始聚类数 $K=5$ 时，S^v 中所有点向量散点值分布图。

　　从这些散点值分布图(图 2-14～图 2-16)中可以发现,S'' 中所有点向量在三维坐标空间中均形成了 5 个明显分组,组内元素分布相对紧凑,而组间距离相对较远。由于从 GS3 获得的每个数据样本块都在不同程度上保留着原输入影像的总体像素值分布密度,因此这些块中大部分也存在着相似的分布密度。正是由于 Kaufman 算法以相同的启发式方法,从相似的分布密度中择取相同数量的聚类中心代表点,所以这些点值也具有一定相似性。具有相似性的点被映射到三维坐标系之后形成空间上聚集的分组。需指出,并非所有的数据块上得到的聚类中心点之间都具有良好的相似性。例如,在图 2-14 和图 2-15 中可以看到,即使大多数点形成了 5 个相对紧凑的分组,但同样也有部分点偏离在组外,形成噪声点(outliers)。

　　由于采样的随机性,从 GS3 所得到的样本代表性各不相同,有的样本由于采样点分布存在偏差,无法正确反映总体分布情况,因此与其他样本存在一定的差异性。在图 2-14～图 2-16 中,当格网大小从 64 降低到 16 时,组间元素在减少的同时,变得更加紧凑。由于 GS3 格网缩小时,覆盖同一幅影像上的格网数量增多,基于这些格网的采样点数目增加,采样率相应增加,因此信息丢失量减小,所以每个样本数据块对总体分布的代

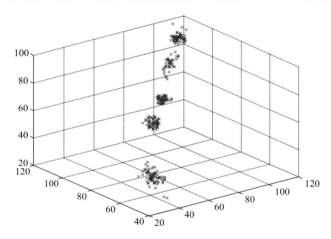

图 2-14　GS3 样本块聚类中心点集合散点图(N=64,K=5)

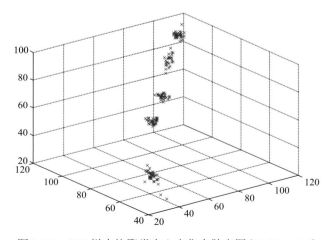

图 2-15　GS3 样本块聚类中心点集合散点图(N=36,K=5)

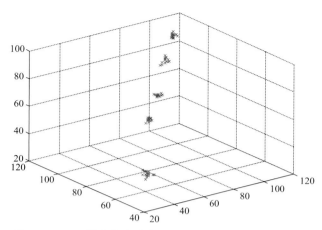

图 2-16　GS3 样本块聚类中心点集合散点图(N=16，K=5)

表性，以及初始聚类中心之间相似性相应增加。当然，更小的格网意味着更大的样本数据块数量，Kaufman 算法在每个数据块上的计算量同样更大。

　　由于在多数 GS3 数据块上计算得到的 Kaufman 聚类初始化点具有相似性，所以就可以利用这种相似性形成的分组，构建中间结果点集合 S^v 与最终 K 个初始聚类中心结果之间的映射关系，从而计算出最终结果，这是 GS3 方法设计的初衷。

　　由于在 GS3 方法得到的 N 个样本数据块上执行 Kaufman 算法的过程之间相互独立，存在充分的数据并行性，所以在 GS3 基础上可以进一步设计基于 MapReduce 的 Kaufman 并行聚类初始化算法。将每个数据块交给一个 Map 读取并执行 Kaufman 迭代计算，再汇总中间结果形成聚类中心点集合，交给 Reduce 来计算最终的 K 个初始聚类中心，这就是并行化算法的总体思路。Map 函数相对简单，只需实现标准 Kaufman 迭代处理即可；而 Reduce 需要从中心点集合中计算最终结果。上节分析中指出，由于 S^v 中元素形成了组内分布紧凑且组间距离较远的分布模式，对于这种分布模式，几乎使用任何一种聚类算法都能够得到最好的聚类结果。

　　最常用且算法效率最高的聚类算法 K-means 即可将每个分组区分出来，之后再将每个 K-means 聚类结果 K 个中心点作为最终的输出结果，由此建立中间结果集合 S^v 与最终结果之间的对应关系。注意到，集合 S^v 中包含的元素数量为 $N \times K$，N 表示 GS3 的样本数据块数量，而 K 为用户定义的初始聚类数，与原始输入影像数据量相比，S^v 的数据量小了很多，在 S^v 上使用 K-means 算法得到的最终结果不会消耗太长时间。

2.2.3　基于 MapReduce 的 Kaufman 聚类初始化并行算法

1. MPK 算法流程

　　MapReduce 是典型的数据并行模型，寻找算法的数据并行性是设计并行算法的前提。本节提出一种基于 MapReduce 的 Kaufman 聚类初始化并行算法 MPK，该并行算法在依据 GS3 数据划分方法得到的多个并行数据块上实现数据并行。

　　图 2-17 为 MPK 算法的并行化处理流程。

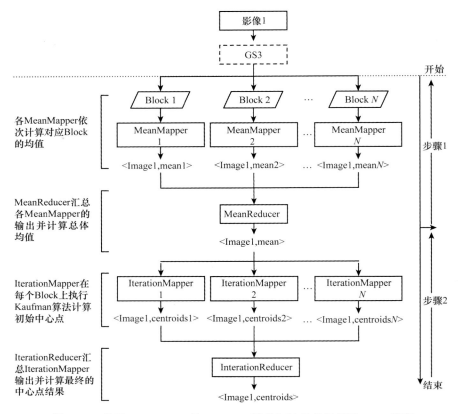

图 2-17　基于 MapReduce 的 Kaufman 聚类初始化并行算法 MPK 流程

　　MPK 主要包含两个过程，其由两个 MapReduce 作业串联构成。第1个过程由 MeanMapper 和 MeanReducer 组成。在使用 GS3 方法得到 N 个样本数据块 Block1，Block 2，…，Block N 后，分别交给一个 MeanMapper 计算均值，再由 MeanReducer 汇总这 N 个均值计算总体均值。该过程中每个 Block 作为一个整体交给一个 MeanMapper 处理，这需要对 MeanMapper 的数据读取方式做一些改动，将数据读取接口 InputFormat 设计为整体读取数据块而不做数据划分（即认为 GS3 已经实现并行数据块划分）。第 2 个过程由 IterationMapper 和 IterationReducer 组成，每个 IterationMapper 在上一步总体均值的基础上首先选择第一个与均值点最邻近的点，再执行传统 Kaufman 算法的迭代选点运算，输出 K 个初始聚类中心。IterationReducer 汇总所有 IterationMapper 输出的中间结果，即 $(N×K)$ 个初始聚类中心集合，计算得到最终 K 个中心点作为结果输出。

　　作为一种启发式的算法，Kaufman 算法第一个初始聚类中心选取的是总体中最靠近中心位置的元素，而剩下的聚类中心则通过 Kaufman 启发式运算法则逐一选出。对于第一个初始聚类中心的计算，采用先计算整个数据集的总体均值，再遍历寻找离它最近的元素的方式。在 MPK 中，总体均值的计算过程由一个独立 MapReduce 作业完成，其目的是为后续并行 IterationMapper 提供一个统一的均值，保证全局一致性，减小误差偏离程度。

　　MPK 算法的伪代码见表 2-1。

表 2-1 MPK 算法伪代码

Algorithm: MPK

Procedure MeanMapper
Input: b: GS3 sub-block, *image*: image name
Output: $<key',\ value'>$ pair, where the key' is the image name and $value'$ is the average value of the input sub-block
1.$mean \leftarrow$ CalculateMean (P); // P in an array includes all instances in b
2.output $<image,\ mean>$ pair;
3.end
procedure MeanReducer
Input: M: $\{<image,\ list<mean>>\}$ is the collection of all the output pairs from MeanMapper, *image*: image name
Output: $<key',\ value'>$ pair, where the key' is the image name and $value'$ is the average value of the full image
1.$mean \leftarrow$ CalculateMean (list$<mean>$);
2.output $<image,\ mean>$ pair;
3.end
procedure IterationMapper
Input: b: sub-block, *mean*: average value of the full image, K: predefined initial centroids number
Output: $K <key',\ value'>$ pairs, where key' is the image name and $value'$ is the Kaufman initial centroid from the input block
1.centroids $s \leftarrow \varnothing$; $index \leftarrow$ ComputeClosest $(mean,\ P)$;
centroids $s \leftarrow$ centroids $S \bigcup P_{index}$; // P in an array includes all instances in b
2.while size of centroid $s < K$ do
    centroid $s \leftarrow$ KaufmanIteration (P);
    endwhile
3.for each *centroid* in centroids s
    output $<image,\ centroid>$ pair; endfor
4.end
procedure IterationReducer
Input: M: $\{<image,\ list<centroid>>\}$ is the collection of all the output pairs from IterationMapper, *image*: image name, K: predefined initial centroids number
Output: $K <key',\ value'>$ pairs, where the key' is the image name and $value'$ is the final initial centroid of the full image
1.centroids $s \leftarrow$ KMeans (list$<centroid>$, K);
2.for each centroid in centroids s
    output $<image,\ centroid>$ pair;
    endfor
3.end

  MeanMapper 完成的主要功能是以 GS3 的样本数据块作为输入参数，计算所有像素点的平均值；MeanReducer 汇总所有 N 个平均值，计算总体平均值；外层驱动函数将该均值传递给下一个 MapReduce 作业。IterationMapper 以该均值为依据，在 GS3 样本数据块上执行 Kaufman 迭代计算过程，得到 K 个聚类中心；最后，由 IterationReducer 收集所有 IterationMapper 输出的中间结果，形成聚类中心集合，使用 K-means 聚类算法区分分组，将分组中心作为结果输出。

  设待处理的遥感影像数据量为 M，并行 Map 数量为 N，初始聚类数目为 K，MPK 算法的时间复杂度分析如下。

  （1）MeanMapper 计算 GS3 数据块的均值，每个 GS3 数据块大小为 M/N，所以 MeanMapper 的时间复杂度为 $T_{\text{MeanMapper}}=O(M/N)$；

  （2）MeanReducer 汇集了 N 个 MeanMapper 输出的结果，并计算总体均值，所以 MeanReducer 的时间复杂度为 $T_{\text{MeanReducer}}=O(N)$；

  （3）IterationMapper 首先计算得到与总体均值距离最近的点，再执行剩下的$(K-1)$轮迭代得到所有 K 个聚类中心，所以时间复杂度为

$$T_{\text{IterationMapper}}=O(M/N)+O[(M/N)^2\times(K-1)]\approx O[(M/N)^2\times K];$$

  （4）IterationReducer 汇集了$(N\times K)$个聚类中心点向量，并在其上执行 K-means 聚类算

法得到最终结果，设 K-means 迭代了 r 轮 $(r>1)$ 达到收敛，则 IterationReducer 的时间复杂度为 $T_{\text{IterationReducer}}=O(N\times K\times r)$。

综合起来，MPK 算法总的时间复杂度为

$$T_{\text{MPK}}=T_{\text{MeanMapper}}+T_{\text{MeanReducer}}+T_{\text{IterationMapper}}+T_{\text{IterationReducer}}=O(M/N)+O(N)+O[(M/N)^2\times K]$$
$$+O(N\times K\times r)$$

注意到，由于 $M\gg K$，$M\gg N$，所以 $T_{\text{MPK}}\approx O[(M/N)^2\times K]$。

与标准串行 Kaufman 聚类初始化算法的时间复杂度 $O(M^2\times K)$ 相比，当作为分母的并行 Map 数量 N 增加时，MPK 的计算时间将大为减少。

2. MPK 算法精度验证与时间性能测试

1）精度验证

本小节通过与标准串行 Kaufman 算法对比来验证 MPK 算法的精度。聚类初始化算法的精度最终反映到以它的结果作为初始点的聚类结果中，因此直接将 MPK 算法与标准串行 Kaufman 算法结果，即 K 个初始聚类中心进行相似度比较，很难体现 MPK 算法结果的精准度。只有将以这两种结果作为初始值聚类处理后的结果进行对比，才能评价 MPK 的真实精度。不失一般性，此处聚类算法选择经典的 K-means 算法。

为了对以不同聚类初始值得到的影像聚类结果进行比较，设计一种指标 Distortion（以下称为 D 指标），其定义为

$$D_{p,q}=\frac{1}{C}\bigcup_{i=1}^{K}(C_i^p\,\text{XOR}\,C_i^q)\tag{2-2}$$

式中，p 和 q 分别为两个待比较的初始聚类中心集合。D 指标能够有效地反映 MPK 算法得到的聚类结果与标准串行 Kaufman 算法得到的聚类结果的偏差度。图 2-18 以实际图像为例，揭示了 D 指标中各参数含义。

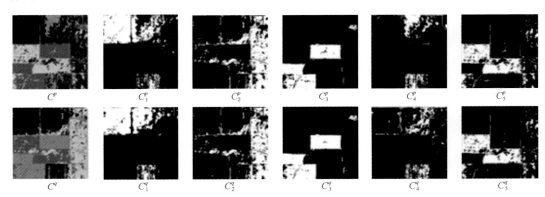

图 2-18　不同初始聚类中心得到的聚类结果对比示意图
■背景：□ K-Means 聚类结果

在图 2-18 中，上排最左侧图像 C^p 表示以初始聚类中心集合 p 进行 K-means 聚类得到的结果（$K=5$），下排最左侧图像 C^q 则是以集合 q 作为初始化点的聚类结果（$K=5$）。将

C^p 和 C^q 所包含的 5 个不同的类分开显示，得到 C_i^p 和 C_i^q（i=1, 2, …, 5），C_i^p 和 C_i^q 已经按照类的相似性匹配成对，相同下标表示同一对。XOR 是一种栅格叠加操作（异或运算），用来计算两个栅格特征图层之间互不重叠的区域，C_i^p XOR C_i^q 表示每一列上下两个结果类间不重叠的部分。对这 5 组结果类不重叠的区域求并集，就是 C^p 和 C^q 之间的总体差异区域集合。用 C 表示整幅图像总集，则总体差异区域集合与总集之间的比值就可以衡量 MPK 结果与标准串行 Kaufman 结果之间的差异性。作为比值，D 指标的值域范围为 0～1，D 值越小，表示 MPK 结果与标准 Kaufman 结果差异越小，MPK 结果越精确，D 值为 0 是最理想的结果，表示结果完全重叠。

对总计 40 幅不同类型和不同大小的遥感影像分别执行标准串行 Kaufman 算法和 MPK 算法，进而计算得到指标 D 的值。影像包括 20 幅 30m 分辨率美国 Landsat 7 卫星 TM（thematic mapper）影像和 20 幅 250m 分辨率美国 Terra 卫星 MODIS 影像，所有影像均已经过前期预处理，并按照传感器红绿蓝通道合成真彩色（TM 为 321 波段合成，MODIS 为 143 波段合成）影像。处理得到 5 种不同大小的遥感影像参与实验，分别为 256×256、512×512、1024×1024、2048×2048 及 4096×4096，每种大小各包含 2 幅 TM 影像和 2 幅 MODIS 影像。标准串行 Kaufman 算法和 MPK 的初始聚类数 K 分别选择 K=4、K=6 和 K=8，GS3 的输出样本数据块数量 N 分别为 N=16、N=36 和 N=64。不同的样本数量表示 GS3 中格网大小不同，本实验中对应的格网尺寸分别为 4×4、6×6 和 8×8。

图 2-19～图 2-21 分别展示了选择不同初始聚类数条件下，所有 40 幅影像处理 D 指标值的分布情况。

其中，横坐标表示 D 指标的值，基于对结果值的观测，发现任何情况下 D 指标值均小于 0.5，为了便于展示，横坐标范围限制在 0～0.5，步长为 0.05，而没有选择 0～1；纵坐标表示落在不同 D 值区域分组的影像数量在总数 40 中所占的百分比。从整体上看，3 组统计结果都表现出了相似的 D 值分布特征。在不同的初始聚类数 K 和样本数据块数量 N 的条件下，大部分影像中计算得到的 D 指标值都集中分布在区段 0～0.05。

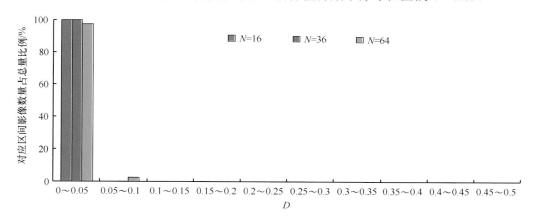

图 2-19　D 指标值分布情况（K=4）

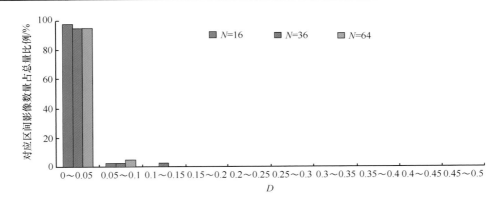

图 2-20 D 指标值分布情况(K=6)

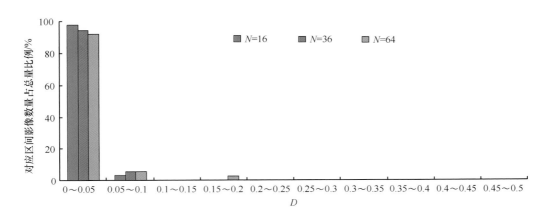

图 2-21 D 指标值分布情况(K=8)

图 2-19 中,当初始聚类数 K=4,GS3 格网大小为 4×4、6×6 的情况下,所有的影像计算得到的 D 值都落在[0,0.05]。当格网大小增加到 8×8 后,有 97.5%的影像 D 值落在[0,0.05]。仅有 1 幅影像 D 值落在了[0.05,0.1]。

图 2-20 中,当初始聚类数 K=6,GS3 格网大小为 4×4 的情况下,有 97.5%的影像 D 值落在[0,0.05],格网大小增加到 6×6 和 8×8 后,此区间内仍有 95%的影像。

图 2-21 中,当初始聚类数 K 增加到 8 后,3 种不同大小格网条件下落在[0,0.05]的影像数目分别为 97.5%、95%和 92.5%。

图 2-19~图 2-21 所示的 D 指标统计结果充分展示了 MPK 算法对不同大小和不同类型遥感影像的适应性。无论实验参数如何变化,大部分遥感影像计算得到的 D 指标值都分布在[0,0.05],表明 MPK 得到的初始聚类中心结果与期待的结果之间的差异很小。实际上,在这些实验结果中,分布在[0,0.05]的 D 指标值有近 80%都等于 0,但在图中未表现出来,这进一步表明了 MPK 算法的精度。

2）时间性能测试

开展不同规模实验对 MPK 的时间性能和可扩展性能进行测试。首先，针对精度验证实验中使用的 5 种不同大小和不同类型的遥感影像，分别执行标准串行 Kaufman 算法和 MPK 算法，统计处理所需时间。为了方便比较，初始聚类数 K 统一选择为 5，MPK 算法的格网大小统一设为 8×8。

第 1 轮实验先以较小规模影像进行对比测试，计算节点从 2 个依次增加至 5 个。图 2-22 展示了在不同大小的遥感影像条件下，MPK 算法相比于标准串行 Kaufman 算法在处理时间上的改善。

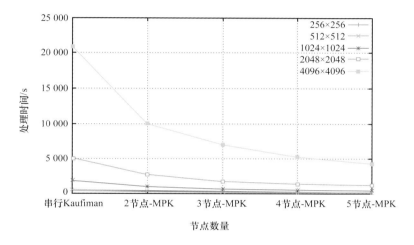

图 2-22　不同节点数及不同影像大小条件下 MPK 运行时间

从图 2-22 中可以看到，单机上运行的标准串行 Kaufman 算法耗费了大量的处理时间，而随着 MPK 计算节点数的增加，处理时间显著减少。正是得益于 MapReduce 模型将计算负载分配到了不同节点，MPK 并行算法的处理总时间才得以有效改善。

加速比（speedup）是衡量并行算法扩展性大小的有效指标。设并行程序在 k 个节点上执行相同大小任务的时间为 T_k，在一个节点上执行时间为 T_1，加速比定义如式（2-3）所示。

$$\text{speedup} = \frac{T_1}{T_k} \tag{2-3}$$

表 2-2 记录了MPK 算法在不同节点数及不同影像大小情况下相对于标准串行 Kaufman 算法的加速比，当参与计算节点数增加时，MPK 算法展示了非常良好的加速比性能。同时，MPK 算法在处理更大尺寸的遥感影像时的加速比更高，这意味着 MPK 在处理更大规模影像时具有更高的效率。由于 MapReduce 模型采用了移动计算而非移动数据的并行处理模式，有效减少了节点之间的数据传递，因此保证了 MPK 算法良好的可扩展性。

表 2-2 　不同节点数及不同影像大小条件下 MPK 算法加速比

影像大小	2 节点	3 节点	4 节点	5 节点
256×256	1.97	2.86	3.49	4.25
512×512	1.66	2.66	3.30	4.11
1 024×1 024	1.93	2.84	3.84	4.73
2 048×2 048	2.01	2.97	3.92	4.79
4 096×4 096	2.06	3.03	3.99	4.83

为了测试 MPK 在处理更大规模遥感影像中的性能，本书进行了进一步实验。第 2 轮实验加入了更大规模的遥感影像，并相应地加入了更多数量的 MPK 计算节点。实验共使用了 150 幅遥感影像，包括 50 幅 HJ-1A CCD 传感器 4 波段合成影像，大小为 5 000×5 000；50 幅 HJ-1B CCD 传感器 4 波段合成影像，大小为 10 000×10 000；50 幅 GF-1 4 波段合成影像，大小为 15 000×15 000，所有影像均已经过前期预处理。本轮实验不再执行标准串行 Kaufman 算法，仅仅考察 MPK 在节点数增加时的扩展性。图 2-23 展示了 MPK 算法在不同节点数场景中处理不同大小和不同类型的遥感影像总时间变化情况。横坐标为 MPK 计算节点数，纵坐标是 MPK 处理所消耗的时间。

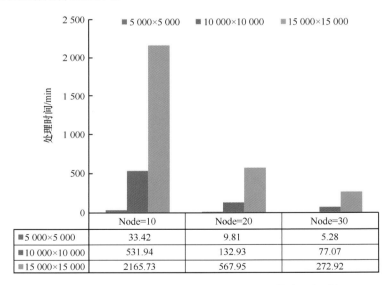

	Node=10	Node=20	Node=30
5 000×5 000	33.42	9.81	5.28
10 000×10 000	531.94	132.93	77.07
15 000×15 000	2165.73	567.95	272.92

图 2-23 　面向更大规模遥感计算量时 MPK 算法运行时间

可以看出，当节点数依次从 10 个增加至 30 个时，3 种类型与大小的遥感影像在总的处理时间上均显著减少，表明 MapReduce 模型具有良好的可扩展性，MPK 具备灵活的扩展计算能力，以满足迅速增加的大规模遥感影像计算需求。同时，这种良好的可扩展性通过简单地配置和加入 Hadoop MapReduce 计算节点即可达到，不需要为此修改原有 MPK 并行程序代码，也无需关注底层分布式系统的计算负载均衡与容错性等复杂问题。

2.3 迭代式 ISODATA 聚类算法并行方法

针对迭代式遥感算法在 MapReduce 并行化中的难点问题，本节以一种典型的迭代式处理算法——遥感影像非监督分类 ISODATA 聚类算法为对象，研究它在 MapReduce 框架下的并行化方法。在分析已有的 MapReduce 并行化 ISODATA 算法解决方案局限性的基础上，提出并行优化解决方案及一种基于 MapReduce 的 ISODATA 并行聚类算法 (scalable parallel ISODATA algorithm，SPI)。

2.3.1 遥感影像非监督分类与 ISODATA 聚类算法

1. 遥感影像非监督分类

专题地图是用来描述研究区域典型地物的空间分布特征的一种地图。遥感影像分类是以遥感影像为基础建立专题地图的方法之一，分类类别既包括植被、土壤和水体等粗粒度的地物类型，也包括针叶林、水田、旱地，甚至水稻、小麦等细粒度的地物类型。

遥感影像分类方法通常分为监督分类和非监督分类两种。监督分类是指结合人对研究区域的先验知识来定义部分地物类别，选择它们作为训练样本对不同的分类器进行训练，再将训练好的分类器用于其他部分未知数据的分类。监督分类可以视为将人工遥感影像分类知识教给机器学习，再由机器自动分类的过程。非监督分类是指在计算机自动分类过程中很少有人类先验知识参与，几乎完全凭借遥感影像自身的光谱或其他特征进行分类。非监督分类结果仅将具有不同特征的类别区分开来，要确定这些类别具体是哪一种地物类型还需要人工判读、实地调查或多源数据验证等后续处理。

在遥感影像中，同一类地物在相同表面特征和光照条件下通常具有相似的光谱特征，可以归属到同一个光谱空间区域，而不同地物之间光谱特征往往具有差异性，可以归属到不同的光谱空间区域，这是遥感影像非监督分类的理论依据(汤国安，2004)。非监督分类采用的主要是聚类分析算法，根据像素值间的相似性区分不同光谱空间区域，从而划分为不同的类别。在非监督分类中，没有人类先验分类知识可以利用，一般只能先假定初始聚类参数，以此形成数据集群，再根据集群的统计值调整初始参数，然后再形成集群、再调整，循此不断地迭代，直到分类精度达到某一设定的阈值为止。在实际分类工作中，对于未知区域，通常是缺乏人类先验知识的，而多源数据之间交叉验证或实地调研又十分耗时，因此使用非监督分类，先根据数据本身的结构和像素值分布密度情况，对遥感影像进行总体和初步的分析是非常关键和有价值的。

遥感影像非监督分类最常用的方法包括 K-means 聚类算法和 ISODATA 聚类算法(黄昕，2009)。K-means 聚类算法是使用最广泛的聚类算法，其基本思想是以迭代的方式不断移动各个聚类的中心点，直到满足收敛条件。假设初始数目为 K，各类均值为 C_i，各

类中的像元数为 N_i，各像元值为 f_{ij}，则 K-means 聚类算法的收敛条件是直到式(2-4)的 J 值小于某一设定的阈值为止。

$$J=\sum_{i=1}^{K}\sum_{j=1}^{N_i}(f_{ij}-C_i)^2 \qquad (2-4)$$

ISODATA 聚类算法是另一种常用的遥感影像非监督分类算法，其广泛应用于遥感地物分类、土地利用类型提取和灾害监测与制图等领域；同时，在一些专业遥感影像处理软件中也都包含这一算法，如 ENVI 和 ERDAS 等。

2. ISODATA 聚类算法

ISODATA 聚类算法与 K-means 聚类算法具有一定的相似性，即通过不断迭代的方式更新聚类中心，逐渐逼近最优解。与 K-means 算法不同的是，ISODATA 聚类算法在迭代过程中还能够根据输入参数，自动进行类别的合并和分裂，呈现出一种自组织特性，因此 ISODATA 聚类算法可以视为 K-means 聚类算法在一定程度上的改进(Jensen，1996)。

ISODATA 聚类算法的输入参数包括以下几种。

k_{init}：初始聚类数目；

I_{max}：允许最多的迭代次数；

n_{min}：构成一个类的最少样本数；

σ_{max}：类分裂标准值，表示每个类的离散程度的参数(如最大标准差)，超过该标准值则执行类分裂操作；

L_{min}：类合并标准值，表示两个类间最小距离，小于该标准值则执行类合并操作。

不失一般性，使用 $S=\{x_1, \cdots, x_n\}$ 表示待聚类的点集，每个点 $x_j=\{x_{j1}, \cdots, x_{jd}\}$ 表示 d 维向量空间 R^d 中的一个向量，共包含 n 个向量元素。用 $\|x\|$ 表示向量 x 的欧氏长度。

ISODATA 聚类算法详细过程如下(Memarsadeghi et al.，2007)。

(1)设 $K=k_{init}$，在 S 中选取 K 个初始聚类中心，$Z=\{Z_1, \cdots, Z_k\}$，可以是随机方式生成，也可以由其他聚类初始化方法得到。

(2)将每个点分配给离它最近的聚类中心，设 $S_i \subseteq S$，$1 \leqslant i \leqslant K$，$S_i$ 为 S 中所有分配给 Z_i 的点集，则在 S_i 中所有点到聚类中心点 Z_i 的距离均小于到 Z 中其他聚类中心的距离，即对于任意 $x \in S$，如果 $\|x-Z_j\| < \|x-Z_i\|$，$(\forall i \neq j)$，则 $x \in S_j$。由此形成 K 组聚类，用 n_j 表示类 S_j 中样本点数。

(3)对于样本点数少于 n_{min} 的类，移除该类及其中心点(分配给该类的点不移除，但仅在此轮迭代中忽略它们)。重新调整 K 值，并重新标记剩下的类 $S_1, \cdots, S_K$。

(4)移动聚类中心点，求取分配给该中心点的所有样本点值的中心，用该中心代替原聚类中心点，如式(2-5)所示。

$$Z_j \leftarrow \frac{1}{n_j}\sum_{x \in S_j}x，j=1, 2, \cdots, K \qquad (2-5)$$

完成后判断，如果在步骤(3)中有类被移除，则回到步骤(2)，否则进入下一步。

(5)用 $\varDelta_j$ 表示并计算类 S_j 中所有点到其分配给的聚类中心点 Z_j 之间的平均距离，用

Δ 表示并计算所有这些平均距离的总体均值，分别如式(2-6)和式(2-7)所示。

$$\Delta_j \leftarrow \frac{1}{n_j} \sum_{x \in S_j} \|x - Z_j\|, \quad j=1, 2, \cdots, K \tag{2-6}$$

$$\Delta \leftarrow \frac{1}{n} \sum_{j=1}^{K} n_j \Delta_j \tag{2-7}$$

(6)判断如果本轮迭代是最后一轮迭代，则将 $L_{\min}$ 值设为 0，进入步骤(9)。再判断如果此时 $2K>k_{\text{init}}$，同时此轮迭代数为偶数或 $K \geq 2k_{\text{init}}$，进入步骤(9)。

(7)计算每个类 S_j 中每一维度上所有样本点相对聚类中心距离的标准差 $V_j=(v_{j1}, \cdots, v_{jd})$，$d$ 表示总维度，其中：

$$v_{ji} \leftarrow \sqrt{\frac{1}{n_j} \sum_{x \in S_j} (x_i - z_{ji})^2}, \quad i=1, 2, \cdots, d \tag{2-8}$$

再用 $v_{j.\,\max}$ 表示 V_j 中最大的分量。此处，x_i 表示类 S_j 中某个点集的第 i 个维度的值。

(8)若以下条件 1 和条件 2 有一个成立，则将 S_j 分裂为两个新类，中心点分别用 Z_j^+ 和 Z_j^- 表示。移除原有的 Z_j，$K=K+1$，再回到步骤(2)重新分配样本。否则进入下一步。

条件 1：$v_{j.\,\max} > \sigma_{\max}$，且 $\Delta_j > \Delta$ 且 $n_j > 2(n_{\min}+1)$；

条件 2：$v_{j.\,\max} > \sigma_{\max}$，且 $K \leq k_{\text{init}}/2$。

$Z_j^+ = Z_j + r_j$，$Z_j^- = Z_j - r_j$，$r_j = p \times v_{j,\max}$，$p$ 为给定常数，$0 < p \leq 1$，此处取 $p=1$。

(9)根据式(2-9)计算所有类的中心之间距离：

$$d_{ij} \leftarrow \|Z_i - Z_j\| \ (1 \leq i < j \leq K) \tag{2-9}$$

(10)比较 d_{ij} 和 $L_{\min}$，将小于 $L_{\min}$ 的 d_{ij} 子集由小到大顺序排列。

(11)按排列顺序，将 d_{ij} 所对应的两个类别合并为一个新类，这个新类的中心是原有中心的加权值，如式(2-10)所示。

$$Z_{ij} \leftarrow \frac{1}{n_i+n_j} (n_i Z_i + n_j Z_j) \tag{2-10}$$

重新调整 K 值，并重新标记剩下的类 $S_1, \cdots, S_K$。

(12)如果本轮迭代次数大于 $I_{\max}$，则结束迭代，否则回到步骤(2)。

尽管 ISODATA 聚类算法过程非常复杂，但其中很多步骤只是判断过程及类中心点合并分裂操作，运算复杂度不高，并不会耗费很长时间。算法中最耗时的部分在步骤(2)，这一步中需要计算 S 中所有 n 个点到 k 个聚类中心之间的距离，每次执行都会耗费 $O(kn)$ 的时间，当处理的遥感影像数据量很大时，对应的 n 会非常大，ISODATA 聚类算法的迭代计算过程将会十分耗时(Dhodhi et al.，1999；Memarsadeghi et al.，2007；Phillips，2002；Vanderzee and Ehrlich，1995)，这将严重限制 ISODATA 聚类算法在大规模遥感影像处理中的应用。因此，如何解决遥感影像非监督分类 ISODATA 聚类算法计算耗时的问题，提高它在处理海量遥感影像时的效率，是亟待解决的问题。

2.3.2　MapReduce 并行化方法及其改进策略

1. 现有 ISODATA 并行化方法

由于 ISODATA 聚类算法在遥感领域广泛的应用需求，如何有效减少 ISODATA 聚类算法计算的复杂度引起了极大关注，学者们从不同角度提出了解决方法，其中包括使用马氏(Mahalanobis)距离代替欧氏距离作为像元间相似性度量法则、使用下三角矩阵度量方法、利用影像自相关属性减少运算量(Venkateswarlu and Raju，1992)，以及使用KD(k-dimensional)树预组织数据等改进方案(Memarsadeghi et al.，2007)。然而，多数从算法本身角度的改进方案对于 ISODATA 聚类算法处理效率的提高并不明显，也无法满足大规模遥感影像计算对 ISODATA 聚类算法扩展性的需求。

使用分布式计算和并行计算技术提高 ISODATA 聚类算法处理效率的研究同样取得了一定进展(Dhodhi et al.，1999；Plaza，2008；Ye and Shi，2013)。Li 等(2010)提出了一种基于 MapReduce 的并行 ISODATA 聚类算法，并将其用于遥感影像处理，取得了不错的效果。该算法使用迭代 MapReduce 作业的方式实现 ISODATA 聚类并行化。Map 实现的主要功能是计算每个数据点到 K 个聚类中心的距离并进行比较，将数据点分配给距离它最近的聚类中心；Reduce 的主要功能是基于 Map 中计算得到的所有数据点分配情况，计算出新的聚类中心。除了 Map 和 Reduce 构成的 MapReduce 作业主体之外，在每次 MapReduce 作业迭代之间，加入一个 Refine 函数，根据上一轮 MapReduce 作业得到的聚类集合数目、标准差和聚类中心点等全局信息，进行类的合并与分裂操作，同时将新的聚类中心信息作为初始参数传递给下一轮 MapReduce 迭代，不断循环，直到满足设定的停止条件。图 2-24 描述了该算法的流程。

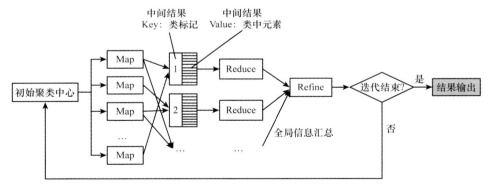

图 2-24　现有基于 MapReduce 的并行 ISODATA 聚类算法流程

这是一种最直观的 MapReduce 并行化方法，在标准串行 ISODATA 聚类算法中，最耗时的部分是算法流程中计算所有数据点到 K 个聚类中心之间距离并分配的步骤。现有MapReduce 并行化方法将该过程的运算负载分配至不同的并行 Map 处理，当 Map 数量随着 MapReduce 计算节点数的增加而增加时，并行算法的计算能力会相应地得到增强，能够应对更大规模的遥感影像计算需求。该算法的设计思想正是遵循了本章 2.1.2 小节中所介绍的 MapReduce 迭代式组合设计模式，即在相同的数据集上迭代执行相同的 MapReduce 作业，进而不断逼近最优解的过程，该框架十分适用于聚类分析这种递推式的算法。

上述迭代方式虽然可以实现 MapReduce 框架中 ISODATA 聚类算法的并行化，但却存在着较严重的性能瓶颈（Bu et al.，2010；Srirama et al.，2011；冯新建，2013）。以现有基于 MapReduce 的并行 ISODATA 遥感影像聚类算法为例，算法中每轮迭代所进行的操作都是相同的，即计算所有元素与聚类中心的距离，以此分配所有像素点（Map 过程），再重新计算聚类中心（Reduce 过程）。每一轮迭代作业之间相互独立，所以每一轮迭代 MapReduce 都需要重新初始化作业，以及重新读写与传输数据。这个过程耗费了大量不必要的系统开销，包括 I/O、CPU 和网络带宽等资源的消耗。此外，当处理的遥感数据量较大时，ISODATA 聚类算法往往需要很多轮才能达到收敛条件，进一步增加了计算资源的耗费，同时增加了大量额外的处理时间。所以，尽管现有基于 MapReduce 的并行 ISODATA 遥感影像聚类算法有效提升了传统 ISODATA 聚类算法的处理效率，但它在面对更大规模的遥感影像处理时，仍然存在比较严重的性能瓶颈，无法充分发挥 MapReduce 的优势。

造成上述性能瓶颈的原因本质上是 MapReduce 分布式处理特性与遥感影像全局型运算之间的矛盾。现有 MapReduce 并行 ISODATA 遥感影像聚类算法将遥感影像转换为文本文件以后，按照 MapReduce 处理文本文件的默认方式分片并行处理，这是一种可以快速实现该并行算法的方式，但没有考虑遥感影像像素点之间的空间邻域性。然而，这还不是形成性能瓶颈的根本原因。在现有的并行算法中，无论遥感影像是按照文本格式读入还是影像格式读入，数据划分后得到的数据分片都只包含了原遥感影像中的局部信息，而 ISODATA 聚类算法是基于影像整体光谱统计特征的递推算法，所以每个并行数据块的计算都需要其他所有数据块的信息，否则每块中得到的结果只能反映原影像局部特征。

如何在 MapReduce 分布式框架中维护各并行线程处理所需要的全局信息是使用 MapReduce 并行化 ISODATA 聚类算法的核心问题。为解决这个问题，现有基于 MapReduce 的并行 ISODATA 遥感影像聚类算法在每一轮迭代中，使用了 Reduce 汇总所有并行 Map 计算得到的包含一部分局部信息的中间结果，即局部像素点分配情况，从而得到全局统计信息。全局信息经过顺序流程 Refine 优化调整后，作为初始参数传递给下一轮 MapReduce 作业，再由 Reduce 汇总更新全局信息，再优化，再汇总，由此实现全局信息在整个流程中的维护。但如上所述，随着迭代次数的增加，当处理大规模遥感影像时，性能问题就会凸显出来。

2. 并行化全局子采样方法 PGSS

本书采用一种与现有 ISODATA 并行化方法完全不同的设计方式，将全局信息保留在每个并行数据块上，而非在并行线程中不断维护全局信息。该方式就是基于采样的策略提出的一种并行化的全局子采样方法（parallel global sub-sampling，PGSS）。

PGSS 本身也是一种基于 MapReduce 的并行化方法，它采用传统的按影像区域划分的读取方式，并不需要像 2.2.2 小节中的 GS3 数据划分方法那样在并行程序外部预先划分好数据块再整块读取，因此，PGSS 可以和后续操作很好地融合在一起。此外，由于 PGSS 采用了子采样方法，可以根据需要更灵活地控制并行数据块的大小和数量。图 2-25 描述了 PGSS 算法的流程。

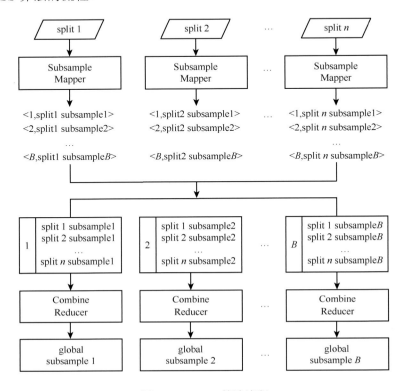

图 2-25　PGSS 算法流程

　　遥感影像经过数据划分，得到 n 个数据分片 split 1，split 2，…，split n，提供给 Map 作为移动到各个计算节点上的计算依据。这里的数据划分可以选择传统的按行、列条带或按矩形等方式进行。每个分片分别交给一个 SubsampleMapper 处理，SubsampleMapper 实现的主要功能是在每个分片上执行子采样操作。假设每个分片大小为 S，所需的子样本数为 B，采样率为 p，则每个 SubsampleMapper 输出 B 个键-值对，其中 Key 值标记为 $1 \sim B$，而 Value 则保存了 B 个子样本数据，大小都是 $S \times p$。经过 MapReduce 对中间结果按 Key 值排序之后，所有 SubsampleMapper 输出的中间键-值对结果会按照相同的 Key 值合并到一起。如图 2-25 所示，对于 Key 值为 1 的键-值对，对应的所有值 split1 subsample1，split2 subsample1，…，split n subsample1 就组成了一个 List，交给同一个 CombineReducer 处理。CombineReducer 实现的功能比较简单，就是将 List 中所有的子样本元素合并到一起，组成全局子样本 global subsample1，…，global subsample$B$，并写入到底层分布式文件系统中。

　　PGSS 的最终输出结果为 B 个全局子样本数据块，后续算法设计将在这 B 个数据块的基础上进行。在 PGSS 算法中，我们设计在每个影像分片 split 上使用采样率 p

得到 B 个子样本，再将所有分片中得到的 $(n \times B)$ 个子样本合并形成 B 个全局子样本。这样设计可以使 PGSS 能够在不改变现有 MapReduce 遥感影像并行处理时数据划分读取方式的前提下，得到对原始输入影像具有代表性的样本。另外，如果我们选择直接用每个并行 Map 在整幅输入影像上做采样，则会造成大量底层分布式存储的影像块移动(移动到各 Map 所在的节点上)，传输过程将耗费大量时间。可以证明，在 PGSS 中，每个子样本的获取过程在本质上都相当于是在原始图像上进行的全局采样，等同于直接在整幅输入影像上采集 B 个子样。两种场景下，每个像素点被选中的概率都是相同的。

由于 PGSS 得到的每个数据块都是原输入影像的子样本，因此都在不同程度上保留了原影像像素值分布密度信息，在这些数据块上执行 ISODATA 聚类算法得到的结果与在原影像上执行 ISODATA 得到的结果具有一定的相关性，可以利用此相关性设计后续算法。在面对大规模影像处理时，降低 PGSS 中子采样率和全局子样本数量可以进一步减少总计算量，但同时也会给最终聚类结果带来误差和不确定性。

PGSS 方法是对 2.2.2 小节中提出的 GS3 数据划分方法的延伸与扩展。首先，PGSS 本身也是一种基于 MapReduce 的并行化方法，在 PGSS 中，SubsampleMapper 的数据划分读取方式和传统 MapReduce 遥感影像并行处理方式相同，后续的 MapReduce 作业同样可基于此划分读取方式进行。GS3 方法需要预先划分好数据块，再执行后续 MPK 算法，面对的是遥感影像聚类初始化算法应用，其结果仅仅是从原始影像中提取出少量像素点。而 PGSS 面对的是 ISODATA 聚类，其结果是完整的图像分类结果，所有像素点都涉及其中，因此这种统一的数据划分读取方式十分有必要。此外，由于 PGSS 采用的是子采样方法，可以根据需要更灵活地控制并行数据块的大小和数量，经过合理设置，能够进一步减少并行计算的数据量。

2.3.3　基于 MapReduce 的遥感 ISODATA 并行聚类算法

1. SPI 算法流程

基于 MapReduce 的 ISODATA 并行聚类算法 SPI 是在 PGSS 基础上设计的后续并行处理过程，算法的实现流程如图 2-26 所示。

SPI 算法流程分为 3 个阶段，分别由 3 个功能不同的 MapReduce 作业构成。

第 1 阶段　直接将 PGSS 方法嵌套进 SPI，包括 SubsampleMapper 和 CombineReducer。PGSS 输出的 B 个全局子样本数据块将被写入 MapReduce 底层分布式文件系统中，作为下个阶段 MapReduce 作业的输入数据，由此实现与后续流程的无缝集成。

第 2 阶段　由 ISODATAMapper 和 FilteringReducer 组成。每个 ISODATAMapper 完整读取一个全局子样本，在其上执行标准 ISODATA 迭代式聚类，得到全局子样本上聚类结果后，输出各结果类的中心点。对比现有的基于 MapReduce 的 ISODATA 并行聚类算法，SPI 算法将 ISODATA 本身的迭代过程放到了每个并行 Map 内部进行，即在内存中进行迭代，而不是在整个 MapReduce 作业外部进行迭代，有效地避免了大量计算资源和处理时间上的浪费。每个 ISODATAMapper 输出一个键-值对，Key 值统一标记为原输

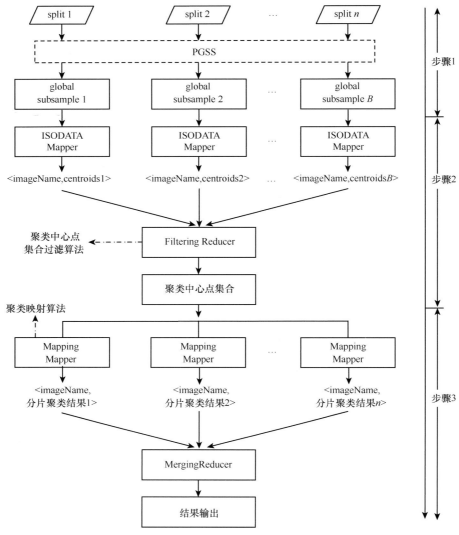

图 2-26　SPI 算法流程

入影像名，目的是将所有结果交给同一 FilteringReducer 处理，这些结果正是 ISODATAMapper 输出 Value 值中所保存的各样本块 ISODATA 聚类结果的中心点集合。FilteringReducer 对此中心点集合执行聚类中心点集合过滤算法，移除其中的异常值（outliers），得到更加精确的代表性结果。FilteringReducer 将过滤后的中心点集合输出，再由外层驱动函数传递给下一阶段 MapReduce 作业使用。

　　第 3 阶段　由 MappingMapper 和 MergingReducer 组成。MappingMapper 使用和 PGSS 中 SubsampleMapper 相同的影像划分读取方式处理数据分片 split 1 ～ split n。MappingMapper 的主要功能是在每个数据分片上执行聚类映射算法，根据前一阶段输出的过滤后的聚类中心点集合，将每个分片中所有的像素点映射为聚类结果。MergingReducer 汇总这些局部聚类结果，将它们拼接成影像总体聚类结果写入分布式文件系统。

相比现有的基于 MapReduce 的并行 ISODATA 遥感影像聚类算法，SPI 算法仅用 3 轮不同的 MapReduce 作业就能得到最终聚类结果。其中，第 1 阶段和第 3 阶段需要重复读取遥感影像数据块，第 2 阶段读取的数据是 PGSS 输出的 B 个全局子样本数据块，它们的大小是由 PGSS 中的采样率决定的，采样率越低，数据量越小，总体计算量也越小。实验证明，相对较低的采样率并不会影响结果精度，这意味着第 2 阶段数据读取和调度的时间消耗实际上并不大，甚至低于第 1 阶段和第 3 阶段中的时间消耗。现有基于 MapReduce 的并行 ISODATA 遥感影像聚类算法对影像重复读写次数是不确定的，取决于 ISODATA 算法处理不同遥感数据时达到收敛所需的迭代次数，在实际处理遥感影像时，该迭代次数常常大于 10 轮。因此，SPI 算法能够更好地控制计算资源和时间消耗。另外，SPI 算法将现有方法中外部迭代放到了 ISODATAMapper 内部完成，有效利用了内存的数据读取效率。理论证明，从同一个总体中抽取一个大样本和一个小样本，ISODATA 聚类算法在小样本上所需的迭代次数要小于它在大样本上达到同样收敛条件时所需的迭代次数，说明即使在 ISODATAMapper 内部，迭代轮数也小于现有方法外部迭代轮数，这进一步证实了 SPI 算法在处理效率上的改进。

2. 聚类中心点集合过滤算法

SPI 算法的第 2 阶段中 FilteringReducer 收集了所有 ISODATAMapper 在全局子样本上处理得到的聚类中心点集合，使用聚类中心点集合过滤算法对集合中的异常值进行过滤，下面具体介绍该过滤算法。

集合中异常值的形成是因为 FilteringReducer 处理的是来自不同全局子样本上得到的 ISODATA 聚类结果中心点集合，这些中心点反映了全局子样本中像素值分布密度较高的区域，由于全局子样本对原输入影像具有代表性，所以这些中心点在不同程度上也反映了原输入影像总体像素值分布密度高的区域。根据这一点可以推测，多数聚类中心点结果是彼此相似的。但是，由于随机采样的不确定性，某些全局子样本并不能很好地反映原输入影像总体像素值的分布信息。在这些代表性较低的样本上执行 ISODATA 算法得到的聚类结果，往往与总体结果存在较大差异。由于 ISODATA 结果聚类数是根据数据本身结构自组织发现的而非人工控制，这种差异不仅表现在结果中心点之间偏离较大，甚至在结果聚类数目上都会有所不同。

基于此考虑，聚类中心点集合过滤算法主要包含两个过程。

(1) 预过滤过程：首先根据聚类中心点数目上的差异初步过滤，保留多数具有相同聚类数目的中心点集合，滤除少量不同数目的中心点集合。

(2) 精过滤过程：将预过滤得到的中心点集合的所有元素合成分组，根据组内元素的相对距离将异常值元素滤除。

图 2-27 展示的是预过滤过程。

假设 C1、C2、C3、C4 和 C5 是 FilteringReducer 收集到的 5 组中心点集合的子集，数字表示各中心点编号。其中，C1、C2、C3 和 C5 具有相同数目的聚类中心点数为 5，而 C4 中的中心点数为 4，所以预过滤过程将 C4 滤除，保留 C1、C2、C3 和 C5。

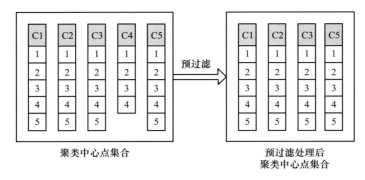

图 2-27　聚类中心点集合过滤算法中预过滤过程原理

　　精过滤过程首先需要将预过滤后剩下的具有相同元素数目的中心点集合合成分组。具有相似性的中心点集合中，对应元素在空间上是彼此邻近的，对应元素之间将在空间上形成聚集分组。精过滤过程正是以每个分组为具体处理对象，选出彼此距离最紧密的一系列元素，过滤掉分布不够紧密的可视为异常值的元素。

　　对中心点集合合成分组的过程有一定难度。由于 ISODATA 是一种非监督分类方法，由它得到的聚类结果是没有任何标记信息的，因而无法直接根据类别属性标记找到类之间的对应关系，也无从确定聚类中心点集合中元素的对应关系。本书选择一种经典的迅速合成分组的一致性链方法(Hore et al.，2006)，其原理如图 2-28 所示。

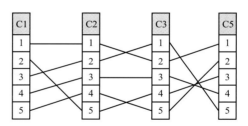

图 2-28　聚类中心点集合过滤算法精过滤中合成分组原理

　　聚类中心点集合经过如图 2-27 所示的预过滤处理后，子集 C1、C2、C3 和 C5 被保留了下来，它们都各自包含 5 个聚类中心点元素。在一致性链合成分组过程中，聚类中心点之间的欧氏距离被用来作为相似性度量的依据，以寻求集合元素之间的匹配关系。分组过程从 C1 开始，根据元素之间的距离对 C2 和 C1 中所有元素两两求欧氏距离，找到彼此最相近的元素，如 C1 中的元素 1 和 C2 中的元素 1、C1 中的元素 5 与 C2 中的元素 4 等，以此建立第一次链接，如图 2-28 中实线所示。接下来，再从 C2 开始，寻求 C2 和 C3 元素之间的对应关系，建立第二次链接。如此循环，直到所有子集全部建立链接，一致性链执行结束。此时，每条链上的元素，如由 C1 中元素 1、C2 中元素 1、C3 中元素 2、C5 中元素 1 组成的链就构成了一个分组。

　　再以每个分组作为对象实现最后的精过滤处理。对于每一条链，首先计算链上所有元素的均值点；计算每个元素到该均值点的欧式距离，并按照距离大小进行排序；最后过滤掉一半数量的距离均值点最远的元素，剩下元素即聚类中心点集合过滤算法的最终结果。之所以选择过滤一半数量的元素，首先是为了保证将异常值全部滤完，异常值数量通常只占组内元素总量较小的比例，过滤一半足以保证只留下分布足够紧凑的聚类中心点，并进一步保证更高的聚类精度。此外，考虑到过滤后的聚类中心点集合是要传递给 SPI 算法第 3 阶段作为输入参数的，所以滤除一半的元素也能够在不损失精度的同时有效减少数据读写和传输量。

3. 聚类映射算法

在 SPI 算法的第 3 阶段中，MappingMapper 在每个数据分片上执行聚类映射算法，根据上阶段 FilteringReducer 输出的过滤后的聚类中心点集合，将每个分片中所有的像素点映射为聚类结果。聚类映射算法本质上是仍以像素点之间欧式距离作为相似性度量，将所有像素点分配给不同聚类中心的过程，算法过程如图 2-29 所示。

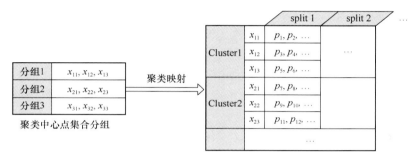

图 2-29　聚类映射算法原理

图 2-29 左侧的框图展示了上一阶段输出的过滤后聚类中心点集合。集合中元素经过一致性链处理后形成不同分组，每一组包含若干聚类中心点元素，如第一组中的 x_{11}、x_{12} 和 x_{13}。右侧框图展示了聚类映射算法原理，以处理分片 split1 为例，首先求取 split1 中每个像素点到聚类中心点集合中所有元素的距离，再将所有像素点分配给距离它们最近的聚类中心点元素，如图 2-29 中像素点 p_1 和 p_2 等被分配给了 x_{11}，p_3 和 p_4 等被分配给了 x_{12}。此后，将属于同一分组的所有聚类中心点得到的所有像素点标记为同一类，如图 2-29 中 p_1，p_2，…，p_6 等被标记为 Cluster1，p_7，p_8，…，p_{12} 等被标记为 Cluster 2。待所有分片都标记完成后，MergingReducer 合并每个分片结果，生成整幅影像所有像素点的标记结果，即 SPI 算法的最终聚类结果。

在聚类映射算法中，仅使用一轮分配运算标记完所有像素点作为最终聚类结果，不再进一步执行迭代的更新聚类中心、再分配、再更新的过程。这是因为过滤后的聚类中心点集合已经能够准确表达总体像素值的分布信息，有时甚至比直接在原输入影像上执行 ISODATA 聚类得到的结果更精确，因此只需要建立起集合与最终结果之间的映射关系即可，在不损失聚类精度的同时省去继续迭代所带来的计算资源消耗。

4. SPI 算法精度验证及性能测试

1）精度验证

为了考察 SPI 算法的聚类结果精度，首先需要确定有效的精度验证指标。SPI 算法面向的是大规模遥感影像数据处理，经常会涉及大范围未知区域，因此很难获得充足的先验知识，而人工判读又耗费极大。所以，对于非监督分类结果的精度评价，通常是从统计角度考察聚类结果本身的误差，其中运用最为广泛的精度评价指标是误差项平方和，即残差平方和（sum of squared error，SSE）（Hore et al.，2006；More and Hall，2004）。SSE是指所有类中元素到该类几何平均值之间的欧氏距离平方和，它能够表现各类别中元素之间的紧凑或离散程度，其定义如下（Duda and Hall，2012）。

设数据集 $D=\{x_1，\cdots，x_n\}$ 包含 n 个元素，经过聚类处理后形成 k 个不相连的聚类子集，D_i，$\cdots$，D_k，则有

$$SSE=\sum_{i=1}^{k}\sum_{x\in D_i}\|x-m_i\|^2，\quad m_i=\frac{1}{n_i}\sum_{x\in D_i}x \tag{2-11}$$

式中，n_i 为 D_i 中的元素数目。SSE 值越小，表示聚类结果越精确。

为了验证 SPI 聚类结果的精度，首先需要考察 SPI 自身参数变化对结果精度的影响。SPI 算法中会对结果精度产生影响的参数主要是 PGSS 中子采样率 p 和全局子样本数量 B，因此在第 1 轮实验中设置子采样率 p 分别为总体数量的 1%、2%、5%、10%、20% 和 30%，全局子样本数 B 分别设置为 10、20、30 和 40。实验数据包括 20 幅大小为 3000×3000 的 Landsat 卫星 TM 影像，包含前 4 个波段。实验计算并统计 SPI 聚类结果的 SSE，每个结果取所有影像上 10 次运行结果的平均值。图 2-30 为 SPI 聚类结果精度在不同子采样率和全局子样本数量条件下的变化情况。

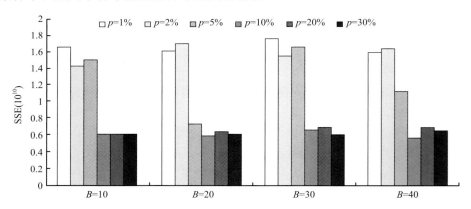

图 2-30　不同子采样率及全局子样本数条件下 SPI 聚类精度变化

图 2-30 中，横坐标表示不同全局子样本数量 B，不同灰度柱状图表示不同子采样率条件下 SPI 聚类结果的 SSE 值（真实值为对应数值乘以 10^{10}），灰度越深表示子采样率越高。由图 2-30 可以看出，子样本数量 B 从 10 变化到 40 的过程中，SSE 并未表现出明显的变化趋势，只是在相似的值域范围内上下波动。这说明在 SPI 中，全局子样本数量对 SPI 聚类结果精度影响并不大，所以从计算量角度考虑，可以选择相对较少的全局子样本数量，以减少 SPI 的处理时间。

另外，还可以观察到，SPI 聚类结果 SSE 在采样率为 1%、2% 和 5% 时值相对较高，而当采样率上升至 10%、20% 和 30% 之后，SSE 的值总体上降低，说明 SPI 结

果对子采样率变化较为敏感。当采样率升高时，由于全局子样本对原输入影像代表性增加，聚类结果能够更好地反映原影像像素值分布结构，所以 SPI 结果精度提升。但是 SPI 结果精度并非随采样率升高而一直增加，从图 2-30 中可以看出，采样率为 10%、20% 和 30% 时，SSE 的值只是稳定在一定范围内上下波动，并没有表现出下降的趋势，表明当采样率达到一定阈值后，SPI 结果精度即稳定在某区间范围内，不再有进一步上升或下降的趋势。因此，从总体计算量角度考虑，可以在适合范围内(如10%~20%)选择相对较小的 PGSS 采样率获取并行数据块，以进一步减小 SPI 第二阶段的处理时间。

第 2 轮实验通过与标准串行 ISODATA 聚类结果对比来考察 SPI 聚类结果精度。基于上轮实验结果，考虑到遥感影像计算规模较大，在本轮实验中将 SPI 采样率设为 10%，全局子样本数量设为 10 个，均取了适合范围内的最小值，将 SPI 总计算量降到最低程度。表 2-3 为 SPI 与标准串行 ISODATA 处理不同大小遥感影像聚类结果精度的对比情况。

表 2-3　SPI 算法与标准串行 ISODATA 算法聚类结果精度对比

项目	500×500	1 000×1 000	2 000×2 000	3 000×3 000	4 000×4 000
标准串行 ISODATA 算法	2.36×10^8	8.71×10^8	2.14×10^9	7.76×10^9	1.66×10^{10}
SPI 算法	2.51×10^8	8.80×10^8	2.06×10^9	6.92×10^9	0.93×10^{10}

为了公平比较，标准串行 ISODATA 的输入参数和 SPI 的 ISODATAMapper 中的 ISODATA 过程设为相同，包括相同的初始聚类数目 $k_{inint}=10$；允许最多迭代次数 $I_{max}=20$；类合并标准值 $L_{min}=10$；类分裂标准值 $\sigma_{max}=15$，以及构成一个类的最少样本数 $n_{min}=n/(5\times k_{init})$，$n$ 为总体样本数。

从表 2-3 所示的 SSE 结果中可以发现，在处理相对较小尺寸的影像时，SPI 算法的聚类结果 SSE 值比标准串行 ISODATA 算法大，表明 SPI 算法的聚类精度较低。但随着影像尺寸的变大，SPI 的聚类结果精度逐渐高于标准串行 ISODATA 算法，在图像大小为 4000×4000 时，SPI 算法相对精度已经提高了很多。这种趋势表明，相对于传统的 ISODATA 算法，SPI 算法在处理大影像时具有更高的聚类精度。造成这种结果的原因可能有以下两个方面：从标准串行 ISODATA 算法方面来看，由于允许迭代次数被统一限制在 20，在处理小影像文件时，20 轮迭代已经可以保证 ISODATA 收敛到一个比较精确的聚类结果；而当影像增大时，ISODATA 算法需要的迭代次数增加，20 轮迭代无法保证聚类结果收敛到满意的精度。从 SPI 算法方面来看，由于采用子采样方法获得了比原始影像更小的样本，每个并行 ISODATA 收敛所需迭代次数较少，所以在面对大影像时，每个并行 ISODATA 中 20 轮迭代得到的精度较高。此外，由于 SPI 算法采用了较好的异常值过滤算法，剔除了代表性不足的全局子样本结果，因此进一步提升了聚类结果精度。

2)时间性能测试

开展两轮实验对 SPI 算法的时间性能进行测试。

　　第 1 轮实验中，共选择 50 幅 15 000×15 000 大小的 GF-1 卫星影像 4 波段、8m 空间分辨率、多光谱合成影像作为测试数据，所有影像文件都已经过前期预处理。SPI 并行节点数(slave node)从 5 个依次增加至 20 个，每次增加 5 个节点，记录 SPI 算法在不同节点数条件下处理 50 幅影像所用的整体平均时间。基于精度验证实验结果，本轮实验中使用的并行分块采样率为 10%，全局子样本数量设为 10 个，均为适合范围内的最小值，由此可将 SPI 总计算量降到最低程度。图 2-31 展示了 SPI 处理时间的变化情况。

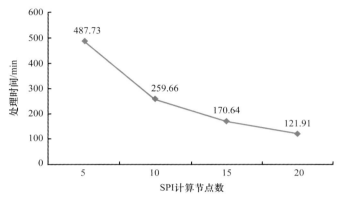

图 2-31　SPI 处理时间随节点数增加的变化情况

　　从图 2-31 中可以观察到，随着 SPI 计算节点数的增加，相同规模的遥感影像计算任务所消耗的时间明显降低，表明 SPI 算法获得了良好的加速比。MapReduce 模型赋予了 SPI 算法良好的可扩展性，使得它能够灵活地扩展计算能力，以适应大规模遥感影像的处理需求。此外，由于 MapReduce 底层分布式文件系统的支持，用户在处理大规模遥感影像时无需关注底层任务调度和负载均衡问题，也不需要担心单节点崩溃后整个算法的挂起。

　　第 2 轮实验进一步比较 SPI 算法与现有基于 MapReduce 的并行 ISODATA 聚类算法(parallel ISODATA clustering，PIC)的效率。设定 PIC 总体迭代次数和 SPI 的 ISODATAMapper 中迭代次数相同，均为 20 轮，并保持其他输入参数不变，仍控制 SPI 的采样率为 10%，全局子样本数量为 10 个。为公平起见，实验中的 PIC 采用与 SPI 同样的影像数据划分读取方式，并行节点数均设定为 10 个。表 2-4 展示了两种算法在处理不同大小遥感影像时所消耗的时间对比(min)。

表 2-4　SPI 算法与 PIC 算法处理时间对比

项目	5 000×5 000	10 000×10 000	15 000×15 000
PIC/min	86.42	413.50	994.21
SPI/min	26.19	104.17	259.66

　　实验记录了 PIC 和 SPI 分别处理 20 幅大小为 5 000×5 000、10 000×10 000 和 15 000×15 000 的四波段合成影像的平均时间。由于 PIC 算法使用了 20 轮迭代才能收敛，而每次迭代都需要重复启动 MapReduce 作业和读写数据，所以 PIC 算法消耗

的时间远高于 SPI 算法，这也印证了前文关于迭代式组合模式在资源和时间上消耗问题的推断。

2.4　分布式遥感信息 SOLAP 立方体模型

遥感影像蕴含着海量的特征信息、复杂的空间及非空间关系，对其进行聚类并行化是提高遥感影像处理效率的重要手段，而且其本身具有的天然并行性极适合于分布式环境下的高性能计算，如可利用遥感影像的数据并行方法来大幅度地提升遥感大数据的吞吐量及其存储扩展性。将空间在线分析处理(spatial OLAP，SOLAP)这种技术引入遥感影像并行处理，既可以提升 SOLAP 空间分析水平及应用的深度和广度，也可以为遥感影像快速处理提供新的有效的技术手段。本节将在逻辑层引入格网化的空间数据模型，以支持遥感信息 SOLAP 数据立方体的分布式组织与构建，并以数据密集型计算的列式存储 BigTable 技术为基础，开展该模型可扩展多维存储机制的研究。

2.4.1　SOLAP 概述

在线分析处理(on-line analytical processing，OLAP)是基于数据仓库的一套决策分析技术，用于解决联机事务处理(OLTP)不能满足用户决策分析时对关系数据库的查询需求这一问题，核心目标是满足决策支持或多维环境下特定的查询和报表需求。SOLAP 从OLAP 发展而来，充分地继承了 OLAP 的分析模式与特点。下文将从数据模型及其体系结构来阐述 SOLAP 的相关概念。

1. SOLAP 多维模型及其定义

在 OLAP 数据模型中，多维信息被抽象为一个立方体，包括了维和度量两个主要概念。其中，维是指观察和分析数据的特定视角，也可理解为描述目标对象的某类属性集合，如时间维描述了时间属性集合；度量是要分析的目标数据，也就是通过多个维度确定的目标对象或研究对象。相应地，在 SOLAP 的数据模型中，维和度量的概念融入了空间特征，形成了空间维和空间度量的概念。

1)维和空间维度

维(dimension)是人们观察和分析事物的特定视角，是描述事物某类属性的集合。这类集合按照对事物描述的详细程度可形成一定的层级结构，称为维层次(hierarchy)。维层次间二元关系一般为包含与被包含关系，称为聚集关系，从而形成一种树状的层次结构。维度在数学上可用三元组 $<\mathrm{Did},L,<>$ 来定义，其中 Did 为维标识，L 为维中的有限层次集合 $\{l_1,\cdots,l_n,\mathrm{All}\}$，每个 $l\in L$ 中有若干离散层成员，其中最低层为 l_1，最高层为 All 层，属于默认层级，表示由所有基本数据聚集形成的层。同一维中，某一层的高低与其所反映的数据的综合程度有关，反映的数据综合程度越高，其层次就越高。≺代表两个层次间的聚集关系，如 $l_i \prec l_j$ 表示数据由 l_i 向 l_j 聚集，l_i 为子层，l_j 为父层。对于一个维实例，每一层次包含若干取值，称为维成员（member of dimension），它是目标数据在维中具体位置的描述。All 层中仅包含一个成员"all"。如图 2-32 所示，某个时间维度中由年、月、日构成了由上而下的多层级关系，图 2-32(a)显示了该维度层次的 schema，图 2-32(b)是对应的维层次实例，如在年层次中又包含如"Year 2013"等若干年份。

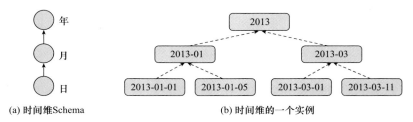

(a) 时间维Schema　　　　　　　　　(b) 时间维的一个实例

图 2-32　时间维层次示例

空间维度（spatial dimension）是指涉及地理位置信息的维度，如包含国家、地区和城市 3 个层次的行政区维度。Rivest 等（2001）将空间维度分为非空间几何维、空间几何维、混合维 3 类。

如图 2-33 所示，非空间几何维在所有层次上均仅使用名称标示，如省名、市名等，不具备任何空间位置属性，属于传统 OLAP 的维度范畴；空间几何维在任何层次上都包含了具体的空间几何信息，以支持空间位置关系分析与地图可视化；混合维在不同的层级上混合名称和空间几何两种维度标示方法，该维度在低层次上的泛化值为空间几何数据，而在高层次上用非空间数据来描述。空间维层次间的聚集关系主要为空间拓扑关系，一般为空间包含/被包含关系，也存在其他空间拓扑情况，如空间邻接、空间重叠、空间覆盖及空间穿过等。

(a) 非空间几何维　　　　　(b) 空间几何维　　　　　(c) 混合维

图 2-33　空间维度分类示意图

2）度量和空间度量

度量（measure），即多个维度确定的目标对象或研究对象，一般用来描述统计指标，具有数据的实际意义。根据其数据类型，传统度量一般为数值类型，如产量、销售额等。空间度量（spatial measure）是指涉及地理位置信息的度量，可分为两大类（Bédard et al.，2005）：一类为空间几何度量，即由若干空间维度或混合维度中的空间层次确定的度量形式，代表了某类空间对象。空间几何度量可实例化为一个完整的空间对象，同时具备几何属性和对象属性，如区域降水量度量 RainfallMap 是以区域为几何边界，以该区域降水量统计值为几何属性的度量形式。空间几何度量用数学形式可表达为一个二元组〈geom，attrSet〉，其中 geom 为空间几何信息，attrSet=(attr$_1$，…，attr$_m$)为该空间对象的属性值集合。空间几何度量可由 Spatial Union、Spatial Merge 或 Spatial Intersection 等几何对象操作计算得到。另一类是数值类型形式的空间度量，由空间测量或拓扑操作计算得到，如欧氏距离或邻域个数等。

3）事实和数据单元

事实(fact)是指维集合和维集合所确定的度量值的一个组合。事实可以表示为一种字典形式[$(D_1$，…，$D_n)$：M]，其中$(D_1$，…，$D_n)$表示一个维集合，M 为某度量的值，该值又可称作数据单元(cell)，它唯一地确定了多维空间的一个位置。例如，事实[(2013，江苏镇江，作物用地)：1045.2]，其中时间维取值为"2013 年"，地理区域维取值为"江苏镇江"，土地用地维取值为"作物用地"，度量年均降水量取值为 1045.2mm。

4）SOLAP 立方体

SOLAP 立方体(SOLAP cube)由多个维度、度量，以及基于该立方体的一系列聚集与分析操作组成，是空间数据仓库中的多维模型(multi-dimensional model)。

不失一般性，基于以上基本维和度量的概念描述，SOLAP 立方体可定义为一个四元组〈Cubeid，D，M，Γ〉。其中，Cubeid 为立方体 ID；D={d_1，…，d_n}为多维集合，D 中包括若干空间维层次和非空间维层次；M={m_1，…，m_n}为度量集合，主要有数值和空间几何度量两种；Γ={f_1，…，f_n}则为聚集函数，即具体度量的计算方法。

聚集函数可分为 3 类：分布性、代数性和整体性(Gray et al.，1997)。其中，分布性函数指聚集函数可以用封闭计算形式(即函数形式不发生任何变化)实现一个维度从底层到高层的聚集过程，如最值(MAX/MIN)、求和(SUM)、个数(COUNT)等。空间几何度量聚集依赖于空间拓扑关系，如空间相交、包含及叠加关系等。该过程中的分布性函数主要有几何并(union)、几何交(intersection)及凸包运算等。代数性函数可表达为分布式函数的代数形式，如均值(MEAN=SUM/MIN)、方差(VARIANCE)等。对于空间几何度量，主要包括中心(center)、质心(center of mass)及重心(center of gravity)等。整体性函数只能通过维度的所有底层值来整体计算高层值，无法实现分布计算，这类函数有中值(median)、秩(rank)等，这一类空间度量函数有均分(equipartition)、最近邻居指数(nearest-neighbor index)等。

下面以某流域的降水量和土壤湿度为例阐述多维模型。该实例具有流域分区(Location)和下垫面分区(LandUse)两个空间维，以及一个时间维(Time)。空间维流域分区按照河流分支划分为 3 级流域 valley1，valley 2，valley 3，下垫面共分为草地(grass)、水田(paddy field)、旱地(dry land)、树林(forest)和水体(water)5 类，时间维层次由小时(hour)、日(day)和月(month)组成。该实例包含 3 种度量：降水量(rainfallMap)、土壤湿度(soilmoistureMap)及测站数(statNum)，其中，降水量和土壤湿度为该区域内均匀分布的气象站测值均值，为空间度量。按照上述定义，其立方体模型 hydroCube 的元组模式可描述如下：

$$hydroCube,$$

$$\left\langle \left\{ \begin{array}{c} \langle Time, \{hour, day, month, ALL\}, hour \prec day \prec month \rangle, \\ \langle Location, \{valley3, valley2, valley1, ALL\}, valley3 \prec valley2 \prec valley1 \rangle, \\ \langle LandUse, \{landuse, ALL\} \rangle \end{array} \right\} \right\rangle$$

$$\{rainfallMap, soilmoistureMap, statNum\}$$

这里采用 MultiDim 模型的图示标注法来描述 SOLAP 多维模型。MultiDim 是一种通用的 SOLAP 立方体模型，采用类似于实体-关系(E-R)模型的图形符号进行多维建模，表达手段简洁明了。图 2-34 是 MultiDim 模型使用的基本图形元素，包括维层、维层级、基数比、事实关系、空间数据类型以及空间拓扑关系等。

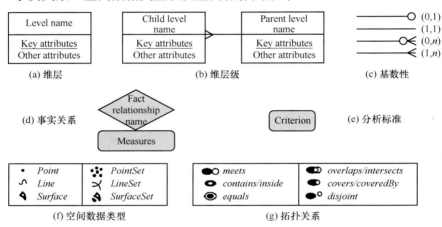

图 2-34　MultiDim 模型的图形标注

基于 MultiDim 模型标注法，上述多维模型实例的模型 Schema 可用图 2-35 来表达。

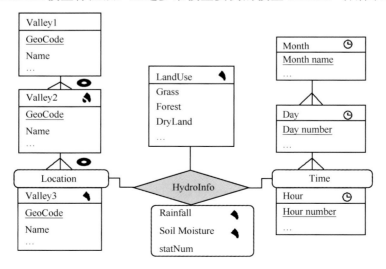

图 2-35　SOLAP 多维模型实例的模型 Schema

5) 立方格

在上述多维模型中，由每个维最底层构建的完整维组合所确定的事实集合既是该模型的基本立方体，也是数据详细程度最高的立方体。该立方体的度量值沿着各种维或任意维组合向上层聚集得到高层度量值，会产生各种 GroupBy 子集，该子集称作立方格（cuboid），基于该立方格进行类似聚集操作，又可形成概化程度更高的立方格。所有可能组合的聚集结果进行分层排列，将形成一个格状结构（lattice）。

如图 2-36 所示，上例的格状结构代表了空间数据立方体聚集结果间的相互依赖关系。其中，基本立方格〈Time，Location，LandUse〉沿 LandUse 维、Time 维和 Location 维聚集可分别得到立方格〈Time，Location〉、〈Location，LandUse〉和〈LandUse，Time〉。而立方格〈Time，Location〉沿 Location 维聚集又可得到高层立方格〈Time〉。该格状结构的顶层立方格是各维为 All 层时的聚集结果，并无实际意义。

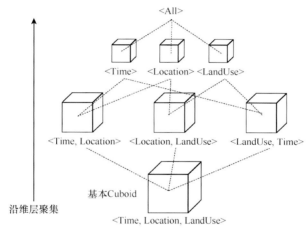

图 2-36　多维模型立方格格状结构示意图

为加快多维分析模型的查询和分析速度，可以预先计算这些立方格，而不是在查询时重新计算，这种预计算称为物化（materialization）。然而，由于存储空间和计算能力的限制，预先计算所有立方格并不现实，因此有选择地物化部分适当的立方格，实现存储空间和查询响应时间两者间的平衡是一种有效方法。

2. SOLAP 多维查询分析

OLAP 多维查询分析是对立方体 Cube 进行切片、切块、上卷、下钻及旋转等各种分析操作，以便剖析数据，使分析者、决策者能从多个视角观察 Cube 中的数据，从而深入了解蕴含在数据中的信息和规律。图 2-37 是基于一个由时间、地区、产品种类 3 个维度组成的立方体，以某销售额 OLAP 分析为例，给出了几种典型的分析操作。

切片（slice）：在给定的 N 维数据立方体的 1 个维上进行的选择操作即切片，其结果是得到一个 $N-1$ 维的平面或方体数据。

切块（dice）：在给定的 N 维立方体的两个或多个维上进行的选择操作即切块，其结果是得到一个子方体数据。

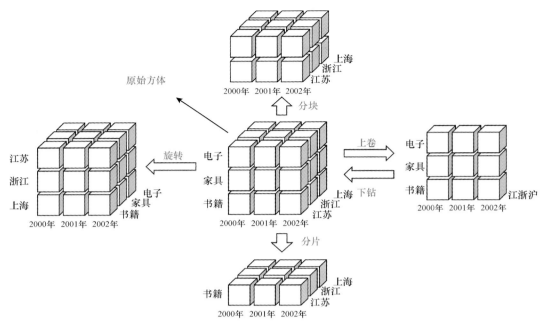

图 2-37　OLAP 查询分析操作示意图

上卷(roll-up)：在数据立方体中执行聚集操作，通过在维层次中上升或通过消除某个或某些维来观察更为概括的数据。对于数值度量，上卷结果是聚集的数值；对于空间度量，在空间维上卷是通过空间聚集得到的空间对象集合，在其他维上卷是通过空间相应位置的数值聚集值。

钻取(drill-across)：通过在维层次中下降或通过引入某些维来更细致地观察数据。对于数值度量，其结果是在该维低层次上更为细致的数值分布；对于空间度量，其结果是钻取在空间维上或其他维上卷前的空间对象。

旋转(pivot)：改变维在立方体中的显示位置，以不同的角度及维间交叉布局展示数据度量，该操作并不改变度量的值。若为空间度量，则在空间对象中显示其他维度信息，或在多个维度分别显示空间对象。

SOLAP 查询分析操作如图 2-38 所示。

与 OLAP 类似，SOLAP 多维查询分析也包括切片、切块、上卷、钻取及旋转等操作，只是操作对象变为空间度量，需要根据具体的操作维度和度量类型采取相应的空间查询、聚集计算及空间拓扑运算。

3. SOLAP 数据存储及其系统结构

1) SOLAP 数据存储模式

数据立方体以数据仓库为基础，OLAP 多维模型需要定期从数据仓库抽取数据并转换得到基本立方体信息，或建立专有 OLAP 存储并映射至 OLAP 立方体数据模型中，以供前端分析。根据数据立方体存储方式的不同，OLAP/SOLAP 系统一般分为以下 3 种

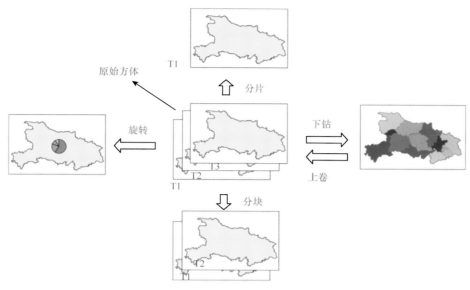

图 2-38　SOLAP 查询分析操作示意图

（Malinowski and Zimányi，2008）：

（1）关系型 OLAP（ROLAP）：ROLAP 将数据立方体存储于关系数据库，并通过 SQL 的 OLAP 扩展和其他特殊的访问方法来实现高效的多维分析模型和相关操作。

（2）多维 OLAP（MOLAP）：MOLAP 将数据立方体直接存储于多维数组等特殊的数据结构中，并基于这类结构实现多维分析和相关的 OLAP 操作。相比于 ROLAP，MOLAP 提供了较少的存储空间，但具有更高的查询和聚集性能。

（3）混合式 OLAP（HOLAP）：MOLAP 和 ROLAP 有着各自的优缺点且结构迥异，HOLAP 结合了 ROLAP 大数据存储容量的优点和 MOLAP 高性能分析的优势，在关系型数据库中存储大量底层细致性数据立方体，而在独立的 MOLAP 存储中进行各种聚集操作。

在关系数据库中，通常用星型模型和雪花模型来表达 OLAP 多维数据模型的逻辑结构。星型模型由一个事实表和一系列维表组成，且每个维对应一个表，如图 2-39 所示。

事实表与维表间通过引用完整性约束（即关键字 key 值）来指定关联。由于采用非正规化描述，每个维表有一定的冗余度，如图 2-39 中 Location 维，所有属于同一个二级流域的三级流域分区都存储了相同的二级流域相关信息。雪花模型的维表示一种规范性描述，对星型模型的维表进行分支扩展，从而减少了这种冗余。同时，雪花模型可以增加更多的空间约束关系，从而增强了空间拓扑分析能力。但雪花模型也存在表连接过多、效率低下的问题，因此传统数据仓库设计中更倾向于采用星型模型。

2）SOLAP 系统结构

SOLAP 系统一般构建于空间数据仓库或空间数据库，与空间数据存储及采集组件形成统一的框架。该框架一般包括 5 层：数据源层、ETL 层、立方体存储层、SOLAP 服务器层及前端交互层，如图 2-40 所示。

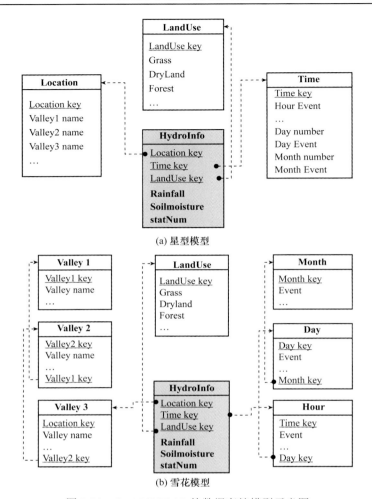

(a) 星型模型

(b) 雪花模型

图 2-39　OLAP/SOLAP 的数据存储模型示意图

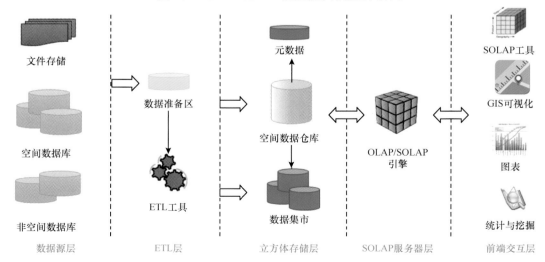

图 2-40　SOLAP 系统架构示意图

数据源层：该层为 SOLAP 提供原始数据，来自于多种采集和存储方式，可以是现有的空间数据库、文件系统或其他各种空间或非空间数据存储。作为一种验证性分析模式，SOLAP 多维模型的概念贯穿于该框架的每一层，包括后端的物理存储与逻辑设计再到前端的 OLAP 操作与展示。

ETL 层：该层包括 ETL（extraction-transformation-loading）工具和数据准备区（data staging area）。ETL 工具负责从数据源层的多种存储系统中抽取（extraction）和筛选必要的数据，对数据进行错误检查和整理清洗，并按照数据仓库或立方体模型的设计标准，对数据进行重新组织和转换（transformation），最终加载到立方体所在的目标数据库中，并且可周期性地更新立方体（loading）。数据准备区则在数据加载至立方体之前提供了一个可继续转换和信息聚集的存储空间。

立方体存储层：该层存储了按照 SOLAP 立方体模型实例化的所有数据立方体，包括空间数据仓库，或者多个数据集市，以及元数据信息。空间数据仓库集中存储了多种空间数据且面向多个主题的功能应用。数据集市是数据仓库子集，面向特定主题或部门的应用。数据集市中的立方体数据可以从数据仓库中获取也可直接从数据源中抽取。元数据信息描述了数据源信息、ETL 数据流程以及立方体数据存储结构，如维和事实的存储及映射关系。

SOLAP 服务器层：即为支持多维数据查询与分析的 SOLAP 数据操作引擎，是 SOLAP 结构的核心层。该层一方面与立方体存储层对接，实现立方体的底层数据查询与分析操作；另一方面为前端交互层提供快捷、准确的空间数据可视化图形服务。SOLAP 引擎还负责将前端查询语言，如 MDX（multidimensional expressions）解析为对立方体的具体操作步骤，并按照数据展现格式返回查询结果。

前端交互层：该层集成了 SOLAP 操作工具和查询语言界面，实现对立方体的多维分析和查询，并利用 GIS 表现组件、报表可视化工具进行一体化结果展现，还提供统计工具或数据挖掘工具对结果数据做进一步决策分析。

4. 云环境下构建遥感信息 SOLAP 系统的总体思路

在遥感大数据时代，海量遥感信息的知识发现和决策支持水平在一定程度上受限于计算节点所能提供的计算能力，基于遥感信息 SOLAP 系统部署多种空间信息挖掘应用为解决该问题提供了一种可行方案。遥感信息 SOLAP 系统作为一种空间数据基础设施，不仅为多种应用主题提供了空间信息集成分析模式，还为空间信息高性能计算与查询提供了底层性能支撑。云计算环境中，每个计算节点也是数据节点，称为 data/compute node（DCN）。数据密集型云计算的一个重要特性是数据本地化（data locality），即移动计算到相应的数据节点，直接以本地数据为输入并在本地内存计算，最后集合各节点的计算结果。

空间数据存储具有地理分布性，且每个部门或用户都维护有面向各自不同业务的数据，因此数据本地化不仅可以提高计算性能，减少网络瓶颈，而且更符合空间数据地理分布性和业务自治性要求。图 2-41 是一个全国水利部门网络拓扑结构图，图中包含了中央网络节点、各流域节点及各省市网络节点。

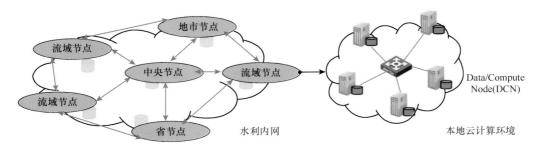

图 2-41　数据本地化的云计算环境示例

　　每个网络节点包含有本地局域网连接的本地计算与存储资源，负责本地数据存储与计算，从而形成自治性较强的本地云计算环境。该环境中，每个 DCN 既是子方体的存储节点，又是方体的聚集计算节点。同时，每个网络节点也与其他网络节点互联互通，一起构建更高级别的云计算环境。

　　在传统 SOLAP 系统中，立方体存储层只负责模型及数据立方体的存储，由 SOLAP 层负责查询与计算分析(图 2-40)。在云环境下搭建遥感信息 SOLAP 系统，需要充分利用数据本地化特性。相比于传统的 SOLAP 系统，遥感信息 SOLAP 系统的立方体存储层不仅存储模型及数据立方体，还负责具体的查询与计算事务；ETL 层在物理层上也与立方体存储层共享云计算环境。图 2-42 分别从逻辑层和物理层阐述了云环境下遥感信息 SOLAP 系统架构的初步设计。如前所述，遥感信息 SOLAP 系统在逻辑层可由数据源层、方体 ETL 层、方体存储分析层、SOLAP 查询层及前端交互层构成。

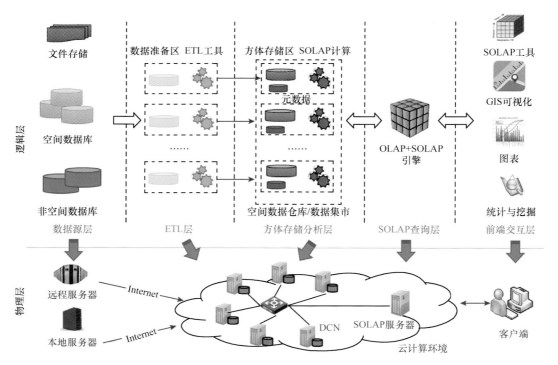

图 2-42　云环境下遥感信息 SOLAP 的系统结构示意图

　　数据源层与传统 SOLAP 系统类似，包含本地或内部网其他节点，以及基于互联网的空间和非空间数据库、遥感数据接收存储系统等。

　　方体 ETL 层运行于由分布式 DCN 集群所构成的云环境中，每个 DCN 均部署了 ETL 工具和数据准备区，分布式地、定期地从数据源层抽取、清洗、转换所需的数据，并加载至 SOLAP 立方体中。

　　方体存储分析层运行于云计算环境下的可共享 ETL 集群或独立集群中，每个 DCN 均部署了方体模型元数据、方体存储区，以及 SOLAP 计算组件（包括创建器、聚集器和查询器）。该层可视为空间数据仓库或数据集市的一部分，负责模型和数据方体的具体存储及所有 SOLAP 本地化计算功能。

　　SOLAP 查询层运行于云计算环境的 SOLAP 服务器上，同时支持 OLAP 和 SOLAP。该层部署的任务驱动器剥离了计算功能，负责将前端查询与分析任务解析为对方体的分布式并行计算流程，提交给方体存储分析层执行，并将最终所得结果反馈给前端展现。

　　前端交互层与传统 SOLAP 系统没有区别，具备透明访问能力并提供强大的交互式查询分析功能。

　　上述 SOLAP 系统架构中方体 ETL 层、方体存储分析层和 SOLAP 查询层同处于云计算环境中，是该架构的核心部分。由于数据本地化特性，该结构强调了数据获取、清洗、加工、存储、处理与分析的一体化过程。随着云环境中计算和存储能力的扩展，SOLAP 的吞吐量、服务量及分析效率都能够得到相应规模地提升。在实际应用中，上述架构会发生部分变动，如图 2-43 所示，方体存储分析层可独立于数据仓库或数据集市而存在，因此除了传统 ETL 层负责数据仓库中的数据信息加工和提取外，数据方体 ETL 层将从数据仓库中进一步提取和加工所需信息并建立独立的方体存储。

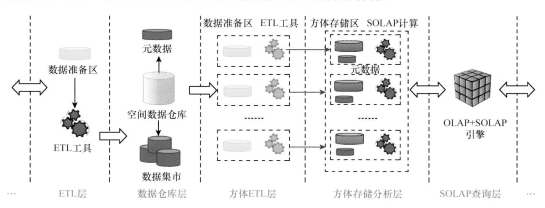

图 2-43　云环境下遥感信息 SOLAP 系统结构的变化形式

　　遥感数据计算复杂度较高，ETL 代价大，因此面向多主题应用的 SOLAP 需求对云环境下遥感信息 SOLAP 数据模型提出了通用性和可扩展性要求，需要充分利用本地化特性研究立方体数据模型的分布化机制。此外，如何屏蔽模型分布式存储与计算的复杂性，使得上层应用无需关心底层空间基础设施的具体运行机制，也是本章重要的研究内容之一。后文将从模型、计算和应用 3 个方面探讨该架构的具体运行机制和实现过程。

2.4.2 遥感信息 SOLAP 立方体逻辑模型

本小节首先引入格网化空间数据模型的概念，作为遥感信息 SOLAP 立方体数据组织的理论基础，然后对该立方体的具体维度、度量及模型定义展开阐述。

1. 格网化空间数据模型

1）地理对象数据模型

遥感影像这种栅格数据通常采用多个相同大小像元组成的图像来表达和存储，每个像元以方形或矩形范围概括代表某个特定区域，像元值代表该区域唯一地表特征信息，如土地属性值、测量值、光谱特征值等。像元在矩阵中的行列数确定了该区域的地理位置信息，它是对地物在形状和属性上的概括和抽象，像元的分辨率越小，其概括和抽象的程度就越高。

矢量数据定性或定量地表达了离散地物点、线、面等几何对象的概化信息，通过扩展属性集合成员来表达地物的多重属性，具有明确的地理边界。遥感影像以离散像素集合模拟连续地表现象，以更细的粒度表达地物局部特性，但没有显式的地理边界，如行政区、地类等。基于面向对象的矢量数据可描述点、线、面要素间的空间拓扑关系，从而展开复杂空间拓扑分析。

栅格数据结构简单，可在提取地物特征的基础上建立相应的地物对象，也可将已知地物矢量数据作为几何边界信息，以矢量包含或覆盖的像素集合为数据值，建立矢量栅格一体化的结构。矢栅一体化一方面保留了矢量数据的全部特性，具有明确的几何位置信息，并能描述地物间拓扑关系；另一方面又明确了栅格与地物间的对应关系。下文将基于矢栅一体化和面向对象的思想，统一给出这两种空间数据在本节所述 SOLAP 立方体模型框架下的数学定义。

定义 1 对象 对象可定义为一个元组 $O=\langle id, a_1, \cdots, a_n \rangle$，id 为对象标示，$a_i$ 的值可表达为 $\mathrm{val}(a_i)$，其值域定义为 $\mathrm{dom}(a_i)$。对象 O 的一个实例可表达为元组 $\langle \mathrm{val}(a_1), \cdots, \mathrm{val}(a_n) \rangle$，记作 $I(O)$。其中，$\forall i \in [1, \cdots, n]$，$\mathrm{val}(a_i) \in \mathrm{dom}(a_i)$。

时间和空间是地理数据最为重要的两个属性，地理对象是对地球表面特定时空内的物体或现象及其属性的一种抽象描述。地理对象具有明确的地理边界及其他属性特征，如一条河流对象在特定时段具有一定边界范围等几何特征，也具有面积、物质浓度、水温等自身属性，同时有水生动物类型、鱼虾产量等其他生物社会经济关联属性。在不同时期内，河流的几何特征及其他属性特征处于动态变化中。

定义 2 地理对象 Schema 若 S 为一欧式空间 R^2 的子集，地理对象可定义为元组 Geo=$\langle id, geom, ttag, [a_1, \cdots, a_n] \rangle$，其中，id 为 Geo 标示，geom 为 Geo 的地理几何属性，称为空间支持，且 $\mathrm{dom}(geom) \in S$；ttag 为 Geo 的时间属性，$\mathrm{dom}(ttag)$ 为时间段或时间点；$[a_1, \cdots, a_n]$ 为地理对象的其他属性集合。

该 Schema 根据所使用的数据表达模型，可存在不同的实例形式，以下给出 3 种：

描述型、矢量型和栅格型。

定义 3 描述型地理对象 DGeo 基于定义 2，I(Geo)中 val(geom)为文字型位置名称或相关描述信息，则该实例为描述型地理对象。

该对象以文字和数值概要描述了时空地理对象，没有明确几何特征信息，但可以通过 geom 映射至具体空间几何图形信息。例 1 是一个流域内水文测站的描述型地理对象。

例 1 流域内水文测站 DGeo 的 Schema 可表达为⟨id, geom, ttag, [rainf, soilm]⟩，其中 id 为测站标示，geom 为测站名，rainf 为时间段 ttag 内的总降水量，soilm 为平均土壤相对湿度。$\text{DGeo}_{\text{stat}}$=⟨'ED00120', '壶口站', 201005, [14563, 0.6]⟩为其的一个实例，描述了 2010 年 5 月黄河流域壶口站降水量和土壤相对湿度的情况。

定义 4 矢量型地理对象 VGeo 基于定义 2，若 I(Geo)中 val(geom)为空间几何图形信息，对于 $\forall a \in [a_1, \cdots, a_n]$，val($a$)为数值或文字型信息，则该实例为矢量型地理对象。

空间几何信息可为点、线、面或点线面数据集，该类对象以可视化地图展示空间特征，并能进行空间拓扑分析。例 2 是一个流域关于降水量和土壤墒情的矢量型地理对象。

例 2 流域 VGeo 的 Schema 可表达为⟨id, geom, ttag, [rainf, soilm]⟩，其中 id 为流域标示，geom 为流域几何边界，rainf 为时间段 ttag 内的总降水量，soilm 为平均土壤相对湿度。$\text{VGeo}_{\text{valley}}$ =⟨'淮河流域', $\text{Vector}_{\text{huaihe}}$, 201005, [4569809, 0.4]⟩是其的一个实例，描述了 2010 年 5 月淮河流域降水量和土壤相对湿度的统计值，并基于 $\text{Vector}_{\text{huaihe}}$ 矢量以地图形式展现。

定义 5 栅格型地理对象 RGeo 基于定义 2，若 I(Geo)中 val(geom)为空间几何图形信息，对于 $\forall a \in [a_1, \cdots, a_n]$，存在 val($a$)为 geom 所对应的像素集合信息，则该实例为栅格型地理对象。

栅格型地理对象以更为精细的像素粒度表达地理对象，同时集成了矢量拓扑分析能力，但需要在矢量型对象的基础上存储栅格信息。例 3 是上述流域关于植被指数及地表温度的栅格型地理对象实例。

例 3 某流域 RGeo 的 Schema 可表达为⟨id, geom, ttag, [NDVI, LST]⟩，其中 geom 为流域几何边界，NDVI 和 LST 为时间段 ttag 内的遥感反演植被指数和地表温度。$\text{RGeo}_{\text{valley}}$ =⟨'淮河流域', $\text{Vector}_{\text{huaihe}}$, 201005, [$\text{NDVI}_{\text{huaihe}}$, $\text{LST}_{\text{huaihe}}$]⟩为其一个实例，描述了 2010 年 5 月淮河流域的植被指数及地表温度分布情况，并以边界为 $\text{Vector}_{\text{huaihe}}$ 的栅格图的形式体现。

2)地理对象的格网化表达

地理格网(geographic grid)是按一定数学法则对地球表面进行无缝多级的格网划分，通常以一定长度或经纬度为间隔，由粗到细，逐级分割地球表面，将地球曲面用一定大小的多边形和格网进行模拟(周成虎等，2009)。如今，空间数据呈现采集途径多源化、投影方式和存储格式多样化的特点，地理格网在空间数据的管理和组织上起到很重要的作用，它能够忽略投影影响，将地理空间的定位和地理特征的描述一体化，并将误差控制在格网单元大小的范围内，格网中的各地理单元表现为各向同性的特点，方便全球海量数据存储、提取、融合和综合分析(程承旗等，2010)。

　　地理格网具有较高的标准化程度，有利于开发面向多种空间数据存储和几何操作的高效算法，如图 2-44 所示。

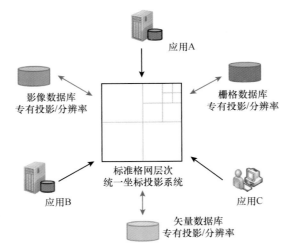

图 2-44　基于地理格网标准的多源数据及多样化应用融合

　　以地理格网为单元，描述或表达其中的属性分类、统计分级，以及变化参数和模拟实现，即可在二维空间上表达复杂的地表动态时空变化规律。特别地，多源化和多时空尺度化的遥感数据可基于统一的格网划分，以支持同一时空尺度内的封闭式地图代数运算。

　　在分布式环境下，栅格数据在空间上通常被划分为形状规则、区域面积相等的多个数据块进行存储或计算，可以达到较好的负载平衡。地理格网作为一种空间数据的物理存储和划分策略，可实现信息的高效检索、并行计算及一体化分析。

　　地理格网包括经纬度格网模型、正多面体格网模型和自适应格网模型等。经纬度格网模型是经线和纬线按固定间隔划分的格网，是地学界应用最早和最广泛的空间信息格网。本节采用一种通用的经纬度格网模型 Global Logical Tile Scheme (Sample and Loup, 2010) 作为所述 SOLAP 立方体模型框架下空间数据划分的标准地理格网。该模型基于 geodetic 投影，将地表初始划分为 2(经度方向)×1(纬度方向)的一级格网，对于每个格网单元(cell)，再按照四叉树划分可得到 4 个子单元(sub-cell)，从而形成更细一级的格网，如图 2-45 所示。

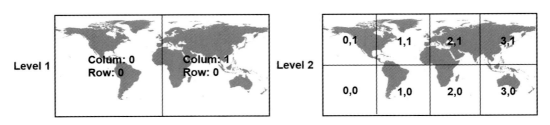

图 2-45　Global Logical Tile Scheme 的初始两级格网划分

式(2-12)显示了当格网级别为 $i(i>0)$ 时的格网单元列数(C)和行数(R)。

$$\begin{cases} C_i=2^i \\ R_i=2^{i-1} \end{cases} \tag{2-12}$$

基于该 Scheme，一个行列号分别为 r 和 c 的格网单元，其经纬度范围可由式(2-13)计算得到。

$$\begin{cases} \lambda_{\min}=c\dfrac{360.0}{2^i}-180.0 \\ \lambda_{\max}=(c+1)\dfrac{360.0}{2^i}-180.0 \\ \varphi_{\min}=r\dfrac{180.0}{2^{i-1}}-90.0 \\ \varphi_{\max}=(r+1)\dfrac{180.0}{2^{i-1}}-90.0 \end{cases} \tag{2-13}$$

式中，c 为列数；r 为行数；λ 为经度；φ 为纬度；i 为格网级别。

相反，覆盖范围为 $[\lambda_{\min},\varphi_{\min},\lambda_{\max},\varphi_{\max}]$ 的矩形地理对象在 i 层格网中所占的格网单元的行列号范围可由式(2-14)计算得到。

$$\begin{cases} c_{\min}=\left\lfloor(\lambda_{\min}+180.0)\times\dfrac{2^i}{360.0}\right\rfloor \\ c_{\max}=\left\lfloor(\lambda_{\max}+180.0)\times\dfrac{2^i}{360.0}\right\rfloor \\ r_{\min}=\left\lfloor(\varphi_{\min}+90.0)\times\dfrac{2^{i-1}}{180.0}\right\rfloor \\ r_{\max}=\left\lfloor(\varphi_{\max}+90.0)\times\dfrac{2^{i-1}}{180.0}\right\rfloor \end{cases} \tag{2-14}$$

该地理对象所覆盖的地理单元集合则可用式(2-15)表示，其中，cell$\langle c,r\rangle$ 表示经纬度格网中经度格网号为 c、纬度格网号为 r 的地理单元。

$$\{\text{cell }\langle c,r\rangle\,|\,(c\in[c_{\min},c_{\max}],r\in[r_{\min},r_{\max}])\} \tag{2-15}$$

若地理对象为栅格地理对象 RGeo，且其沿着经度方向分辨率为 F(degree/pixel)，则在给定格网层级 i 的情况下，划分得到的地理单元对应的栅格分块大小 tSize(即格网单元边长的像素数目)可由式(2-16)计算得到。

$$\text{tSize}=\frac{360.0}{2^i\times F} \tag{2-16}$$

在对栅格数据按照地理格网进行标准化分块时，需要先确定 tSize 的太小，然后按照其固有的分辨率，寻找对应格网级别进行地理单元划分。除了利用简单行列号对经纬格网单元进行地理编码外，还可采用一维化地理编码方式，如 Morton 编码、Hilbert 曲线编码及其他空间编码方法。

　　地理格网将连续地理现象离散化为一系列地理单元，地理对象可用其几何特征信息所覆盖的格网单元集合来表达，对于局部地区数据密集度较高的区域，可基于更细一级的格网单元来表达。以下给出这种格网化地理对象的数学定义。

　　定义6　格网化地理对象　基于定义2，格网化地理对象以规则地理格网单元粗略表达地理对象，可定义为元组 Geo=id, geom, cells, ttag,$[a_1, \cdots, a_n]$，其中其他元素不变，cells 为 geom 所对应的地理格网单元集合；当为描述型地理对象 DGeo 和矢量型地理对象 VGeo 时，对于 $\forall a \in [a_1, \cdots, a_n]$，存在 $val(a)$ 为对应 cells 和 ttag 的数值或文字型值；当为栅格型地理对象 RGeo 时，对于 $a_i \in [a_1, \cdots, a_n]$，$a_i$ 为属性 i 上对应 cells 和 ttag 的栅格值，每个格网单元内栅格值称为瓦片（Tile），则 a_i 可视为一个瓦片集合{Tiles}。

　　基于该定义，矢量点对象可用其所在的格网单元来标示，矢量线与面对象可用其相交或覆盖的格网单元集合粗略表达，如图2-46(a)所示。栅格对象可利用其空间支持所覆盖的格网单元来表达，图2-46(b)是长江流域彩色合成图在不同级别格网中的表达实例。

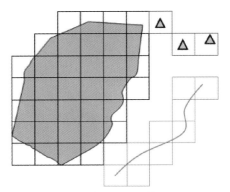
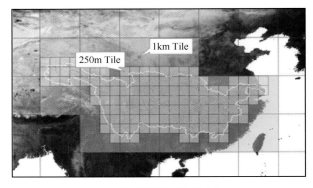

(a) 格网化矢量型地理对象　　　　　　　　　　　　　　(b) 格网化栅格型地理对象

图 2-46　格网化的矢量/栅格型地理对象表达示意图

2. TileCube 逻辑模型

　　上述格网化地理对象思想不仅使得多种类型的地理空间对象（包括矢量型、栅格型及描述型地理对象）能够进行一体化组织、存储与分析，还使得数据组织更加松散耦合化，有利于分布式环境下的数据存储与分析。这里引入该格网化模型概念来集成多源空间数据，构建以瓦片为底层方体度量粒度的立方体模型 TileCube。在 SOLAP 体系框架下，该模型需要在逻辑层建立对遥感信息多维特性的支持，同时保持对 SOLAP 分析的透明支持，使得分析者无需关心底层模型的格网化与分布化。为此，在 TileCube 中对 SOLAP 立方体模型的维度、度量等基本概念做了如下适应性改进与扩展。

　　1）TileCube 立方体和立方格

　　TileCube 将面向同一度量分析的数据集作为一个 SOLAP 立方体，因此度量分析类型就标示了方体类型。其中，矢量数据集按照上述地理格网建立多级索引；栅格数据集经过格网划分后的数据结构具有与原时空立方体相同的时间维度，以及由 Tile 镶嵌组成的二维地理平面维，如图 2-47 所示。

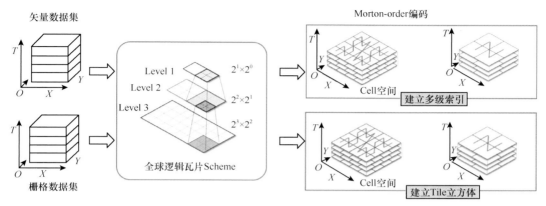

图 2-47　TileCube 立方体数据结构

TileCube 方体可用元组 $(k, D_1, \cdots, D_n)$ 来标示，其中 k 为度量分析类型，$D_1, \cdots, D_n$ 为方体中的所有维度。Tile Cube 中存在 4 种度量形式：DGeo，VGeo，RGeo 和 Tile，其中前 3 种度量已在前文介绍。划分后的数据方体将数值集合统一映射到瓦片化的时空位置，度量 Tile 在方体中可视为地理相邻的像素集合，作为 TileCube 数据方体中的基本空间度量，同时也是基本的存储和计算单元。所有对应于同一地理单元位置的一组 Tiles 被称为 cell-compatible tiles。空间、光谱、时序分析通常基于相同地理位置的各种变量进行分析，cell-compatible tiles 为这类处理与分析提供了标准化的数据组织与管理。

若方体只存一个空间维和时间维，则由方体类型为 k、空间维位置为 c、时间维位置为 t 所确定的度量 M 可以标示为 M_{kct}。方体中各个度量具有同一时间和空间尺度。若数据存在多级空间分辨率，则可按照多级格网层构建金字塔式的立方体组。TileCube 将每个 M 的多维信息，即 M 在方体中的位置 $\langle k, c, t \rangle$ 作为 Key，而将 Tile 的栅格值和其他附加统计信息作为 Value，则整个方体可以视为一个 Key-Valve（K-V）数据集。

若方体中所有维只有一个层次，则该方体被称为立方格 Cuboid，简称 Cube，可表示为 $\langle k, D_1, l_x, \cdots, D_j, l_x \rangle$，其中，$k$ 具有唯一的度量形式，l_x 表示某维的特定层级。对于确定度量分析类型为 k 的方体，Schema 可简写为 $\langle D_1, l_x, \cdots, D_j, l_x \rangle$。由每个维最底层所构建的 Cube 是该方体的基本立方格。Cube 度量的维域可用式（2-17）来表达，其中，dom_D 表示 Cube 在维度 D 中成员的取值范围，可以用 l 层中的取值集合 $\{d_1, \cdots, d_n\}$ 来表示，$\forall d \in [d_1, \cdots, d_n]$，$d$ 可为单值或值域。例如，$\{c_1, \cdots, c_n\}$ 为空间维地理对象的取值集合，$\{t_1, \cdots, t_n\}$ 表示时间维取值集合。因此，一个立方格实例可表示为 $\langle D_1, l_O:\{d_1, \cdots, d_n\}, \cdots, D_j, l_O:\{d_1, \cdots, d_m\}\rangle$，简写为 $\langle \{d_1, \cdots, d_n\}, \cdots, \{d_1, \cdots, d_m\}\rangle$。

$$\begin{cases} \mathrm{dom} = \langle \mathrm{dom}_{D_1}, \cdots, \mathrm{dom}_{D_n} \rangle \\ \mathrm{dom}_D = (1:\{d_1, \cdots, d_n\}) \end{cases} \tag{2-17}$$

2）空间几何维

传统空间几何维由具有层次关系的名称和空间几何信息组成，在 TileCube 中，空间几何维层次与 SOLAP 的空间维层次类似，每个维层的成员可由点、线、面等几何对象或名称描述来组成。由于 Tile 是数据方体的最小单元，因此 Tile 划分所用的地理格网可视为空间几何维的最底层。基于统一的格网层可在上层构建各种传统空间几何维层次。TileCube 的空间几何维可具体定义如下。

定义 7　空间几何维层次（spatial geometric hierarchies，SGH）可用元组〈SGHid, L, ≺〉表达，其中 SGHid 为维标示，L 为维中有限层次集合{grid, l_1，…，l_n，all}，grid 是格网层，为维层次的下限；all 为整个欧氏几何平面。每个 $l \in L$ 可为空间几何层或名称描述层，由若干离散成员组成。≺代表两个层次间的聚集关系；若 $l_i \prec l_j$，l_i 和 l_j 都为空间几何对象类型，则 ≺ 为拓扑关系；若 l_i 和 l_j 至少有一个为名称描述类型，则 ≺ 为映射关系。

SOLAP 空间维可具有一个或多个维层次。由于分析目的不同，同一维度也可能有很多表达结构，通过分析标准来标示各种维层次，从而形成 SOLAP 的独立空间维层次、选择维层次及并行维层次结构（Malinowski and Zimányi，2008）。基于 Grid 层可以动态地扩展空间维结构，形成单个或多个空间维层次，具有很强的灵活性。

独立空间维层次只采用一个分析标准，建立树形或更复杂的层级结构。其底层到高层的拓扑关系主要为一到多的包含关系，也允许其他拓扑关系存在，如多到多的覆盖关系，即所谓的不严格维层次（non-strict hierarchy）（Pedersen et al.，2001）。如图 2-48 所示的独立空间维层级实例，基于格网层（标示为▦）构建了城市 City→地区 District→省 Province 的行政区层级（其中，省为描述型层次）。Grid 层与上层的空间几何对象间存在多到多的映射关系。

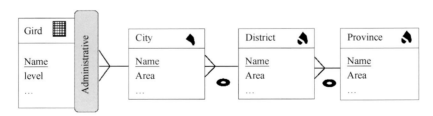

图 2-48　独立空间维层次示例

选择空间维层次是采用两个或多个独立式空间维层次，但在特定度量分析时排他性地只使用其中一个层次。唯一性标示⊗用以标示在特定度量情况下，排他性使用其中一个维层级。如图 2-49 所示的选择空间维层次示例，基于格网层构建两个选择维层次，一个按城市→地区→省方向聚集，一个按土地类型（LandUse）→省方向聚集，且两个层次共用 Grid 层。

并行空间维层次在一个维度中允许存在多个并行的维层次，且每个都参与遍历。图 2-50 所示的实例是在 Grid 层上增加两个分析标示，形成了行政区和流域区两个并行维层次：Administrative 维层次和 Valley 维层次。

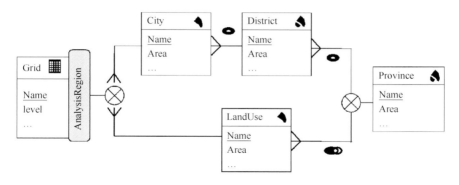

图 2-49　选择空间维层次示例

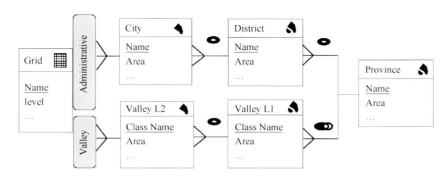

图 2-50　并行空间维层次示例

基于该层，由空间包含关系形成 Grid→城市→地区→省的 Administrative 聚集层次和 Grid→Valley L2→Valley L1 的 Valley 聚集层次。

3) 空间分辨率维

栅格数据可视为一种规则镶嵌数据结构，即采用规则小面块集合来逼近自然界不规则的地理单元。从镶嵌模型的角度分析栅格，可以将分辨率格网作为遥感数据的天然地理边界，且每个格网单元作为一个像素的几何信息，像素值为该格网单元的均质属性。遥感数据可根据空间分辨率金字塔层级建立栅格格网层级，将该层级称为空间分辨率层级，并将其作为 TileCube 的特殊空间维度之一。由于在 TileCube 中每个格网单元层次所对应的栅格空间分辨率是固定的，因此空间分辨率维层次采用格网层级来表达，其格网的空间特性由栅格数据本身的地理/投影坐标系及分辨率所确定，具体定义如下。

定义 8　空间分辨率维层次(spatial resolution hierarchies，SRH)　可用元组 $\langle SRHid, L \rangle$ 表达，其中 SRHid 为维标示，L 为维中有限格网层次集合 $\{l_0, \cdots, l_n, \text{all}\}$，$l_0$ 为最高格网层，all 为无格网层，即表示栅格值已聚集为单一数值，每个 $l \in L$ 为栅格对应的格网层级数。

图 2-51 是一个 L13 级～L15 级空间分辨率层次示例及其所对应的栅格分辨率格网。

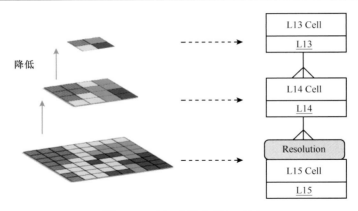

图 2-51　空间分辨率层级示例

4）度量值域维

度量值域维是 TileCube 中较为特殊的非空间维度之一。无论是针对数值度量还是栅格度量，根据度量值域查询方体是 SOLAP 常见的查询形式，其结果体现了度量在值域中的分布情况。通过物化该查询结果，可显著提高后续查询效率。度量值域维根据度量类型而定，以树状度量值区间结构层次为维层级，其定义如下。

定义 9　度量值域维层次（measurement value hierarchies，MVH）　可用元组〈MVHid，L，$\prec$〉表达，其中 MVHid 为维标示，L 为维中有限数值区间层次集合$\{l_0，\cdots，l_n，\text{dom}\}$，$l_0$ 为最小值域区间层，dom 为度量值域，$\prec$ 表示下层值域区间与上层值域区间的被包含关系。$\forall l \in L$ 为值域区间集合$\{I_0，\cdots，I_m\}$且有 $I_0 \cup \cdots \cup I_m = \text{dom}$。

图 2-52 中的地表温度值域维分 3 级层次：1 级、2 级和 3 级值域。基于该维可查询地表温度在各值域区间上的分布，如 $10° \leqslant \text{dom(LST)} < 20°$ 时，LST 栅格单元空间分布状况。

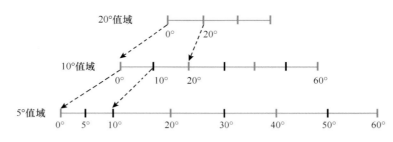

图 2-52　地表温度值域维层次示例

5）地理对象的 Tile 表达方法

由定义 6 可知，格网化 RGeo 可由 Tile 来表达，因此在 TileCube 中，RGeo 度量可视为度量 Tile 的集合。上述利用 Tile 粗略表达栅格地理对象的方法快速且适宜于对边界精准度要求不高的应用场景。然而，格网化栅格型地理对象以 Tile 来表示栅格对象时，空间维的 Grid 层成员和上层地理对象间存在多种映射关系，如图 2-53 所示。

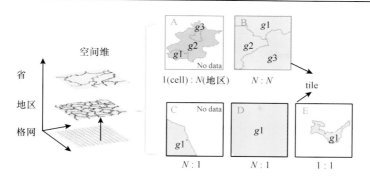

图 2-53　格网层与上层地理对象间的聚集关系

Tile A(B)所对应的地理单元与空间维 Grid 层之上的地理几何对象存在着一对多(1: N)的关系，Tile A 既可属于对象 A 也可属于对象 B，属于不严格维层次(Malinowski and Zimányi, 2008)。此时，把被 geom 所覆盖的 Tile 称为 T_{geom}，同时将 geom 中以 Tile 的地理单元为边界而抽取的几何对象集称为该 Tile 的空间支持，表达为 G_T。因而，从 T_{geom} 到栅格对象的一对一映射可以通过空间支持 G_T 来构建。在格网化栅格对象中，对于 $a \in [a_1, \cdots, a_n]$ 中的每个 Tile 元素，求取其 T_{geom} 部分，既能够避免一个 Tile 属于多个对象的问题，又可减少数据冗余。因此，在格网化栅格地理对象的精确表达式中，a 应为 T_{geom} 集合。该表达方法适合于边界数据量较大的应用场景。此外，有一种折中的方法是获取 geom 在每个边界 Tile 中的最小外包矩形来替代 T_{geom}。

6) 立方体模型

上述内容对传统 SOLAP 的空间维、维层次及度量进行了扩展性定义，以适用于 TileCube 模型构建。基于该内容，下文对 TileCube 立方体模型进行整体性的定义与描述。

定义 10　TileCube 立方体模型　基于定义 1~9，TileCube 立方体模型定义为一个四元组 $\langle D, M, \Gamma_{dim}, \Gamma_{cube} \rangle$。

其中，$D=\{SGH, TH, SRH, [MVH], d_1, \cdots, d_n\}$，是维的集合，SGH、TH(时间维度)和 SRH 为默认维度，MVH 为可选维度，$d_1, \cdots, d_n$ 为其他自定义维度。

$M=\{m_1, \cdots, m_n\}$ 为属性确定的 DGeo、VGeo、RGeo、Tile 等若干空间度量或者数值、描述信息等非空间度量集合。

$\Gamma_{dim}=\{f_{l_{k-1} \prec l_k}(d_n)|n=[0,|D|]\}$ 代表维间聚集函数关系集合，其中 $f_{l_{k-1} \prec l_k}(d_n)$ 为 d_n 维 l_{k-1} 层到 l_k 层的聚集关系。

Γ_{cube} 代表数据方体间聚集关系，可表达为一个有向图 $G= \langle V(G), E(G) \rangle$。其中，$V(G)$ 为节点集合，每个节点代表一个 TileCube 数据方体，$E(G)$ 为一个聚集函数集合 $\left\{ \xrightarrow{F} \right\}$，描述了两个方体间的聚集方向和函数 F。

以分析降雨、气温及下垫面对植被覆盖度的影响为例，构建如图 2-54 所示的 TileCube 模型。

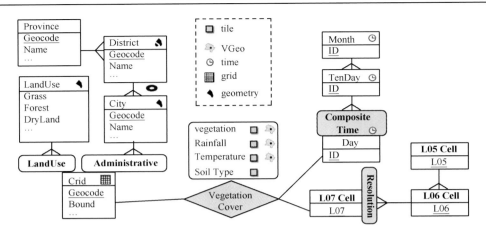

图 2-54　TileCube 立方体模型示例

其中，降雨信息、植被覆盖度、土壤类型为遥感信息，气温为测站实测数据经过优化插值后的栅格信息。这些信息能够按照不同时间尺度聚集，按照不同的下垫面和区域尺度及下垫面分区聚集，以全面反映植被覆盖与气候、下垫面间的变化规律。该 TileCube 方体模型的维度包括分辨率维（Resolution）、行政区维（Administrative）、下垫面分区维（LandUse）和一个时间维（Time）。分辨率维分为 L07、L06 和 L05 三级分辨率；行政区维包括县市级（city）、地区级（district）和省级（province），为空间包含的拓扑聚集关系。下垫面分为草地（grass）、水田（paddy field）、旱地（dry land）、树林（forest）和水体（water）5 类。时间维层次由日（day）、旬（tenday）和月（month）组成，为时间包含的拓扑聚集关系。

TileCube 可采用元组 $\langle D_1.l_x, \cdots, D_j.l_x\rangle$ 来描述维度层级的组合。由前文可知，$\langle D_1.l_x, \cdots, D_j.l_x\rangle$ 所定义的 Cube 具有唯一的度量形式，这种度量形式会随着 $\langle D_1.l_x, \cdots, D_j.l_x\rangle$ 中的空间几何维层次的变化而变化。

例 4　如图 2-55 所示，A、B、C 树状结构为上述 TileCube 模型实例的 3 个维层次，D 为维组合（由连线标示）所确定的度量形式。$\langle SGH_{admin}.district, TH.tenday, SRH.L07\rangle$ 表示分辨率为 L07 的地级市旬度 NDVI 立方格，其度量形式为 Tile，$\langle \text{'wuhan'}, 03/A/2017, SRH.L07\rangle$ 为其一个实例，即 2017 年 3 月上旬的武汉市旬度 NDVI 瓦片立方格；$\langle SGH.all, TH.month, SRH.L06\rangle$ 表示分辨率为 L06 且具有最大边界的月度 NDVI 立方格，度量形式为 RGeo，其一个实例为 $\langle SGH.all, 2017\text{-}03, SRH.L06\rangle$，表示 2017 年 3 月全国 L06 分辨率的月度 NDVI 栅格对象立方格；$\langle SGH_{admin}.city, TH.day, SRH.all\rangle$ 表示县级市日度 NDVI 立方格，度量形式为 VGeo，$\langle \text{'danjiangkou'}, 03/01/2017, SRH.all\rangle$ 为其一个实例，即 2017 年 3 月 1 日丹江口市日度 NDVI 矢量对象立方格；$\langle SGH_{admin}.province, TH.month, SRH.all\rangle$ 表示度量形式为 DGeo 的省级月度 NDVI 立方格，$\langle \text{'Hubei'}, 2017\text{-}03, SRH.all\rangle$ 为其一个实例，表示 2017 年 3 月湖北省的月度 NDVI 描述对象立方格。

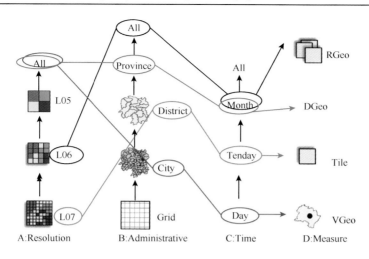

图 2-55　维层组合与度量间的关系示意图

TileCube 模型建立一个包容度较高且具有数据分布性的 SOLAP 分析空间，相对于传统 SOLAP 还具有以下特性。

(1) 以地理对象概念集成了描述型、矢量型及栅格型各类数据结构，丰富了 SOLAP 的空间数据源和分析模式。

(2) 将 SOLAP 聚集计算分离为维层次间聚集和方体间聚集，简化了多样化遥感数据类型及其衍生数据类型间的计算关系，建立起松散耦合的聚集分析模式。

(3) 传统 SOLAP 的逻辑模型主要有星型模型和雪花模型，TileCube 以多种度量方体形成共享维度的星座式模型(徐承志，2010)。如图 2-56 所示，每种度量又可单独扩展其他维度(如植被覆盖 Vegetation 扩展了河流线状维度，以分析河流距离对 Vegetation 的影响程度)，或局部共享其他维度(如降水量 Rainfall 和气温局部共享气象站点维度 Location)。这种模型可以实现更为灵活的多样化分析和扩展性能。

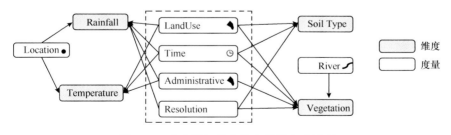

图 2-56　多度量间共享维度的星座式模型

2.4.3　TileCube 度量的多维聚集方法

聚集计算是 OLAP 方体的基本运算方式。TileCube 涉及两种聚集方式：维层次间聚集与数据方体间聚集。由于维度与度量类型不同，度量的聚集方法迥异。相对于传统 SOLAP 方体，TileCube 方体集成了 Tile 及栅格型地理对象 RGeo 的时空聚集。本节不再赘述 SOLAP 方体中描述型地理对象 DGeo 和矢量型地理对象 VGeo 的聚集方法。栅格聚集计算的基础是地图代数，本节将多维地图代数作为 Tile 及 RGeo 的时空聚集分析基础。多维地图代数方体可视为 TileCube 方体中每个维上只有一个层级的方体子集，因此非常符合 TileCube 操作的多维分析模式。

1. 多维地图代数方法

1）地图代数

地图代数（map algebra）是 GIS 栅格空间分析与地理建模的基础语言与数据处理控制规则。1983 年，耶鲁大学的 C. Dana Tomlin 论述了 Map Analysis Package（M.A.P）的纲要和地图代数概念，提出 3 类函数，即局部函数（Local）、面域函数（Focal）和类域函数（Zonal）（Tomlin，1991）。美国环境系统研究所公司（ESRI）在 ArcGIS 中进一步发展了地图代数概念，增加了全局函数（Global）（Tomlin，2012）。通过地图代数可方便地使用一个函数或多个函数的某序列组合对空间数据库中的一层或多层数据进行各种操作，而每种函数依赖于特定的操作算子，即该函数值的具体算法，如图 2-57 所示。

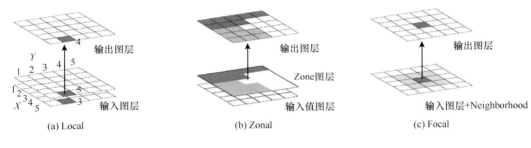

图 2-57 Tomlin 二维地图代数

其中，Local 函数输出一个栅格网，其每个格子位置上的输出值是该位置相应的输入值的函数值如图 2-57（a）所示。Local 函数的输入栅格可为一层或多层，输出为一层。该类函数对同一位置上输入值的具体操作算子有三角函数、指数与对数函数、重分类函数、选择函数、统计函数等。对于一层输入情况，输入单元独立执行各类操作。例如，根据光谱值对土壤类型的分类函数（ReClass），其表达式为 OutputGrid=Local_ReClass（InputGrid，Soil，remap）。对于多层输入，各栅格同一位置上的所有单元都将参与计算。例如，计算多天 NDVI 均值（Mean），输出值表达式为 OutputNDVI=Local_Mean（$[NDVI_1, \cdots, NDVI_n]$）。该类函数还常用于空间叠加分析，如叠加土壤、植被、降水量、DEM 等栅格层信息进行土壤含水量的地理建模分析。该类分析中，每个格网单元具有相同或相近的时空分析尺度，可进行局部的独立运算，不需要做复杂的几何变换。

Zonal 函数输出一张表，其每个记录是在一个输入 Zone 栅格网上，由 Zone 规定的区域范围内、由输入的栅格网提供的数值函数，如图 2-57（b）所示。Zone 是具有与输入值栅格相同范围的任意形状和任意区域数量的分类栅格。该函数常用于对空间地物特征进行统计，也可用于区域几何性分析。

Focal 函数输出一个栅格网,其每个格子位置上的输出值是该位置被指定邻域中所有格子的输入值的函数值如图 2-57(c)所示。邻域可为 Moore 邻域,或规则及其他不规则形状。该邻域内所有输入值集合的操作算子大多数为 Majority、Max、Mean 等统计函数,该类函数常用于滤波计算及流向分析,如遥感图像中利用 Focal 过滤噪声和平滑处理(Tomlin,2012)。

2) 多维地图代数

GPS、LBS(location-based service)、分布式传感器、遥感传感器,以及道路交通流分析等技术的发展产生了大量时间序列空间数据,也带动了时空数据模型的研究与发展(Longley,2005)。时间逐渐成为 GIS 空间分析中的重要因子,现代 GIS 研究已开始聚焦于面向动态网络建模和移动地理对象的处理与分析问题。然而,传统的地图代数还局限于空间二维平面,不具备时空一体化分析能力。

Mennis 提出的多维地图代数(multidimensional map algebra,MMA)以简洁通用的方式,将传统地图代数的函数和操作扩展至三维或多维数据,同时加入了多维邻域(neighborhood)、时效因子(lag)及聚集区域(zone),实现了一体化时空分析,为时空多维数据建模提供了有力工具与基础语言(Mennis,2010;Mennis et al.,2005)。MMA 数据类型包括多种,如一维时间序列(TimeSeries)、代表二维地理平面的格网(Grid)、以地理平面(X,Y)和 Z 轴属性建立的空间立方体(SpaceCube)、以地理平面和时间维 T 建立的时间立方体(TimeCube)、以多个时间序列的 SpaceCube 集合建立的超立方体(HyperCube),如图 2-58 所示。

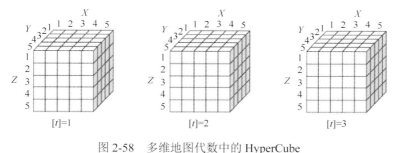

图 2-58　多维地图代数中的 HyperCube

基于上述结构,传统 Neighborhood 进而演化为 TimeSeries 中的 TNeighborhood、Grid 中的 XYNeighborhood、SpaceCube 中的 XYZNeighborhood、TimeCube 中的 XYTNeighborhood 及 HyperCube 中的 XYZTNeighborhood,如图 2-59 所示。

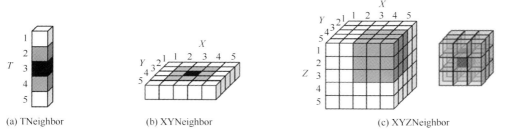

(a) TNeighbor　　　　　　(b) XYNeighbor　　　　　　　　(c) XYZNeighbor

图 2-59　多维地图代数中的邻域类型

　　Mennis 还提出了时效因子 Lag 用于当前变量在时间上的滞后与提前效应处理，依前述方法相应地分为 TLag、XYLag、XYZLag、XYTLag 及 XYZTLag。

　　MMA 扩展了传统地图代数的 3 种基本函数：Local、Zonal 和 Focal。不同的函数可分别应用不同的操作算子。以操作算子为 Mean 的 Local 函数为例（标记为 Local_Mean），二维地图代数中，结果栅格在位置 $[x, y]$ 上的元素可由式（2-18）计算。而 MMA 以一组方体为输入，不仅能同时标示时间维 t，还考虑到变量的时间滞后效应，其输出方体中的元素 e_{xyt}^0 为各输入方体中相同位置上元素 e_{xyt}^i 的均值，假设时间方体 B 在位置 $[x, y, t]$ 上元素的时间滞后因子 TLag=1，计算如式（2-19）和图 2-60（a）所示。

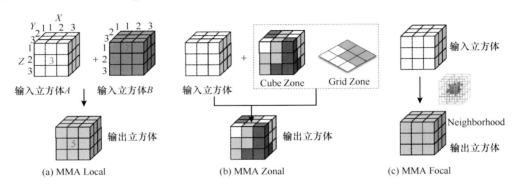

图 2-60　多维地图代数中的 3 种常用函数

$$e_{xy}^o = \frac{e_{xy}^i + e_{xy}^j}{2} = \frac{e_{5,2}^i + e_{5,2}^j}{2} = \frac{3+5}{2} = 4 \qquad (2\text{-}18)$$

$$e_{xyt}^o = \frac{e_{xyt}^i + e_{xy(t-1)}^j}{2} = \frac{e_{2,3,2}^i + e_{2,3,(2-1)}^j}{2} = \frac{3+7}{2} = 5 \qquad (2\text{-}19)$$

　　MMA 中的 Zonal_Mean 操作则输入一个数据方体和一个区域集（可为一维域、二维平面或方体区域），输出一张表，如图 2-60（b）所示。其每条记录代表一个区域，存储了数据方体中所有落入该区域的元素均值。该计算可表达为式（2-20），其中 l^0 为输出区域，e_{xyz}^i 为落入该区域的第 i 个元素。

$$l^0 = \frac{\sum_{i=1}^{n} (e_{xyz}^i)}{n} \qquad (2\text{-}20)$$

　　MMA 的 Focal 函数常用于滤波平滑、元胞自动机等邻域运算中。图 2-60（c）显示 Focal_Mean 计算为输入数据方体和一个邻域，输出方体中元素 e_{xyt}^0 为输入方体中相同位置元素的邻域元素均值，如式（2-21）所示，其中 n 为邻域内元素个数。邻域可定义为 Time、Grid 或 Cube Neighborhood。若邻域半径 $\sigma_{nr} = 1$，则 Grid Neighborhood 中每个中心元素存在 8 个相邻元素，而 Cube Neighborhood 存在 26 个相邻元素。

$$e_{xyt}^{o} = \frac{\sum_{i=1}^{n}(e_{xyt}^{i})}{n} \tag{2-21}$$

TileCube 将每个 SOLAP 数据方体视为一个 MMA 方体，则 SOLAP 方体的每个度量值等同于 MMA 方体的基本元素。因此，SOLAP 数据方体中的聚集计算可以完全转换到基于 MMA 方体的多维地图代数函数。此外，TileCube 中的 MMA 方体不限于 X\Y\Z\T 维度，可以扩展至数据方体的任意维度，其表达方法也完全类似于数据方体。下文将详细介绍 TileCube 中涉及的各种聚集计算及其 MMA 函数的表达方法。

2. 维层次间聚集

根据 TileCube 方体度量聚集发生的维层次不同，本小节主要阐述 Tile 及栅格地理对象分别沿空间几何维(SGH)、空间分辨率维(SRH)及非空间维发生的度量聚集情况。

1)沿空间几何维聚集

方体度量沿空间几何维聚集包括沿 Grid 层向其上层发生聚集和 Grid 上层之间发生的聚集。由 Grid 层向上层发生聚集时，在维层次中可以向其上任意一层发生聚集，如 $Grid \prec City$，$Grid \prec District$，$Grid \prec Province$。度量 Tile 也根据不同的维组合转化为相应的 RGeo，VGeo 或 DGeo。其具体的数学描述如下。

Grid 层 $\prec k$ 层：若空间几何维层次中的 Grid 层成员 {cell} 和其他维层次确定的 Tile 度量集合(即 TileCube 数据方体)为 {tile}，则该集合沿几何维层次聚集到 k 层的几何对象集合 G，相应的度量集合 NM 变化可描述如下。

(1)空间范围为 $dom(G)=dom(cell_0)\times\cdots\times dom(cell_n)$。

(2)若 NM 度量形式为 RGeo，$NM=Zonal\_Union(\{T_G\}, G)$，其中 Union 为空间合并函数，聚集后度量分辨率保持不变，即 $R_{NM}=R_M$。

(3)若 NM 度量形式为 VGeo 或 DGeo，$NM.value=Zonal\_Func(\{T_G\}, G)$，其中 Zonal_Func 为基于聚集算子为 Func 的 MMA Zonal 函数。

非 Grid 层 $\prec k$ 层：若空间几何维层次中非 Grid 层(h 层)的维成员 {g} 和其他维层次确定的度量集合为 M={m}，该集合沿几何维层次聚集到 k 层的几何对象集合 G，相应的度量集合 NM 变化可描述如下。

(1)空间范围保持不变 $dom(G)=dom(g_0)\times\cdots\times dom(g_n)$。

(2)若 M 度量形式为 VGeo，NM 度量形式为 VGeo 或 DGeo，$G=g_0 U_s \cdots U_s g_n$，$NM.value=Func(\{m_j.value\})$，其中，$U_s$ 为空间合并，Func 为数值聚集函数。

(3)若 M 和 NM 度量形式都为 RGeo，$G=g_0 U_s \cdots U_s g_n$，M 用 Tile 可表达为 $M=\{T_{g_0}\} U_s \cdots U_s \{T_{g_n}\}$，则 $NM=Zonal\_Union(M, G)$，其中，U_s 和 Union 都为空间合并计算，聚集后度量分辨率保持不变，即 $R_{NM}=R_M$。

(4)若 M 度量形式为 RGeo，NM 度量形式为 VGeo 或 DGeo，由 M 向 NM 的聚集过

程可转化为度量 Tile 由 Grid 层向 k 层几何对象集合 G 的聚集过程。

图 2-61 显示了 Tile 度量沿 Grid 层向上层聚集的几种情况。Tile→VGeo 和 Tile→DGeo 的聚集过程类似，VGeo 以地图形式表现了聚集结果，而 DGeo 仅给出了文字描述信息。

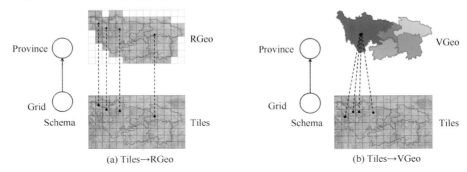

(a) Tiles→RGeo　　　　　　　　　　　(b) Tiles→VGeo

图 2-61　Tiles 沿 Grid 层向上层聚集的两种情况

图 2-62 显示了 Tile 度量沿非 Grid 层向上层聚集的几种情况，其中 VGeo→DGeo 或 VGeo→VGeo 与传统 SOLAP 中的聚集过程相同。RGeo→RGeo 的聚集过程实质是在空间支持的辅助下完成多个 Tile 集合到单个 Tile 集合的求交过程。

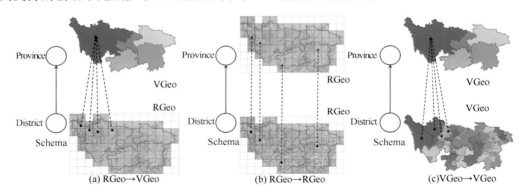

(a) RGeo→VGeo　　　　　　(b) RGeo→RGeo　　　　　　(c)VGeo→VGeo

图 2-62　TileCube 度量沿非 Grid 层向上层聚集的 3 种情况

TileCube 模型中，度量沿空间几何维聚集可视为数据方体基于空间几何维的上卷操作，如式 (2-22) 所示，其中 Cube 为输入数据方体，nCube 为生成数据方体，SGH.grid 和 SGH.l_k 分别代表 SGH 的 grid 层和 l_k 层。

$$n\text{Cube}=\text{RollUp}(\text{Cube, SGH.grid} \prec \text{SGH}.l_k, \text{Func})$$
$$n\text{Cube}=\text{RollUp}(\text{Cube, SGH}.l_h \prec \text{SGH}.l_k, \text{Func})$$

(2-22)

2) 沿空间分辨率维聚集

Tile 或 RGeo 沿空间分辨率维聚集的本质是对栅格（Tile 集合）进行重采样，以获取低分辨率栅格。在 SOLAP 框架下，其数学描述如下。

h 层分辨率 $\prec h-1$ 层分辨率：若空间分辨率维层次中的 h 层维和其他维层确定的 Tile 集合为 M={tile}，其几何边界为 G，则沿分辨率维通过某种空间采样函数计算，聚集到 $h-1$ 层维（不为 all），相应的 Tile 集合 NM 变化可描述如下。

(1) NM 的几何边界 G 保持不变。

(2) 在多级格网四叉树中，$h-1$ 层的 Tile 由 h 层 4 个子 Tile 空间合并，并重采样生成。该过程可表达成操作算子为栅格重采样的 MMA Zonal 函数：NM=Zonal_Func[M, $L(h-1)$]，其中，Func 为空间采样函数(线性、样条或三次曲线)，$h-1$ 层格网为输入 zone。

图 2-63 显示了该聚集过程的一个示例，通过沿空间分辨率维的度量预先聚集，物化了 TileCube 数据方体，建立了栅格的影像金字塔，可支持方体的空间多尺度查询与访问。

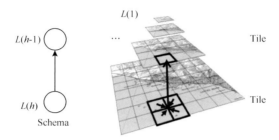

图 2-63　Tile 沿分辨率维由 h 层聚集到 $h-1$ 层示意图

该过程可视为 Tile 方体基于空间分辨率维的上卷操作，如式(2-23)所示。

$$nCube=RollUp(SGH.l_h \prec SGH.l_{h-1}, Cube) \qquad (2-23)$$

3) 沿非空间维聚集

非空间维是指除空间几何维以外的维度，如时间维和度量值域维，还包括其他自定义维度，如管理部门维、数据查询频率维等。不失一般性，如下定义栅格度量沿非空间维聚集过程。

非空间维 h 层 $\prec$ 非空间维 k 层：若某非空间维的 h 层成员和其他具体维层确定的 Tile 集合为 $M=\{tile\}$，其几何边界为 G，则沿该非空间维聚集到 k 层的成员集合 S 中，相应的 Tile 集合 NM 变化可描述如下。

(1) NM 的几何边界 G 保持不变。

(2) 该过程表达为 MMA Zonal 函数 NM=Zonal_Func(M,S)，Func 为数值型聚集函数。以 NDVI 的多天合成为例，阐述 NDVI 沿时间维的聚集过程，如图 2-64 所示。

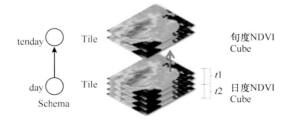

图 2-64　日度 NDVI 方体沿时间维聚集得到旬度 NDVI 合成方体

NDVI 方体每日采用最大值聚集函数得到每旬 NDVI 层，该过程可表达为 NM=Zonal_Max(M,T)，即以日度 NDVI 数据方体 M 和月区域 T 为输入的 Zonal 函数来计算，其聚集操作算子为 Max，即取时域内某地理位置上对应的 NDVI 栅格层中的像素最大值为新度量中同一位置的像元。

除了包含关系，时间维层间的拓扑关系还可包括其他关系，如相交关系，但可通过一定机制转化为包含关系。如 NDVI 8 天合成聚集到一月合成计算中，存在部分 8 天跨 2 个月份的现象。该情况下，可判断相交天数，将 8 天与前后月相交天数超过一半的月份作为该 8 天层的成员。同样，Tile 沿非空间维的聚集过程可视为 Tile 方体基于非空间维的上卷操作，如式(2-24)所示，其中 XH 代表某非空间维度：

$$nCube=RollUp(Cube, XH.l_h \prec XH.l_k, Func) \tag{2-24}$$

除了时间维，度量值域维也是重要的非空间维之一。根据数学描述，Tile 沿度量值域维聚集可表达为 NM=Zonal_Max(M, V)，其中 V 为度量在 k 层的值域集合。该式表示 h 层的度量 M 将在满足 k 层值域 V 的条件下发生聚集，形成新的度量 NM。如图 2-65 所示，$10° \leqslant$ dom(LST)$<15°$ 和 $15° \leqslant$ dom(LST)$<20°$ 时，LST 的空间分布沿 LST 值域维聚集得到 $10° \leqslant$ dom(LST)$<20°$ 时 LST 的空间分布。

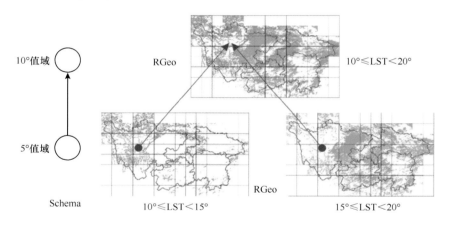

图 2-65　RGeo 沿度量(地表温度)值域维聚集示例图

3. 立方体间聚集

传统 SOLAP 立方体模型主要描述了维层次间的聚集分析，而多样化遥感数据类型及其衍生数据间的计算关系复杂，很难用维层聚集关系来表达。上述方体度量具有唯一性，每种属性的度量都对应了一个方体。因此，一个面向主题的 TileCube 模型中存在多个上述方体，通过方体间的聚集关系可以方便地描述整个主题关系。

方体间聚集：TileCube 数据方体间聚集关系 Γ_{cube} 可表达为一个有向图 $G=\langle V(G), E(G)\rangle$。其中，$V(G)$ 为节点集合，每个节点代表一个 TileCube 数据方体，$E(G)$ 为一个聚集函数集合 $\left\{\xrightarrow{F}\right\}$，描述了两个方体间的聚集方向和函数 F。对于输入节点集合 $M=\{v_i\}$，每个聚集结果 NM 变化可描述如下。

(1) 若 *M* 度量形式为 RGeo(Tile)，则聚集函数为 MMA Local 函数 NM=Local_Func(*M*)。

(2) 若 *M* 度量形式为 RGeo(Tile) 和 VGeo，NM 度量形式为 RGeo(Tile)，则聚集函数为 MMA Local 函数 NM=Local_Func(⟨RM, RVM⟩)，RM 为 RGeo(Tile) 方体，而 RVM 为栅格化的 VGeo 方体。

(3) 若 *M* 度量形式为 RGeo(Tile) 和 VGeo，NM 度量形式为 VGeo(DGeo)，则聚集函数为 MMA Zonal 函数 NM=Zonal_Func(RM, VM)，RM 为 RGeo(Tile) 方体(输入方体)，VM 为 VGeo 方体(输入 Zone)。

数据方体间聚集可视为 SOLAP 中的钻取操作，表达式如式(2-25)所示：

$$nCube=DrillAcross(⟨Cube_1, \cdots, Cube_n, Func⟩) \tag{2-25}$$

式中，⟨Cube_1, \cdots, Cube_n⟩ 为输入数据方体组。

例5　图 2-66 给出了一个 TileCube 方体间聚集关系实例。该实例以区域遥感旱情指数计算为主题，基于 NDVI 和 LST 两个基础数据源构建旱情指数，具体流程如下。

每日 NDVI 和 LST 按旬度和月度顺序依次多天合成，同时累计其旬、月合成的历史同期均值 *h*NDVI、*h*LST，然后通过以上信息构建旱情指标：植被条件指数(vegetation condition index，VCI) 和温度条件指数(temperature condition index，TCI)。在实测土壤湿度数据(SM) 和土地类型数据(LandUse) 的支持下，可对公式 VHI=α×VCI+β×TCI 进行计算，获得最终的植被健康指数(vegetation health index，VHI)(Kogan，1995，2000)。对应于该分析流程中的各种指数建立多个 SOLAP 数据方体，并按方体间聚集方向和标示的聚集函数公式形成如图 2-66 所示的有向图。

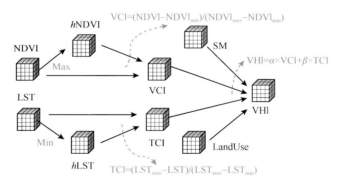

图 2-66　TileCube 模型中方体间聚集关系示例

2.4.4　基于 BigTable 的 TileCube 可扩展物理存储

SOLAP 立方体一般以雪花模型或星型模型存储于关系型数据库中，在维度发生扩展时，需要建立新的维表并对事实表进行重构。SOLAP 多维查询与分析涉及多个表的连接，开销较大，随着维度和数据量的增长，其效率会变得越来越低。面向数据密集型计算的存储模型 BigTable 具有灵活的多维和分布式可扩展特性，本小节利用该特性研究

TileCube 模型在 BigTable 中的存储机制，使得数据方体动态地扩展度量和维度，而无需改变模型的物理存储结构。

1. 基于 BigTable 的遥感影像存储模式

BigTable 是 Google 于 2006 年提出的一种物理表结构复杂的键值存储系统(Chang et al.，2006)，该存储系统以列为单位存储大规模半结构化或非结构化数据，能够弥补传统关系数据库在海量数据读写性能、并发能力、可扩展性及可靠性等方面的不足。目前，BigTable 已经应用于 Google Earth、Google Analytics 等诸多产品当中，其开源实现方法有很多，如 HBase、Accumulo、Cassandra 等，但在具体实现上略有差异。若无特别说明，本书所述 BigTable 的实现方法均指 HBase。

基于 Hadoop 分布式文件系统构建的 HBase 数据库可存储大量的物理表，每个表在逻辑上由行和列组成。其中，行通过行键 RowKey 来索引和字典排序，列通过列名标示，一列可属于某特定列簇。行和列交叉确定的位置为最小数据存储单元，每个单元存储的字节数组可存在多种时间版本，由时间戳(TimeStamp)来标示。表结构中的行与列均可动态扩展，数据单元内容能够以时间版本追加的方式写入，删除和更新操作通过定时紧缩(compact)实现，因此 HBase 数据表是一种面向长期存储的多维排序映射表。逻辑上，HBase 表是稀疏存储的行集合，但在物理上是把概念模型中的一行进行切割，并按照列簇存储。

HBase 表数据文件按照数据量大小对表按照行方向划分，形成多个数据存储块(Region)，HBase 的架构主要由管理节点(HMaster)和多个数据节点(HRegionServer)组成，每个 HRegionServer 管理了若干个 Region，当 Region 中的磁盘存储文件(StoreFile)数据量超过阈值时将自动分裂为两个 Region，并由 HMaster 分配到相应的 HRegionServer 中，从而实现负载均衡。此外，HBase 还可以结合 MapReduce 模型，利用底层数据的存储本地化特征实现高性能的分布式并行计算，将本地数据表分片为 K-V 输入，形成规模化的 MapReduce 任务流(George，2011)。

BigTable 模型实现了对 K-V 数据集在物理层上的组织与存储，是面向 MapReduce 计算所主要采用的数据模型之一。遥感影像一般以非结构化文件形式存储，根据遥感影像处理特点采用相应的空间分块方法，利用 HBase 的索引机制获得较高的吞吐性能，从而有效地利用 BigTable 模型对遥感影像进行分布式地组织和管理。

高分辨率遥感影像光谱波段和时间序列都比较少，而中低分辨率影像光谱波段数较多，时间序列更长。为提高影像像素存取性能，对于这两种情况分别采用不同的像素存储模式。对于较少图层的遥感影像，可按行顺序存储每景影像内的像素，再按图层顺序依次存储所有数据集。对于多图层数据，对某个空间位置上的像素按照图层顺序依次存储所有图层上相应位置像素，然后从左至右，从上到下遍历所有空间位置。Kang(2011)分别将这两种模式称为 T-Mode 和 S-Mode，并探讨了如何在 HBase 中予以实现。

在 T-Mode 中，一个空间划分单元所对应的所有像素被存储于一行中，每个列簇存储一个图层对应地理单元的像素集(表 2-5)。此类数据常涉及大量二维空间操作，这种存储方式可以快速地定位到相应的空间分块，并取出所有图层数据进行叠加分析。

表 2-5　遥感影像在 HBase 中的两种存储结构

(a) HBase T-Mode 模式

| Rowkey | Meta | Layer 1 | Layer 2 | Layer 3 | Layer 4 | ... |
	...					
Block1	...	0, 5, 1, 8, 10, ...	2, 4, 6, 42, ...	0, 3, 2, 1, 1, ...	9, 15, 20, 1, 0, ...	...

(b) HBase S-Mode 模式

| Rowkey | Meta | Block | | | | |
	...	Pixel 1	Pixel 2	Pixel 3	Pixel 4	...
Block1	...	0, 5, 1, 8, 10, ...	2, 4, 6, 42, ...	0, 3, 2, 1, 1, ...	9, 15, 20, 1, 0, ...	...

S-Mode 中，一行中同样存储了一个空间划分单元对应的所有像素，但列簇 Block 每个列存储一个像素点位置所对应的所有图层的像素集合，且按照图层顺序排列。这种存储方式可方便快速搜索指定像素序列值，并进行长时序或超光谱分析。

遥感影像在入库之前要预先划分，按照四叉树、Z-Order 等索引方式进行地理编码，并将二维空间转换到一维索引，各分块编码作为该分块的 RowKey 存储。在查询数据时，查询区域先转化为分块地理编码集合，从而能够定位到相应的行或列。HBase 对正在更新的行引入锁机制，以保证分块数据的一致性。此外，TimeStamp 用于控制分块的更新版本，且每次默认访问最新版本。

除了遥感影像外，在遥感分析中还会涉及大量矢量数据。空间数据遵循 OGC 的 WKB/WKT 标准，矢量数据在 BigTable 模式的存储中普遍采用 WKT 格式存储，这是一种明文格式，简洁定义并描述几何对象和空间参考。WKB 通过序列化的字节对象描述几何对象，具有更高的读写和存储效率。表 2-6 所示的是 HBase 中的一个矢量存储表结构示例，该结构的 Rowkey 是矢量要素 ID，列簇包括属性列簇、空间数据列簇和拓扑关系列簇。每种数据值存储为字符串格式，在读取时可解析为相应的数据类型(George，2011)。同样，可采取矢量数据分块策略来提高检索性能，每个分块存储一个完整的矢量要素信息，并利用四叉树和 R 树等索引编码设计 RowKey，建立空间索引机制。

表 2-6　矢量数据在 HBase 中的存储结构示例

| Rowkey | TimeStamp | Attribute | | Coordinate | | Topo | |
		info	value	info	value	info	value
ID	t1	A1	value1				
	t2	A2	value2				
	t3			geocoor	WKB/WKT		
	t4					Topo: 1	value

2. 多维事实表存储机制

HBase 数据库中，每个数据表是一种面向长期存储的多维排序映射表，其特殊的物理存储结构避免了稀疏存储带来的效率问题。基于此，本节采用基于 BigTable 模型的 HBase 数据库来存储 TileCube 数据方体。

SOLAP 立方体在关系型数据库中的存储一般包括一系列事实表、维度表及立方体元数据。通过 BigTable 模型存储 TileCube 时，维信息与维间关系均隐藏于表结构设计中，仅采用事实表就可存储所有的数据信息。一个默认的 TileCube 模型实例拥有空间几何维、时间维、分辨率维或度量值域维等维度，其中空间几何维和时间维是 TileCube 模型中的主要维度。基于 BigTable 的 TileCube 存储将空间几何维层次所确定的度量类型作为事实表创建的依据，RGeo 度量通过 Tile 形式存储，因此 Tile 事实表存储了所有 Tile 度量和 RGeo 度量，不需要设计额外的事实表。对于度量形式为 DGeo 和 VGeo 的立方体，其空间几何维层级均高于 Grid 层，因此 TileCube 采用对象(object)事实表来统一存储这些矢量型或描述型地理对象信息。本小节以图 2-54 中的 TileCube 模型为例，设计表 2-7 所示的立方体表结构，并详细阐述其存储机制。

表 2-7　TileCube 中 Tile 事实表设计

(a) 对象表(索引表)

| RowKey | TimeStamp | Name | cells | | | Geom | NDVISta | LSTSta | … |
			L6	L7	…				
	20100211						0.4	23.2	
420000	20100212	Hubei	06BABCDA 06BABCDB				0.5	20.1	
	…		…				…	…	
	20100211						0.2	24.5	
420100	20100212	Wuhan		07BABCDAA 07BABCDAC		WKT	0.4	30.2	
	…			…			…	…	
	20100211			07BABCDAC			0.3	30.2	
421200	20100212	Ezhou		07BABCDBD		WKT	0.4	34.2	
	…			…			…	…	
…	…	…	…	…	…		…	…	

(b) Tile 表

| RowKey | TimeStamp | MetaData | | NDVI | | | LST | … |
		Bound	…	L2：[−1,0.8]	L3：[−1,0]	L3：[0.0.8]		
	20100200			TILE	TILE			
	20100211			TILE	TILE			
07BABCDAA	20100212	[30.74,114.05, 30.58，114.24]	…	TILE	TILE			
	…			TILE	TILE			
	20100300			TILE	TILE			
07BABCDAC								
…	…	…	…	…	…			

表 2-7(a)中，Rowkey 表示省、市编码(如邮政编码或其他编码)，cells、NDVISta、LSTSta 为度量列簇。表 2-7(b)中，20100300 表示月 2010 年 3 月。空间几何维信息作为 TileCube 关键维在 BigTable 中是以 RowKey 来体现的。Tile 事实表采用 T-Mode 方式，每一行存储了一组 cell-compatible tile，并将该 tile 的地理单元编码作为 RowKey 索引。对象表将 RowKey 设计为空间几何维中地理对象的自定义编码，并扩展了 cells 列，以建立几何对象与 Grid 层 cell 成员之间的映射，从而使得多个空间几何维层次可以通过该映射关系而建立，并可以任意扩展新的空间几何维层次。该方法中的 RowKey 地理编码需要满足以下要求。

(1) 全球唯一性：即每个单元(或对象)在地球表面均有唯一的空间区域与之对应，其编码具有全球唯一性。

(2) 多层次递归性：下一级单元格网(或对象)由上一级单元格网(或对象)递归划分而得，同一区域不同层级单元格网对应的编码具有递归性，编码长度越短，表示的区域范围越大。

(3) 一维性：对于格网单元，可用一个字符串同时表示其经度和纬度范围。基于该编码建立一维索引，可以提升空间查询速度。

TileCube 中每个度量值为 RowKey、TimeStamp 及度量本身所属子列的交集点，每种度量值作为单独的列进行存储。表 2-7(b) Tile 中，所有 Tile 度量值(如 NDVI Tile 和 LST Tile)均以二进制字节流存储于度量区域的多个列中。表 2-7(a)的对象事实表可同时存储 VGeo 和 DGeo，其中 VGeo 在“Geom”列中以 WKT 格式存储其几何信息，而 DGeo 在度量列中存储其数值或文字度量值，而不存储几何信息。对象事实表中可无限扩展多个度量列，从而可以集成多种数据源和度量形式，如多光谱信息等。度量值域维等非空间维度信息也可在每个度量列簇中进行扩展，见表 2-7(b)，NDVI 度量列簇中包含 3 个子列，分别代表 3 个度量值域。列名“L2：[−1，0.8)”中的“L2”表示值域层次为 2 级，“[−1，0.8)”标明了 NDVI 值域范围。一个 cell 可对应多种几何对象集，如省级对象集、地区对象集等。此外，图中的“MetaData”维用以存储 cell 的相关元数据，如地理范围及其他固有属性。

上述事实表结构设计充分包含了多个维度和维层次信息，并使得维度和度量均能动态扩展而不影响其物理存储结构。HBase 中大的事实表在分布式环境下会根据 RowKey 被自动分割为多个数据分块。上述维层次设计保证了 Tile 能在物理上按照 cell→time→measure type 的顺序执行存储，使得 cell-compatible Tiles 能够存储在相同或相近的物理节点，从而在空间/时间/光谱分析时避免这些具有相同空间位置的 Tiles 被相互传输。

对象事实表的 RowKey 设计需要根据具体几何对象自定义编码，如行政区对象在本例中采用 6 位字符的类邮政编码。QuadTiles 是 WMS(web map service)中一种基于墨卡托(Mercator)投影的地图缓存切片地理编码方式，本节将 QuadTiles 适应性地应用于格网单元 Global Logical Tile Scheme 编码(即 Tile 事实表中的 RowKey)，在每层格网上形成了 Z-order 填充曲线(Openstreetmap，2014)，如图 2-67 所示。

初始格网分别编码为 A 和 B，然后在下一级格网中对 4 个子单元按照先行后列的顺序分别编码为 A、B、C、D，并依此类推，从而建立多级格网单元编码。完整的地理单元编码由格网级别和 QuadTiles 编码组成，如图 2-68 所示。

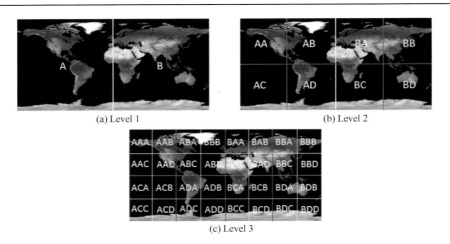

(a) Level 1　　　　　　　　　　　　　　　(b) Level 2

(c) Level 3

图 2-67　基于 QuadTiles 的 TileCube 地理格网单元

其中，前两位字符表示格网级别，范围为 1～20，体现了空间分辨率维信息；后 20 位是 QuadTiles 编码，不足 20 位后补足"0"字符。

09 ABACDBADB00000000000

格网级别（2 位字符）　　QuadTiles 编码（20 位字符）

图 2-68　TileCube 中地理单元编码方式

表 2-8　时间维度编码

时间维	编码
年	YYYY
月	YYYYMM
旬	YYYYMMA，YYYYMMB，YYYYMMC
日	YYYYMMDD
时	YYYYMMDDHH

HBase 表中的 TimeStamp 列用于版本控制，在 TileCube 中可存储时间维信息，该列内容采用 20 位字符编码形式，对于不足 20 位用"X"补齐，见表 2-8。表 2-8 中，"YYYY"代表四位年制，"MM"代表两位月份记数，"A""B"和"C"分别代表上、中、下旬标示，"DD"代表两位日期记数，"HH"表示 24 小时制记数。

3. 方体查询与映射机制

查询 TileCube 数据方体中的度量值可视为对某个立方格（Cuboid）执行切块（Dice）或切片（Slice）操作的过程。若 Cuboid 的维度为 N，则切片操作是在给定的单个维度 D_i 上进行选择，从而得到新的 Cuboid；切块操作是在给定的两个及两个以上维度进行选择，得到结果 Cuboid。TileCube 将这两种操作统一归为 Cuboid 度量的分块（Dice）操作，其数学描述如下。

若 TileCube 中某立方格 Cube 为 $\langle D_1.l_x:\{d_1,\cdots,d_n\},\cdots,D_j.l_x:\{d_1,\cdots,d_m\}\rangle$，其维域为 $\mathrm{dom}(C)$，则对于查询维域为 $\mathrm{dom}_{\mathrm{query}}\in\mathrm{dom}(C)$ 的 Dice 操作可定义为

$$\mathrm{newCube}=\mathrm{Dice}(\mathrm{dom}_{\mathrm{query}},\mathrm{Cube}) \tag{2-26}$$

其中，newCube 的结果方体可表示如下列元组：

$$\langle D_1.l_x:\{d_1,\cdots,d_n\}_{\mathrm{query}},\cdots,D_j.l_x:\{d_1,\cdots,d_m\}_{\mathrm{query}}\rangle$$

若 $\{d_1, \cdots, d_n\}_{\text{query}} = \{d_1, \cdots, d_n\}$，则以"*"表示全集，上述元组又可表示为

$$\langle D_1.l_x{:}^*, \cdots, D_j.l_x{:}\{d_1,\cdots,d_m\}_{\text{query}}\rangle$$

TileCube 在 BigTable 中以空间几何维作为主维建立事实表，因此切块 Dice 操作需要首先执行空间索引，然后利用 TimeStamp 和度量列名索引进一步执行过滤查询。本书中，空间索引将是影响 TileCube 查询性能的重要影响因素。由于 RowKey 编码具有递归性，因而可利用某地理单元或地理对象编码的字首部(prefix)迅速获取其兄弟节点编码和父节点编码。例如，"07ABBDCAB"的父节点为"06ABBDCA"，其兄弟节点集(包括自身)可用类似于"SELECT * FROM Nodes WHERE Tiles LIKE '06ABBDCA%'"的方式查询。查询 VGeo、DGeo 及 Tile 度量时，可直接由 RowKey 的空间索引方式定位查询。对于 RGeo，需要首先获取表达 RGeo 的格网单元编码集合，然后基于 Tile 事实表索引 RowKey 执行 Tile 集合的查询。

对于矩形 RGeo 的地理单元集合可通过 2.4.2 节中的式(2-14)和式(2-15)计算获得，非矩形几何边界 RGeo 的地理单元集合的求取可对其最小外包矩形内的所有单元一一进行相交判断，并过滤所有非交单元。该方法在格网级别较高时需要做大量求交运算，本书采取如图 2-69 所示方法对其优化。

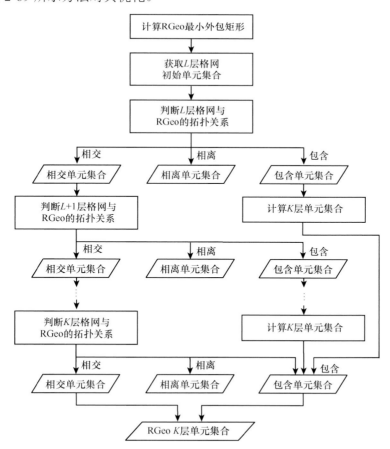

图 2-69　TileCube 中 RGeo 的地理单元集合查询优化方法

求 RGeo 在第 K 层格网的地理单元的算法的步骤如下。

(1)首先根据 RGeo 几何信息 Geom 计算其最小外包矩形,并求取该矩形在 L 层格网(低分辨率格网层)地理单元集合。

(2)依此遍历每个格网单元,并判断其与 Geom 的拓扑关系(分为相交、包含和相离3 种)。对于包含的地理单元,直接计算其对应的 K 层格网单元并输出。

(3)对于相交的地理单元进行 $L+1$ 层格网划分,进一步判断相交子单元与 Geom 间的拓扑关系,重复步骤(2)直到 K 层格网计算完毕。

(4)收集所有标识为包含或相交的 K 层输出地理单元集合,即为 RGeo 在 K 层格网的地理单元集合。

除了 Tile 集合的动态计算,对地理对象的 Tile 集合建立空间索引表可大幅提高查询效率。对象事实表存储了 VGeo 和 DGeo 度量,同时也是 RGeo 的索引表。对象表的 cells 列预先存储了每个地理几何对象所对应的格网单元编码层级(如 $L11$ 层),从而仅通过查询就可立即获得 RGeo 的空间索引信息。基于该索引表,一个 TileCube 的 Dice 操作可分解为两步查询过程:空间查询和事实查询。

图 2-70 给出了在 NDVI 方体中查式(2-27)所定义的 Cube 的示意过程。

$$newCube= \langle SGH.grid:\{'Wuhan', 'Ezhou'\}, TH.day:'201103*', SRH.L11 \rangle \qquad (2-27)$$

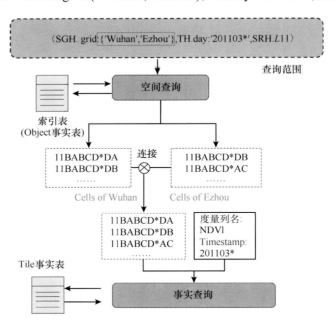

图 2-70　TileCube 中数据方体的查询流程

首先,在索引表中以"Wuhan""Ezhou"分别执行空间查询,从而得到两组 L 层地理单元集合。由于"Wuhan"和"Ezhou"空间相邻,在邻接边界部分会共享部分单元,因此需要进一步对两组单元集合执行连接操作,合并共享单元。然后,将结果单元集合作为 RowKey 索引集,结合 TimeStamp 和"NDVI"等列索引,在 Tile 事实表中执行批处理查询,从而获得格网化 RGeo。

上述查询过程中，从方体的查询域转换为对事实表的查询条件功能是由 Cube 描述文件来完成的。Cube 描述文件部署于查询端，以 XML 形式定义 Cube 的结构，包括维层次和度量相关信息，实现 Cube 到 BigTable 中事实表结构之间的映射。图 2-71 是一个面向旱情分析的 Cube 描述文件片段。

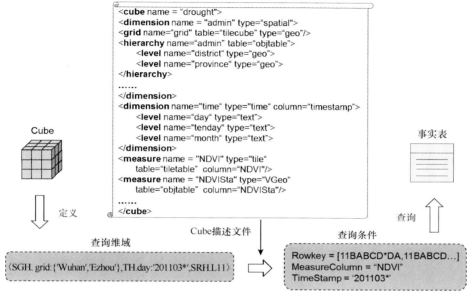

图 2-71　TileCube 中数据方体的映射过程

由图 2-71 可以看出，该 Cube 具有多个空间维层次，其中"admin"维层次存储于"objtable"中，并分为两个几何层：district ≺ province；时间维由事实表"timestamp"标示，具有 3 个层级：day ≺ tenday ≺ month；度量 NDVI Tile 被映射至 Tile 事实表的 NDVI 列中，度量 NDVI 统计值"NDVISta"被映射至 Object 事实表的 NDVISta 列中，且度量形式为数值 num。通过这些描述信息，上文所述查询方体的维域可以通过 RowKey\列名\度量值的形式来表达基于事实表的查询条件。HBase 内建的表扫描器(称为 SCAN)将这些查询条件构建为查询过滤器，从而执行分布式查询，以得到匹配的度量值。

2.5　基于 MapReduce 的 TileCube 高性能聚集计算方法

将海量的遥感影像纳入到 SOLAP 立方体模型中，便是数据立方体的 ETL 过程。在该过程中，格网化是建立标准化空间度量的重要环节，涉及定期或频繁的海量遥感数据聚集计算(Raj et al.，2013)。此外，高层立方格构建及 SOLAP 在线分析也基于大规模多维聚集计算，因此对计算性能和响应时间提出了很高的要求。本节引入云环境中的数据密集型计算模式 MapReduce，利用其计算的可扩展性，结合 TileCube 存储的可扩展性，研究方体构建与方体分析中涉及的大规模遥感影像聚集计算方法，以增强遥感影像 SOLAP 分析方法的高效性与应用优势。

2.5.1　基于 MapReduce 的 Tile 立方体格网化方法

在 SOLAP 体系中，ETL 层负责源数据的抽取、清洗，按照立方体模型的定义对数据进行重新组织和转换，并周期性地更新立方体。Tile 立方体是 TileCube 基本数据方体，因此 Tile 立方体格网化是 ETL 的关键环节，其计算效率直接影响到 ETL 的整体性能。

1. Tile 立方体格网化基本流程

随着对地观测数据时空分辨率的大幅提高，数据呈现快速(velocity)获取、"流式"传输等的大数据特性，需要对新抵达的输入数据集进行及时、高效格网化，以不断更新或充实数据方体。格网化的实质是地理投影过程，即将输入的遥感影像按照地理位置分配到指定栅格格网相应单元中，每个单元由一个像素表达(Wolfe et al.，1998；Golpayegani and Halem，2009；Vanhellemont et al.，2011)。在 TileCube 中，立方体格网化包括两层涵义。

(1)遥感数据的格网化，以保证方体中所有数据的地理参考与投影的一致性；

(2)Tile 立方体的格网化，即按照规定的地理格网对输入的遥感数据进行有组织地分块切片，保证所有生成的 Tile 度量能纳入到统一的方体进行存储、管理与分析。

在 MapReduce 处理环境中，遥感数据在经过数据分块后，按照指定的预处理逻辑执行分布式并行计算，经过 N 步 MapReduce Job，最终将通过格网化 Job 来实现数据标准化，从而完成从源数据到数据方体的 ETL 过程。图 2-72 为该过程的概要示意图。

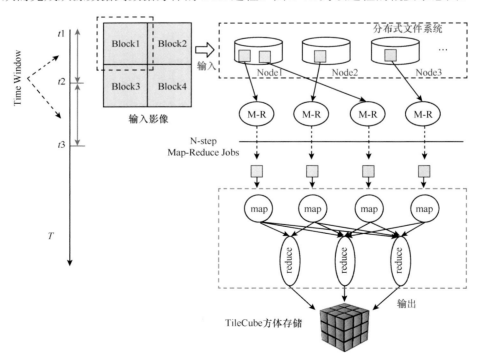

图 2-72　MapReduce 模型下的 Tile 方体格网化过程

　　Tile 立方体格网化过程作为与其他遥感处理过程耦合的任务，具有通用性特点，可集成至其他数据预处理流程中，也能直接从分布式存储中读取数据，形成独立的 ETL 过程。实时抵达的输入数据通过以下解决思路进行格网化处理：通过将固定时间间隔（称为 time window，TW）内新接收的分景影像分配至 MapReduce 分布式环境中，同时提交该 TW 内的处理任务，以执行基于数据块粒度的批次切片计算，从而以时间上连续的多个小批量 MapReduce 任务来实现时序影像的格网化任务。其中，TW 为根据数据抵达情况预设的时间间隔值。根据时间 T 顺序，$t1$ 为第一个 TW 起始时间，$t2$ 为该 TW 的结束时间和下一个 TW 的起始时间，$t3$ 为下一个 TW 的结束时间，以此类推。

2. 立方体格网化的 MapReduce 基本算法

　　Tile 的生成过程是在 TileCube 模型所采用的标准地理格网框架下，对多维栅格数据的多级切分与组织，类似于影像多级瓦片缓存与金字塔构建过程。预先对单景遥感影像进行空间规则分块，并上载至云环境中，形成 MapReduce 处理任务的键-值对（K-V）输入数据集 $\{T\_Box_i, Block_i | i \in [1, n]\}$，其中关键字 K 为 T_Box，由影像接收时间 T 和数据块地理范围 $[x_{min}, y_{min}, x_{max}, y_{max}]$ 组成，值 V 为分块栅格值 Block，在上述格网的支持下，每景影像各级切片任务将在 Map 与 Reduce 两个阶段内完成。基于 MapReduce 的 Tile 生成基本算法流程如图 2-73 所示。

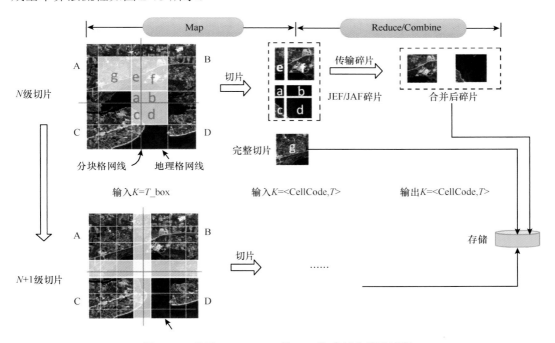

图 2-73　基于 MapReduce 的 Tile 生成基本算法流程

　　Map 阶段每个 Map 读取一个分块，基于地理格网对分块数据依次完成所有层次的切片任务。在 Map 阶段对分块数据执行第 n 层切片重采样时，由于格网剖分线与数据划分线不一定重合，数据分块边缘部分可能会出现不完整切片，称为碎片。

图 2-73 中的 A、B、C、D 是划分后的 4 个数据块，由 n 层格网剖分线切片后，分块对角出现 a、b、c、d 4 个碎片，称为角接碎片（JAF）；分块线接边出现 e、f 两个碎片，称为边接碎片（JEF）；切片 g 称为完整切片（fullTile）。每个切片可由时间标签 T 和切片在该层格网中地理单元编码（CellCode）来唯一标示，即输出 K。Map 阶段将对生成的切片类型进行判断，若切片为完整切片将直接过滤输出到 Tile 事实表相应的存储单元；若存在角接碎片或边接碎片，则将碎片在切片范围内的左下角图像坐标、碎片的长宽值，以及碎片栅格值一并作为 V 值传输至 Combine/Reduce 端，其输出 K 为碎片所在完整切片的时间标签与地理单元编码。

在 Combine/Reduce 阶段，Combine 端收集具有同一 K 值的碎片，首先抽取碎片类型，判断当前碎片的数目。若碎片类型为 JAF 且碎片数为 4，则读取 V 值中的相关坐标信息，执行碎片合并输出到 Tile 表；否则，将其继续传递到最终 Reduce 端。若碎片类型为 JEF 且碎片数为 2，则执行碎片合并输出，否则也将其传递到 Reduce 端。最终，Reduce 端收集具有同一 K 值的碎片，直接执行合并，并输出合并后碎片。当多次合并结果填满缓存时，再执行批量写入，避免多次网络 I/O 操作。两个阶段描述见表 2-9，Combine 阶段可使 Map 输出更紧凑，从而减少数据传输量。

表 2-9　基于 MapReduce 的 Tile 生成基本算法

Algorithm：基于 MapReduce 的 Tile 生成基本算法
K：*boundbox of block and Time*，V：*block value*
MAP$(K，V)$
1　For all $l \in$ level [1，$\cdots$，n] do
2　　For all *tileTbox* $\in$ TileBox(K) do　*//sub boundboxes of the tiles*
3　　　*cellcode* $\leftarrow$ **getCellCode**(*tileTbox*)
4　　　*Tile* $\leftarrow$ **Tiling**$(V，tileTbox)$ *//obtain the tile via its boundbox*
5　　　If *Tile* is *fulltile*
6　　　　　**Output**(*Tile*)
7　　　Else
8　　　　　**Emit**(<*cellcode*，T>，*Tile*)
K：<*cellcode*，T>，V：[*Tile$_1$*，$\cdots$，*Tile$_n$*]
COMBINE/REDUCE$(K，V)$
1　*fullTile* $\leftarrow$ NULL
2　For all *Tile* $\in V$ do
3　　*fullTile* $\leftarrow$ **SpatialCombine**(*fullTile*，*Tile*) *//mosaic the tiles*
4　If(V is JAF $\wedge$ | V | EQ 4)
5　　**Output**(*fullTile*)
6　ElseIf(V is JEF $\wedge$ | V | EQ 2)
7　　**Output**(*fullTile*)
8　Else
9　　**Emit**$(K，fullTile)$

上述算法是单批次 MapReduce 任务中的切片算法，在数据持续接收的情况下，若要及时获取实时聚集信息，可在约束条件（如固定时间窗口内或达到一定数据量）的驱动下，执行当前所有待处理数据的格网化任务，并及时更新方体中最后存储的聚集值，该方式称为增量式聚集。图 2-74 是日度 NDVI 增量式聚集示意图及 MapReduce 实现机制。

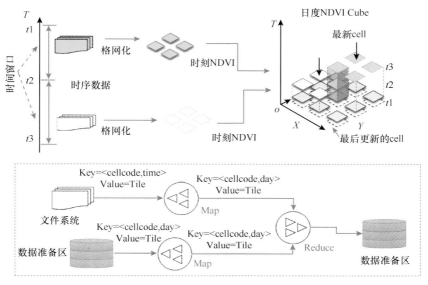

图 2-74　日度 NDVI 增量式聚集及其 MapReduce 实现

图 2-74 中，每次更新的 NDVI 聚集值以临时文件存储于数据准备区。每次批处理时，最新格网化的 Tile 将与其对应方体位置的最近 Tile 进行聚集计算，该过程的 MapReduce 任务由两个 Map 和一个 Reduce 组成。其中，一个 Map 负责当前批次数据的格网化，输出 Key 为⟨cellcode, day⟩。另一个 Map 从数据准备区中读取最新的 NDVI 聚集值，输出 Key 也为⟨cellcode, day⟩。Reduce 阶段将从上述两类 Map 中收集具有同一 Key 的 Tile，执行日度 NDVI 的聚集计算，并写入结果到数据准备区，以完成一次更新操作。当日所有的 NDVI 更新结束后，数据准备区的 NDVI Tile 将被存储至数据库中。

3. 实时数据流条件下立方体格网化优化机制

根据前文所述的 Tile 生成算法，一个 TW 内数据处理时间开销 T 由数据接收服务器上该 TW 内数据划分时间 $t_{\text{partition}}$、数据上载时间 t_{upload}、数据在 Map 阶段的处理时间 t_{map}、Reduce 阶段的处理时间 t_{reduce}，以及不与 Map 和 Reduce 阶段重叠的 shuffle 开销时间 $t_{\text{shuffle}'}$ 5 部分组成，可用式(2-28)表示：

$$T=(t_{\text{partition}}+t_{\text{upload}})+(t_{\text{map}}+t_{\text{reduce}}+t_{\text{shuffle}'})\tag{2-28}$$

上述切片算法中，数据分块大小直接决定了 Map 任务粒度，在实时数据流环境下也会影响资源的占用率。在数据量和分块数不变的情况下，分块方法对 $t_{\text{partition}}$、t_{upload} 和 t_{map} 的影响相对较小，但是数据分块与格网剖分线不一致使得 Map 阶段输出碎片，从而产生中间传输及 Reduce 合并任务，对 t_{reduce} 和 $t_{\text{shuffle}'}$ 产生显著影响。此外，数据上载方法的不同，使得划分数据在物理节点上的分布不同，也影响了后期相邻数据块间的数据交换。

本小节从数据分块数预估优化、数据分块优化、数据分块上载优化 3 个方面研究每个 TW 内数据划分与上载的任务分配方法，以发挥 MapReduce 本地化计算优势；优化立方体格网化资源利用率，以满足 TileCube 面临的频繁 ETL 需求，概要技术路线如图 2-75 所示。

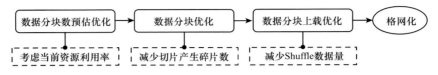

图 2-75　Tile 立方体格网化优化技术路线

1) 面向资源利用的数据分块数预估优化

上述 MapReduce 任务在 Map 和 Reduce 阶段将 CPU 和内存等计算资源按照预设配额划分为若干计算单元(称为 Map Slot 和 Reduce Slot)，且每个单元分配一个 Map 或 Reduce 任务。在将该环境中所有计算单元视为均质的基础上，可采用规则划分法，以实现计算负载均衡。在一个 TW 内的数据划分粒度需要综合考虑当前云计算环境中可用的计算资源量及数据量。理论上，在资源充足的条件下，减小划分粒度可增加数据并行度，但过小粒度会导致大量低效的 Map 小任务及后续处理，显著影响其加速性能。面向资源利用的数据划分粒度由以下步骤确定。

(1) 预估格网化数据的切片总数目。设固定时间间隔 TW 内接收数据集为$\{D\}$，则数据集内地理范围为 $[x_{\min}, y_{\min}, x_{\max}, y_{\max}]$ 的影像 D 在第 n 层格网中的切片数目 Num_n 可由式(2-29)计算获得：

$$\mathrm{Num}_n = \mathrm{num}_x \times \mathrm{num}_y = \left(\left\lfloor\frac{x_{\max}+180}{x_{\mathrm{tile}}}\right\rfloor - \left\lfloor\frac{x_{\min}+180}{x_{\mathrm{tile}}}\right\rfloor\right) \times \left(\left\lfloor\frac{y_{\max}+90}{y_{\mathrm{tile}}}\right\rfloor - \left\lfloor\frac{y_{\min}+90}{y_{\mathrm{tile}}}\right\rfloor\right) \quad (2\text{-}29)$$

式中，$x_{\min}$、$y_{\min}$、$x_{\max}$、$y_{\max}$ 分别为影像 D 的最小经度范围、最小纬度范围、最大经度范围和最大纬度范围；$x_{\mathrm{tile}} = 360.0/n$，为切片经度间隔；$y_{\mathrm{tile}} = 180.0/n$，为纬度间隔。因此，单景影像建立从 M 到 N 层格网化任务的切片总数为 $\mathrm{Num}_{\mathrm{tile}} = \sum_{n=M}^{N} \mathrm{Num}_n$，设影像 D 的 $\mathrm{Num}_{\mathrm{tile}}$ 记为 $D.\mathrm{Num}_{\mathrm{tile}}$，进一步可计算出数据集的切片总数目为 $\mathrm{TotalNum}_{\mathrm{tile}} = \sum_{\{D\}} D.\mathrm{Num}_{\mathrm{tile}}$。

(2) 根据当前云计算环境中运行的拥有 I 个共享 Job 的队列 Q 和 Map Slot 总数 $\mathrm{TotalNum}_{\mathrm{map}}$，预估云环境中可用的 Map Slot 数 $\mathrm{AvalNum}_{\mathrm{map}}$，如式(2-30)所示：

$$\mathrm{AvalNum}_{\mathrm{map}} = \mathrm{TotalNum}_{\mathrm{map}} - \sum_{i=1}^{I} Q.\mathrm{job}_i.\mathrm{Num}_{\mathrm{map}} \times (1-\alpha_i) \quad (2\text{-}30)$$

式中，为减少资源竞争，限定 $I=3$；$Q.\mathrm{job}_i.\mathrm{Num}_{\mathrm{map}}$ 为 Q 中第 i 个 Job 的 Map Slot 需求数；α_i 为该 Job 的 Map 函数任务完成率。

(3) 以步骤(2)所得的 $\mathrm{AvalNum}_{\mathrm{map}}$ 作为建立数据集从第 M 层到第 N 层格网化过程的初始数据分块数 $\mathrm{Num}_{\mathrm{part}}$，设集群中单机环境下单个切片平均串行生成时间为 T_{tile}，结合步骤(1)所得切片总数 $\mathrm{TotalNum}_{\mathrm{tile}}$ 获得单个 Map 函数初始执行时间预估值：$T_{\mathrm{map}} = (\mathrm{TotalNum}_{\mathrm{tile}} \times T_{\mathrm{tile}})/\mathrm{Num}_{\mathrm{part}}$。

(4) 令 h 代表 Map 函数执行时间阈值(实施例限定为 30 秒)，以 $T_{\mathrm{map}} \leqslant h$ 为循环满足

条件，在步骤(3)中初始化值 Num_{part} 的基础上，每次循环按照固定步长(建议值为 1)递减 Num_{part}，并重新计算 T_{map}=(TotalNum$_{tile}$×T_{tile})/Num_{part}，直至循环结束。取最终 Num_{part} 为数据集分块总数目，且每景影像的分块格网划分数为 $\lfloor Num_{part} \times \lambda \rfloor$，其中 λ 为该景影像数据量在总数据集中所占的比重。

上述分块算法见表 2-10，该算法结合当前云计算环境中可用资源数，并保证在 T_{map} 不小于阈值(限定为 30 秒)的条件下，尽可能减小数据划分粒度。

表 2-10　数据动态划分数 Num_{part} 的确定算法

Algorithm：Num_{part} 确定算法
1　$TotalNum_{tile} \leftarrow \sum_{\{D\}} D.Num_{tile}$　// predict sum of tiles
2　$Num_{part} \leftarrow AvalNum_{map}$　//init the num of Map Slot
3　$T_{map} = (TotalNum_{tile} \times T_{tile})/Num_{part}$　//predict the execution time of map phase
4　$While(T_{map} \leqslant h)$
5　　$Num_{part} \leftarrow Num_{part} - 1$　// reduce the num of partitioned block
6　　$T_{map} = (TotalNum_{tile} \times T_{tile})/Num_{part}$

2) 基于最小通信量的数据分块优化

在确定单景影像数据划分数后，继续研究在分块数一定的情况下，动态地确定合适的分块规则以减少 Map 阶段输出的碎片。常用的影像数据规则划分方法有等间距行划分、列划分及格网划分，其中行列划分可分别视为行数和列数为 1 的格网划分。图 2-76 分别列出了当划分数为 4 时，数据 A 和数据 B 基于不同格网划分法的两组情况。

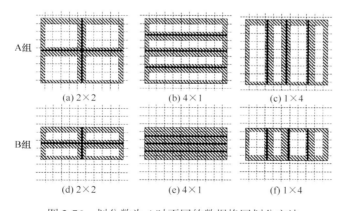

图 2-76　划分数为 4 时不同的数据格网划分方法

图 2-76(a)是对数据 A 的 2×2 划分法，图 2-76(b)是对数据 A 的 4×1 划分法，图 2-76(c)是对数据 A 的 1×4 划分法，图 2-76(d)是对数据 B 的 2×2 划分法，图 2-76(e)是对数据 B 的 4×1 划分法，图 2-76(f)是对数据 B 的 1×4 划分法。图 2-76 中虚线为地理格网线，实线为分块格网线，阴影部分为两种格网所形成的碎片区域。数据 A 和数据 B 在地理格网中的行列比(Row/Col)分别为 9/11 和 5/11。

经表 2-11 统计，对于数据 A，2×2 划分法产生的碎片最少，对于数据 B，1×4 划分

表 2-11 不同划分方法产生的碎片数统计

划分方法	(a)	(b)	(c)	(d)	(e)	(f)
碎片数	72	96	84	56	88	52

法输出的碎片最少,可见划分方法与数据行列比共同确定了碎片数量或面积。在实施例中,通过寻找产生最小碎片面积约束下的两者的关系,可以确定数据最优划分规则。

根据式(2-29),计算得出每景影像在地理格网中的切片行列数分别为 Num_x 和 Num_y;在上一小节步骤(4)确定每景影像的分块数 $\lfloor Num_{part} \times \lambda \rfloor$ 后,若采用行列数分别为 Num_{xpart} 和 Num_{ypart} 的分块格网,此时有 $Num_{xpart} \times Num_{ypart} = \lfloor Num_{part} \times \lambda \rfloor$,因只考虑单景影像划分,系数 λ 可认为是 1。设切片长宽都为 1,则建立第 n 层格网切片时,图 2-76 中示意的碎片区域面积 A 可由式(2-31)计算得到。

$$A=(Num_{xpart}-1)Num_y+(Num_{ypart}-1)Num_x-(Num_{xpart}-1)(Num_{ypart}-1) \quad (2-31)$$

式中,$(Num_{xpart}-1)Num_y+(Num_{ypart}-1)Num_x$ 为 JEF 区域面积;$(Num_{xpart}-1)(Num_{ypart}-1)$ 为 JAF 区域面积。

式(2-31)可进一步转化为

$$A=(Num_x+1)Num_{ypart}+(Num_y+1)Num_{xpart}-(Num_{part}+Num_x+Num_y+1)$$

式中,$(Num_{part}+Num_x+Num_y+1)$ 为常量,因此若 A 取最小值,则下式也应取最小值

$$B=(Num_x+1)Num_{ypart}+(Num_y+1)Num_{xpart}$$

由于 Num_x 和 Num_y 远大于 1,上式可简化为

$$B\approx Num_xNum_{ypart}+Num_yNum_{xpart}$$

将条件进行组合,即求以下二元函数的最小值

$$\begin{cases} B=(Num_x+1)Num_{ypart}+(Num_y+1)Num_{xpart} \\ Num_{xpart}\times Num_{ypart}=Num_{part} \end{cases} \quad (2-32)$$

利用求导取极值的方法可得到,在第一象限满足 B 为最小值时,有函数关系成立,如式(2-33)所示。

$$\frac{Num_{xpart}}{Num_{ypart}}=\frac{Num_x}{Num_y} \quad (2-33)$$

上式表明,当每景影像分块格网的行列数比 Num_{xpart}/Num_{ypart} 与其在地理格网中的行列数比 Num_x/Num_y 达到一致时,可使得切片过程中产生的碎片相比其他规则划分法更少,从而显著减小后续网络传输量。

3) 基于空间相邻的分块上载优化

数据本地性最好的状态是数据与处理任务在同一节点,其次是数据与处理任务在同

一个机架(Rack)(Seo et al., 2009)。在典型的 MapReduce 计算环境中，计算单元与数据存储单元位于同一节点，切片的 Map 阶段中，大部分任务在本地执行，Reduce 阶段收集各 Map 输出碎片进行合并。然而，如果仅实现数据在各节点的均衡物理分布而不考虑影像数据处理在空间上的邻近性，Reduce 阶段空间相邻的碎片需要跨节点或 Rack 合并，从而影响 MapReduce 本地化处理优势。若空间相邻的数据块分布于同一节点或同一 Rack，可大大减少数据传输量或传输时间。

一个有效办法是引入 Hilbert 空间填充曲线描述影像分块间的空间关系(Wikipedia, 2014)，将二维数据分布转换到一维空间中，并在数据上载时以此序列指导数据的物理分布，同时结合各节点处理性能进行负载均衡，直接干预计算调度，其过程如图 2-77 所示。

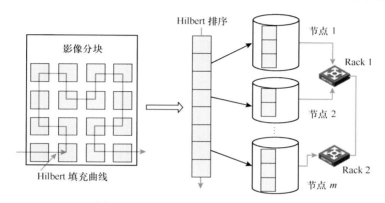

图 2-77　Hilbert 排序的数据上载优化

图 2-77 中搭建了具有 2 个机架(Rack 1 和 Rack 2)，m 个计算节点(节点 1，节点 2，…，节点 m)的分布式集群环境，对分块数目为 $Num_{xpart} / Num_{ypart}$ 的每景影像，影像上载前可建立 $\log_z[\max(Num_{xpart}, Num_{ypart})]$ 阶 Hilbert 曲线，形成 Hilbert 排序数据块，并按以下方法上载至各节点。

(1)遍历每个 Rack 中节点上的可用 Map Slot，将 Hilbert 曲线经过的数据块逐个上载至每个可用 Map Slot 所在节点的存储区域中，此时 $Num_{part} \leqslant AvalNum_{map}$。

(2)若当前 Rack 已装满，则继续上载剩余数据块至下一个 Rack，重复步骤(1)直至所有数据块上载完毕。

以上方法在保证数据量与计算能力匹配的同时，减少了从 Map 到 Reduce 阶段中数据跨节点或 Rack 的传输开销，使得 shuffle 时间复杂度由 $O(M^2)$ 降为 $O(M)$ (M 表示 Map 任务数)。

2.5.2　基于 MapReduce 的 SOLAP 多维聚集计算

SOLAP 多维分析是一种基于视图层面的操作，是立方体模型多维视角信息发现的核心方法。TileCube 的高性能格网化及 ETL 过程构建了基本数据立方体，SOLAP 分析基于该立方体实现多维聚集计算。为了减少立方体查询分析的等待延迟，TileCube 在

MapReduce 计算模式的支持下，将 SOLAP 操作转化为大规模分布式查询和聚集计算，以提高多维分析的整体性能。转化机制的总体架构设计如图 2-78 所示。

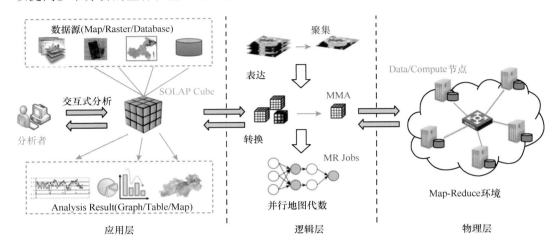

图 2-78　TileCube 高性能聚集计算的总体架构设计

　　TileCube 高性能聚集计算的总体架构分为应用层、逻辑层和物理层。在应用层，多源空间信息被映射至 TileCube 立方体中，使得分析者能够进行交互式的 SOLAP 操作，而无需关心底层空间基础设施的运行机制。逻辑层描述了这种工作机制，并向上层封装了数据密集型计算的复杂性。其中，所有聚集计算将被表达为多维地图代数（MMA）函数，MMA 函数在 MapReduce 的扩展下，被解构为基于 Tile 的分布式并行地图代数（MR）任务。物理层，即 MapReduce 环境，利用 MapReduce 聚集的分布式计算资源提高 MMA 的吞吐量与处理能力。在这种环境中，每个计算节点即存储节点，通过数据本地化计算可极大地减少数据传输量，增强计算的可扩展性。本小节聚焦于逻辑层的工作机制，研究如何将大规模 SOLAP 方体的聚集转化为 MapReduce 并行计算任务。

1. 基于 MapReduce 的并行多维地图代数方法

　　多维地图代数 MMA 以简洁通用的方式将传统地图代数扩展至时空数据模型中，是 TileCube 模型聚集计算的有力工具与基础语言（Mennis，2010）。除了对 MMA 数据存储结构与算法进行优化外，充分利用分布式计算资源实现并行/分布式计算也是实现 TileCube 模型高效聚集计算的一条有效途径。基于 MapReduce 的运行机制和优势，本小节将 MMA 函数与操作算子转化为在 Map 和 Reduce 阶段中对 Key-Value 数据集的操作。要实现 MMA 的 MapReduce Job 转化过程，就需要分析 MMA 主要函数的计算流程与通信模式。TileCube 中每个数据立方体可视为 MMA 方体，因此其 MMA 计算可视为将每个 Tile 作为基本元素的传统 MMA 运算过程。下文以 Mean 操作及其函数应用为例，阐述 MMA 的 MapReduce 转化方法和分布式 SOLAP 多维分析方法的具体实现机制。

1) 并行 MMA 局部函数 (Local Function)

基于 TileCube 数据方体的 MMA Local 函数计算可表达为式 (2-34)，其中，$Cube_1, \cdots,$ $Cube_n$ 为一组输入方体，$nCube$ 为输出方体，Func 为聚集算子。

$$nCube=Local\_Func(\{Cube_1, \cdots, Cube_n\}) \tag{2-34}$$

若 $nCube$ 在某个时空位置 $\langle d_1, \cdots, d_m \rangle$ 上的元素为 $Tile_{d_1, \cdots, d_m}$，简写为 Tile，则该元素可由各输入方体中相同位置的一组 {Tile} 以聚集算子 Func 计算得到：

$$nCube.Tile=Local\_Func(\{Cube_1.Tile, \cdots, Cube_n.Tile\}) \tag{2-35}$$

因此，该过程转化为基于 Tile 粒度上的传统地图代数 Local 函数。根据输入立方体的个数 n，可分为以下两种情况讨论。

(1) 当 $n=1$ 时，该计算过程可视为对输入数据方体的条件选择、代数或分类运算。

条件选择 Select 与 Dice 操作均是对立方体的直接查询操作，区别在于 Select 是以度量值为查询条件的，而 Dice 则以维度范围为查询条件。例如，选择 Cube 中像素值大于 0.8 的子集，查询式为 $nCube=Select(Cube, 'value>0.8')$，对于方体的每个 Tile 可计算为 $nCube.Tile=Select(Cube.Tile, 'value>0.8')$。

代数运算包括加减乘除等基本运算、三角函数运算、指数对数函数运算等。例如，Cube 所有元素乘以系数 λ：$nCube=Cube \times \lambda$，对于方体中每个 Tile 可计算为 $nCube.Tile=Cube.Tile \times \lambda$。

分类运算是按一定的分类规则对各栅格值逐一判断，重新赋值。若按照分类规则 Func：$([0, 0.3) \rightarrow 1, [0.3, 0.5) \rightarrow 2, [0.5, 1) \rightarrow 3)$ 对 NDVI 立方体进行重分类：$nCube=Reclass(NDVI, Func)$，则对于 NDVI 方体中的每个 Tile 都有 $nCube.Tile=Reclass(NDVI.Tile, Func)$。

(2) 当 $n>1$ 时，该计算过程可视为一种 SOLAP Drill-Across 操作，即连接两个或多个立方体进行钻取分析，其表达式详见 2.4.3 节。

以植被健康指数 VHI 计算为例，VHI 可基于 VCI 和 TCI，利用公式 $VHI=TCI \times \lambda+VCI \times (1-\lambda)$ 计算获得，如图 2-79 所示。

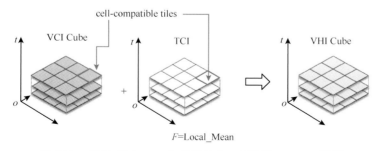

图 2-79　以 Drill-Across 为代表的 Local 计算——VHI 计算

该计算即为连接 VCI 和 TCI 的 Drill-Across 操作。当 $\lambda=0.5$ 时，采用 Local Mean 来计算，每个 VHI 方体中的 Tile 可表达为

$$VHI.Tile=Local\_Mean(\{VCI.Tile, TCI.Tlie\})=\frac{VCI.Tile+TCI.Tlie}{2} \tag{2-36}$$

由上述描述可见，同一位置 $\langle d_1, \cdots, d_m \rangle$ 的 Tile（即 cell-compatible tiles）是独立计算的，不同位置上的 Tile 之间不存在任何数据通信，因此 MMA Local 函数属于可高度并行的任务。由 2.4.4 节 TileCube 的方体存储机制可知，同一组 cell-compatible tiles 存储于 HBase Table 的同一行，因此每个分布式 SCAN 的子查询任务可一次性获取所有 cell-compatible tiles，作为 Map 阶段的输入。Local 函数的所有计算任务仅在 MapReduce Job 的 Map 阶段完成，其 MapReduce 通用算法可用表 2-12 表示。

表 2-12　MMA Local 函数的 MapReduce 实现算法

Algorithm: MMA Local Function in M-R
△ *input from table scan with query condition*
k: *geocode of cell*，*v*: *cell values of row k*
n ← *indicate the cases of local function*
Ma ← *output measure (cube) type*
MAP(*k*, *v*)
1　let *Q* be the input tiles List($Tile_1$, $\cdots$, $Tile_n$)
2　Q=**GetCubeTiles**(*v*)
3　*t*=**GetTime**(*v*)
4　*nk*=**Jointkeys**(Ma, *k*, *t*)
5　If　*n*=1　*//case of only one cube*
6　For each *Tile* in *Q*:
7　　*nTile* ← **Local_Func**(*Tile*)　*// traditional map algebra func*
8　　**EMIT**(<*nk*, *nTile*>)
9　Else If　*n*>1：*// case of drill-across*
10　　*nTile* ← **Local_Func**(*Q*)　*//traditional map algebra func*
11　　**EMIT**(<*nk*, *nTile*>)

首先，SCAN 在所有数据节点查询 cell-compatible tiles，作为任务的输入<*k*, *v*>数据集，*k* 表示 cell 所在行的 RowKey，即地理编码，*v* 表示对应该行的读取 cell 值，在 Map 阶段，时间 *t* 和 cell-compatible tiles 列表 *Q* 从输入<*k*, *v*>中解析出来，根据变量 *n* 判断该计算任务为情况 1（*n*=1）或情况 2（*n*>1），若为情况 1，则对于 *Q* 中的每个 Tile 都执行传统地图代数 Local_Func，计算类型为 Ma 的 Cube 度量 *nTile*，并通过 EMIT 函数输出到 HBase 或文件系统中。输出 key 为 Ma、*k* 和 *t* 通过 JointKeys 函数得到的组合键。若为情况 2，则对 *Q* 中一组 Tile 执行传统地图代数并输出结果。

2）并行 MMA 区域函数（Zonal Function）

基于 Tile Cube 数据方体 MMA Zonal 函数可表达为式 (2-37)，其中，Cube 为输入方体，Zone 为输入区域，Func 为聚集算子，输出方体 *n*Cube 由 Cube 中所有落入 Zone 内的元素按照聚集算子 Func 计算后得到。

$$n\text{Cube}=Zonal\_Func(Cube, Zone) \tag{2-37}$$

该计算过程可视为 SOLAP 的 Roll-Up 操作，即方体 Cube 沿维度 D 由 l_i 层向上层 l_j 层聚集，可统一表达为

$$n\text{Cube}=RollUp(Cube, D.l_i \prec D.l_j, Func) \tag{2-38}$$

根据 Zone 的类型，Zonal 函数可分为以下几种情况讨论。

（1）当 Zone 为一维 Zone，如时间区域 TimeZone 和度量值区域 ValueZone，则输出结果仍然为 Tile 立方体，且每个 Tile 由 Cube 中落入对应区域单元内的一组 cell-compatible tiles 来计算。以 TimeZone 和 ValueZone 为 Zone 的 Zonal 函数可视为方体沿时间维和度量值域维的上卷操作，且都可转化为基于 Tile 粒度的传统地图代数 Local 函数。以日度 NDVI 立方体上卷至旬平均值为例，若旬区域为两旬[tenday1，tenday2]时，对应于每个地理单元 cell，落入 tenday1 和 tenday2 的两组日度 NDVI Tile 将分别执行传统地图代数 Local_Mean 函数，得到对应 cell 的合成结果，如图 2-80 和式(2-39)所示。

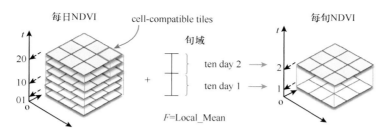

图 2-80　当 Zone 为时间 Zone 时的 Zonal 计算——NDVI 旬合成

$$nCube.Tile=Local\_Mean(Cube.Tile_{day1}, \cdots, Cube.Tile_{day10}) \qquad (2-39)$$

$$nCube=nCube.Tile_1\bigcap\cdots\bigcap nCube.Tile_s \qquad (2-40)$$

若立方体 Cube 的空间维域为 $dom(SD)=\{dom(cell_i)|i\in[1,s]\}$，则该计算过程可分解为 s 个基于 Tile 粒度的分布式并行子任务，如式(2-40)所示。每一组 cell-compatible tiles 独立计算，不同地理单元上的 Tile 之间不存在任何数据通信。因此，该函数也属于可高度并行的任务，其 MapReduce 通用算法见表 2-13。

表 2-13　Zone 为 Time Zone 时 MMA Zonal 函数的 MapReduce 实现算法

Algorithm:　MMA Zonal in M-R in case of Time Zone
△ *input from table scan with query condition*
k: *geocode of cell*，　***v***: *cell values of row k*
MAP(k，v)
1　　let Q be the tuple of cell-compatible tiles
2　　Q=**GetCubeTiles**(v)
3　　**If** $|Q| > n$　//*n is the required number of tiles*
4　　　　m=**GetMeasureType**(v)
5　　　　t=**GetTime**(v)
6　　　　Ta ← **GetAggregateZone**(t) //*get aggregate time zone*
7　　　　Tile ← **Local_Func**(Q) //*traditional map algebra func*
8　　　　k=**JointKeys**(m，k，Ta)
9　　　　**EMIT**($<k$，$Tile>$)

首先，SCAN 在所有数据节点查询本地匹配 Tiles，作为任务的输入 k-v 数据集。在 Map 阶段从输入$<k$，$v>$中解析出 Time(t)、度量类型(m)，以及 cell-compatible tiles 列表 Q。当列表 Q 中 Tile 的个数在满足指定要求数目 n 时，先通过 GetAggregateZone 函数获

得聚集区域 Ta，然后对 Q 中的一组 Tile 执行传统地图代数 Local_Func。计算得到聚集后的 nTile 被输出到目标存储，且输出 Key 为 m、k 和 Ta 的组合键。

（2）当 Zone 为二维 Zone 中的地理几何区域 GeomGrid 时，该计算过程可视为沿空间几何维的上卷操作。该操作需要首先将 GeomGrid 经过格网化，然后沿非空间维进行扩展，建立与输入 Cube 具有相同维度和维成员的立方体区域 CubeZone。输出 nCube 中的度量为 VGeo（当空间维是描述层时，度量为 DGeo），且每个度量由 Cube 中所有落入该区域的 Tile 执行传统地图代数 Zonal 得出，如式（2-41）所示，其中，Cube.{Tile} 为输入方体 Tile 集合，VGeo.geom 为区域单元，其对应的度量值为 VGeo.val。

$$VGeo.val=Zonal\_Func(Cube.\{Tile\},VGeo.geom) \tag{2-41}$$

从数据并行性出发，该聚集计算过程可分解为两步：首先在每个 Tile 内执行 Zonal 计算，然后收集每个区域所对应的所有 Tile 聚集结果，并执行区域内聚集计算。如式（2-42）所示，其中，$Tile_i$ 为 RGeo 中第 i 个元素（$i \leq n, n=|\{Tile\}|$），G_{T_i} 为 $Tile_i$ 的空间支持，F_1 为 Tile 内聚集的 Zonal 函数，F_2 为区域内的聚集函数。

$$VGeo.val=F_2(\bigcup_{i=1}^{n}F_1(Tile_i, G_{T_i})) \tag{2-42}$$

图 2-81 以 NDVI 地区均值统计（时间分辨率为月）为例，阐述了当 Zone 为地理边界 A 和 B 时的 Zonal_Mean 计算。

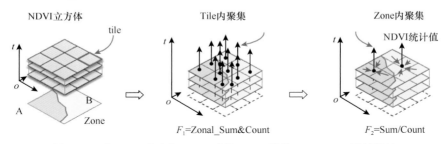

图 2-81　当 Zone 为空间 Zone 时的 Zonal 计算——NDVI 区域统计

为确保输入的 NDVI Cube 中每个 Tile 都有相应的空间支持，将 Zone 经过格网化后，沿时间维扩展，以建立与 NDVI 具有相同维和元素个数的 CubeZone。CubeZone 中的元素是对应每个 Tile 的空间支持，在具体实现中，CubeZone 是虚拟存在的，并不占用存储。

由于 Tile 的引入，分布式均值统计过程需要在 Tile 和 Zone 内先后聚集统计值，且两次聚集间存在信息交换。上述两次聚集可分别在 Map 和 Reduce 阶段实现，算法描述见表 2-14。

首先，SCAN 在每个数据节点根据查询条件查询本地匹配 Tiles。Map 阶段从输入 <k, v> 中解析出 Time（t）、度量类型（m）及 Tile；传统地图代数函数 Zonal Sum&Count 将加载本地每个 Tile 及其空间支持 Ca_{Tile}，计算得到中间统计结果 G：$[\langle geom,(sum, count)\rangle]$。

表 2-14　当 Zone 为 Geom Zone 时 MMA Zonal 函数的 MapReduce 实现算法

Algorithm: MMA Zonal in M-R in case of Geom Zone
△ *input from table scan with query condition*
k: *geocode* of cell, **v**: *cell values of row k*
Ca ←*aggregate geographic zone*
MAP(*k*, *v*)　//*aggregation within zone*
1　　*Tile*=**GetCubeTiles**(*v*)
2　　*t*=**GetTime**(*v*)
3　　*m*=**GetMeasureType**(*v*)
4　　let **G** be the list of pairs of *geographic objects* and *its attributes*
5　　**G** ← **Zonal_Sum&Count**(*Tile*, Ca_{*Tile*})　//*local aggregation*
6　　 For each <*geom*, (*sum*, *count*)> in **G**
7　　　　 *k*=**JointKeys**(*m*, *geom*, *t*)
8　　　　 **EMIT**[*k*, (*sum*, *count*)]
COMBINE(*k*, list[(*sum*, *count*)])　//*local aggregation*
1　　(*sum*, *count*) ← **Sum**(list[(*sum*, *count*)])
2　　 **EMIT**[*k*, (*sum*, *count*)]
REDUCE(*k*, list[(*sum*, *count*)])　//*final aggregation within zone*
1　　*average*　← **Sum**(list[*sum*])/**Sum**(list[*count*])
2　　 **EMIT**(*k*, *average*)

其中，geom 为 Ca 中的地理几何对象，(Sum，Count) 为中间聚集值。每个中间结果通过 EMIT 函数输出到本地磁盘/内存中，其输出 Key 为 m、geom、t 共同组成的组合键。然后，Reduce 端从 Map 中收集具有相同 Key 的所有中间结果，执行区域内聚集计算：$f = \dfrac{\sum \text{sum}_n}{\sum \text{count}_n}$。最终，统计结果通过 EMIT 函数输出至数据库或文件系统中。作为本地 Reduce 计算过程，Map 阶段后的 Combine 阶段可以在远程 Reduce 阶段之前预先通过 Sum 函数执行本地的数据聚集，将极大地减少 shuffle 中的数据传输量。

（3）若 Zone 为二维 Zone 中的空间分辨率格网区域 GridZone 时，该计算过程可视为沿空间分辨率维度由 l_i 层格网向上层 l_{i-1} 格网的上卷操作。输出 Cube 中的度量仍然为 Tile，其中每个 Tile 可由输入 Cube 中所覆盖的相邻 4 个 Tile（Tile_{EN}，Tile_{ES}，Tile_{WN}，Tile_{WS}）进行空间合并和重采样来完成，即执行传统地图代数 Local_Union&Resample 函数，如式(2-43)所示。

$$n\text{Cube.Tile}=\text{Local\_Union\&Resample}(\text{Tile}_{EN}, \text{Tile}_{ES}, \text{Tile}_{WN}, \text{Tile}_{WS}) \tag{2-43}$$

该计算过程的 MapReduce 算法实现如图 2-82 和表 2-15 所示。

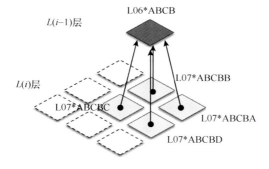

图 2-82　当 Zone 为 GridZone 时的 Zonal 计算

表 2-15　当 Zone 为 GridZone 时的 MMA Zonal 的 MapReduce 算法实现

Algorithm: MMA Zonal in M-R in case of Grid Zone
△ *input from table scan with query condition*
k: *geocode of cell,* ***v***: *cell values of row k*
Ca ←*aggregate geographic zone*
MAP(*k*, *v*)
1　　*Tile*=**GetCubeTiles**(*v*)
2　　*t*=**GetTime**(*v*)
3　　*m*=**GetMeasureType**(*v*)
4　　*k*=**GetHighLevel**(*k*) *//get the higer cell level*
5　　*nk*=**JointKeys**(*m*, *k*, *t*)
6　　**EMIT**(*nk*, *Tile*)
REDUCE(*k*, list[*Tile*])
1　　let Q be the tuple of four tiles　*//Tile$_{EN}$, Tle$_{ES}$, Tile$_{WN}$, Tile$_{WS}$*
2　　Q ← list[*Tile*]
3　　If |Q|=4
4　　　*nTile* ← **Local_Union&Resample**(Q)
5　　**EMIT**(*k*, *nTile*)

SCAN 根据立方体查询范围返回格网 l_i 层所有待聚集 Tiles。在 Map 阶段，每个 Map 分别读取一组 Tiles，并舍弃输入 Key 最末一位代码，得到该 Tiles 所属 l_{i-1} 层的 Cell 地理编码。Map 输出 Key 为 t、m 和上层地理编码共同组成的组合键，输出 Value 仍为 Tile 栅格值。Reduce 阶段，每个 Reduce 从 Map 端收集具有相同 Key 的 4 个子 Tile，并执行重采样计算，输出低分辨率 Tile，且输出 Key 不变。通过逐层类似的聚集过程，计算影像的多级分辨率信息。

(4) 若 Zone 为多维区域 CubeZone 时，该计算主要运用于两种聚集形式：一种是度量沿多个维度同时进行聚集或上卷；另一种是某方体以另一种数据方体为 CubeZone 执行上卷，如图 2-83 所示。

输入Cube　　　　　输入Zone　　　　　输出Cube

图 2-83　当 Zone 为 CubeZone 时的 MMA Zonal 计算示意图

CubeZone 情况的 MapReduce 实现方法与 GeomGrid 转为 CubeZone 后的过程相同，所以不再赘述。此时，CubeZone 为实际存储的 Cube，因此 Map 阶段需要查询不同时间版本的 Tile 空间支持。

3) 并行 MMA 邻域函数(Focal Function)

基于 Tile Cube 数据方体 MMA Focal 函数可用式(2-44)表达，其中，Cube 为输入方体，Neighborhood 为输入邻域，Func 为聚集算子，输出方体 *nCube* 中的每个元素是由输入 Cube 中相同位置元素的邻域元素集合通过 Func 计算得到的。

$$nCube=Focal\_Func(Cube, Neighborhood) \tag{2-44}$$

根据 Neighborhood 的类型，Focal 函数可分为以下几种情况讨论。

（1）Neighborhood 为一维 Time 邻域时，Focal 计算仅考虑方体 Cube 中某元素的前后几个时相对该元素值（称为中心元素）的影响，给出了几种 Time 邻域形式，图 2-84(a) 是前时相邻域半径 σ_{nr}=1 的时间邻域，图 2-84(b) 为邻域半径 σ_{nr}=1 的时间邻域，图 2-84(c) 是前时相邻域半径 σ_{nr}=1 而后时相邻域半径 σ_{nr}=2 的时间邻域。

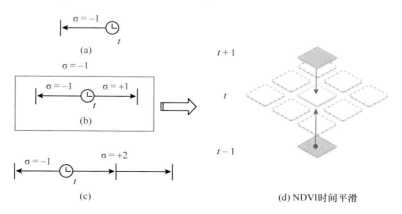

图 2-84　一维 Time 邻域

基于一维邻域的 Focal 计算中，每个 Tile 都需要传输栅格值到邻域内其他 Tile，同时接收邻域 Tile 发送来的栅格值，而不同地理单元上的 Tile 之间不存在数据通信，因此该计算仅 Map 阶段就可完成：每个 Map 读取一个地理单元在时间邻域内的 cell-compatible tiles，然后对中心 Tile 执行传统地图代数 Focal 函数。

（2）Neighborhood 为二维 Grid Neighborhood 时，Focal 计算仅考虑方体 Cube 中某元素在空间上相邻的若干元素对该元素值的影响。图 2-85 给出了几种 Grid Neighborhood 形式，其中 Moore 邻域是最常用的空间邻域，下文以 Moore 邻域为例，分析该情况下的计算过程。

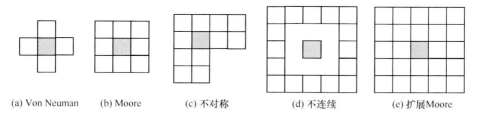

(a) Von Neuman　　(b) Moore　　　(c) 不对称　　　　(d) 不连续　　　　(e) 扩展Moore

图 2-85　几种邻域示意图

对于邻域半径 σ_{nr}=1 的 Moore 邻域，每个中心元素存在 8 个相邻元素。TileCube 中，每个 Tile 的边缘像素均需与相邻 Tile 交换邻域以得到更新，才能执行 Focal 计算。图 2-86 是一个利用 Moore 邻域对 NDVI 立方体执行平滑处理的例子。其中，中心 Tile 从相邻 8 个 Tile 接收邻域（编码为 W、WN、N、NE、E、ES、S、SW 的条纹分块），同时将边缘像素（编码为 EE、ES、SS、SW、WW、WN、NN、NE 的灰色分块）发送给周边 Tile 作为其邻域，从而使得中心 Tile 可以执行 Focal 函数。

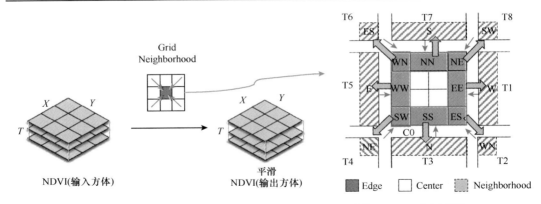

图 2-86　当 Neighborhood 为 Grid 时的 MMA Focal 计算：NDVI 空间平滑

上述过程中的邻域交换和 Focal 计算分别对应于 MapReduce Job 中的两个阶段：Map 阶段，每个 Map 从输入<k，v>中解析 Time(t)、度量类型(m)及 Tile，并通过 TilePartition 函数提取 8 个边缘分块，然后按照相邻 Tile 的顺序，依次通过 EMIT 函数输出需要对应交换的部分。例如，向 Tile T1 方向输出其交换区域 Q[NE，EE，ES]。每个 EMIT 的输出 key 为 t、m 与 T1 单元编码共同组成的组合键，Value 为交换区域编码集合及其栅格值；Reduce 阶段，接收具有相同 key 的分块后，根据编码对该组分块进行空间合并（SpatialMosaic），执行地图代数 Focal_Func 操作，从而完成 Tile 的邻域平滑运算，具体算法见表 2-16。

表 2-16　当 Neighborhood 为 Grid 时的 MMA Focal 函数的 MapReduce 算法实现

Algorithm: MMA Focal in M-R in case of Grid Neighborhood
△ *input from table scan with query condition*
k：*geocode of cell*，**v**：*cell values of row k*
MAP(k，v)
1　　Tile=**GetCubeTiles**(v)
2　　t=**GetTime**(v) & m=**GetMeasureType**(v)
3　　let Q be the tuple of tile parts
4　　Q ← **TilePartition**(Tile) //*partition the tile into list Q*
5　　nk1=**JointKeys**(m，T1.cellcode，t) & **EMIT**(nk1，Q[NE，EE，ES])
6　　nk2=**JointKeys**(m，T2.cellcode，t) & **EMIT**(nk2，Q[WN])
↓ 　…
12　nk8=**JointKeys**(m，T8.cellcode，t) & **EMIT**(nk8，Q[SW])
REDUCE/COMBINE(k，v)
1　　let Q be the tuple of four tiles
2　　Q=**GetCubeTiles**(v)
3　　If |Q|=9
4　　　exTile=**SpatialMosaic**(Q) //*combine the tile and its neighbors*
5　　　nTile ← **Focal_Func**(exTile)
6　　　**EMIT**(k，nTile)

（3）Neighborhood 为 Cube 邻域时，Focal 计算不仅关注空间相邻元素对中心元素的影响，还考虑到前后时相的贡献。图 2-87 给出了几种 Cube 邻域的形式。

透视图

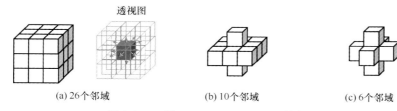

(a) 26 个邻域　　　　　　(b) 10 个邻域　　　　　　(c) 6 个邻域

图 2-87　3 种 Cube Neighborhood 形式

基于 Cube 邻域的 Focal 计算中，中心 Tile 不仅需要与空间相邻 Tile 交换边界信息，还要与时间序列上相邻的 Tile 交换所有栅格信息，因此也将引入大量信息传输任务。其 MapReduce 算法的实现可在基于 Grid 邻域的 Focal 算法的基础上增加对时间相邻 Tile 分块信息的发送与接收。

2. SOLAP 执行引擎的高效运行机制

SOLAP 主要分析手段包括 Dice、Roll-Up、Drill-Down、Drill-Across、Pivot 等一系列操作。在大规模数据的情况下，高性能 Dice 操作可借助于 MapReduce 框架对 BigTable 的自动并行 SCAN 能力，即通过 Map 阶段多个 Map 的并行读取来实现，这种方法已经在并行 MMA 读取数据过程中得以体现。Drill-Down 操作是对数据方体细节方面的查询，可基于 Dice 来实现。此外，Pivot 操作是在可视化层面进行的视角变换，不涉及 SOLAP 的高性能聚集计算方法。上一节详细介绍了 Roll-Up 和 Drill-Across 操作基于 MapReduce 的高性能实现机制。为保障 SOLAP 分析功能的高效运行，同时屏蔽聚集计算的多样性与分布式复杂性，下文主要阐述 SOLAP 执行引擎的工作机制。

1）SOLAP 分析的 MapReduce 动态组合

TileCube 并行 MMA 需要通过两个步骤完成：Tile 粒度上的处理和 Zone 内的计算，且后续步骤需要前一步骤的处理结果。这两个步骤可转化为 MapReduce Job 的 Map 和 Reduce 阶段任务。

由于 MMA 函数具有多样性，Map 和 Reduce 所执行的聚集计算方式差异较大。如在 Local 函数和基于 TimeZone 的 Zonal 函数中，每个 Map 读取输入方体中的 Tile，直接传递至 Reduce 端，Reduce 对 Map 分组结果执行 Local 计算；而在基于 SpaceZone 的 Zonal 函数中，每个 Map 读取 Tile 后执行 Tile 粒度上的 Zonal 计算，Reduce 对 Map 分组结果执行区域内聚集。上述过程中，若 Map 的输入 Key 为 Tile 的多维标示 $\langle k, c, t \rangle$，根据聚集方向（如 $k \rightarrow Ma$，$c \rightarrow Ca$，$t \rightarrow Ta$）可输出不同 Key 值（$\langle Ka, c, t \rangle$，$\langle k, Ca, t \rangle$，$\langle k, c, Ta \rangle$），从而将中间结果按照聚集区域分组并输入到 Reduce 阶段。若 Zonal 函数基于 CubeZone，则聚集方向为 $(c, t) \rightarrow (Ca, Ta)$，且 Map 的输出 Key 为 $\langle k, Ca, Ta \rangle$。

此外，MMA 函数在 Map 和 Reduce 阶段中所执行的聚集算子不同，也影响到各类 Map 和 Reduce 任务的聚集计算方式。Gray 等（1997）根据计算可分布特性，将 MMA 函数中所采用的聚集算子分为 3 类：分布性、代数性和整体性。其中，分布性聚集算子可直接支持分布式计算，如计数（Count），最小值/最大值（Min/Max）或求和（Sum），能够表达为多个 Map 和 Reduce 子任务。代数性聚集算子为一系列分布性聚集算子的方程，如平均值（Mean=Sum/Count），其数据并行性体现在 Map 阶段。整体性聚集算子，如求中值（Median）等，无法解析为子聚集函数复合形式，因而很难分布化，但是可在大量数据批处理时利用多个 MapReduce Job 获得数据并行增益。

由 MMA 操作定义和各种算子所确定的 Map 和 Reduce 阶段共同构建了 MapReduce Job 执行库（MMA Lib）。由于 Map 和 Reduce 基于 K-V 实现通信，因此 Map 和 Reduce 阶段可重用并可适当组合，以建立新的 MMA Job，从而扩展模型中维层次间聚集和方体间的聚集关系。如图 2-88 所示，Map 和 Reduce 算子以插件形式存在于 MMA Lib 中，每个算子负责执行度量的数据操作（如数据分块 Partition）或数值计算（如 Sum）或传统地图代数（如 Local_Max）。不同的 MMA 函数由相应的 Map 和 Reduce 算子组合而成，如 MMA Zonal_Sum 函数由执行 Zonal_Sum 的 Map 算子和执行 Sum 的 Reduce 算子组成，而 Zonal_Sum 与 Mean 组合又可建立 Zonal_Mean 的 MMA 函数（图中箭头连线代表 MapReduce 组合关系）。通过这种任务组合，可以极大地提高算子重用性，并能快速建立新的组合函数。

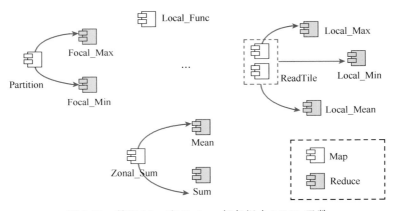

图 2-88　基于 Map 和 Reduce 任务组合 MMA 函数

数据本地化机制是上述 MapReduce 任务组合计算的可扩展性保障，Map 阶段本地化机制（即在靠近数据的地方启动 Map 计算）是 MapReduce 计算模式的核心调度机制。此外，本地 Reduce 阶段（Combine 阶段）通过预先聚集本地结果，以显著减少 shuffle 阶段数据传输。这里将 cell-compatible tiles 存储在相同或相近节点，从而大幅减少本地 Reduce 阶段前的数据传输。

2）SOLAP 执行引擎结构及其运行机制

TileCube 立方体本地化计算过程运行于 MapReduce 环境，该环境由资源管理节点和若干 DCN 组成。资源管理节点负责 MapRedcue 任务的注册接收，以及计算资源分配或调度，在可容错环境下，可存在多个资源管理节点。DCN 负责数据的存储，以及

MapReduce 任务的本地化执行。与传统 SOLAP 引擎不同，TileCube 的 SOLAP 引擎不仅包括 SOLAP 查询驱动层，还包括该分布式环境的方体存储分析层。图 2-89 是 SOLAP 引擎结构示意图，包括 MapReduce 分布式环境和 SOLAP 查询驱动器（SOLAP Driver）。该驱动器作为 SOLAP 引擎的中间件，负责接收用户的交互式查询计算请求，其逻辑结构如图 2-89(a) 所示。

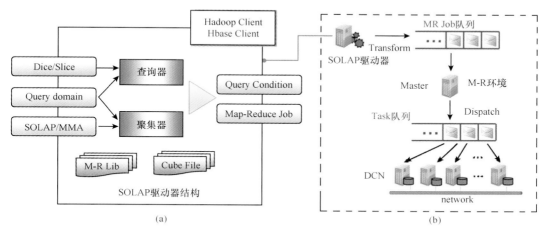

图 2-89　SOLAP 执行引擎架构图

SOLAP Driver 由查询器和聚集器组成，部署了 MMA Lib、Cube 描述文件，以及 Hadoop/HBase 客户端。其中，查询器负责将用户的 Dice 查询请求转化为 MapReduce 并行查询任务，并基于 Cube 文件将分析人员指定的 Cube 查询范围解析为对事实表的查询条件，同时配置数据库 SCAN 条件和其他 Job 参数。聚集器基于 MMA Lib，将分析人员涉及计算分析的 SOLAP 操作及 MMA 函数转化为 MapReduce 并行计算任务，同时将分析人员指定的 Cube 查询范围解析为对事实表的查询条件。多个查询或计算任务通过 Hadoop/Hbase 客户端被提交至 MapReduce 分布式环境中的资源管理节点，进入 MapReduce 任务队列等待处理。当前 Job 被执行时，空闲 DCN 将轮流向资源管理节点申请一定量的子任务，并执行本地数据的存取和计算分析任务。

遥感信息 SOLAP 系统中的数据立方体数据量巨大，在逻辑上可视为完整数据实体。通过上述机制，高维立方体被划分为多个子立方体，存储于云计算环境的不同节点，并利用 MapReduce 分布式并行机制创建、更新和维护。图 2-90 显示了在这种机制的支撑下，分布式空间数据立方体的本地化计算过程。

方体 ETL、SOLAP 分析及 SOLAP 查询等计算任务都能够分解为各子方体上的 MapReduce 任务。其中，每个 DCN 既是子方体存储节点，也是方体聚集器及方体查询器的运行节点。这种数据本地化特性的应用显著提高了遥感信息 SOLAP 方体的吞吐率和计算性能，并且可实现大规模动态扩展，以支持遥感大数据的 SOLAP 分析。

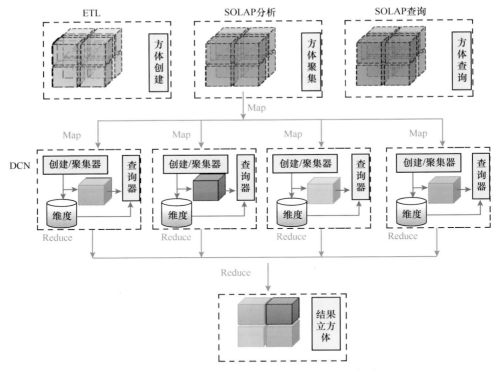

图 2-90　TileCube 立方体本地化计算过程示意图

DCN 申请的子任务有 Map 和 Reduce 两个阶段的任务，其具体运行机制如图 2-91 所示。

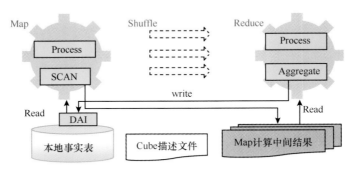

图 2-91　MMA Job 的运行机制

每个 DCN 中部署了 Cube 文件及 HBase 的本地事实表（Local Table）数据，若子任务为 Map 任务，则 HBase 内建的分布式扫描器将在各 DCN 基于数据访问接口（data access interface，DAI）执行本地查询，并以查询结果作为 Map 输入，以执行该 MapReduce Job 的 Map 阶段任务。运行 Reduce 阶段任务的 DCN 从 Map 任务所在的 DCN 收集处理结果，完成 MapReduce Job 在该阶段的聚集计算，最终执行入库或后续处理。上述 MapReduce Job 运行的容错机制、任务调度及流程控制都可以交由 MapReduce 计算框架来处理。

2.5.3　实验与性能分析

该部分主要测试本章所提出的实时数据流处理环境下的立方体格网化方法，以及并行 MMA 算法的计算效率。基于 Hadoop0.20.2 建立分布式计算环境，分布式文件系统采用已集成 MR 本地化计算特性的 GFarm 2.5.7（http://datafarm.apgrid.org）。TileCube 存储采用 HBase 0.92.0。硬件环境为普通 PC 建立的集群（1Gbps 理论网速，10 个计算节点，1 个管理节点，各节点配置两个双核 2.0GHz CPU 和 4GB RAM）。每个计算节点配置 2 个 Map Slot，1 个 Reduce Slot。利用 Java 语言，基于开源 MMA（http://code.google.com/p/mdma）并集成 GDAL（http://www.gdal.org）栅格读取库开发实验原型。利用 GFarm 支持 POSIX 的特性，将分布式存储目录挂载为统一的本地文件系统，然后基于 Socket 传输技术实现 2.5.1 节中指定计算节点的数据传输。

1. Tile 立方体的格网化性能分析

采用美国路易斯安那州 2005 年飓风灾情 Landsat 监测影像集为实验数据，以 ArcGIS Server 及文献（霍树民，2010）提出的切片算法（称为 BottomUp）对比本书方法（称为 OptMethod）的总体性能，并测试单项性能。

1）总体性能对比

执行两组实验，图 2-92（a）采用约 2 倍递增量的一组数据，测试对比 3 种方法（OptMethod、ArcGIS Server 和 BottomUp）在满节点平台上执行 7~14 层 Tile 生成的时间开销；图 2-92（b）采用 1.5GB 单景数据，测试随节点数增加，3 种方法执行前述处理的时间开销。

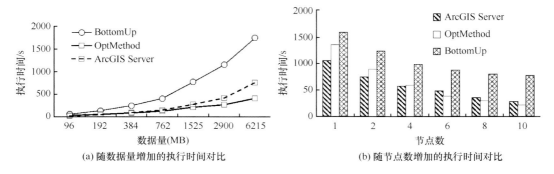

(a) 随数据量增加的执行时间对比　　　(b) 随节点数增加的执行时间对比

图 2-92　格网化方法总体性能对比

其中，ArcGIS Server 集群部署于同一计算环境中，且所有数据预先上载至 GFarm。所有测试执行 3 次取均值。

图 2-92（a）显示随着数据量的增加，BottomUp 开销迅速增长，该算法从 Map 端传输大量 Tile 到 Reduce 端，造成大量网络及磁盘 I/O 开销。由于 Hadoop 自身延迟，数据增长初期，ArcGIS Sever 效率明显较高，当数据量达到 384MB 时，开始低于 OptMethod。

这是由于在低速环境下，各节点的 ArcSOC（ArcGIS Server 服务进程）同时访问 GFarm 存储系统，造成较大网络延迟。OptMethod 缓慢增长且性能最优。图 2-92（b）显示在节点数较少时，ArcGIS Server 执行效率较高，但随着节点的增加，其扩展能力受到 I/O 限制。而 OptMethod 逐渐发挥出本地化计算优势，在 6 个节点时的执行时间已低于 ArcGIS Server，在满节点时的执行效率分别达到 ArcGIS Server 的 1.3 倍和 BottomUp 的 3.6 倍。该实验验证了 OptMethod 方法在大数据量情况下具有较好的加速性能和可扩展性。

图 2-93 测试在连续输入 5 景数据的情况下（每景数据量约 1.5GB，输入速率为 750MB/min），ArcGIS Server（以连续的单批处理任务模拟实时数据流处理）与 OptMethod（时间窗口 TW=2min）执行前述处理过程中，各节点的平均 CPU 利用率（包括 System、User 和 IO wait）。结果显示，ArcGIS Server 的 CPU 利用率变化较大，负载不够均衡。图 2-93 中的 5 个 "波峰" 是 Tile 生成压力较大的时域。OptMehod 的平均 CPU 利用率总体平稳，MapReduce 的资源动态分配和前后多个 Job 交叠执行，使得其 CPU 负载更为均衡，并减少了数据处理延迟。以上 TW 值为人为调整值，实验同时考察了不同 TW 大小对切片的时间开销影响，具体为分别调整 TW 为 0.5 分钟、1 分钟、2 分钟、3 分钟和 4 分钟，测试数据接收量至 10GB 时，OptMehod 的执行时间分别为 1354 秒、1240 秒、1189 秒、1285 秒和 1417 秒。结果显示，执行时间在 TW=2min 时最少，在 TW≥3min 之后逐渐增长，分析原因为前后批次 Job 间的重叠率逐渐减少，计算资源未充分利用。当 TW 过小（≤1min）时，将产生更多小粒度 Job，易导致软件自身调度开销增大。因此不难看出，优化调整 TW 对于有效利用计算资源至关重要。

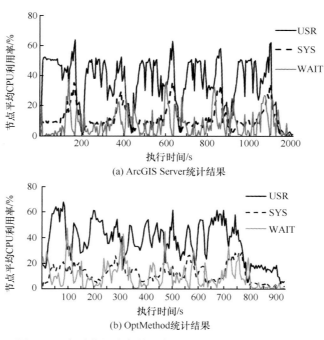

图 2-93　实时数据流条件下的节点 CPU 平均利用率变化

2）单项性能测试

为测试 2.5.1 节中划分数预估方法的有效性，采用图 2-93 中 TW=2min 的测试为实验场景。作为对比，还测试了 3 组固定数据量（32MB、64MB 和 128MB）的划分情况，记录每组测试的执行时间，通过 Hadoop 的 shell 组件获取执行任务的 JVM（Java Virtual Machine）内存消耗，并统计 Job 的平均内存利用率，结果见表 2-17。

表 2-17　分块数预估法的有效性对比

对比项	32MB	64MB	128MB	预估法
执行时间/s	1197	985	1250	930
总分块数	238	120	60	109
Job 内存利用率/%	61.1	54.5	48.2	59.7

结果显示，128MB 划分法的内存利用率最小。由于执行粒度大，该方法在处理前期的资源利用率并不充分，后期单个任务延迟较长，因此开销最大。32MB 划分粒度过小，增大了线程管理与调度对内存和 CPU 的压力，执行效率也并不理想。64MB 划分开销最接近预估法。由于预估法可根据云中资源量实现数据的动态划分，因此对内存的利用也更加充分。

为了测试数据分块规则对切片性能的影响，在无上述优化情况下，采用数据量为 2.9GB 的影像（剖分格网行列比为 3/4）生成第 15 级 Tile（分块总数为 20），记录 2×10、10×2、5×4 和 4×5 四组分块的执行时间，包括划分开销 Partition 与上载开销 Upload，处理过程中 Map/Shuffle/Reduce 开销，以及总开销 Total。其中，数据划分与上载采用两个线程，轮流顺序读取数据块并上载至相应节点。测试 3 次取均值。

图 2-94 所示的 4 组测试中，划分（均值为 35s）及上载开销（均值为 88s）变化很小，说明在数据量一定的情况下，不同划分法对格网化与上载开销的影响的差异不大。

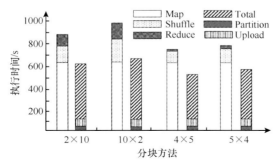

图 2-94　不同数据格网分块情况下的执行时间对比

由于数据量和并行度不变，4 组方法的 Map 开销均相差不大。由上文阐述可知，4×5 划分法最接近此数据剖分格网行列比，因而产生较少碎片、传输量及 Reduce 任务量。结果也显示，该方法的 shuffle 和 Reduce 阶段开销较小。相反，10×2 分块法产生了大量碎片面积，导致整体性能较低。理论上，若 Tile 级别提高 1 级，Map 阶段碎片面积将提高

4 倍, 此时 4×5 法更能体现优化性能。

　　基于上述分块机制, 对同一实验数据生成第 15 级 Tile, 测试数据上载方法对生成性能的影响。优化前的方法为轮询法, 即选择满足执行条件的节点依次上载数据块。两组测试中, 记录 Map、Shuffle 和 Reduce 阶段任务数的变化情况, 同时统计 Map 阶段任务在云环境中的分布状况, 见表 2-18 和图 2-95。

表 2-18　数据上载优化前后 Map 任务在云中分布情况

对比项	优化前	优化后
本地任务	12	18
跨节点	7	2
跨 Rack	1	0
Combine 输出碎片数	26 584	18 692
总体开销(s)	678	583

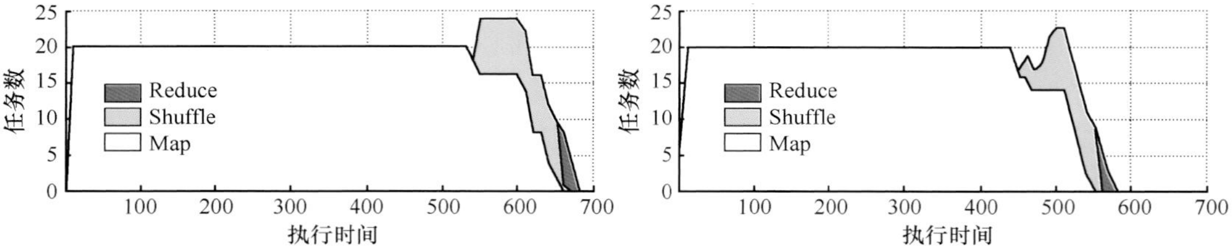

(a) 优化前各阶段任务数变化　　　　　　(b) 优化后各阶段任务数变化

图 2-95　数据上载优化前后 Map/Shuffle/Reduce 任务数对比

　　测试执行三次取均值。表 2-18 显示了优化前 Map 阶段有 7 个跨节点的任务, 1 个跨 Rack 的任务; 而优化后 Map 阶段只有 2 个跨节点的任务, 没有跨 Rack 的任务。这是由于优化后, 各节点按 Map Slot 数分配数据块, 实现较为均衡的负载, 避免了部分跨节点或 Rack 的处理任务分配。此外, 因为上载到相同节点的数据块具有较好的空间邻近性, Map 阶段产生的碎片可在本地合并, 从而输出碎片数从 26 584 减少到 18 692 个。图 2-95 显示两组测试中, 优化后的 Map 阶段时间开销显著减少, Shuffle 阶段和 Reduce 阶段的任务量也明显降低, 总体开销缩短了 95s。

2. 并行多维地图代数的性能测试

　　以 2011 年全国及周边地区 250m MODIS 数据为实验的数据源(NASA, 2014), 预先进行投影与尺度范围的统一处理, 并做 1.4° 格网划分。为对比性能, 在 GFarm 中存储与 TileCube 相同格网划分的 MODIS 文件, 采用 MPI Java 版本 MPJ(http://mpj-express.org) 实现 NDVI 旬合成和 NDVI 空间平滑的分布式并行计算, 每个 MPI 计算节点使用 4 个并行线程。

　　1) 与 MPI 性能对比

　　实验选取 NDVI 旬合成和 NDVI 空间平滑计算, 分别在 1Gbs 和 100Mbs 网络环境下,测试对比 MapReduce（简称 M-R）与 MPI 并行模式对 MMA 计算的加速性能，统计两者在处理覆盖中国境内一句 MODIS 数据时随节点数变化（2、4、6、8、10）的执行时间及加速比（以 MPI 单机执行时间作为单节点基准），见表 2-19 和图 2-96。

表 2-19　1Gb/s 和 100Mb/s 网速下基于 MR 与 MPI 的 MMA 执行时间

| 节点数 | 网速=1Gb/s | | | | 网速=100Mb/s | | | |
| | NDVI 旬合成 | | NDVI 平滑 | | NDVI 旬合成 | | NDVI 平滑 | |
	M-R	MPI	M-R	MPI	M-R	MPI	M-R	MPI
1	—	465.0	—	1015.0	—	465.0	—	1015.0
2	310.0	258.3	1127.8	634.4	387.5	310.0	1127.8	1015.2
4	166.0	129.2	634.4	390.4	202.2	145.3	780.8	676.7
6	116.3	87.7	441.3	290	140.9	113.4	563.9	563.9
8	86.1	71.5	317.2	247.6	103.3	94.9	441.3	507.5
10	71.5	61.2	267.1	220.7	81.6	86.1	362.5	441.3

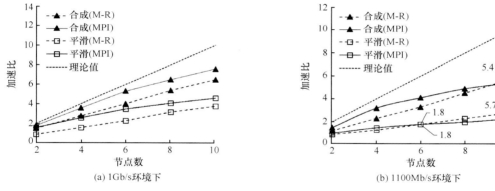

(a) 1Gb/s环境下　　　　　　　(b) 1100Mb/s环境下

图 2-96　1Gb/s 和 100Mb/s 网速下基于 M-R 与 MPI 的 MMA 执行时间

结果表明，1Gb 网络环境下，MPI 和 M-R 随节点增长都保持稳定上升的加速性能，而 M-R 并行效率明显低于 MPI。该结果还显示，NDVI 平滑加速性能远小于 NDVI 合成。在 MPI 的执行过程中，主节点向子节点派发任务后，每个 MPI 并行线程通过本地网络从 GFarm 系统中频繁读取 Tile，造成大量文件系统和网络的 I/O 压力。1Gbs 环境下，该方式对本实验中计算性能的压力还未显现，但在 100Mbs 环境中问题凸显。由图 2-96(b) 可见，MPI 执行效率显著降低，其对 NDVI 合成的加速性能于 8~10 个节点时已低于 M-R，对 NDVI 平滑的加速性能于 6 个节点后开始低于 M-R。虽然 M-R 性能较 1Gbs 网络环境有所降低，但总体上升趋势稳定。结果也证明了基于 M-R 的 MMA 具备良好的节点可扩展能力。

除了低速环境下稳定的加速性能外，M-R 还具备一些 MPI 所不具备的重要特性，如对执行失败节点或任务提供重调度和容错机制。在满节点情况下，重新执行上述旬合成实验（正常情况需完成 35 200 个任务）。实验通过命令行在执行时间为 50s 时，人为随机删除一组 Map 任务（个数分别为 1 000、5 000、10 000），并记录该过程中任务完成的状况，如图 2-97 所示。

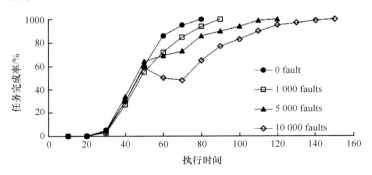

图 2-97　基于 M-R 的 MMA 容错性能测试

几组结果均显示，在部分任务失败的情况下，M-R 仍能自动调整并继续完成处理任务。当失败率为 28% 时，处理时间延长了近 1 倍。延长时间中除任务重执行时间外，还包括任务删除延迟、任务跟踪对失效任务的判断延迟、任务重调度及由其引起的数据传输延迟等。

2）单项性能测试

实验选取 NDVI 旬合成、NDVI 地区均值统计和 NDVI 空间平滑，分析基于不同参数的 Local、Zonal 及 Focal 函数随数据增长的可扩展性。输入方体有空间维和时间维两种数据量扩增方式。空间维扩增的初始数据为 20(cell)×5(phase) 的方体，建立 20×5、40×5、80×5、160×5、320×5、640×5 的 2 倍递增序列；时间维扩增的初始数据为 50(cell)×2(phase) 的方体，建立 50×2、50×4、50×8、50×16、50×32、50×64 的 2 倍递增序列。

（1）MMA Local 函数性能测试。在空间维和时间维增长的模式下，分别执行 NDVI 旬合成计算，记为 Local-Space 和 Local-Time，记录执行时间和集群内相应网络流量变化，如图 2-98 所示。

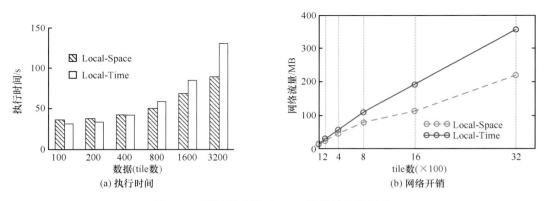

图 2-98　不同增长维对 Local 计算性能的影响

Local 函数中各地理单元独立计算，大部分处理能够在 Combine 阶段之前于本地完成。实验结果显示，两者网络开销不大，但存在较大差异。由于 Combine 阶段的本地化策略，若数据随时间维增长，则部分处理节点易满载而导致一些 Tile 被传输到其他节点处理。而空间维在集群中的分布性较均匀，因此数据随空间维增长的方式对网络传输量影响较小。执行时间测试结果显示，Local 函数能保持较为稳定的加速性能，而且大范围数据的 Local 函数比长时序情况更易发挥本地化计算性能。

（2）MMA Zonal 函数性能测试。按空间维增长数据量，考察当输入区域分别为省和地区时，执行 NDVI 区域统计计算，记为 Zonal-Province 和 Zonal-District，记录两者时间开销和相应网络流量变化，如图 2-99 所示。

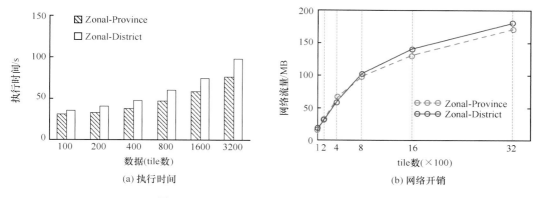

图 2-99　不同区域对 Zonal 计算性能的影响

由于地区统计粒度较小，Map 阶段会产生很多输出个数。多个小粒度的 Reduce 将导致更多计算延迟。Shuffle 阶段的传输数据为数值类型的统计值，网络流量主要来自于 M-R 控制通信，使得两者网络传输量相差较小。此外，两者计算开销在并行环境下都得以均分，因此结果显示出两者执行效率差异不大。

（3）MMA Focal 函数性能测试。按空间维增长数据量，考察当输入邻域分别为网格和方体时，执行 NDVI 平滑计算，记为 Focal-Grid 和 Focal-Cube，记录时间开销变化，如图 2-100（a）所示。通过 Hadoop 的 shell 组件获取执行任务的 JVM 内存消耗，并统计 Job 的平均内存利用率，同时记录相应网络流量变化，如图 2-100（b）所示。

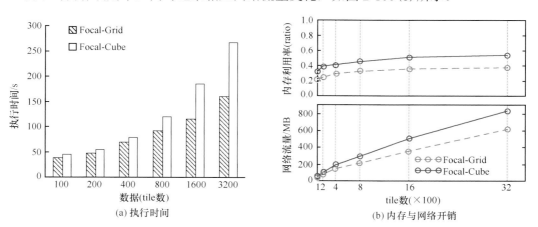

图 2-100　不同邻域对 Focal 计算性能的影响

Focal 计算中地理单元间需要通过数据交换来完成邻域数据准备，因此 Focal-Cube 不仅需占用更多的内存以存储和计算，还需要消耗大量网络流量。结果表明，随着数据量的增大，Focal-Grid 的系统内存平均使用率和网络传输量统计值均明显低于 Focal-Cube，保持较好的加速性能，并在 3200tile 时可达到 Focal-Cube 的 1.65 倍。

由以上针对 MMA 的单项测试可以看出，由于 MMA 计算函数的输入参数多样性，以及在分布式环境下通信特点的多样性，MMA 计算性能相差较大。根据每种函数的特点进行自适应优化是今后研究的重点内容。

参 考 文 献

程承旗，张恩东，万元嵬，等. 2010. 遥感影像剖分金字塔研究. 地理与地理信息科学，26(1)：19-23.

冯新建. 2013. 基于 MapReduce 的迭代型分布式数据处理研究. 山东大学硕士学位论文.

韩家炜，坎伯. 2001. 数据挖掘：概念与技术. 北京：机械工业出版社.

霍树民. 2010. 基于 Hadoop 的海量影像数据管理关键技术研究. 国防科技大学硕士学位论文.

黄国满，郭建峰. 2001. 分布式并行遥感图像处理中的数据划分. 遥感信息，(2)：9-12.

黄昕. 2009. 高分辨率遥感影像多尺度纹理、形状特征提取与面向对象分类研究. 武汉大学博士学位论文.

李继园. 2014. 集成遥感信息的 SOLAP 多维聚集与分析模型. 武汉大学博士学位论文.

李军，李德仁. 1999. 分布式遥感图像处理中的若干关键技术. 武汉测绘科技大学学报，(1)：15-19.

刘鹏. 2011. 实战 Hadoop：开启通向云计算的捷径. 北京：电子工业出版社.

卢丽君，廖明生，张路. 2005. 分布式并行计算技术在遥感数据处理中的应用. 测绘信息与工程，30(3)：1-3.

汤国安. 2004. 遥感数字图像处理. 北京：科学出版社.

夏辉宇. 2014. 基于 MapReduce 的遥感影像并行处理关键问题研究，武汉大学博士学位论文.

徐承志. 2010. 基于 GIS 平台的空间查询语言与空间数据挖掘研究. 武汉大学博士学位论文.

杨靖宇. 2011. 摄影测量数据 GPU 并行处理若干关键技术研究. 解放军信息工程大学博士学位论文.

周成虎，欧阳，马廷. 2009. 地理格网模型研究进展. 地理科学进展，28(5)：657-662.

周海芳. 2003. 遥感图像并行处理算法的研究与应用. 国防科学技术大学博士学位论文.

Ball G H，Hall D J I. 1965. ISODATA，A Novel Method of Data Analysis and Pattern Classification. California：Stanford Research Inst，Menlo Park，DTIC Document.

Bédard Y，Proulx M J，Rivest S. 2005. Enrichissement du OLAP pour l'analyse géographique：exemples de réalisations et différentes possibilités technologiques. Revue Des Nouvelles Technologies De L'information，(B-1)：1-20.

Bräunl T. 2001. Parallel Image Processing. Oxford：Nelson Thornes.

Bu Y，Howe B，Balazinska M，et al. 2010. HaLoop：efficient iterative data processing on large clusters. Proceedings of the VLDB Endowment，3(1-2)：285-296.

Chang F，Dean J，Ghemawat S. 2006. Bigtable：a distributed storage system for structured data. ACM Transactions on Computer Systems，26(2)：205-218.

Dhodhi M K，Saghri J A，Ahmad I，et al. 1999. D-ISODATA：a distributed algorithm for unsupervised classification of remotely sensed data on network of workstations. Journal of Parallel and Distributed Computing，59(2)：280-301.

Downton A，Crookes D. 1998. Parallel architectures for image processing. Electronics & Communication Engineering Journal，10(3)：139-151.

Duda R O，Hart P E，Stork D G. 2012. Pattern Classification. New York：John Wiley & Sons.

Forgy E W. 1965. Cluster analysis of multivariate data：efficiency versus interpretability of classifications. Biometrics，21：768-769.

George L. 2011. HBase The Definitive Guide 2nd Edition. O'REILLY.

Golpayegani N，Halem M. 2009. Cloud Computing for Satellite Data Processing on High End Compute Clusters. IEEE International Conference on Cloud Computing.

Gray J，Chaudhuri S，Bosworth A. 1997. Data cube：a relational aggregation operator generalizing group-by，cross-tab，and sub-totals. Data Mining and Knowledge Discovery，1(1)：29-53.

He J，Lan M，Tan C L，et al. 2004. Initialization of Cluster Refinement Algorithms：A Review and Comparative Study. Neural Networks，2004. Proceedings. 2004 IEEE International Joint Conference on Neural Networks.

Hore P，Hall L，Goldgof D. 2006. A Cluster Ensemble Framework for Large Data Sets. IEEE International Conference on Systems，Man and Cybernetics(SMC'06)，4：3342-3347.

Jensen J R. 1996. Introductory Digital Image Processing：A Remote Sensing Perspective. New Jersey：Prentice-Hall Inc.

Kang C. 2011. Cloud Computing and Its Applications in GIS. Clark University.

Kogan F N. 1995. Application of vegetation index and brightness temperature for drought detection. Advances in Space Research，15(11)：91-100.

Kogan F N. 2000. Satellite-observed sensitivity of world land ecosystems to El Nino/La Nina. Remote Sensing of Environment，74(3)：445-462.

Li J，Meng L，Chen Z，et al. 2010. Hong Kong：The Calculation of TVDI based on the Composite Time of Pixel and Drought Analysis. The International Archives of the Photogrammetry，Remote Sensing and Spatial Information Sciences.

Longley P. 2005. Geographic Information Systems and Science. New York：John Wiley & Sons.

MacQueen J. 1967. Some Methods for Classification and Analysis of Multivariate Observations. In Proceedings of the Fifth Berkeley Symposium on Mathematical Statistics and Probability，1(14)：281-297.

Malinowski E，Zimányi E. 2008. Advanced Data Warehouse Design. Berlin：Springer Berlin Heidelberg.

Memarsadeghi N，Mount D M，Netanyahu N S，et al. 2007. A fast implementation of the ISODATA clustering algorithm. International Journal of Computational Geometry & Applications，17(1)：71-103.

Mennis J. 2010. Multidimensional map algebra：design and implementation of a spatio-temporal GIS processing language. Transactions in GIS，14(1)：1-21.

Mennis J，Viger R，Tomlin C D. 2005. Cubic map algebra functions for spatio-temporal analysis. Cartography and Geographic Information Science，32(1)：17-32.

Milligan G W. 1980. An examination of the effect of six types of error perturbation on fifteen clustering algorithms. Psychometrika，45(3)：325-342.

More P，Hall L O. 2004. Scalable Clustering：A Distributed Approach. In Fuzzy Systems，2004. Proceedings. 2004 IEEE International Conference on，1：143-148.

NASA. 2014. MODIS. http：//modis.gsfc.nasa.gov/[2014-04-07].

Openstreetmap. 2014. QuadTiles. http：//wiki.openstreetmap.org/wiki/QuadTiles. [2014-04-07].

Pedersen T B，Jensen C S，Dyreson C E. 2001. A foundation for capturing and querying complex multidimensional data. Information Systems，26(5SI)：383-423.

Phillips S. 2002. Reducing the Computation Time of the Isodata and K-means Unsupervised Classification Algorithms. In Geoscience and Remote Sensing Symposium，2002(IGARSS'02)，3：1627-1629.

Plaza A J. 2008. Parallel techniques for information extraction from hyperspectral imagery using heterogeneous networks of workstations. Journal of Parallel and Distributed Computing，68(1)：93-111.

Raj R，Hamm N A S，Kant Y. 2013. Analysing the effect of different aggregation approaches on remotely sensed data. International Journal of Remote Sensing，34(14)：4900-4916.

Rivest S，Bedard Y，Marchand P. 2001. Toward better support for spatial decision making：defining the characteristics of spatial on-line analytical processing(SOLAP). Geomatica，55(4)：539-555.

Sample J T，Loup E. 2010. Tile-Based Geospatial Information Systems：Principles and Practices. NewYork：Springer Science & Business Media.

Seo S，Jang I，Woo K，et al. 2009. HPMR：Prefetching and Pre-shuffling in Shared MapReduce Computation Environment. IEEE Conference on Cluster Computing，IEEE Computer Society.

Srirama S N，Batrashev O，Jakovits P，et al. 2011. Scalability of parallel scientific applications on the cloud. Scientific Programming，19(2)：91-105.

Tomlin C D. 1991. Cartographic modelling//Geographic Information Systems：Principles and Applications. Essex：Longman

Scientific & Technical：361-374.

Tomlin C D. 2012. GIS and Cartographic Modeling. Esri Press.

Vanderzee D，Ehrlich D. 1995. Sensitivity of ISODATA to changes in sampling procedures and processing parameters when applied to AVHRR time-series NDVI data. International Journal of Remote Sensing，16（4）：673-686.

Vanhellemont Q，Nechad B，Ruddick K. 2011. GRIMAS：Gridding and Archiving of Satellite-derived Ocean Colour Data for any Region on Earth. Ostend：Proceedings of the CoastGIS 2011 Conference.

Venkateswarlu N，Raju P. 1992. Fast ISODATA clustering algorithms. Pattern Recognition，25（3）：335-342.

Wikipedia. 2014. Hilbert Space-filling Curve. http：//en.wikipedia.org/wiki/Hilbert_curve. [2014-04-07].

Wolfe R E，Roy D P，Vermote E. 1998. MODIS land data storage，gridding，and compositing methodology：level 2 grid. Geoscience and Remote Sensing，IEEE Transactions on，36（4）：1324-1338.

Ye F，Shi X. 2013. Parallelizing ISODATA Algorithm for Unsupervised Image Classification on GPU. Berlin：Springer.

第 3 章　水体遥感监测方法

利用遥感影像有效地提取水体信息已成为当前水利遥感技术研究的重点之一。卫星遥感是综合对地观测的重要组成部分，呈现出高空间分辨率、高光谱分辨率、高时间分辨率和多平台、多传感器、多角度的发展趋势(李德仁，2003)。目前，针对遥感影像水体范围提取还主要处于人工数据操作层面，无法利用有效的计算资源来完成水体信息从发现、识别到提取的全自动过程。对此，国内外相关科研单位进行了长期研究，旨在实现对遥感影像的自动解译和信息快速提取。

遥感技术应用于水体提取需要克服 4 个主要问题：首先，必须准确地识别水体；其次，需要排除云的干扰；再者，需要精确评估水体面积；最后，需要动态监测水体的变化(Sheng et al.，2001)。水体提取是洪涝监测、水土流失监测和水资源监测的基础和关键。在提取过程中，针对高空间分辨率遥感影像，由于其纹理信息丰富，需要先对影像进行有效分割，然后基于分割后的影像，利用水体的相关光谱信息进行准确识别，从而确定水体的覆盖范围。对于中低分辨率的遥感影像，则直接根据相应水体的光谱信息对水体进行有效提取，在此过程中需要对混合像元问题加以考虑。

凌汛是地处较高纬度地区河流特有的水文现象。在黄河封河、开河期，冰凌不断聚集形成冰塞或冰坝，水位大幅度抬高，极易造成漫滩或决堤等重大灾害。冰凌洪水给黄河流域居民的生命财产带来了巨大威胁，其突发性强、持续时间长、灾害期天寒地冻等特点也给防凌工作带来了极大困难。遥感技术具有探测周期短、现势性强、可大面积同时观测等特点，可以对冰雪覆盖范围、雪水当量、冰分布状况和形式、冰厚度等进行实时动态监测，从而判断出是否会发生灾害。利用遥感技术对黄河冰凌进行监测，可以及时定位已经或可能出现的险情，并作出合理评估和预测，从而为防凌决策和指挥调度提供科学依据。

3.1　水体遥感监测基础

针对不同传感器及不同分辨率的遥感影像，常用的水体信息提取方法可以分为光谱指数法和影像分割法两大类。由于水体与其他地物具有不同的光谱特性，所以光谱指数法把光谱特征响应中的差距作为分辨水体的主要依据。多光谱传感器上经常采用光谱指数法且效果显著。但使用光谱指数法提取高分辨率影像里的水体信息时，会出现大量的错分和误分现象，为此高分辨率遥感影像的信息提取中广泛采取"先分割，再分类"的思想。冰雪监测也常常运用遥感影像的光谱关系、地理位置等特性。基于目前的一些主流方法，本节主要介绍一些基础的针对水体、冰凌的遥感监测模型。

3.1.1　光谱指数法水体提取

1. 归一化差异水体指数（NDWI）

Mcfeeters（1996）提出了归一化差异水体指数（normalized difference water index，NDWI）用于提取水体。其公式如下：

$$\text{NDWI} = \frac{R_{\text{Green}} - R_{\text{NIR}}}{R_{\text{Green}} + R_{\text{NIR}}} \tag{3-1}$$

式中，Green 为绿光波段；NIR 为近红外波段。水体的反射从可见光到中红外波段逐渐减弱，在近红外和中红外波长范围内吸收性最强，因此用可见光波段和近红外波段的反差构成的 NDWI 可以突出影像中的水体信息。另外，由于植被一般在近红外波段的反射率最强，因此采用绿光波段与近红外波段的比值可以最大限度地抑制植被信息，从而达到突出水体信息的目的（徐涵秋，2005）。但在很多情况下，用 NDWI 提取的水体信息中仍然夹杂着许多非水体信息，不利于提取城市范围内的水体。

2. 改进的归一化差异水体指数（MNDWI）

针对 NDWI 存在的问题，Xu（2006）提出了一种改进的归一化差异水体指数（modified NDWI，MNDWI），以弥补 NDWI 在城市范围内水体提取的不足。其公式如下：

$$\text{MNDWI} = \frac{R_{\text{Green}} - R_{\text{MIR}}}{R_{\text{Green}} + R_{\text{MIR}}} \tag{3-2}$$

式中，MIR 为中红外波段，如 TM/ETM+的第 5 波段。利用中红外波段替换近红外波段构成的 MNDWI，可快速、简便和准确地提取水体信息。它比 Mcfeeters 的 NDWI 有着更广泛的应用。MNDWI 除了与 NDWI 一样可用于植被区的水体提取以外，还可以用于准确地提取城镇范围内的水体信息。

闫霈等（2007）在分析半干旱地区水系与背景噪声反射特点的基础上，提出了增强型水体指数（enhanced water index，EWI），可有效区分半干涸河道与背景噪声。在利用形状指数去噪声方法的基础上，使用 GIS 技术去除背景噪声，弥补了形状指数去噪声方法的缺陷，可以更好地去除水系提取过程中混入的背景噪声。EWI 定义如下：

$$\text{EWI} = \frac{R_{\text{Green}} - R_{\text{NIR}} - R_{\text{MIR}}}{R_{\text{Green}} + R_{\text{NIR}} + R_{\text{MIR}}} \tag{3-3}$$

式中，Green 为绿光波段，如 ETM+第 2 波段；NIR 为近红外波段，如 ETM+第 4 波段；MIR 为中红外波段，如 ETM+第 5 波段。

徐涵秋（2008）分别用经过大气校正和未经大气校正的两种影像对 EWI 做了验证，并与 MNDWI 进行比较。结果表明，EWI 在经过大气校正的影像中对水体增强和提取的效果不理想，许多水体影像特征未能得到增强，还受到抑制而被漏提，指出该指数忽略了大气因素影响。

3. 光谱关系模型

光谱关系模型是指研究特定地物在各个波段的光谱特性响应曲线，通过光谱间的比较、组合、变换，建立相应的关系模型，从而达到提取地物的目的。水体信息的光谱特性响应曲线具有很强的代表性，因此针对不同的遥感传感器，可以采用光谱关系模型有效地将水体从其他背景地物中提取出来。毛先成等（2007）以 MOS-1b/MESSR 湖南洞庭湖区域影像作为遥感信息源，结合枯水期和洪水期两个不同时相的各波段影像进行组合运算、比值变换等处理，以及影像、光谱、直方图的对比分析，建立了水体分类模型 $(B1+B2)/(B3+B4)>t$，该模型可以有效地从 MOS/MESSR 中提取水体信息。邓劲松等（2005）指出，在 SPOT 影像的不同波段之间，只有水体具有 B3(green)>B4(SW)且 B2(red)>B1(IR)的特殊关系，同时在短波红外波段(SW)上，水体与其他地物亮度值差异明显，可以通过设置阈值加以区分。作者通过建立相关决策树模型完成对水体信息的提取。都金康和黄永胜（2001）在针对山区水体提取过程中水体与山体阴影难以区分的问题，提出一套基于光谱决策树模型，对水体采用二次重复提取的方式，有效地将水体从阴影中分离出来，同时保证了水体信息提取的完整性。

杨莹和阮仁宗（2010）以洪泽湖 Landsat TM 影像为研究对象，综合利用多波段谱间关系(TM2+TM3>TM4+TM5)和单波段 TM5，建立起适合于平原湖泊水域的水体提取方法。王培培（2009）利用 ETM+遥感影像，通过光谱特征分析，将水体信息从其他地物中区分开来，并使用 NDVI 来进一步区分水体和阴影，最终利用水体形状因子对水体信息进行分类。

此外，针对雷达影像，胡德勇等（2008）以单波段单极化 Radarsat-1 SAR 图像为研究对象，利用半变异函数分析样本图像的结构特性来确定纹理信息；然后，基于灰度共生矩阵计算 SAR 图像均值、角二阶矩和熵 3 种纹理测度，从而有效地增强了水体和居民地信息；使用支持向量机(support vector machine，SVM)对水体和居民地信息进行提取，并采用近期的 NDVI 和分类结果进行目标层融合来消除山体因素的影响，从而较准确地提取出了水体和居民地信息。

3.1.2　影像分割法水体提取

由于成像原理复杂，不同类型的遥感影像存在着不同的影像分割方法。针对这一情况，学者通常采用多种混合分割方法来对不同的影像进行分割。从分割方法的分类来看，大致可以分为基于聚类的、基于区域的和基于特征的遥感影像分割方法。

1. 基于聚类的遥感影像分割方法

在影像分割分类体系中，聚类是常用的方法之一，同时聚类也是模式识别的重要研究领域，广泛应用于模式分析、决策、模式分类、数据挖掘、信息提取等多个方面。聚类是通过特定的相似性原则(如特征空间距离最短等)，对特征空间中的众多特征向量进行自动分组的过程，从而达到各个类别内差异最小、类别之间差异最大的效果。如果将遥感影像中像元的各种信息进行特征矢量的抽象，则影像分割问题就转化为一个聚类的问题。我们可以采用模式识别领域中大量的关于聚类的方法来解决图像分割问题，但这种分割方法往往具有收敛速度较慢、聚类参数依赖性强等弊端，很难达到全局最优。

最早采用聚类方法进行影像分割要追溯到 20 世纪 60 年代，MacQueen(1967)提出一种经典的用于影像分割的聚类方法，即 K 均值聚类法。后人在 K 均值聚类法的基础上进行了不断地改进：Park 等(1998)采用 K 均值聚类法对 RGB 彩色空间进行聚类。朱超波等(2000)利用小波变换及包络监测算法，从不同尺度的图像中提取纹理特征，然后利用 K 均值聚类法对特征空间进行聚类。与此类似，张利等(2003)采用 Garbor 小波的方法，对影像的纹理特征进行表达，进一步采用 GMRF-K 均值聚类法对特征空间进行聚类，实现了纹理图像的分割。由于影像分割中存在一定的不确定性，因此模糊 K 均值聚类法的出现受到了学者们的关注。李峰等(2003)以小波系数的标准差作为纹理的重要特征对影像纹理进行表达，然后采用模糊 K 均值聚类法对事先得到的特征空间进行聚类，从而实现了纹理分割，取得了较好的结果。

K 均值聚类法作为非监督分类的重要方法，其固定的类别参数限制了影像动态分割的实现。此后出现的 ISODATA(iterative self-organization DATA analysis technique)方法由于在分类过程中引入类间合并-分裂机制，所以在一定程度上解决了聚类方法类别固定的问题。徐德启和汪志华(2002)利用 Garbor 小波对影像纹理特征进行表达后，利用 ISODATA 方法进行聚类，并将分割图像与人工分类图像进行相应的对比分析。

聚类算法中聚类参数的选取至关重要，合理的聚类参数才能引导完成较好的影像分割。针对这一问题，Comaniciu 和 Meer(1997)等提出了一种非参数均值移动算法。该方法通过对特征空间中的密度梯度进行合理估计，经由迭代调整，使得特征矢量向局部空间密度最大方向移动，从而完成迭代聚类的过程。Harvey 和 Bangham(2003)将尺度概念纳入均值移动聚类中，利用均值移动方法对多级影像按照从小尺度到大尺度逐层进行分割，取得了一定的成果。

另一种影像分割算法是竞争学习算法(competitive learning，CL)，其基本思想类似于项目招标过程，当一个特征矢量输入后，所有的权矢量都试图争取该特征矢量，与该特征矢量相似度最大的权矢量成为胜利者，此时胜利的权矢量利用新的特征矢量进行学习，获得相应的学习率，而失败的权矢量则维持较低的学习率。竞争学习方法对影像进行分割，具有算法收敛速度较快、能够自动调节类别个数等优势，但该方法存在着收敛速度不稳定的情况。针对这一问题，Xu 等(1993)提出次胜者受罚竞争学习方法(rival penalized competitive learning，RPCL)，通过对次胜者权矢量按照一定的遗忘率进行调整，使得输入矢量与次胜者权矢量的距离变远，对胜者施加引力，而对次胜者施加斥力。在学习过程中，RPCL 能够将多余单元剔除，使其具有自动识别数据集类别个数的能力。Cheung(2002)在 RPCL 的基础上，提出了次胜者有限受罚竞争学习方法(rival penalized controlled competitive learning，RPCCL)，通过自动选取合适的遗忘率来缓解 RPCL 对遗忘率敏感的弊端，但收敛速度不稳定的问题依然存在。周成虎和骆剑承(2008)采用网格密度方法，对类别的初始化聚类中心进行相应的调整，然后按照 RPCCL 方法进一步聚类，从而有效地改善了聚类算法收敛的性能。

2. 基于区域的遥感影像分割方法

Adams 和 Bischof(1994)提出了种子区域增长(seeded region growing，SRG)方法，通过选取相应的种子点，按照一定的增长原则，采用顺序排序表的数据结构(sequentially sorted list，SSL)来记录像元在影像中的位置，通过一段时间的增长，完成对整个图像的分割。SRG 方法相比传统的区域增长方法在分割效率和分割进度上都有较大提高。Mehnert 和 Jackway(1997)对 SRG 方法进行了改进，提出了 ISRG 算法(improved seeded region growing)，以消除 SRG 方法本身存在的次序依赖性。为了使区域增长法更好地应用于遥感影像分割，周成虎和骆剑承(2008)对区域增长法提出基于四邻域增长的改进措施。该方法通过构建相邻像元的特征差异矩阵，对特定像元与其邻近像元的特征差异进行记录，并通过一种由粗到细的种子提取方法，结合外接像元区域来进行区域增长，从而在一定程度上提高了区域增长的效率。

区域增长后往往会产生过分割现象，此时需要对分割后的区域进行合并。区域合并是按照一定的合并原则，将相似度较高的区域进行连接合并的过程。Bow(1992)提出区域邻接图(region adjacency graph，RAG)的概念，RAG 记录了区域之间的相互拓扑关系，并且以一系列代表区域的节点和相邻节点的一系列链接构成，是一种无向图结构。利用这种拓扑表达方式对其中的节点进行合并，即完成了对区域的合并过程。但 RAG 面临的问题是算法实现效率不高。Haris 等(1998)在 RAG 的基础上提出了最近邻图(nearest neighbor graph，NNG)的概念。NNG 是一种有向图结构，在 NNG 中每个节点只记录其与相邻节点中代价最小的链接。NNG 中的每一个链接可以看作是指向与该区域最相似的邻接区域，这为完成区域合并提供了极大便利。

3. 基于特征的遥感影像分割方法

遥感影像中地物的特征主要包括形状特征、光谱特征、纹理特征和邻域特征等，早期的影像分割及分类方法都是以地物的光谱特征作为图像分割的依据。类比人眼目视判读的识别过程，地物识别是通过综合考虑地物的多种特征反复判断得到的。因此，基于特征的遥感影像分割方法旨在能够实现类似目视判读般的智能分割。

都金康和黄永胜(2001)在针对 SPOT 影像的水体提取过程中，采用自定义的形状指数对水体的形状特征进行表达，其中形状指数采用周长和面积函数。通过形状指数对已经分割的水体进行再分类，以确定水体的具体类别。周成虎和骆剑承(2008)对地物形状特征表达方法进行了总结，其中主要包括基于傅里叶描述算子的目标形状表达、基于边界矩的目标形状表达和基于直方图的目标形状表达。

纹理特征是地物的基本特征，也是辅助目视解译的重要信息来源。特别是在高空间分辨率遥感影像中，地物的细节被清晰地表达出来，整个影像具有更为详细的纹理特征。因此，在高空间分辨率的遥感影像分割过程中，纹理信息的表达起着至关重要的作用。纹理信息包括很多方面，对复杂纹理的表达往往非常困难，常用的纹理表达方式有灰度共生矩阵法、Markov 随机场模型、Gibbs 随机场模型、分形模型、小波变换分析法等。

Markov 随机场(Markov random field，MRF)作为图像的随机模型是图像纹理分析的重要成果之一。在遥感影像分割领域，Zheng 等(1999)通过将离散小波分解与多分辨率 Markov 随机场相结合，实现对 SAR 影像的分割。Dong 等(1999)利用高斯-马尔可夫随机场 (Gaussian-MRF)模型对 Radar 影像进行分割。此后，Dong 等(2003)分别利用 Gaussian-MRF 和 Gamma-MRF 模型对 Radar 影像进行分割，并对两种模型分割后的结果进行了详细比较。

小波变换是一种快速、高效提取图像多尺度纹理特征的方法。李军和周月琴(1997)利用影像的直方图信息进行小波变换，以寻找合适的分割阈值，完成对单波段 TM 影像的分割。Acharyya 等(2003)采用多进制小波包框架来提取影像纹理特征，并利用模糊神经网络对纹理特征进行筛选，最终用传统的 K 均值聚类法对影像进行聚类，得到相应的地物分割。黄昕等(2006a)在小波纹理分类算法的基础上，提出了逐点特征加权和活动窗口算法，使小波纹理分析能够用于高分辨率遥感影像分类。

如何结合地物的多个特征来指导影像分割或分类成为学者们广泛关注的问题之一。黄昕等(2006b)提出了高分辨率遥感影像分类的 SSMC(spatial and spectral mixed classifier)方法，同时采用光谱和空间特征进行遥感影像分类。通过多尺度的空间金字塔构造每个像元的空间参数，整合影像的光谱信号和空间信息进行高分辨率遥感影像分类。此后，黄昕等(2007)提出了一种多尺度空间特征融合的分类方法，针对不同尺度的特点，用小波变换压缩空间邻域特征，并结合支持向量机得到不同尺度下的分类结果，然后根据尺度选择因子，为每个像元选择最佳的类别。

3.1.3　水体提取方法适应性分析

虽然目前水体提取方法很多，但是针对不同地区、不同影像，适应的方法往往不同。因此，分析水体提取方法的适用性也是基于遥感影像进行水体提取的一个重要方面。我国中长期发展规划重大专项高分辨率对地观测系统首颗星"高分 1 号"(GF-1)卫星 2013 年 4 月 26 日成功发射及试运行，提高了我国高分辨率数据的自给率。自 2013 年 9 月至 2016 年，GF-1 卫星已经获取了丰富的影像。本节以分析基于 GF-1 卫星影像的水体提取方法适用性为例，阐述如何根据影像实际情况来选择适合的水体提取方法。

以 GF-1 WFV 影像为例，该影像于 2014 年 1 月 2 日获取，为 1A 级 16m 多光谱影像，覆盖范围为 115°23′～117°16′E，28°11′～30°02′N，监测区域为面积广、形状复杂的鄱阳湖。该影像无云覆盖，WFV 传感器主要参数见表 3-1。

表 3-1　卫星 WFV 传感器主要参数

波段	波长范围/μm	地面分辨率/m
B1(蓝)	0.45～0.52	16
B2(绿)	0.52～0.59	16
B3(红)	0.63～0.69	16
B4(近红外)	0.77～0.89	16

选择用于对影像进行水体提取的方法主要有 NDWI 阈值法、支持向量机法、面向对象法等。根据传感器光谱参数设置，使用光谱指数法时，只有 NDWI 能得到满足，经多次试验验证，当 NDWI=0.124 时，水体提取的效果最好。

支持向量机(support vector machine，SVM)方法在高光谱影像分类中得到了广泛应用，研究发现，SVM 对光谱中红、绿、蓝及近红外 4 个波段的数据处理效果较好，因此，一些学者(Li et al.，2011；黄奇瑞，2012；Roli and Fumera，2001)将 SVM 用于 IKONOS、QuickBird、SPOT 5 等具有上述 4 个波段的高分辨率遥感影像的水体信息提取中，并获得了良好的效果。另外，Roli 和 Fumera(2001)基于 SVM 的不同核函数进行了影像分类研究，同时，朱树先和张仁杰(2008)在 SVM 核函数选择研究中发现，径向基(RBF)核函数相较于线性核函数、多项式核函数及 Sigmoid 核函数识别率更高、性能更好，且随着训练集的减少，分类性能更稳定。因此，可选择径向基核函数及对应的默认参数进行 GF-1 影像水体信息提取。

面向对象分类法综合考虑了影像的光谱特征和空间特征，利用其对 GF-1 影像进行水体信息提取研究，可以充分利用地物的形状、结构和纹理等空间特征，发挥影像高分辨率的优势。影像分割是面向对象分类的基础，本小节采用基于边缘的分割算法，该算法计算速度快，只需要 1 个输入参数即可产生多尺度分割效果。结合最优尺度选择标准(刘兆祎等，2014)和实验经验，确定最佳分割尺度 55、合并尺度 95。该组合既保证了各个对象之间的异质性，同时也保证了整幅影像中每一类地物分割块的纯度，分割效果较好。

面向对象分类方法结合 SVM 法，能更适合于面域较大、地物分布较复杂的水体信息提取。

1. 结果对比

3 种方法提取结果如图 3-1 所示。

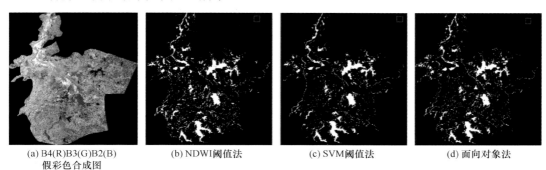

(a) B4(R)B3(G)B2(B)假彩色合成图　(b) NDWI阈值法　(c) SVM阈值法　(d) 面向对象法

图 3-1　3 种方法的水体信息提取结果

由图 3-1 可以看出，3 种方法均能很好地提取出鄱阳湖区的大块水体，并能保证提取结果的完整性和准确性。但在复杂地物分布区，3 种方法提取结果的差别主要表现在建筑区、火烧地(鄱阳湖区枯水期影像上不可忽视的一种地物类型，并对水体提取精度有较大影响，具体见表 3-2)、浅水滩和阴影区的误提现象，及裸地周围、细小河流、浅水滩和小水体处的漏提现象。其中，NDWI 阈值法不仅可以完整地提取大块水体，而且能保证细小河流及浅滩处水体信息的完整性，但在建筑区、火烧地、阴影区等光谱特性与水体相近的区域误提现象较严重；SVM 阈值法根据样本选择可以很好地区分水体、火烧地、建筑区和阴影，但不同的样本选择会导致提取结果的完整性有差别，主要是在细小河流、浅水滩及裸地周围出现部分漏提和误提；面向对象法能保证各类水体信息提取的完整性，且误提和漏提现象不明显，但提取过程较复杂，耗费时间较前两种方法长。

表 3-2   水体提取结果细节对比

地物	彩色合成影像	NDWI 法	SVM 法	面向对象法
裸地				
浅水滩				
建筑区				
火烧地				
细小河流				
山体阴影处				

2. 细节对比

3 种方法提取结果的差异主要存在于裸地周围、浅水滩、建筑区、火烧地、细小河流及山体阴影处。具体细节比较见表 3-2。

从表 3-2 可以看出，裸地周围和浅水滩处水体提取结果中有明显的漏提和误提现象，其中 NDWI 法误提较严重，面向对象法存在一定程度的漏提，相比较而言，SVM 法的漏提和误提现象最不明显，提取结果最接近真实水体的分布；建筑区范围内 NDWI 法出现严重的误提，SVM 法出现少量的误提点，面向对象法的误提情况基本可以忽略；火烧地由于光谱特性与水体相近，因此容易被误提为水体，尤其是 NDWI 法误提最严重，SVM 法和面向对象法则不明显；细小河流在提取过程要保证完整性相对较难，但就 3 种方法提取结果的连续性和完整性而言，NDWI 法连续性和完整性较好，SVM 法和面向对象法相对较差；山体阴影处 NDWI 法将阴影误提为水体的现象比较明显，而 SVM 法与面向对象法基本无误提。另外，在鄱阳湖长江入湖口地段，虽然有山体阴影处影响，且水体多含泥沙，比较浑浊，但比较发现，3 种方法的提取效果基本无差别。

3. 精度比较

以人工解译的水体作为真值，分别对 3 种提取方法的结果进行漏提率(R_{lack})、误提率(R_{error})和提取精度(P)的统计。由于研究区影像是鄱阳湖枯水期影像，面域较大且水体分布较复杂，因此选取两块具有代表性的区域进行精度评定，如图 3-2(a)所示。首先，裁剪出图 3-2 中白框标记的区域 1 和区域 2(分别如图 3-2(b)和图 3-2(c)所示)，并对其进行人工解译，提取水体；然后，对区域 1 和区域 2 的 3 种方法的分类结果做掩模处理，对人工解译结果和掩模后的分类结果进行二值化(水体为 1，其他为 0)；最后，分别用得到的区域 1 和区域 2 分类结果二值化影像(被减数)与人工解译结果的二值化影像(减数)做减法运算。在运算结果的统计文件中，"−1"代表漏提的水体像元，对应比率为水体提取结果的漏提率；"0"代表正确提取的像元数，对应比率为水体提取的精度；"1"代表各分类结果中误分为水体的像元，其所占的比率即为误提率。

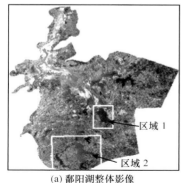

(a) 鄱阳湖整体影像

(b) 区域 1

(c) 区域 2

图 3-2　鄱阳湖湖区的整体与局部

分别对区域 1、区域 2 的 3 种水体提取结果做减法运算，并对结果图像进行统计，其结果见表 3-3。

表 3-3　3 种水体提取方法减法运算统计表

方法	漏提率(R_{lack})		误提率(R_{error})		提取精度(P)/%	
	区域 1	区域 2	区域 1	区域 2	区域 1	区域 2
NDWI 阈值法	0.1297	0.5300	0.7247	1.8799	99.1456	97.5900
SVM 法	0.2203	1.0298	0.3055	0.8708	99.4742	98.0993
面向对象法	0.3808	0.8913	0.3029	1.2308	99.3164	97.8779

由表 3-3 可以看出，NDWI 阈值法的漏提率最低，误提率最高。这主要是因为其根据光谱特性确定阈值，可以很好地提取水体，但将与水体具有相似波谱特征的地物(如建筑区、火烧地和山体阴影处)也误提为水体。对于区域 1 而言，面向对象法的漏提率最高，误提率最小；而对于区域 2，SVM 法的漏提率最高，误提率最低，这主要受区域复杂程度的影响，两者在样本选择时不可避免地会存在分布不均和类型不全等现象。整体比较区域 1 和区域 2 的漏提率和误提率，区域 2 的对应指标都较区域 1 的高，这主要是由于区域 1 面积较小，水体类型单一，分布简单且边界清晰，而区域 2 的面积较大，水体类型多样，分布复杂且边界混合像元比率较高。由提取精度比较可知，区域 1 和区域 2 的提取精度都较高，这主要是因为影像云量为 0 且区域 1 和区域 2 中无山体阴影处的影响。另外，两个区域 3 种方法精度高低的排序一致，即由高到低依次为 SVM 法、面向对象法、NDWI 阈值法。因此，综合考虑各种漏提和误提情况，3 种方法提取结果的精度相差不大，其中 SVM 法精度最高(两个区域的提取精度分别为 99.4742%，98.0993%)，NDWI 阈值法精度最低 (99.1456%，97.5900%)。面向对象法虽然综合考虑了影像的光谱信息和空间信息，在一定程度上弱化了仅考虑光谱特性对提取结果的影响，但分类结果受分割结果影响较大。

4. 方法适用性分析

在水利及相关行业，GF-1 影像水体提取技术主要应用于两方面的工作，即常态化监测(水资源调查、河湖水库等水面积监测业务)和应急监测(洪涝演进及淹没分析等)。不同的应用对水体提取的精度和速度有不同的要求。其中，常态化监测对精度的要求较高，而应急监测更侧重于较高的提取速度。通过以上对 3 种方法实验结果定性与定量分析比较得知，NDWI 阈值法虽然可以完整地提取 GF-1 影像水体，但提取结果受光谱影响较大，易把山体阴影、建筑区和火烧地误提为水体，因此，对于精度要求较高且水体分布较复杂的情况，不建议选择该方法；但 NDWI 阈值法提取速度最快，对于利用 GF-1 影像进行应急监测时可以选择。SVM 法提取精度最高，且对水体尺度和复杂度都有较好的适应性，提取速度受样本选择的影响较大，只要选择较好的样本，就可以高精度快速地提取水体。面向对象法的精度介于 NDWI 法与 SVM 法之间，提取过程需要影像分割和影像分类两个阶段，人工干预较多，耗时长，效率低，应急处理时不宜选用，但因其充分利用了影像的光谱和空间信息，可以作为今后 GF-1 全色影像水体提取方法研究的重点。综上所述，SVM 法最适合应用于 GF-1 影像常态化的水体监测与应急监测，在保证提取精度的同时，还具有较高的提取速度。

3.1.4　洪水遥感监测

洪涝灾害监测是卫星遥感水利应用的重要组成部分。遥感影像在洪涝灾害中的应用按照时间大致可分为灾前、灾中和灾后 3 部分。灾前主要进行常态化监测，对洪峰、降水过程进行监测和预测；灾中主要利用遥感技术对洪峰经过区域进行监控；灾后主要利用多时相遥感影像进行变化监测，评估灾害损失。其中，灾前应用中的预测存在一定的难度，目前还没有形成较好的解决方法，尚处于探索阶段。灾中监测时光谱传感器很大程度上受到观测条件的限制，处于被动状态。若仅依靠微波传感器，则因数据类型单一，获取地物信息有限，只能较好地反映洪水淹没范围等重要数据。灾后应用能够对灾后损失进行评估，但时效性欠佳，仍然需要较好的观测条件。光学影像中，如何更好地消除云的干扰，准确判定洪水及其淹没范围，成为卫星遥感洪涝灾害监测的难题之一。

光谱传感器由于光谱信息量大，易于从中有效提取水体信息，是洪涝监测的重要技术支撑。为有效利用光谱信息进行洪涝灾害监测，Sheng(2001)的研究指出，好的洪水监测系统需要攻破 4 个难题：首先必须准确识别水体，其次需要排除云干扰，再者需要精确评估洪水覆盖面积，最后需要对洪水进行动态监测。同时，作者指出 AVHRR 数据在洪水监测方面具有时间分辨率高、重访周期短的优点，可以提高在泛洪区域获得优质影像的概率，也为收集多时相历史数据提供了便利。AVHRR 数据虽然空间分辨率低，但覆盖范围广，地域性大，适合大面积洪水监测。

利用光谱传感器对洪涝易发区域进行长期监测，有助于形成常态化监测机制和建立起相应的经验模型。对洪水或河道变化进行预测已经成为卫星遥感灾前预测的重要组成部分。但基于遥感技术建立灾前预测模型还存在较大困难，不少学者仍在不懈努力。Nagarajan 等(1993)利用长序列 TM MSS 数据对印度 Rapti 河流进行分析，采用形态学理论和沉降分析数据对河道的迁移进行了监测，并对河道迁移过程进行预测，确定洪水易发泛滥的区域，以减少洪灾损失。Frazier 等(2003)指出，当河流流量经常发生变化时，水位与洪水淹没范围的关系便难以建立，作者提出一种利用灾前和灾后的 TM 影像，参考灾前湿地范围的矢量数据，建立河流流量与湿地淹没范围的关系，并针对降雨和洪水灾害前对湿地淹没范围的影响误差进行剔除。Billa 等(2006)利用 AVHRR 数据来反演云层表面的亮度温度，同时对云进行分类和等级划分，通过设定经验阈值来确定雨量强度较大的区域，从而对以往的数值雨量预报进行补充，对洪水灾害进行预报。Westra 和 de Wulf(2009)利用降雨数据和 MODIS SWIR 数据，对 Waza-Logone 区域逐年洪涝淹没范围建立预测模型，模型使用水体保持检测曲线(SCS-CN)及降水估计数据(RFEs)对该区域 1.5 个月的洪涝淹没范围进行估计，经与实际淹没范围比较，模型精度可达到 0.95。Yilmaz 等(2010)结合 TMPA 方法，利用 TRMM 数据估计降水量，并通过简单水文模型和相关方法，将降水量换算为地表净流量，从而对全球尺度下大规模降雨监测和洪水预报起到了积极作用。

各种洪水指数的提出也为快速发现洪涝灾害提供了定量参考。Jin(1999)指出，洪水的发生与局部的地理环境有着密切的关系。传统的针对 DMSP SSM/I 数据验证的全局最优算法(TB22v-TB19v>4K)，在不考虑区域地理环境特征情况下存在较大的偏差。作者提出一种新的洪水监测指数 FI=TB37h-TB85h，以及根据不同区域而有所变化的区域阈值 F0，指出当 FI＜F0 时，表明该区域发生洪水。作者以 1996 年武汉和婺源山区洪涝灾害为实验区域，对改进方法进行了验证。Lacava 等（2010）利用 RAT（Robust AVHRR Technique）技术对 2000 年 4 月匈牙利地区的洪水进行监测，提出了针对 AVHRR 数据的两个洪水指数，同时指出 AVHRR 数据由于其高时间分辨率可以实现大面积洪灾监控的自动化，且无需提供其他数据支持。

此外，灾害期间和灾害发生后的地物光谱信息对灾害发生状态和灾害损失评估具有重大意义。Wang 等（2002）利用灾前和灾中两个时间段的 TM 数据，对美国卡罗来纳州北部 1999 年 12 月 30 日的洪涝淹没情况进行监测，发现只依靠 TM4 波段和 TM7 波段数据计算的淹没范围没有考虑到被植被所覆盖的淹没区域，而结合 DEM 数据可以很好地对被植被所覆盖的淹没区域进行估计，修正淹没面积。同时，文章对淹没区域不同地物的淹没范围进行了统计，对灾害损失进行了评估。Wang（2004）利用 TM 影像的 TM4 波段和 TM7 波段进行叠加来区分水体和非水体，取得了一定效果。Zhou 等（2004）对国产中巴资源二号卫星的灾害评估能力、水体提取精度和洪水灾害正射影像生产 3 个方面进行了评价，指出中巴资源二号适合于土地利用分类、多尺度正射影像生产，以及常规洪涝监测，并结合其他数据生产相应的监测产品。Amini（2010）通过结合 DEM 数据建立潮位线地图数据，通过区域增长、克里金插值等方法建立洪水深度地图，并利用多层反向神经网络对 IKONOS 多波段融合影像进行分类，分类精度提高了 15%。通过将洪水深度地图与分类结果图叠加来确定淹没后各个类别地物的淹没信息，从而形成洪水淹没图。

微波传感器能够有效穿透云雾，获取洪涝灾害期间地面的水情信息。同时，由于水体对雷达波束的镜面反射，使得水体能够较好地从雷达影像中提取出来；但由于雷达影像信息有限及雷达成像方式的特殊性，能否有效区分水体和阴影成为洪涝监测的重要问题之一。Nico 等（2000）指出，通过雷达影像探测洪水淹没范围有以下两种方法。

（1）通过对洪水前、后的影像进行分析，得到淹没范围；

（2）通过雷达干涉测量技术获取振幅信息，从而获取相关的洪水信息。

将雷达影像的振幅和反射信息相结合对洪水覆盖范围进行探测已经取得了一定的成果。Liu 等（2002）利用雷达影像和由 TM 影像解译的 1∶100 000 土地覆盖数据，对 1998 年发生在吉林嫩江的特大洪涝灾害进行监测并对灾害损失进行估计。文章采用了一种类似于 NOAA 数据去云 MVC 方法来提高不同时期洪水淹没范围边界的提取精度；同时，对洪水淹没范围进行矢量化，并对不同区域洪水淹没范围进行监控。Kiage 等（2005）利用 RADARSAT-1 数据对飓风登陆后湿地的淹没范围进行监控，利用数值差分和多时相影像差分对 SAR 数据水体后向散射系数与水位信息的关系进行分析，揭示了两者之间的正相关关系，同时指出由于城市区域角反射体复杂，从 SAR 影像上不能很好地获取城市的洪水淹没信息。Henry 等（2006）利用 Envisat 卫星上搭载的 ASAR 微波传感器数据对洪涝监测性能进行了评价，将监测结果与 TM 和 ERS-2 的监测结果作了比较，并对该传感器的 3 种极化方式的监测能力作了对比，结果表明，HH 极化方式更适合于洪水淹没范围的识别，HV 数据在洪水探测方面能够为 HH 数据提供支撑，VV 数据容易受到地面粗糙程度的影响。Waisurasingha 等（2008）利用 RADARSAT-1 数据并结合 DEM 数据，通过相应的水深算法对洪水泛滥区域的水深进行估计，以评估不同区域水稻的受灾情况，生成相应的水稻受灾分布图。Rudorff 等(2009)利用 EO-1 数据对亚马孙河流域洪水泛滥期和正常时期的水体波谱特性响应曲线进行分析，证实了 EO-1 上的 Hyperion 数据对水质的监测作用，有助于防止洪水过后水质灾害的发生。

3.1.5　冰雪监测方法

利用遥感技术监测冰雪覆盖特征的方法主要包括设定单波段的简单阈值、波段比值、积雪指数(如 NDSI)、依赖积雪短暂稳定性的算法等，下面将介绍几种常用的冰雪监测方法。

1. Snowmap 算法

Snowmap 是由 Hall 等(1995)提出的基于 MODIS 数据的冰雪监测算法。美国国家冰雪数据中心用该算法提供 MODIS 每日、每 8 日和每月的冰雪覆盖产品。该算法使用归一化冰雪指数(normalized difference snow/ice index，NDSI)，NDSI 由可见光和近红外波段反射率计算而得，如式(3-4)所示：

$$NDSI = \frac{R_{b4} - R_{b6}}{R_{b4} + R_{b6}} \tag{3-4}$$

式中，b4 和 b6 分别为 MODIS 的第 4 和第 6 波段。虽然式(3-4)对 Terra 和 Aqua MODIS 具有一般适用性，但是因为 Aqua MODIS 中的第 6 波段不能用，而 MODIS 的第 6 和第 7 波段之间的相关性比较高，所以 NDSI(Aqua)的计算用第 7 波段。

相比第 6 波段，第 7 波段反射率的量级小些。此外，第 6 和第 4 波段间的空间错误匹配占 0.1 个像素，而第 7 和第 4 波段间的空间错误匹配占 0.3 个像素。但经证实，更换波段后极大地提高了 Aqua MODIS 产品的精度。

NDSI 可以用来自动区分云和雪。在 MODIS 的第 6 波段(Aqua 取第 7 波段)云的反射率很高，而在此波段雪的反射率则接近于零(Hall et al.，1995)。一般用 NDSI>0.4 这个阈值范围表示冰雪覆盖，这个值是由 Hall 等在对美国区域进行监测后提出的。Klein 和 Barnett(2003)进一步证明了 NDSI>0.4 是可以用来表示冰雪覆盖的。

该算法中，可见光波段反射率很小的增长会导致像素的 NDSI 足够高，从而被误判为冰雪，所以 Snowmap 算法只适用于至少有 50%的局部冰雪覆盖的影像。如果试图监测到更小范围的冰雪覆盖，可能会错误地将明亮、无雪的表面误认为冰雪覆盖表面。在晴空条件下，美国国家航空航天局(NASA)的 MODIS 每日冰雪覆盖产品的整体精度达到 93%，对于不同的土地覆盖类型和雪情，精度会有所不同(Hall and Riggs，2007)。冰雪覆盖产品在所有气候条件下的整体精度是比较低的，对于 Aqua MODIS，每日冰雪覆盖产品的整体精度只达到 31%；对于 Terra MODIS，精度达到 45%(Gao et al.，2010)。

2. Snowcover 算法

Snowcover 算法是 Fernandes 和 Zhao(2008)专门为覆盖北半球的 AVHRR 数据所研究的算法,其使用表观反射率、NDWI、晴空表面的宽带反照率、表面温度、太阳天顶角及 1 个云模板进行分析。由于最初设计 Snowcover 算法是用于 1km 分辨率的 AVHRR 影像,所以该算法也可对 5km 分辨率的 AVHRR 陆地栅格单元进行冰雪覆盖监测。总结出的冰雪覆盖产品的计算步骤如下。

(1)由 1 个自适应排列滤波器对每个栅格单元进行时序滤波和插值;

(2)将 AVHRR 数据的通道 1 正常化为标准采集几何形状;

(3)冰雪监测。

针对该冰雪覆盖监测,每年都会对各个像素的时间稳定性进行分析。使用无雪和冰雪覆盖像素的表面温度及其 NDWI 的时间序列样本定义阈值,并用这个阈值进行最终的冰雪覆盖分类。只有当像素值在无雪像素的阈值之上时,该像素才被认为是冰雪。上述分析同样适用于在有云情况下估计冰雪覆盖。在夏、秋两季,最终的温度阈值可以消除错误分类。他们利用 Snowcover 算法得到 1982~2008 年北冰洋西部 90%的冰雪覆盖图,并对其中 50%进行了测试,精度达到 87%。

3. ARSIS 算法

到目前为止,冰雪覆盖产品常见的缺陷是空间分辨率比较低。1 个分辨率大小为 500 m×500 m 的像素可能不适合对本地或局部冰雪覆盖地区进行分类。Sirguey 等(2008)提出 ARSIS 算法,对 MODIS 的空间分辨率降尺度后进行冰雪覆盖监测。ARSIS 算法就是将具有不同空间分辨率的 MODIS 通道融合到 1 个改进了的冰雪覆盖的产品中,具体而言,是将 MODIS 的 1 个中分辨率波段与 1 个低分辨率波段进行融合,得到 1 个新的中分辨率波段(Ranchin and Wald,2000)。由于没有可用的全色波段,选择最接近各自低分辨率通道的中分辨率波段作为转换波段(MODIS b1≥b3 和 b4;MODIS b2≥b5、b6、b7)。在计算得到新的 MODIS 通道及对地形和大气进行校正后,为得到子像素的冰雪覆盖信息,还需进行适用于 8 个端元的线性约束,从而得到更好的冰雪覆盖产品。将所得结果与 1 个 15m 分辨率的 Aster(搭载在 Terra 卫星上的星载热量散发和反辐射仪)参考图像相比,整体高估的冰雪覆盖面积从 4.1%下降至 1.9%,平均绝对误差减少了 20%,全球质量指数(一个普遍的图像质量指数)(Wang and Bovik,2002)上升了 3%。同时,因为在陡峭的地形条件下,较低的分辨率可能会显著增加冰雪覆盖和局部冰雪覆盖的误判,所以该算法对在陡峭地形条件下实现环境和水文的冰雪覆盖监测是有利的。

3.2　光谱指数水体提取方法的改进

对于多光谱图像而言,不同波段的光谱值是地物分类的重要依据,为此常从地物的单波段光谱特征、多波段特征,以及波段组合关系来区分水体与非水体地物,如 3.1 节提到的 NDWI 及 MNDWI 等指数方法。在此基础上，王培培(2009)利用 ETM+数据，通过光谱特征分析和 NDVI 实现水体信息的自动提取;都金康和黄永胜(2001)等提出 SPOT 图像决策树水体信息提取方法;陈蕾等(2012)利用波谱差异关系提取出 TM 图像的水体分布信息;韩晶等(2012)对 SPOT 多光谱图像分别采用单波段阈值法、谱间关系法、光谱指数法、光谱面积法和决策树法 5 种方法进行水体信息提取;范登科等(2012)对环境减灾卫星 CCD 图像采用 NDVI、NDWI 和归一化差异综合水体指数(combined index of NDVI and NIR for water identification，CIWI)3 种方法进行水体信息提取和对比分析。不同的方法在针对不同类型的水体提取上各有优势，然而在其他类型的水体提取上依旧具有局限性。为解决不同方法的局限性，本节主要阐述利用非传统水体提取方法对传统光谱指数进行综合使用，并改进光谱指数水体提取算法。

3.2.1　可见光影像预处理

对于可见光影像而言，通常需要进行辐射校正、几何校正等预处理，才可保证影像处理结果的正确性，一般的预处理流程如图 3-3 所示。

其中，对于高分辨率影像而言，几何校正需要进行正射校正和几何精纠正。

利用光谱指数提取水体，辐射校正至关重要，地物对太阳光的反射率通过大气和传感器接收的过程将会与其实际情况发生一定偏离，只有经过校正的影像，影像中的地物才会呈现出正常的光谱特征，从而保证光谱指数计算的正确性。

以中国资源卫星 2 级 CCD 产品数据为例，简要介绍多光谱数据辐射校正的流程。

对影像进行辐射定标需要两步。

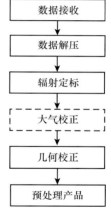

图 3-3　影像预处理流程

第一步　将使用的数据数字量化值转换到辐射亮度值，如式(3-5)所示:

$$L_\lambda = \frac{\mathrm{LMAX}_\lambda - \mathrm{LMIN}_\lambda}{Q_{\mathrm{calmax}} - Q_{\mathrm{calmin}}}(Q_{\mathrm{cal}} - Q_{\mathrm{calmin}}) + \mathrm{LMIN}_\lambda \qquad (3\text{-}5)$$

式中，L_λ 为进入传感器波长为 λ 的辐射亮度值[W/(m² · sr · μm)];Q_{cal} 为每个波段像素点的记录值;Q_{calmax} 为 LMAX_λ 所对应的最大记录值;Q_{calmin} 为 LMIN_λ 所对应的最小记录值;LMAX_λ 为探测到的最大辐射亮度值[W/(m² · sr · μm)];LMIN_λ 为最小辐射亮度值[W/(m² · sr · μm)]。由于中国资源卫星 2 级 CCD 产品数据的元数据提供了传感器偏移系数和增益系数，因此式(3-5)可简化为

$$L_\lambda = \mathrm{Gain} \times \mathrm{DN}_\lambda + \mathrm{Bias} \qquad (3\text{-}6)$$

式中，DN_λ 为 λ 波段的像元亮度值;Bias 和 Gain 分别为传感器的偏移系数和增益系数[W/(m² · sr · μm)]。

第二步　将辐射亮度值转换为在大气顶层的表观反射率(top of atmosphere

reflectance）。纠正方程为

$$\rho_{\lambda} = \frac{\pi L_{\lambda} d^2}{(\text{ESUN}_{\lambda})\cos\theta_{\text{s}}} \tag{3-7}$$

式中，ρ_{λ} 为波长 λ 所对应的在大气顶层的表观反射率；π 为圆周率常量；d 为天文单位上的日地距离；L_{λ} 为波长为 λ 进入传感器的辐射亮度值[W/($\text{m}^2 \cdot \text{sr} \cdot \mu\text{m}$)]；$\text{ESUN}_{\lambda}$ 为外大气层平均辐照度；θ_{s} 为瞬时像元的太阳方位角（从每幅影像的元数据中可以查出影像对应的太阳方位角）。

3.2.2　光谱决策树水体提取方法

水体在近红外波段明显比在红波段吸收性强，两者的 DN 值差异较大，所以水体的 NDVI 值呈现负值。与此同时，由于水体的反射率从可见光到近红外依次降低，在近红外波段几乎无反射，因此可用绿波段和近红外波段的反差组成的 NDWI 进行水体信息提取。NDVI 法易受到薄云的影响，但受冰雪和地形的影响较小；NDWI 法在冰雪、薄云和山体阴影等成像条件下也会受到不同程度的影响。本节的光谱决策树法综合了两种指数的优越性，并弥补了相互间的不足，能有效地消除冰雪和薄云等气候环境的干扰。

首先，对计算得到的 NDVI 图像进行二值化。由于水体与含水量高的植被、浅滩及山体阴影等易造成错分现象，为最大限度地保护水体区域，应选取稍大的阈值。NDVI 图像灰度直方图呈双峰分布，为使水体区域被最大限度地保留，同时不至于使非水体被错分为水体的概率过大，所以选择非水体起点值−0.127 作为二值化阈值。然后，以二值化 NDVI 图像作为水体掩模，将其和 NDWI 图像进行掩模运算，得到 NDWI 掩模图像。经过该步处理后，NDWI 图像中的非水体地物得到很大程度的去除。最后，利用经掩模运算后的 NDWI 图像灰度直方图选取合适的阈值，对 NDWI 图像进行二值化处理。通过对 NDWI 掩模图像及其灰度直方图进行分析得知，灰度值在[0.19，0.24]区间内的像元主要为受冰雪、薄云和山体阴影等影响，为了有效地消除这些因素的影响，阈值应在该区间内选取。以 0.01 为间隔，依次选取 0.19～0.24 的值作为阈值进行图像二值化。以龙羊峡库区 ZY-1 02C 星图像为例，发现选择 0.21 作为阈值时水体提取结果最佳。图 3-4 所示为决策树水体提取的技术流程。

以龙羊峡库区 ZY-1 02C 星图像为例，对 NDVI、NDWI 和决策树 3 种方法分别进行水体提取，比较其提取结果。由于龙羊峡库区不同年份和季节的水域变化较大，难以真实地确定水体的实际分布，所以用人工解译从原始图像中提取出龙羊峡库区水体矢量图，将其作为实际水库区域的参考。3 种方法的水体信息提取结果如图 3-5 所示。

可以看出，3 种方法均很好地提取了西北部库岸线；而在东北部和东南部沿岸，NDVI 法对水库东北部的库岸和黄河河道存在较多的漏提取现象，而对东南部湖岸有轻微的过提取现象。NDWI 法对东北部湖岸和河道也有较多的漏提取现象，对东南部库岸有过提取现象，但其漏提取程度比 NDVI 法低，过提取程度比 NDVI 法高。决策树法很好地提取了东北部库岸区域，只是在东北部黄河河道存在轻微的漏提取现象，但在东南部库岸存在比 NDVI 法和 NDWI 法都多的过提取现象。

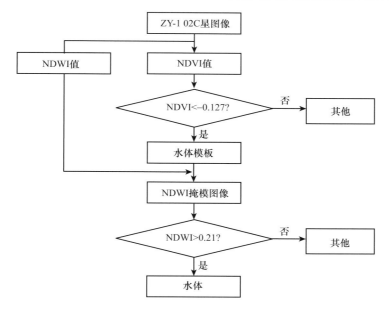

图 3-4　决策树水体提取流程

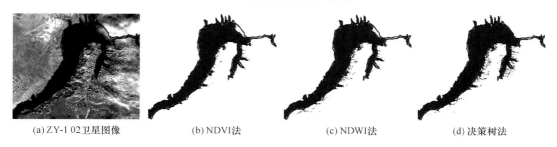

(a) ZY-1 02卫星图像　　　　(b) NDVI法　　　　(c) NDWI法　　　　(d) 决策树法

图 3-5　ZY-1 02C 图像水体提取结果

黑线圈定的范围为人工解译的库区水体区域

　　为了找到影响水体提取结果的原因,分析了研究区域内除水体之外的地物类别。根据先验知识,水体提取的精度主要受到冰雪、薄云、山体阴影和混合地物的影响。为了研究这些因素对水体提取结果的影响程度,对 3 种方法提取结果的细节进行了对比分析,见表 3-4。

表 3-4　库岸提取细节对比

影响因素	ZY-1 02C 图像*	NDVI 法	NDWI 法	决策树法
冰雪				
薄云				

续表

影响因素	ZY-1 02C 图像*	NDVI 法	NDWI 法	决策树法
山体阴影				
山体阴影和薄云混合				

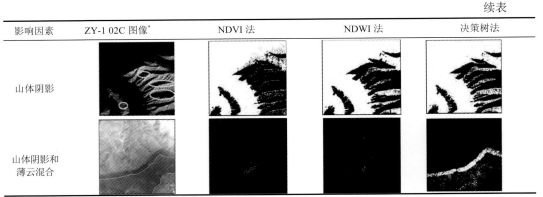

* ZY-1 02C 图像中白色椭圆内为山体阴影。

由表 3-4 不难看出：

（1）NDVI 法和决策树法受冰雪影响较小，冰雪覆盖的库岸被较完整地提取出来；NDWI 法受冰雪影响较大，被冰雪覆盖的库岸存在较多漏提取现象。

（2）受薄云影响，NDVI 法存在较多漏提取现象，且出现较多噪声点；NDWI 法的漏提取程度次之，也出现部分噪声点；决策树法将库岸较准确地提取出来，几乎无误提取现象。

（3）受山体阴影（白色椭圆内）的影响，NDWI 法和决策树法存在较多的水体过提取现象，即较多的山体阴影像元被误提取为水体像元；NDVI 法只存在轻微的水体过提取现象，但是较另外两种方法出现了更多的噪声点。

（4）受山体阴影和薄云的混合影响，NDVI 法和 NDWI 法出现很严重的水体漏提取现象；决策树法较完整地提取出了河道轮廓，但受到山体阴影的影响，部分山体阴影像元被误提取为水体像元，且水体区域出现部分噪声点。

综上所述，冰雪对 3 种方法水体提取结果的影响程度为 NDWI 法＞决策树法＞NDVI 法；薄云对水体提取结果的影响程度为 NDVI 法＞NDWI 法＞决策树法；山体阴影对水体提取结果的影响程度为决策树法＞NDWI 法＞NDVI 法。

3.2.3　多指数融合水体提取方法

借助数值变换方法对特征空间进行重新划分来增强特定地物信息成为近几年改进水体提取算法的热点。Lira（2006）利用改进的 PCA 方法对 TERRA/ASTER 数据和 TM 多光谱数据进行处理，后利用模糊 C 均值方法对水体信息进行提取。在得到水域信息后，通过构建相应的形态学指数来提取水体的相应指标。虽然 PCA 方法变换能够减少波段间的冗余信息，增强各个波段之间的差异性，但这是一种图像依赖的变换方法（Lu et al.，2004），不同成像条件下，水体特征在变换后的影像中存在差异，对后续使用统一的判别方法造成困难。Jiang 等（2012）使用对多个指数进行彩色合成及 HIS 色彩空间变换，并利用相应的阈值来对水体进行提取。该算法主要涉及 TM 影像的前 5 个波段，利用 TM 影像归一化建筑指数 NDBI[NDBI=$(R_{b5}-R_{b4})/(R_{b5}+R_{b4})$]来消除城区对水体的影响，利用

NDVI 和 MNDWI 来增大水体与其他地物之间的差异，利用色彩变换进一步拉伸城区、水体之间的差异，通过 TM1、TM4 和 NDVI 去除云层阴影。在数据质量较好的情况下，该算法可以取得很好的效果。在此基础上，本节将介绍一种利用多波段融合的方法提取初始水体，将提取结果输入监督分类器，动态确定水体与其他地物的分界线，最后通过决策树使得整个算法能更好地处理云层、薄雾，从而在薄云环境下能有效提取水域信息。

1. RGB 通道选择

为有效利用光谱信息进行水体提取，同时抑制植被、裸土、云层、城区等其他地物信息，借鉴指数法中的经典指数是很好的选择之一。首先，NDWI 很好地突出了水体信息，抑制了裸土、植被等信息；其次，NDVI 有效地区别了植被和水体，同时能够消除山体阴影和大气成像条件所产生的影响；最后，为了更好地消除城区的影响，借助城区和水体在近红外波段上的反差，作为合并因素之一。

图 3-6 是以 2 景环境减灾卫星 CCD 数据为基础，采集的地物波谱样点。通过对 NDWI 和 NDVI 的计算，来表示这两个指数对于水体的鉴别力。其中，横轴为总体亮度值，即像素点在各个波段的 DN 值之和。由此可以看出，NDWI 和 NDVI 在选择合适的阈值的条件下，可以很好地将云层、山体阴影去除，但很难将浑浊的水体与城区和云层阴影进行有效的分离。

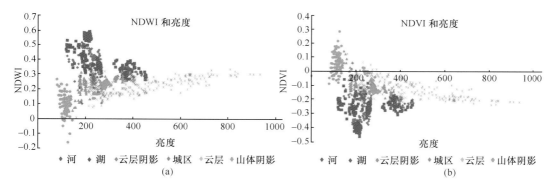

图 3-6　NDWI 和 NDVI 对于水体的鉴别力

图 3-7 是 2 景影像中近红外波段对水体和城区的鉴别力。

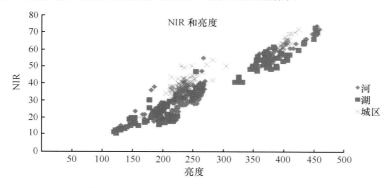

图 3-7　近红外波段对水体和城区的鉴别力

由图 3-7 可以看出，城区的 DN 值普遍高于大部分水体，与一些浑浊水体无法有效区分。对于城区与水体的区分，中红外波段有极大的优势，然而目前很多国产高分辨率卫星没有中红外波段，如 HJ、GF-1、GF-2 等。因此，对于城区信息的区分，近红外波段是主要的替补选择。将两个指数和近红外映射到 RGB 色彩空间中，其中映射方式如式(3-8)~式(3-10)所示。

$$R = R_{NIR} \tag{3-8}$$

$$G = NDVI = \frac{R_{NIR} - R_{RED}}{R_{NIR} + R_{RED}} \tag{3-9}$$

$$B = NDWI = \frac{R_{Green} - R_{NIR}}{R_{Green} + R_{NIR}} \tag{3-10}$$

通过 RGB 色彩空间的映射，来完成 3 种信息的合并。如图 3-8(a)所示，与图 3-8(b)假彩色波段合成影像相比可以看出，通过变化后，由于水体在 NDWI 中的亮度值较高，水体表现出蓝色，而城区由于在 NIR 波段相对较高，表现出暗红色；植被由于在 NIR 和 NDVI 中都具有较高的色彩值，表现出黄色。总体上，水体与城区的对比度已经极大提高。

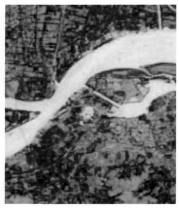

(a) NIR/NDVI/NDWI在RGB色彩空间的合成　　(b) Band4/Band3/Band2假彩色合成图　　(c) 将(a)的色彩空间转换到HSV，并以RGB方式显示

图 3-8　波段合并及与假彩色对比

2. HSV 变换

为了更好地区别城区和水体，需要对合成的 RGB 影像进行 HSV 色彩空间变换(Jiang et al.，2012)。HSV(hue、saturation、value)颜色空间的模型对应于圆柱坐标系中的一个圆锥形子集。其中，H 为以 V 为轴的色盘转角，取值范围为 0°~360°；V 为亮度值，取值范围为 0~1；S 为色彩饱和度，取值范围为 0~1。由 RGB 空间转换到 HSV 色彩空间，首先需要将 RGB 归一化为 0~1，然后按照式(3-11)~式(3-14)进行转换。

$$V = Max(R, G, B) \tag{3-11}$$

$$S = \frac{Max - Min}{Max} \tag{3-12}$$

$$H_{\mathrm{c}} = \begin{cases} \dfrac{G-B}{\mathrm{Max-min}} & \text{if } R = \mathrm{Max} \\[2mm] \dfrac{B-R}{\mathrm{Max-Min}} + 2 & \text{if } G = \mathrm{Max} \\[2mm] \dfrac{R-G}{\mathrm{Max-Min}} + 4 & \text{if } B = \mathrm{Max} \end{cases} \tag{3-13}$$

$$H = 60H_{\mathrm{c}},\ \text{if } H<0,\ \text{则 } H = H + 360 \tag{3-14}$$

式中，$\mathrm{Max} = \mathrm{Max}(R, G, B)$；$\mathrm{Min} = \mathrm{Min}(R, G, B)$。

通过 HSV 色彩空间变换，将城区信息与水体进一步区分，如图 3-8(c) 所示，在成像条件较好的情况下，城区表现出红色，而水体表现为浅黄色，植被表现为蓝绿色。本图采用的数据源为 2010 年 5 月 2 日 HJ-1A 长江下游某河段 CCD2 影像，轨道 Path 为 453，轨道 Row 为 76，成像质量为 9 级。

3. 阈值选择及水体提取流程

选择合适的阈值是精确提取水体的关键。许多信息提取算法都需要确定一个合适的阈值，将感兴趣和不感兴趣的地物进行区分(Fung and Ledrew，1988)。目前，选择合适的阈值有两种方式。

(1)通过经验，施以人工干预。手动辨别感兴趣和不感兴趣的地物，通过一系列评价、分析来确定合适的阈值。

(2)结合统计测量确定。例如，直方图统计、标准方差及数学期望等。

限定阈值的弊端在于：

(1)忽略了诸如成像环境、大气成像条件、太阳方位角等客观因素。

(2)方法具有一定主观性，而且往往和单景影像相关，使得不同成像条件的影像需要不同的阈值。

鉴于阈值方法的缺点，很多人采用其他的相关手段来避免唯一阈值的确定，特别是在自动化批量输出的过程中，比较有代表性的是 Metternicht(1999)利用模糊集理论构建模糊隶属函数来代替变化检测中的阈值。本节以 HJ-1 CCD 数据为例，将指数法高阈值分割得到的初步水体和低阈值划分的非水体作为监督分类的训练样本，通过最大似然法进行分类判别。

对于厚云和云团的处理直接使用 HJ-1 CCD 数据的近红外波段，设定 100 为参考阈值，近红外波段值不小于 100 的像元认为是厚云和云团，直接去除。但针对薄云，需要后续的操作才能够去除其影响。对去云后的影像采用指数计算，并按照上述方法进行 RGB 色彩合成，将合成后的影像转换到 HSV 色彩空间中。对于 HSV 色彩空间中水体阈值的确定，由之前手工采集的样本来分析：H 通道值 $H1$ 为 200～300，并且饱和度 $S1$ 达到阈值 $K1$ 以上的像素为确定水体，此处取 $K1$ 为 0.6。由于该阈值会漏掉部分 NDWI 相对较高的像素，因此在不满足之前条件的情况下，对 NDWI 大于 0.3 的水体部分进行补充。由以上两方面判断出的影像部分基本可以保证都是确切的水。因此，这两部分的和作为水体的训练样本进入下面的分类器处理。对于非水体的样本采用 NDWI 小于 0 的像元。当 NDWI 为负值时，基本可以认为像元为非水体或非水体占据混合像元的大部分区域。因此，可以引入最大似然法来消除唯一阈值所带来的水体不完整现象，最后消除阴影。

利用最大似然法分类后的影像会包含部分高亮度的屋顶，但兼顾到水体的完整性，在保证不漏提的前提下，适当的错分在所难免。整体的水体提取流程如图 3-9 所示。

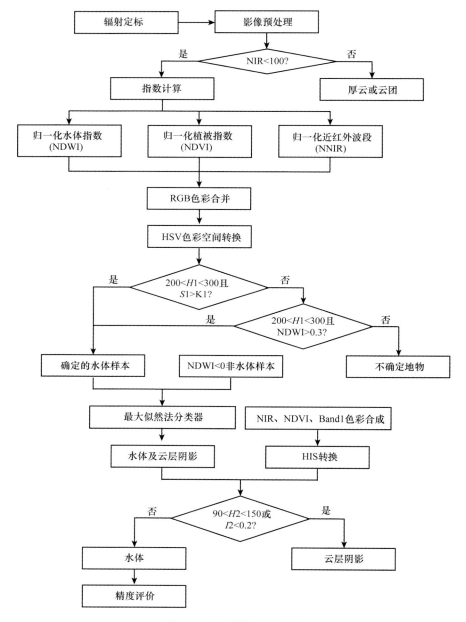

图 3-9　水体提取算法流程

云层阴影的去除方法多针对高分辨率遥感影像中的阴影，处理过程复杂，需要耗费较长时间才能得到合适的结果。Arevalo 等（2008）通过把彩色影像转换到 CI、C2、C3 色彩空间，确定阴影种子点，从种子点进行区域增长，最后将结果合并，以此来探测彩色影像中的阴影。当影像像素点饱和度过低及强度信息过大时，C3 会将非阴影的部分错分为阴影，此时使用 HSV 色彩变化会有一定的好处。

这里，仍然以 HJ-1A CCD 数据为例，将 HJ-1A CCD 数据中的 NIR、Band1 与 NDVI 做彩色合成，其中 NIR 为 R 波段、NDVI 为 G 波段、Band1 为 B 波段。参考 Jiang 等（2012）阴影去除方法，通过 HIS 转换，将 H 通道值 $H2$ 在 90～150 的像素，或者 HIS 通道值 $I2$ 小于 0.2 的像素认为是阴影点加以去除。其中，阈值为经验阈值，根据不同影像不同成像环境，阈值应该进行适当调整。

4. 算法实现与评价

算法在区分城区水体的能力方面，在成像环境较好的情况下，城区的水体能够清晰地分辨出来，而传统的 NDWI 阈值分割法在城区方面往往将道路等地物错分为水体，说明改进的方法有明显优势。由于 HJ-1A 数据中缺失中红外波段，使得城区的提取精度与整个影像的成像质量密切相关。从实验结果来看，在整体成像质量较好时，改进算法可以有效抑制城区对水体的影响，如图 3-10 所示。图 3-10 采用的数据源为 2010 年 5 月 2 日 HJ-1A 星长江下游某河段 CCD2 影像，轨道 Path 为 453，轨道 Row 为 76，成像质量为 9 级。

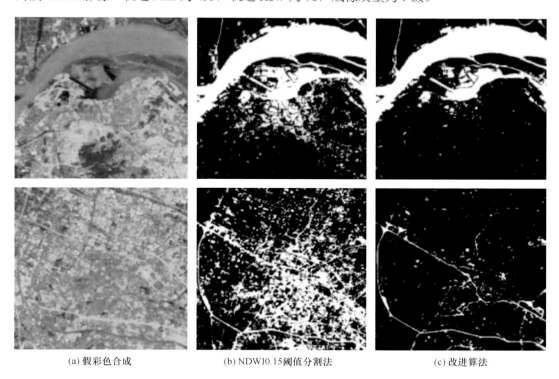

(a) 假彩色合成　　　　　　(b) NDWI0.15阈值分割法　　　　　(c) 改进算法

图 3-10　成像质量较好时城区水体提取结果对比

图 3-11 所示为在普通质量的 HJ-1 影像中，城区水体和薄云环境下的水体提取结果。由图 3-11 可以看出，算法对于城区影响的抑制也是较为明显的，与此同时，对于薄云下

水体的提取有大幅改善。图 3-11 采用的数据源为 2011 年 4 月 13 日 HJ-1A 某区域 CCD1 影像，轨道 Path 为 7，轨道 Row 为 76，成像质量为 8 级。

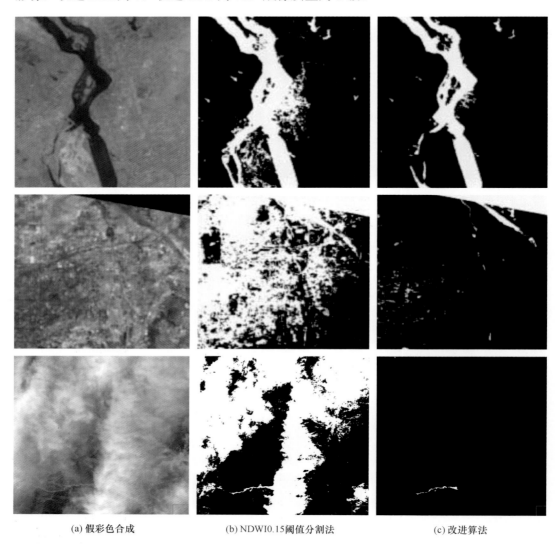

　　　(a) 假彩色合成　　　　　　　　(b) NDWI0.15阈值分割法　　　　　　　(c) 改进算法

图 3-11　成像质量一般时城区水体及薄云环境下水体提取结果对比

针对低质量影像的薄云环境下的水体提取，改进算法会将部分裸土和部分建筑物屋顶误分为水体，但对薄云条件下的水体可以有效提取。实验效果如图 3-12 所示，改进算法与传统 NDWI 阈值分割法相比，在水体提取中消除阴影的效果较为优越。图 3-12 采用的数据源为 2011 年 6 月 23 日 HJ-1B CCD 2 影像，轨道 Path 为 454，轨道 Row 为 80，成像质量为 4 级。

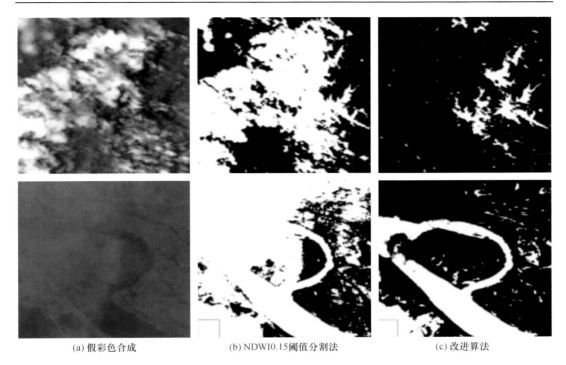

(a) 假彩色合成　　　　(b) NDWI0.15阈值分割法　　　　(c) 改进算法

图 3-12　成像质量较差时水体提取结果对比

3.3　基于主动轮廓搜索的水体提取

　　针对高分辨率遥感影像中的水体提取问题，水体区域之外的复杂地类会影响到水体提取精度，因此对于单个特定水域的提取问题，可从待提取水体的内部直接获取水体边界的角度来考虑。

　　水体边界半自动提取实际上是一个目标边缘提取问题，传统的边缘提取方法(如区域生长法、边缘检测法等)以图像的底层信息(包括灰度和梯度)为基础，对图像噪声比较敏感且不容易得到连续边界。Kass 等(1988)提出的主动轮廓模型(active contour model，ACM)可以通过设计合适的能量函数将先验知识引入边缘提取过程中，在待提取目标边缘附近初始化一条闭合的演化曲线，并根据图像特征给曲线定义一个能量函数，以能量函数最小化为原则，使该演化曲线逐渐逼近目标边缘，从而得到目标的闭合和平滑的边界。正因为 ACM 将图像特征、目标边界、基于高层知识的约束条件及初始先验估计巧妙地融为一体，因此具有以数据驱动为基础的传统边缘提取算法无法比拟的优势。

　　按照演化曲线表示方式的不同，主动轮廓模型可分为两种类型(Marikhu et al.，2007)：一种是参数活动轮廓模型(parametric ACM，PACM)，主要指的是蛇(snake)模型及其改进模型；另一种是几何活动轮廓模型(geometric ACM，GACM)，主要指的是水平集(level set)模型。PACM 模型的优点在于目标函数简单，并且很容易将高层先验知识以自定义能量项的方式加入到能量函数中，从而指导目标提取过程，而且计算效率较高，只是基本的

Snake 模型和目前较为常用的一些改进 Snake 模型并不具备拓扑变形能力,难以满足有着复杂拓扑结构的目标边界提取的需求。GACM 模型将轮廓曲线演化过程放置到高维空间内,可以处理拓扑形状复杂的目标边界,但是其表达式十分复杂,运算效率较低,最重要的是高层先验知识难以在轮廓曲线演化方程中灵活表达出来。因此,当处理结构简单的单目标边界提取问题时,一般不采用 GACM 模型。本节也只考虑 PACM 模型,即 Snake 模型,并对相关技术加以改进,以实现高分辨率影像的水体边界精确提取。

3.3.1　主动轮廓模型

Kass 等(1988)最早提出的 Snake 模型就是一种 PACM 模型,模型的轮廓演化曲线(本书简称为 Snake 曲线)采用一组首尾相连的控制点来表达:

$$\text{Snake}: v(s) = [x(s),\ y(s)] \tag{3-15}$$

式中,$v(s)$ 为二维图像域 R^2 上的坐标点;$s \in [0,1]$ 为归一化后的弧长。在 Snake 曲线上定义的能量函数的表达式为

$$E_{\text{Snake}} = \int_0^1 \big(E_{\text{int}}[v(s)] + E_{\text{ext}}[v(s)] \big) \mathrm{d}s \tag{3-16}$$

式中,$E_{\text{int}}[v(s)]$ 为 Snake 曲线在运动过程中自身产生的能量,被称作内部能量或内部约束力;$E_{\text{ext}}[v(s)]$ 为与图像特征有关的能量,也被称作外部能量或外部约束力。

Snake 曲线可以看作是一条长度可变并且具有弹性力的绳子,内部能量就是用于保证 Snake 曲线的连续性和光滑性,一般固定地由曲线弹性能量和弯曲能量两个部分组成。Snake 曲线在 $v(s)$ 处的弹性能量是 $v(s)$ 的一阶导数的模,即曲线长度的变化率,在能量最小化过程中可使 Snake 曲线收紧(减小相邻节点的间距),从而始终保持连续性;而 Snake 曲线在 $v(s)$ 处的弯曲能量是 $v(s)$ 的二阶导数的模,即曲线曲率的变化率,使 Snake 曲线始终保持光滑性(即在 Snake 曲线运动过程中避免出现曲率过大的部分)。内部能量 $E_{\text{int}}[v(s)]$ 的表达式为

$$E_{\text{int}}[v(s)] = \frac{\alpha(s)|v'(s)| + \beta(s)|v''(s)|^2}{2} \tag{3-17}$$

式中,$\alpha(s)$ 为弹力系数,用于控制 Snake 曲线的收缩率;$\beta(s)$ 为强度系数,用于控制 Snake 曲线沿法线方向运动的速率。

外部能量常根据具体图像分割需求来定义,以保证 Snake 曲线最终收敛到目标边缘,通常情况下是指图像力。图像力一般通过 Snake 曲线各个控制点所在位置的局部图像特征来定义,最典型和常用的局部图像特征就是梯度。仅包含图像力的外部能量 $E_{\text{ext}}[v(s)]$ 的表达式为

$$E_{\text{ext}}[v(s)] = -\gamma_{\text{ext}} \big| \nabla I[v(s)] \big|^2 \tag{3-18}$$

式中,γ_{ext} 为外部力的系数,用于决定外部能量在整个能量函数中的比重。$I[v(s)] =$

$I[x(s),\ y(s)]$，为控制点在灰度图像 $I[x,y]$ 中的坐标；∇ 为图像梯度算子。

根据上述分析，完整的 Snake 模型能量函数的表达式为

$$E_{\text{Snake}} = \int_0^1 \left(\frac{\alpha(s)\left|v'(s)\right| + \beta(s)\left|v''(s)\right|^2}{2} - \gamma_{\text{ext}}\left|\nabla I[v(s)]\right|^2 \right) ds \qquad (3\text{-}19)$$

通过 Snake 模型的数学描述可知，Snake 模型利用一个能量函数来表达 Snake 曲线的特征和运动状态，如果增大能量函数的内部约束力，就可以增强 Snake 曲线保持连续平滑性的能力，如果增大能量函数的外部约束力，就可以增强 Snake 曲线捕获图像中目标边缘特征的能力。那么，如果既想让 Snake 曲线尽量靠近目标边缘，又想让它保持一定的平滑性，就要平衡内部力和外部力，使合力为零，即获取能量函数的最小值，如图 3-13 所示。

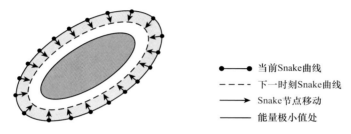

当前Snake曲线
下一时刻Snake曲线
Snake节点移动
能量极小值处

图 3-13　Snake 曲线的演化示意图

采用 Snake 模型提取图像目标边界的基本过程是通过给定一条初始化 Snake 曲线后，以上述能量函数最小化为原则，引导 Snake 曲线的运动和变形。在能量函数的最小化过程中，外部能量会使 Snake 曲线向着梯度值较大的位置前进并停留，而内部能量则会使 Snake 曲线成为一条光滑而连续的曲线。因此，目标边界提取（即图像分割）过程便转化为求能量函数最小值 $E_{\text{Snake}}^{\min}$ 的过程。

对于二维图像目标边界提取，求解 Snake 模型能量函数最小值的过程其实是一个离散化的迭代求解过程，主要有有限差分法（finite differential method，FDM）、动态规划算法（dynamic programming，DP）和贪心算法（greedy optimization，GO）3 种。

有限差分法是求解 Snake 模型能量函数最小值的经典方法，它将这一最小化过程视为求解欧拉方程数值解的过程，该算法只需要 Snake 曲线上的相邻控制点信息参与运算，所以计算量较小，运算速度较快，时间复杂度为 $O(n^3)$，其中 n 为 Snake 曲线的控制点数。但因欧拉方程求解过程涉及四阶微分，因而稳定性较差，且不易获取全局最优解。

动态规划算法中，Snake 曲线有 n 个控制点，每个控制点邻域内有 m 个可能值，构成了 Snake 曲线的所有备选变形位置集合，通过获取其中某个集合的能量函数相对极小值，并在此基础上不断迭代此过程，直到 Snake 曲线收敛到目标边界。由于动态规划算法只涉及一二阶求导，因此可靠性和稳定性较好，而且能够获取全局最优解。但是该算法复杂度和存储量都特别大，时间复杂度高达 $O(nm^3)$，空间复杂度高达 $O(nm^2)$，对于大幅遥感影像上的大面积水体目标来说，较难实际应用。

贪心算法是一种在动态规划算法基础上发展起来的快速求解能量函数的算法，该算

法不追求全局最优解，省却了由于穷尽所有可能来寻找最优解时所耗费的时间，通常情况下该算法能够快速得到满足要求的解。其基本思想如下：对于 Snake 曲线的每一节点，求出当前节点的图像邻域内的能量最小值，并将当前节点移动到其邻域能量最小值所在位置，通过从头到尾地进行所有节点的局部能量下降过程，就完成了一次迭代，然后不断重复上述迭代过程，直到模型收敛。在计算每个当前节点的能量时会假设其他节点均处于最佳位置，而且当前节点位置的优劣与其他各点无关，如图 3-14 所示。

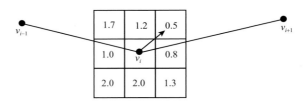

图 3-14　贪心算法的节点移动示意图

图 3-14 中，v_{i-1}、v_i、v_{i+1} 是 Snake 曲线上相邻的 3 个节点，在求 v_i 的局部最佳位置时（这里为 0.5 所在的位置），是假定 v_{i-1} 与 v_{i+1} 都处于各自最佳位置的，如此一来，即可忽略 v_{i-1} 与 v_{i+1} 对 v_i 的影响，从而简化计算过程。

贪心算法不仅保留了动态规划算法的主要优点，而且运算复杂度大幅度下降，时间复杂度仅为 $O(nm)$，因而收敛速度加快。尽管贪心算法不一定能得到全局最优解，但基本上能够快速获取相对比较好的解。

3.3.2　固定网格正交 T-Snake 模型水体提取

McInerney 和 Terzopoulos（2000）提出了一种拓扑自适应主动轮廓（topology adaptive snakes，T-Snake）模型，基本思想是将传统 Snake 模型与图形分解技术相结合，利用三角网格对原始图像进行划分，然后在每个单元网格内完成 Snake 曲线变形和运动。原始的 T-Snake 模型采用的是三角形网格，运算量很大，因为每次迭代过程中都需要计算各个控制点位置并判断其移动方向。Bischoff 和 Kobbelt（2004）采用正方形网格代替三角形网格，从而避免了控制点移动方向的判断过程，而 Zheng（2010）在此基础上，进一步将 Snake 曲线的控制点固定在正方形网格的顶点处，从而省略了每次迭代过程中控制点位置的计算步骤，使计算量大幅减少，在保留原始 T-Snake 模型拓扑可变性的基础上提高了模型运算效率。由于该模型采用的是正方形网格，因此被称为正交 T-Snake 模型。

1. 正交 T-Snake 模型基本原理

正交 T-Snake 模型在原始图像中构建一系列的正方形网格，任意时刻的 Snake 曲线都是由若干个网格顶点按一定顺序依次连接形成的闭合曲线，模型对轮廓曲线的变形约束体现在 Snake 曲线的控制点必须沿正方形网格的网格线移动，且控制点的位置必须位于网格顶点处。因此，在 Snake 曲线运动过程中，每个控制点都是从一个网格顶点移动到另一个网格顶点，如图 3-15 所示。

图 3-15 中，整幅图像用 XY 方向上相互正交的网格线划分，网格线的交点称为网格顶点，那些位于闭合 Snake 曲线内部的网格顶点被称为内部网格点，用实心圆点表示，而那些位于闭合 Snake 曲线外部的网格点被称为外部网格点，用空心圆点表示。一条位于二维图像内部的虚线代表的是某一时刻的 Snake 曲线，其中，带有方向的空心圆点是 Snake 曲线的控制点。从图 3-15 中可以看出，在正交 T-Snake 模型中，Snake 曲线的每个控制点不仅具有坐标属性，还具有方向属性。方向属性不仅包含了控制点的来源节点信息，而且还指明了其移动方向。

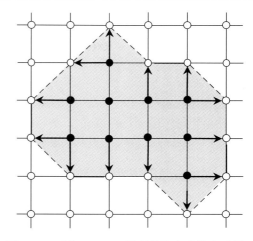

图 3-15　正交 T-Snake 模型的轮廓曲线变形原理

为了使模型具有拓扑变形能力，正交 T-Snake 模型在每一次膨胀变形之前，都要进行一个节点拆分操作，如图 3-16 所示。

图 3-16(a) 为节点拆分之前的一部分 Snake 曲线；图 3-16(b) 为将每个节点都拆分为位置相同、方向不同的 3 个节点，其中白色箭头所代表的节点指向曲线外部，而灰色箭头所代表的节点指向曲线内部；图 3-16(c) 为舍弃指向曲线内部的所有节点后剩下的节点（均指向曲线外部）；图 3-16(d) 为将所有新节点按顺序插入原始节点序列之后的结果，即经过节点拆分操作之后发生改变的 Snake 曲线。由图 3-16 可以看出，原始的这一段

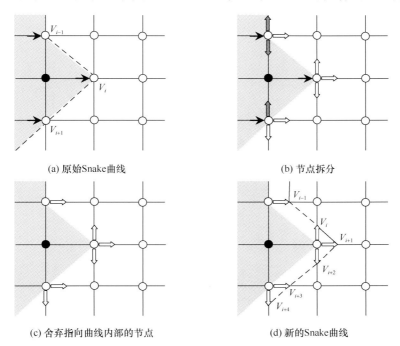

图 3-16　Snake 曲线的拓扑变形原理

Snake 曲线是只有 3 个控制点的 3 点折线，经过节点拆分操作之后就变成了拥有 4 个控制点的 4 点折线，其拓扑结构从简单变得复杂，在 Snake 曲线自身弹力和弯曲力的作用下，曲线能够向目标凹区域前进，这十分有利于深凹形目标边界的收敛。

由于正交 T-Snake 模型每次变形之前均会有一个节点拆分操作，因此在深度凹陷区域，总是会生成指向凹区域内部的新节点，这些新节点在膨胀力的作用下会改变曲线几何形状继续向外运动，表明正交 T-Snake 模型的拓扑变形能力很强，只要凹区域宽度大于网格大小，便总能够收敛到深度凹陷区域的边界处。

2. 岛状空洞拓扑冲突检测与处理

当要提取的目标边界由两个轮廓曲线组成，且其中一个轮廓曲线在另一个的内部时，将内部轮廓所构成的区域称为岛。在河流影像上常常出现这种情况，如河中岛或沙洲等。岛会导致 Snake 曲线在运动过程中发生自相交现象，如图 3-17 所示。

图 3-17(a)中多边形 CAB 的轮廓代表闭合 Snake 曲线，当 A、B 两个节点仅相距一个网格大小但又并非是相邻节点时[图 3-17(b)]，在 Snake 曲线的下一次变形过程中，A、B 两点可能会重合，从而发生拓扑冲突。针对该问题，通常将 A 的前一节点与 B 的后一节点相连，A 的后一节点与 B 的前一节点相连，然后将 A、B 节点抛弃，如图 3-17(c)，图 3-17(d)所示。

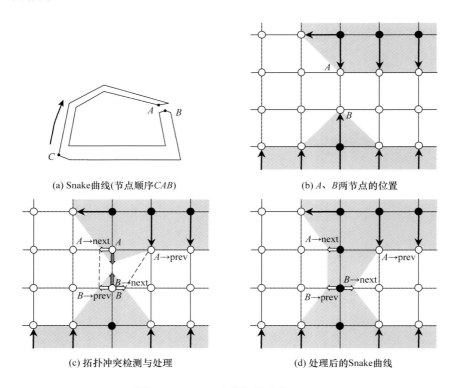

(a) Snake曲线(节点顺序CAB)　　　　　(b) A、B两节点的位置

(c) 拓扑冲突检测与处理　　　　　(d) 处理后的Snake曲线

图 3-17　Snake 曲线拓扑冲突及处理

假设当前 Snake 曲线为 $S = \{v_1, v_2, \cdots, v_n\}$，其节点个数为 n。对于当前要移动的节点 v_i，若其目标位置恰好位于 Snake 曲线上（对应于另一节点 v_j），那么说明发生了自相交冲突。

如果 $j-i=m$，即 v_i、v_j 之间的节点个数为 $m-1$，则进行以下操作。

从节点 v_i、v_j 处将曲线 S 分裂成两条新的闭合曲线 S_1、S_2，并删除 v_i、v_j。其中，S_1 是内部曲线，由 v_i、v_j 之间的所有节点构成，节点个数是 $m-1$；S_2 是外部曲线，由 v_1 到 v_{i-1} 和 v_{j+1} 到 v_n 两个节点序列合并构成，节点个数是 $n-m-1$。

如图 3-18 所示，原始 Snake 曲线如图 3-18(a) 中红色虚线所示，分裂之后产生两条 Snake 曲线，如图 3-18(b) 中的内部虚线(红色)和外部虚线(蓝色)所示。

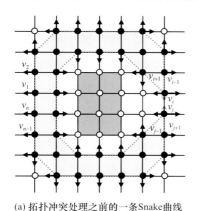 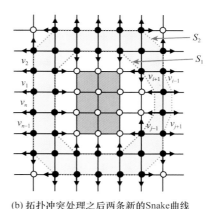

(a) 拓扑冲突处理之前的一条Snake曲线　　　(b) 拓扑冲突处理之后两条新的Snake曲线

图 3-18　岛状空洞拓扑冲突的处理

因此，内部曲线 S_1 的节点序列构造为

$$S_1 = \{q_1, q_2, \cdots, q_{m-1}\} \tag{3-20}$$

式中，令 $q_1 = v_{i+1}, q_2 = v_{i+2}, \cdots, q_{m-1} = v_{i+m-1}$，即 $q_{m-1} = v_{j-1}$。

外部曲线 S_2 的节点序列构造为

$$S_2 = \{p_1, p_2, \cdots, p_{n-m-1}\} \tag{3-21}$$

式中，令 $p_1 = v_1, p_2 = v_2, \cdots, p_{i-1} = v_{i-1}, p_i = v_{j+1}, p_{i+1} = v_{j+2}, \cdots, p_{i+(n-j-1)} = v_{j+(n-j)}$，即 $p_{n-m} = v_n$。

Snake 曲线分裂操作完成之后，对于外部曲线 S_2，继续按能量函数最小原则向外扩张变形，最终停留位置就是目标外围整体轮廓线；对于内部曲线 S_1，首先更改膨胀力的方向，即将膨胀力系数的符号取反，使其具有收缩能力，然后也按照能量函数最小原则向内运动变形，最终停留位置就是目标内部的"岛"状空洞区域的边界。

3. 能量函数设计

正交 T-Snake 模型在每次迭代过程中可以不断地、有序地增加 Snake 曲线的节点数量，一般可以通过手动选取水体内部任一点，并将距离该点最近的 4 个网格顶点依次相连组成的闭合曲线作为初始轮廓曲线，因此相邻节点间距只可能为 r 或 $\sqrt{2}r$（r 为网格宽度）。同时，也由于正交 T-Snake 模型将 Snake 曲线节点固定在正方形网格顶点并约束节点只能沿网格线方向移动，在任何时刻 Snake 曲线的相邻节点间距的可能值也只会是 r 或 $\sqrt{2}r$，也就是说，Snake 曲线上的相邻节点的间距是固定值，而且相差不大。所以，一般不考虑弹力作用，因为弹力的作用是收紧 Snake 曲线，从而使相邻节点间距缩短并且趋于一致，对于正交 T-Snake 模型意义并不大。这样一来，相较于传统 Snake 模型，正交 T-Snake 模型变形过程中的运算过程得以简化，从而可以提高模型效率。

为了使初始轮廓能够从水体内部任意区域扩张变形到水体区域的边缘，需要为模型添加膨胀能量。当然也不能省略图像力，因为图像力是引导 Snake 曲线收敛到水体边界的重要的外部能量。

因此，正交 T-Snake 模型的能量函数由平滑力、膨胀力和图像力共同组成，表达式为

$$E_{\text{Snake}} = \sum_{i=1}^{n} \left[E_{\text{flex}}(v_i) + E_{\text{inf}}(v_i) + E_{\text{ima}}(v_i) \right] \tag{3-22}$$

式中，$v_i = (x_i, y_i)$，为节点在图像上的位置坐标；$E_{\text{flex}}(v_i) = \beta_{\text{flex}} \left| v_{i+1} - 2v_i + v_{i-1} \right|$，为平滑力；$E_{\text{inf}}(v_i) = \eta_{\text{inf}} \left| v_i - C \right| e^{-\varepsilon(\sigma+\delta)}$，为膨胀力；$E_{\text{ima}}(v_i) = -\gamma_{\text{ima}} \left| \nabla I(x_i, y_i) \right|^2$，为图像力。$\beta_{\text{flex}}$ 为平滑力系数；η_{inf} 为膨胀力系数；γ_{ima} 为图像力系数；$\nabla I(x_i, y_i)$ 为图像 $I(x_i, y_i)$ 中节点 v_i 处的灰度梯度。

在膨胀力表达式中，$\left| v_i - C \right|$ 表达的是节点与闭合 Snake 曲线的几何中心之间的距离，C 为闭合 Snake 曲线的几何中心：

$$C = \frac{1}{n} \sum_{j=1}^{n} v_j = \left(\frac{1}{n} \sum_{j=1}^{n} x_j, \frac{1}{n} \sum_{j=1}^{n} y_j \right) \tag{3-23}$$

随着 Snake 曲线的扩张变形，每个节点与曲线几何中心的距离是不断增加的，因此膨胀力有引导 Snake 曲线远离闭合曲线几何中心的能力。

在膨胀力表达式中，$e^{-\varepsilon(\sigma+\delta)}$ 用于控制膨胀力衰减的速度，$\varepsilon \in [0，1]$ 为膨胀力衰减系数；σ 和 δ 分别为节点在图像上某邻域[假设大小为 $(2M+1)(2M+1)$]内的灰度标准差和灰度极差，则有

$$\begin{cases} \sigma = \sum_{\Delta=-M}^{M} \left[I(x_i + \Delta, y_i + \Delta) - \mu \right]^2 \\ \delta = \max_{-M \leqslant \Delta \leqslant M} \left[I(x_i + \Delta, y_i + \Delta) \right] - \min_{-M \leqslant \Delta \leqslant M} \left[I(x_i + \Delta, y_i + \Delta) \right] \end{cases} \tag{3-24}$$

式中，$I(x_i + \Delta, y_i + \Delta)$ 为节点 $v_i = (x_i, y_i)$ 邻域内的各个像素值（$-M \leqslant \Delta \leqslant M$）；$\mu$ 为节点邻域内的灰度均值。

根据指数函数的衰减特性，$\sigma + \delta$ 较小，意味着调节系数值较大，而当 $\sigma + \delta$ 趋向于无穷大时，调节系数值接近于零。在灰度均匀的水体内部，$\sigma + \delta$ 几乎为零，因而 $e^{-\varepsilon(\sigma+\delta)}$ 的值接近于 1，从而使膨胀力可以对 Snake 曲线的运动产生影响，而在逼近目标边界时，$\sigma + \delta$ 值很大，使得 $e^{-\varepsilon(\sigma+\delta)}$ 的值接近于零，致使膨胀力失去作用。

以上述自定义能量函数作为引导 Snake 曲线运动的基础，目的是实现 Snake 曲线在遥感影像上水体区域内部时不断向外膨胀并变形，在达到水体目标边界时可以停止变形

和运动。

在 Snake 曲线的运动过程中，能量函数的作用机制如下。

（1）当 Snake 曲线的节点位于水体内部区域并远离水体边界时，图像上节点处的灰度梯度值较小，使得图像力很小，而节点邻域内的灰度比较均匀，$\sigma+\delta$ 几乎为零，$e^{-\varepsilon(\sigma+\delta)}$ 是一个小于 1 但接近于 1 的正数，此时膨胀力是外部约束力中的主导作用力。Snake 曲线在弯曲力和膨胀力的共同作用下，在保持曲线平滑性的基础上，向水体边界不断地膨胀和前进。

（2）当 Snake 曲线的节点运动到水体边界处时，水体边缘是灰度突变区域，曲线节点的邻域灰度分布有着很大差异，$\sigma+\delta$ 很大，$e^{-\varepsilon(\sigma+\delta)}$ 将迅速衰减到零，此时膨胀力失去作用，而且由于节点处图像梯度值较大，导致图像力较大，所以图像力在外部约束力中占主导作用，能量函数值将不再继续减小，促使曲线停止运动，从而停留在该处（水体边界处）。

在正交 T-Snake 模型中，划分影像的网格大小对水体边界提取精度的影响很大。由于 Snake 曲线是沿着网格线从一个网格顶点移动到另一个网格顶点的，因此若网格设置过大，那么小于一个网格大小的特征便无法被检测出来，导致精度下降。但是，网格也并非设置得越小越好，若设置得过小，精度虽会有所提高，但将导致迭代次数增加，延长模型收敛速度，降低边界提取效率。

由于遥感影像中水体边界的几何形状很不规则，深凹区域和瓶颈区域特别多，理论上应该将网格大小设置为 1 个像素时才能取得非常高的精度，然而对于大幅面影像中的大面积水域来说，这无疑会极大地增加模型的运算时间，并不实用。基于此，本书提出一种可变网格的改进正交 T-Snake 模型，该模型能在不影响边界提取精度的前提下，进一步提高水体提取效率（见 3.3.3）。该方法先采用大网格实现水体边界的初步提取，然后通过逐步减小网格尺寸来实现轮廓曲线对水体边界的不断逼近。

4. 正交 T-Snake 模型水体边界提取

基于正交 T-Snake 模型的水体边界提取共分为两步。

第一步　构建模型初始轮廓。假设正交 T-Snake 模型的网格尺寸为 $r{\times}r$，人工选取水体内部点为 (x_0, y_0)，将距该点最近的网格顶点依次相连作为初始轮廓，寻找与该点在垂直和水平方向上相距为 r 的 4 个网格顶点，并记录网格顶点的方向信息，再按顺时针顺序连接起来作为模型初始轮廓曲线，即

$$S = \{(x_0+r, y_0, 0), (x_0, y_0+r, 1), \\ (x_0-r, y_0, 2), (x_0, y_0-r, 3)\} \tag{3-25}$$

式中，每个节点的第 3 个属性代表节点的方向信息，按顺时针顺序，向右为 0，向下为 1，向左为 2，向上为 3。图 3-19 所示为正交 T-Snake 模型的初始轮廓构建示意图。

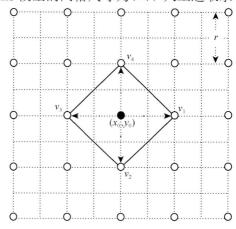

图 3-19　正交 T-Snake 模型初始轮廓构建

其中，(x_0, y_0) 为人工选取的水体内部初始点；v_1，v_2，v_3，v_4 为自动构建的初始轮廓的节点。

第二步　采用贪心算法求取能量函数最小值。该过程中，Snake 曲线从初始轮廓不断迭代直至水体边界。该算法的流程如图 3-20 所示。

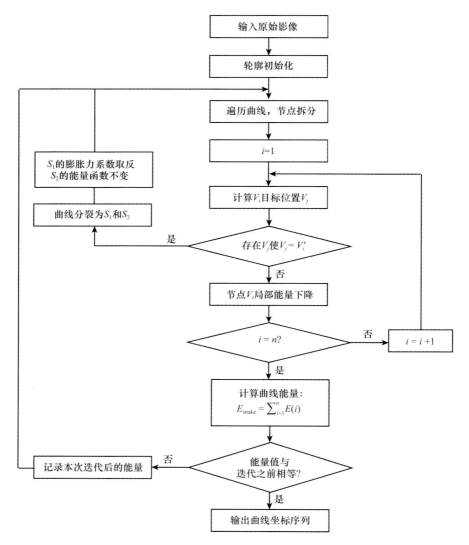

图 3-20　基于正交 T-Snake 模型的复杂水体提取流程

该算法的流程具体描述如下。

(1)输入原始影像，并进行模型初始化。具体如下：①初始化网格大小 r。②初始化水体轮廓，记录各节点为 $v_i(x_i, y_i, \theta_i)$。其中，(x_i, y_i) 为节点坐标；$\theta_i = \{0, 1, 2, 3\}$，为节点方向。③计算初始轮廓的能量函数 E_{before}。

(2)遍历节点序列，进行节点拆分。对于点 $V_i(x_i, y_i, z_i)$：①计算其相邻两个方向值，分别是 $\theta_1 = (z_p == 0)?3:(z_p-1)$ 和 $\theta_2 = (z_p == 3)?0:(z_p+1)$。②如果满足条件"$z_i = 0$ 且 $x_i > x_{i-1}$或者 $z_i = 1$ 且 $y_i > y_{i-1}$ 或 $z_i = 2$ 且 $x_i < x_{i-1}$ 或者 $z_i = 3$ 且 $y_i < y_{i-1}$"，说明方向 θ_1 指向曲线外部，

因此，生成新节点 $P_1=(x_i, y_i, \theta_1)$，并插入节点序列中，即令 $P_1 \rightarrow \text{next}=V_i$，$V_{i-1} \rightarrow \text{next}=P_1$。③如果满足条件"$z_i=0$ 且 $x_i > x_{i+1}$ 或者 $z_i=1$ 且 $y_i > y_{i+1}$ 或 $z_i=2$ 且 $x_i < x_{i+1}$ 或者 $z_i=3$ 且 $y_i < y_{i+1}$"，说明方向 θ_2 指向曲线外部，因此，生成新节点 $P_2=(x_i, y_i, \theta_2)$，并插入节点序列中，即令 $P_2 \rightarrow \text{next}=V_{i+1}$，$V_i \rightarrow \text{next}=P_2$。

(3) 曲线膨胀变形。遍历节点序列，对节点 $v_i(x_i, y_i, \theta_i)$ 进行以下操作：①判断 v_i 的目标位置 v_i'。若 $\theta_i=0$，则 $v_i'=(x_i+r, y_i, 0)$；若 $\theta_i=1$，则 $v_i'=(x_i, y_i+r, 1)$；若 $\theta_i=2$，则 $v_i'=(x_i-r, y_i, 2)$；若 $\theta_i=3$，则 $v_i'=(x_i, y_i-r, 3)$。②检测"岛"状空洞拓扑冲突。若 Snake 曲线上存在一个节点 v_j，坐标上满足 $v_j=v_i'$，则说明发生拓扑冲突，执行③；若不存在，则执行④。③将原始 Snake 曲线分裂成为两条新曲线 S_1 和 S_2，并将内部曲线 S_1 的膨胀力系数取反，然后对 S_1 和 S_2 分别执行(2)。④计算 v_i，v_i' 的局部能 E_i，E_i'，并比较大小：若 $E_i' < E_i$，则令 $v_i=v_i'$，$E_i=E_i'$。

(4) 计算新曲线的能量 $E_{\text{after}} = \sum_{i=1}^{n} E_i$。比较曲线变形前后的能量大小：若 $E_{\text{after}}=E_{\text{before}}$，则输出 Snake 曲线的节点坐标序列，否则，令 $E_{\text{before}}=E_{\text{after}}$，继续执行(2)。

最终输出的一条或多条 Snake 曲线就是提取到的水体边界。

5. 水体提取实例

以两幅 GF-1 卫星影像为例，分析基于正交 T-snake 模型的水体边界提取结果。第一幅是 WFV 2 传感器的 16m 空间分辨率的近红外影像，影像大小为 (357×222) 像素，如图 3-21(a) 所示，影像中水体区域边界有着比较复杂的几何形状，凹区域较多。第二幅是 PMS 2 传感器的 8m 空间分辨率近红外影像，影像大小为 (1317×1009) 像素，如图 3-21(b) 所示，影像中河流内部有一个较大的河中岛。

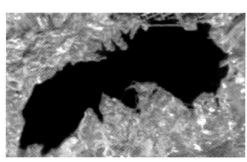 

(a) 简单湖泊影像　　　　　　　　　　　　　　(b) 复杂河流影像

图 3-21　GF-1 影像

采用近红外影像的原因是水陆边界在近红外影像上更为清晰。每一幅影像均采用正交 T-snake 模型进行水体边界提取。经过多次实验，最佳参数设置为模型中的平滑力系数 $\beta_{\text{flex}}=0.4$，膨胀力系数 $\eta_{\text{inf}}=0.7$，膨胀力衰减指数 $\varepsilon=1$，图像力系数 $\gamma_{\text{ima}}=10$，网格宽 $r=3$。

简单湖泊边界的提取结果如图 3-22 所示。

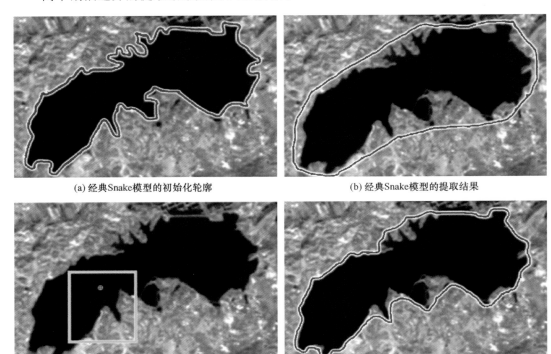

　　(a) 经典Snake模型的初始化轮廓　　　　　　　　(b) 经典Snake模型的提取结果

　　(c) 正交T-Snake模型的初始化轮廓　　　　　　　(d) 正交T-Snake模型的提取结果

图 3-22　两种模型的湖泊边界提取结果对比

　　图 3-22（c）中黄色方框中的红色部分是正交 T-Snake 模型设置初始中心点后自动生成的初始轮廓，图 3-22（d）中红色曲线是正交 T-Snake 模型的提取结果。正交 T-Snake 模型对初始轮廓极其不敏感，只要求是目标内部区域即可。

　　可以看出，与图 3-22（a）和图 3-22（b）中经典 Snake 模型的提取结果相比，正交 T-Snake 模型的人工初始化操作简单，且效率高，基本上能够提取到水体目标的全部边界。

　　复杂河流边界提取结果如图 3-23 所示。

　　　(a) 人工设置的水体内部初始点　　　　　　　　　(b) 迭代80次后的轮廓曲线

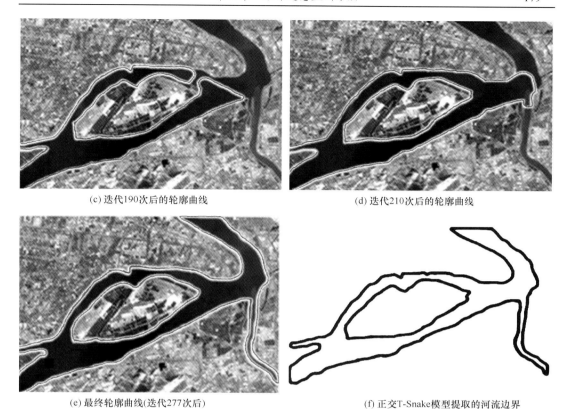

(c) 迭代190次后的轮廓曲线　　　　　　　　　　　(d) 迭代210次后的轮廓曲线

(e) 最终轮廓曲线(迭代277次后)　　　　　　　　　(f) 正交T-Snake模型提取的河流边界

图 3-23　基于正交 T-Snake 模型的复杂河流边界提取结果

本幅遥感影像上的河流内有一个较大的河中岛,用来检测正交 T-Snake 模型的拓扑冲突处理机制的有效性。其中,图 3-23(a)中的方形点是人工设置的初始点,图 3-23(b)～图 3-23(e)的红色曲线是不同迭代次数下的轮廓曲线位置,图 3-23(f)是最终提取到的河流边界。可以看到,在模型迭代 190 次时[图 3-23(c)],轮廓曲线两端即将相遇,而在迭代 210 次时[图 3-23(d)],轮廓曲线已经完成了分裂和合并操作,并生成了两条曲线,其中,内部曲线已经停留在河中岛边界处,外部曲线依然在模型能量函数的作用下继续变形。当迭代 277 次[图 3-23(e)]之后,模型能量函数取得最小值,此时轮廓曲线停止运动,最终结果如图 3-23(f)所示。可以看出,最终的轮廓曲线基本上提取到了全部的河流边界。

正交 T-Snake 模型的外部能量由膨胀力和传统梯度图像力共同组成,在灰度比较均匀的水体内部区域(包括复杂凹区域),图像力很小,因此对入口较窄的凹区域边界的提取效果依然很好。此外,正交 T-Snake 模型特有的优势——拓扑可变性,也是保证 Snake 曲线收敛于深凹区域边界和瓶颈区域边界的重要因素之一。由于在 Snake 曲线变形过程中,每次迭代之前都会进行一个节点拆分操作,新生成的节点在曲线内部能量和膨胀能量的共同作用下向着闭合曲线外部移动,使得 Snake 曲线在凹区域入口处可以发生拓扑形状的改变。也就是说,Snake 曲线变形过程中会不断生成指向凹区域内部的节点,该节点又会不断拆分成多个新节点,且在膨胀力的作用下向着凹区域内部运动和变形,直至遇到图像梯度较大的边界位置,从而收敛到复杂凹区域的真正边界。图 3-24 为一个简单的瓶颈区域边界和正交 T-Snake 模型的变形过程示意图。

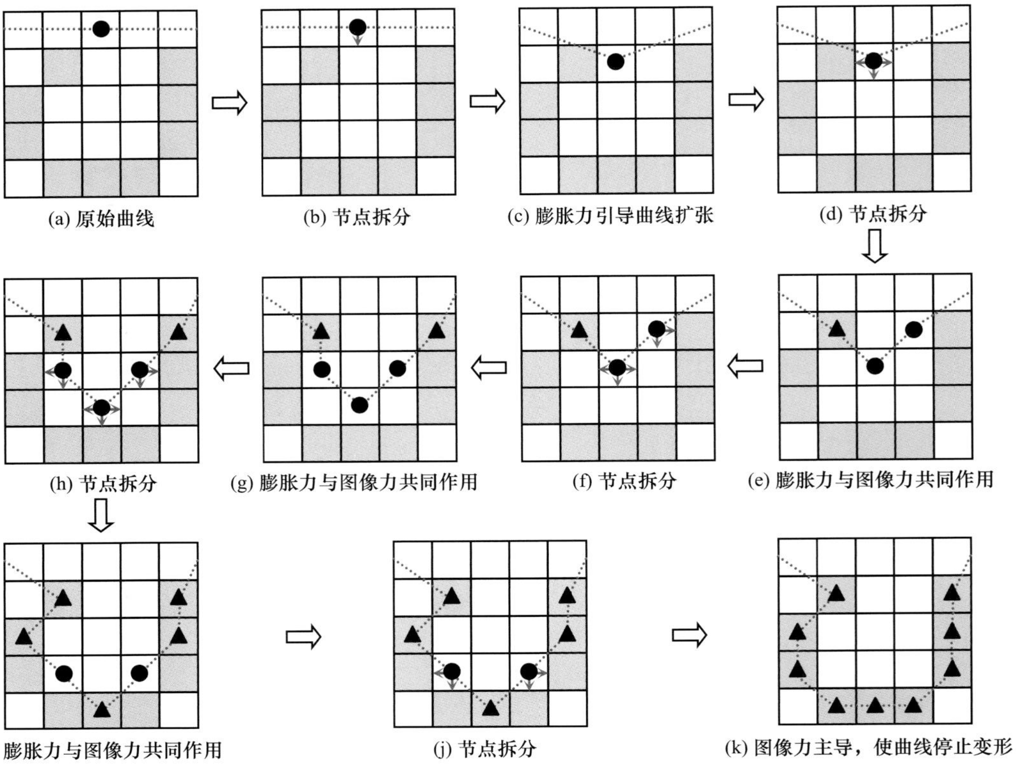

(a) 原始曲线　　　　　(b) 节点拆分　　　　(c) 膨胀力引导曲线扩张　　　(d) 节点拆分

(h) 节点拆分　　(g) 膨胀力与图像力共同作用　　(f) 节点拆分　　(e) 膨胀力与图像力共同作用

(i) 膨胀力与图像力共同作用　　　　　(j) 节点拆分　　　　(k) 图像力主导，使曲线停止变形

图 3-24　正交 T-Snake 模型在瓶颈凹区域的曲线变形过程示意图

在图 3-24 中，灰色格子代表的是边界像素，圆点代表的是未到达边界的曲线节点，三角代表的是已到达边界的曲线节点（已经是局部能量函数极小值处）。可以看到，每次迭代中，那些未到达边界的节点总是会先进行节点拆分，然后在膨胀力的作用下向外扩张，在此过程中曲线会不断发生几何形状的改变，并且向着凹区域内部前进；当遇到边界像素时，又会在图像梯度力的作用下停止运动。

在正交 T-Snake 模型中，网格大小对水体边界提取精度的影响特别大。这是因为 Snake 曲线是沿着网格线从一个网格顶点移动到另一个网格顶点的，因此小于一个网格大小的特征是无法被检测出来的。

如图 3-25 所示，在相同能量函数参数设置的情况下（$\beta_{flex}=0.4$，$\eta_{inf}=0.7$，$\varepsilon=1$，$\gamma_{ima}=10$），对原始影像[图 3-25(a)]采用不同的网格大小进行水体提取，然后观察提取结果中的一个局部区域[图 3-25(b) 和图 3-25(c)]。

从图 3-25 中可以观察到，图 3-25(b) 的网格尺寸较小，因此那些宽度较小的狭窄凹区域处的边界均被提取出来了，而图 3-25(c) 则因为网格尺寸过大而忽略了这些区域的边界特征，导致这些狭窄凹区域的边界未被准确提取到。可见，正交 T-Snake 模型的网格大小对遥感影像中的复杂形状水体边界的提取精度影响很大，特别是狭窄深凹区域较多的水体，必须设置较小的网格才能提取到较高精度的水体边界。

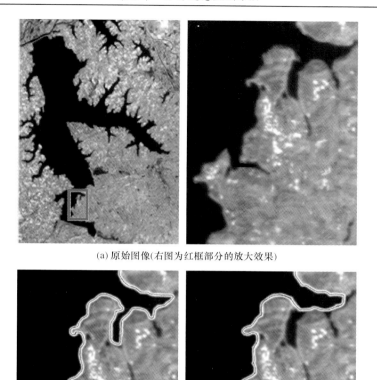

(a) 原始图像(右图为红框部分的放大效果)

(b) $r = 2$　　　　　　　　　　　　　(c) $r = 5$

图 3-25　网格大小对正交 T-Snake 模型提取结果的影响

　　不同网格尺寸下，正交 T-Snake 模型对水体边界提取时的运算时间和边界提取精度结果如图 3-26 所示。这里，r 分别取 1，2，3，4，5，6。

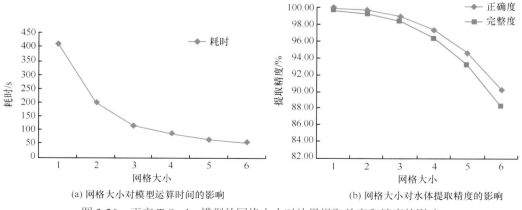

(a) 网格大小对模型运算时间的影响　　　　　　　(b) 网格大小对水体提取精度的影响

图 3-26　正交 T-Snake 模型的网格大小对边界提取效率和精度的影响

从图 3-26(a)可以看出，总体上随着网格尺寸的增大，水体边界提取耗时呈指数级下降。从图 3-26(b)也可以看出，提取结果的线匹配法定位精度的下降速度较快。

可见，网格大小是正交 T-Snake 模型中不可忽视的一个参数，设置过大，会使小于一个网格大小的特征被忽略，导致精度下降；设置过小，精度虽有所提高，但又会导致迭代次数的增加，降低边界提取效率。

3.3.3　可变网格正交 T-Snake 模型水体提取

基于可变网格的改进的正交 T-Snake 模型提取水体边界的基本过程如图 3-27 所示。

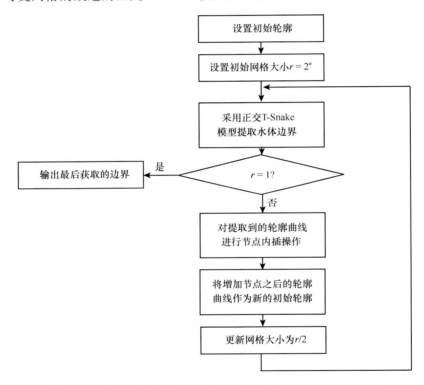

图 3-27　基于可变网格的改进正交 T-Snake 模型水体提取流程

首次，设置比较大的网格[尺寸为 $(2^n \times 2^n)$ 像素]，采用正交 T-Snake 模型获取轮廓曲线的初步变形结果；然后，以上一次迭代获取的轮廓曲线作为下一次迭代的初始轮廓，在下一次迭代过程中，将网格大小设置为上一次的 1/2；如此循环，直到网格大小为 1像素，此时轮廓曲线逼近并停留的位置就是最终的水体边界。

在利用可变网格正交 T-Snake 模型进行水体提取时，有两个问题需要注意。

（1）正交 T-Snake 模型的相邻节点间距为 1 个或 2 个网格大小，在较大网格下获取的轮廓曲线的节点数目比较少，相邻节点之间的距离较大。如果直接将较大网格下的轮廓曲线结果作为下一个尺寸较小的网格下的模型初始轮廓，会降低轮廓曲线对水体边界的逼近精度。

（2）在较大尺度的网格下，Snake 曲线有可能跨越水体边界。这是因为当前节点位于水体内部时，其下一步将要移动到的网格顶点可能位于水体区域之外的陆地区域，而由于网格过大，导致这两个点均位于图像梯度值较小的区域，那么图像力基本不起作用，则当前节点就会在膨胀力的作用下移动到该网格顶点。这样一来，Snake 曲线就跨越了水体边界，而跨越水体边界之后，由于膨胀力的继续作用，Snake 曲线将无法被拉回到真正的水体边界处。

针对第一个问题，采取的解决方式如下：前一个网格尺寸下正交 T-Snake 模型提取的轮廓曲线在被作为下一个更小网格下的初始轮廓之前，先进行一次节点内插操作，以使相邻节点间距始终保持 1 个或 2 个网格大小。由于每次网格尺寸均降为上一次的 1/2，因此节点内插操作也十分简单，只要在轮廓曲线的每两个相邻节点之间增加一个新节点即可，如图 3-28 所示。

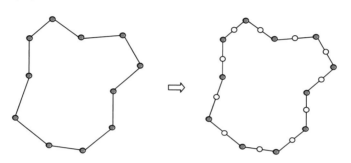

图 3-28　节点内插操作示意图(空心圆是新插入的节点)

图 3-28 中，大网格下获取的轮廓曲线的节点全部用实心圆表示，在将其作为小网格下的初始轮廓之前，进行了一轮节点内插操作，新插入的节点用空心圆表示。可以看出，经过节点内插操作，相邻节点之间的距离变小，节点数目增加了。具体的节点内插操作描述如下。

首先，计算新插入节点的坐标。对于大网格下获取的轮廓曲线上的每一节点 $P_1=(x_1,y_1)$，其后一节点为 $P_2=(x_2,y_2)$，那么新插入的节点坐标为 $Q=[(x_1+x_2)/2,\ (y_1+y_2)/2]$。

然后，将 Q 插入 P_1 和 P_2 之间，如式(3-26)和式(3-27)所示：

$$Q \rightarrow \text{next} = P_2 \tag{3-26}$$

$$P_1 \rightarrow \text{next} = Q \tag{3-27}$$

针对第二个问题，采取的解决方式是在每一次迭代过程中，对于轮廓曲线上的任意一个节点 P，在决定其是否该移动到下一个网格顶点 P' 之前，进行一次判断：如果在原始图像上 P' 与 P 的邻域灰度均值相差不大，则说明 P' 依然是水体内部点，反之则认为 P' 已经跨越了水体边界。只有当 P' 依然是水体内部点时，才会计算 P' 的局部能量函数，并与 P 的局部能量函数作比较，以决定 P 点是否应该移动。

图 3-29 为在当前网格 r 下，改进的正交 T-Snake 模型的算法流程。

在某一个网格尺寸下的正交 T-Snake 模型第 t 次迭代过程中，Snake 曲线的变形过程如下。

(1) 获取 Snake 曲线的第一个节点，设为 P。计算 P 的局部能量 $E(P)$。初始化曲线全局能量 $E_{\text{Snake}}^{(t)}=0$。

(2) 获取 $P=(x,y)$ 的目标网格顶点 $P'=(x',y')$ 的坐标，即根据 P 的移动方向进行计算。

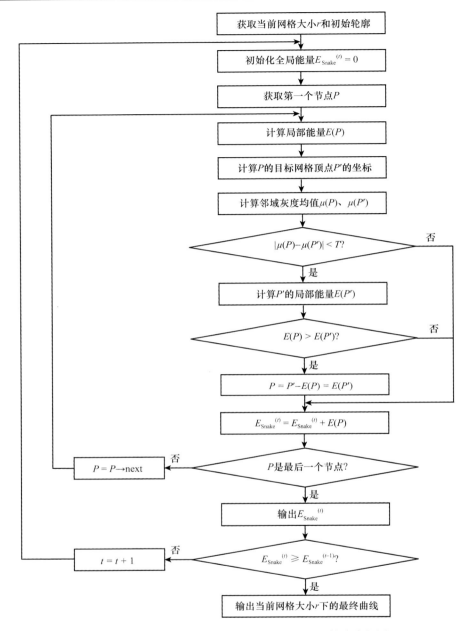

图 3-29 改进正交 T-Snake 模型轮廓曲线更新算法流程图

(3) 计算 P、P' 各自在原始图像中的一定大小邻域内的灰度均值 $\mu(P)$、$\mu(P')$。

(4) 如果 $|\mu(P) - \mu(P')| < T$（T 为灰度均值差异的阈值），说明 P' 处于水体内部，执行 (5)；反之，说明 P' 已经跨越水体边界，P 无需移动，执行 (7)。

(5) 计算 P' 的局部能量函数值 $E(P')$。

(6) 如果 $E(P) > E(P')$，则将 P 移动到 P' 所在位置，即令 $P=P'$，$E(P)=E(P')$。

(7) 更新 Snake 曲线的全局能量函数值 $E_{Snake}^{(t)} = E_{Snake}^{(t)} + E(P)$。

（8）如果 P 是 Snake 曲线的最后一个节点，则输出 $E_{\text{Snake}}^{(t)}$。否则，令 $P=P\rightarrow$next，并返回（2）。

经过上述步骤，最终输出的结果是本次迭代之后的模型全局能量函数值 $E_{\text{Snake}}^{(t)}$。接下来就可以与上一次迭代之后的能量函数值 $E_{\text{Snake}}^{(t-1)}$ 进行比较，如果 $E_{\text{Snake}}^{(t)}\geqslant E_{\text{Snake}}^{(t-1)}$，则变形结束，并输出本次迭代之后得到的 Snake 曲线的节点序列。

在得到当前网格 r 下的 Snake 曲线之后，将网格大小 r 更改为原来的一半 $r/2$。然后，对得到的 Snake 曲线进行节点内插操作，并将其作为网格大小为 $r/2$ 时的初始轮廓。最后，再次进行上述步骤，直到网格大小为 1 像素。

这里以一幅 GF-1 卫星 WFV 2 传感器的 16m 空间分辨率的近红外影像为例，对本算法与正交 T-Snake 模型水体提取算法进行对比，并分析本算法在水体边界提取中的精度和效率。影像大小为（1407×1835）像素，如图 3-30 所示，影像中只有一个水体目标，但是水体边界有着非常多的狭窄凹区域。

实验中，固定网格正交 T-Snake 模型和本小节提出的可变网格正交 T-Snake 模型的能量函数的相关参数的设置情况是一样的，是通过多次实验获取的最佳参数，即平滑力系数 $\beta_{\text{flex}}=0.4$，膨胀力系数 $\eta_{\text{inf}}=0.7$，膨胀力衰减指数 $\varepsilon=1$，图像力系数 $\gamma_{\text{ima}}=10$。关于网格大小，本小节提出的可变网格正交 T-Snake 模型的初始网格大小设置为 32 像素，并与固定网格正交 T-Snake 模型

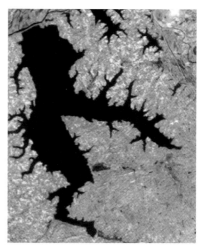

图 3-30　实验影像

的网格大小 3 像素时的水体边界提取结果进行比较，同时也比较模型的运算效率。

实验结果如图 3-31 所示，其中，图 3-31（a）是固定网格正交 T-Snake 模型的网格大小为 3 像素时的边界提取结果，图 3-31（b）是本书提出的可变网格正交 T-Snake 模型的初

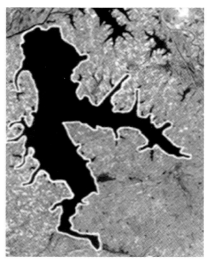

(a) 传统正交T-Snake结果(右图为与影像的叠加显示)

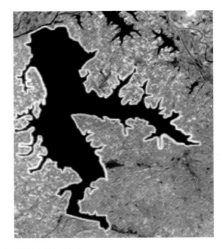

(b) 改进正交T-Snake结果(右图为与影像的叠加显示)

图 3-31　两种方法的水体提取结果

始网格大小为 32 像素时的边界提取结果。

　　为了更直观地反映改进前后的差异,对两个结果图进行了叠加显示,如图 3-32 所示,其中,图 3-32(a)是两者的叠加显示,图 3-32(b)是局部区域结果的放大显示。

　　从图 3-31 和图 3-32 可以看出,固定网格正交 T-Snake 模型漏提了部分狭窄凹区域边界,这是因为这些凹区域宽度小于模型的网格宽度(3 像素),而本书提出的基于可变网格的改进正交 T-Snake 模型则很精确地提取到每一处狭窄凹区域边界。事实上,固定网格正交 T-Snake 模型网格尺寸对于边界提取精度的影响不止表现在狭窄凹区域上,还表现在边界提取结果不一定全部收敛到水体真实边界处。例如,图 3-32(b)的局部放大图中,固定网格正交 T-Snake 模型的提取结果(细小的红色曲线)中存在部分区域没有收敛到真正边界上,而改进方法的提取结果(白色曲线)则基本上收敛到所有的真实边界处。

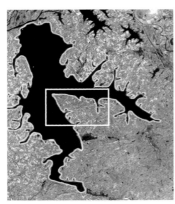
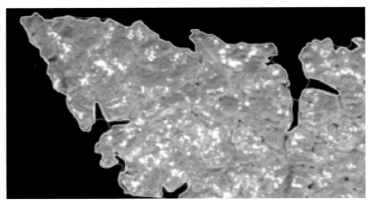

(a) 方法对比图　　　　　　　　　　　　(b) 局部区域结果放大图

图 3-32　两种方法提取结果的叠加显示

为了定量分析水体边界提取的精度,将人工目视解译勾勒的水体边界作为参考边界,对参考边界和算法提取的水体边界都进行栅格化,然后用基于线目标匹配的边界提取精度评价指标(周亚男等,2012)进行精度评定。

线目标匹配分析方法考虑的是参考边界与提取边界之间的空间位置关系,如图 3-33 所示,在分别建立了参考边界和提取边界的缓冲区(缓冲区半径可以为 0.5 像素、1 像素或 2 像素)后,执行下述分析过程。

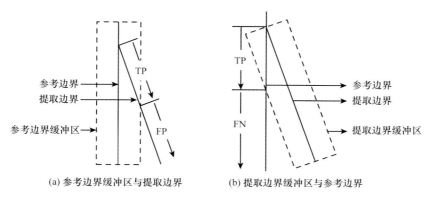

(a) 参考边界缓冲区与提取边界　　(b) 提取边界缓冲区与参考边界

图 3-33　参考边界与提取边界的线匹配分析示意图

(1)判断参考边界缓冲区与提取边界之间的空间关系。若某一段提取边界正好位于参考边界的缓冲区内,那么该段提取边界与参考边界相匹配,反之则不匹配。统计全部匹配边界的总长度 TP(true positive),以及全部不匹配边界的总长度 FP(false positive)。

(2)判断提取边界缓冲区与参考边界之间的空间关系。如果某一段参考边界正好位于提取边界缓冲区内,那么该段参考边界是与提取边界相匹配的,反之则是不匹配的。统计全部匹配边界的总长度 TP(该值与上一步的 TP 值是近似相等的),以及全部不匹配边界的总长度,记为 FN(false negative)。

为区分两个步骤间 TP 值的不同,将步骤(1)中的 TP 值设为 TP_1,步骤(2)中的 TP 值设为 TP_2。

基于线匹配分析方法的精度评价指标如下。

(1)正确度(correct):

$$correct = \frac{TP_1}{TP_1 + FP}$$ 　　　　　(3-28)

该指标用于度量被正确提取的边界在提取结果中的比例,评价的是边界提取结果的正确程度。

(2)完整度(complete):

$$complete = \frac{TP_2}{TP_2 + FN}$$ 　　　　　(3-29)

该指标用于度量所提取的边界在完整边界中的比例,评价的是边界提取结果的完整程度。

依据上述方法,将缓冲区半径设置为 1 像素,统计模型精度指标和计算时间,结果见表 3-5。

表 3-5　两种模型提取的水体边界的精度和模型计算时间

方法	TP_1	TP_2	FP	FN	正确度(%)	完整度(%)	耗时(s)
固定网格正交 T-Snake 模型	9544	9566	138	161	98.6	98.3	116.7
可变网格正交 T-snake 模型	9691	9702	23	25	99.8	99.7	21.4

注：参考长度为 9727 像素。固定网格正交 T-Snake 模型的提取长度为 9682 像素，长度误差为 0.46%；可变网格正交 T-Snake 模型的提取长度为 9714 像素，长度误差为 0.13%。

从表 3-5 中可以看出，改进方法比固定网格正交 T-Snake 模型的精度更高，正确度达到了 99.8%，完整度达到了 99.7%。从模型计算效率上看，传统模型的耗时为 116.7 秒，而改进方法的耗时只有 21.4 秒，显著减少了运算时间，提高了边界提取效率。

可见，改进正交 T-Snake 模型对复杂水体边界提取的精度和效率都具有极大的优势，原因如下。

(1)在前期，网格尺寸比较大时，模型可以快速收敛，得到一个较为粗糙的轮廓曲线。因此，比固定网格(考虑到精度，固定网格皆较小)的正交 T-Snake 模型运算效率更高。

(2)在后期，网格尺寸较小时，特别是当网格宽度为 1 像素时，模型可以最大限度地逼近水体真实边界。因此，比固定网格(一般情况下考虑模型效率，不会设置为 1 像素)的正交 T-Snake 模型的边界提取精度更高。

3.4　冰凌遥感监测模型

黄河河段是冰凌灾害最严重的地区，选择黄河河段作为冰凌监测模型的实验区域具有重要的现实意义。持续动态监测黄河冰凌的难点主要在于受天气及云覆盖量的影响，部分卫星影像存在质量问题，甚至有些数据因传感器自身的原因，导致影像中有大面积的条带存在，从而无法将冰凌正常提取出来。

MODIS 数据有较高的重访周期，但是其 250 m 空间分辨率难以满足黄河冰凌精细部位的监测要求，需要用其他数据源进行补充，从而使黄河冰凌的演变可被持续监测。MODIS 每天过境两次，而环境星(HJ)的重访周期为两天，相对而言，时间分辨率比较低，因此无法单独用环境星(HJ)对黄河冰凌进行动态监测。并且，由于环境星影像只有 4 个波段，光谱分辨率较低，在提取冰雪时条件受限，不能彻底将冰雪提取出来。加之五级以下环境星影像的云覆盖量很大，质量比较差，所以环境星影像虽然具有较高的空间分辨率(30 m)，但无法在黄河冰凌精细监测中得到充分运用。因此，在对黄河冰凌进行宏观动态持续监测时，综合 MODIS 数据和环境减灾卫星数据形成互补观测非常重要。

3.4.1　冰凌监测的目视解译

冰凌监测的一个重要作用是用于对凌汛现象进行分析，遥感影像能周期性、大范围地获取地面影像，反映地面信息，冰凌在遥感影像上有十分明显的特征，可直接对其进行目视解译，因此十分有利于凌汛分析。在此以环境星影像为例，简要介绍如何从影像中目视解译冰凌，并分析凌汛现象从出现到结束的流程。

　　首先，从每一景影像自带的头文件中获取辐射定标公式及参数，生成辐射亮度文件，再将辐射亮度文件输入到遥感图像处理软件 ENVI 的大气校正模块 FLAASH 中，对影像进行大气校正，最终得到所需要的地表反射率产品。

　　其次，选择 HJ-1 CCD 数据的 B4、B2、B1 或 B4、B3、B2 通道(分别对应红绿蓝通道)进行彩色合成，生成对冰雪目标敏感、可视性好的图像产品，提高遥感数据的目视解译效果，并对合成的影像进行裁减及拼接等处理，最终得到覆盖整个研究区域的影像产品。

　　最后，对影像覆盖范围内的地区进行凌汛分析，本小节以 2009~2010 年冬季黄河宁蒙河段为例。黄河宁夏河段自中卫县南长滩入流，经黑山峡、青铜峡至石嘴山麻黄沟出境，河道全长 397km。其中，黑山峡至枣园只有冷冬年份才能封河；枣园以下为常封冻河段。该河段封冻日期自下而上，解冻日期自上而下。由于刘家峡、青铜峡等水库的调节，宁夏河段凌汛灾害一般不严重。黄河内蒙古河段从宁夏石嘴山入流，至山西河曲县出境，全长 830km，结冰期长达 3 个月，为稳定封冻河段，也是严重凌汛灾害易发河段。在流凌封冻期，因部分过水断面被冰凌堵塞，造成水位上涨，部分水量转化为槽蓄水量储存在河道内。下年春季开河时，上游来水、融冰水和槽蓄水挟带着大量破冰向下游流动，形成越来越大的凌洪，并向下游推进，冰坝阻冰雍水，导致下游河段水位猛涨，冬季天寒地冻，防守困难，极易造成大堤决口(可素娟等，2002)。

　　黄河宁蒙河段自 2009 年 11 月 15 日开始流凌；2010 年 1 月 12 日，内蒙古河段进入稳定封河期；2 月 17 日宁蒙河段最大封冻长度达 792km；2 月 26 日，宁夏段 112km 封河河段全线平稳开通；3 月 31 日，内蒙古封冻河段全部开通。采集的影像包含了从开始流凌、封河期、稳封期到开河期内覆盖整个宁蒙河段的 HJ-1 CCD 相机影像 21 景，通过选择几个具有代表性的重点区域并结合防凌动态水文站实测报告来监测冰凌的变化。

　　(1) 2009 年 11 月 18 日，内蒙古包头市附近河段出现冰凌，包头市东河区磴口段出现首封。图 3-34 为 2009 年 11 月 18 日 HJ-1 CCD 相机的监测结果。

　　图 3-34 显示，包头市附近河段冰凌迅速发展，部分河段已经开始封冻。

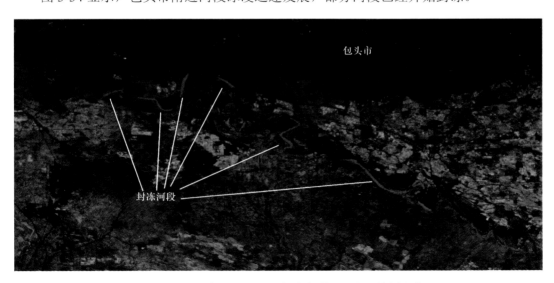

图 3-34　2009 年 11 月 18 日包头市附近河段环境星影像

（2）2009 年 12 月 19 日，黄河内蒙古段已基本封冻，累计封河长度达 504km。利用 2009 年 12 月 19 日 HJ-1A CCD 相机影像得到的监测结果如图 3-35 所示。

图 3-35　2009 年 12 月 19 日内蒙古局部河段封河上界影像

图 3-35 可以清晰地解译出内蒙古河段封河上界位于乌加河与黄河交界处，即巴彦淖尔市磴口县三盛公水利枢纽拦河闸附近。

（3）2010 年 1 月 23 日，黄河内蒙古封冻河段已进入稳封期，宁夏河段流凌密度为 5%～40%。图 3-36 为 2010 年 1 月 23 日环境星宁夏青铜峡附近河段监测结果局部图像。

结果显示，吴忠市金沙湾呈 S 形的河段仍处于封冻状态，其上游流凌密度较大；青铜峡坝上封冻近 10km，上游的流凌在经过青铜峡水库调节后流向下游河段。

（4）2010 年 2 月 25 日，内蒙古河段开始解冻。图 3-37 为 2010 年 2 月 25 日环境星监测结果，此时河道已开河至宁夏和内蒙古两自治区交界处二道坎村附近；宁夏段石嘴山附近河道内仍有少量流凌存在，其上游流凌密度较大。

上述 4 个区域的冰凌监测结果与水利部黄河水利委员会发布的 2009～2010 年黄河防凌水文站每日测报结果基本一致，少量差异是由卫星影像成像时间与测报每日截止时间的不同所致。

虽然利用目视解译的方法可以对凌汛进行分析，但这要求解译人员对大量影像进行分析对比，且拥有一定的解译知识，不适合大范围地运用于水利部门，因此研究自动提取冰凌，制作经过解译的冰凌专题图，对于水利部门人员实时分析凌汛情况十分必要。

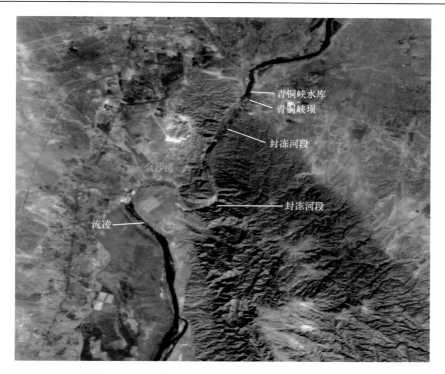

图 3-36　2010 年 1 月 23 日宁夏青铜峡局部河段影像

图 3-37　2010 年 2 月 25 日宁夏-内蒙古交界处河段影像

3.4.2　基于 MODIS 数据的冰凌监测

黄河冰凌监测的重点在于黄河范围内的冰与水的提取，其他地物对冰凌观测没有实质意义，而传统 MODIS 冰凌监测没有对河道进行提取，所以无法排除其他地物对冰凌提取的影响。因此，提出一种结合河道提取的冰凌算法。

基于 MODIS 数据的黄河冰凌监测中使用到的数据主要为 MODIS 的预处理产品，其包括三大部分：反射率产品、归一化植被指数产品及地表温度产品。MODIS 原始数据的预处理包括消除 MODIS L1B 影像中的 Bow-Tie 效应、投影坐标系转换、影像格式变换和裁剪等。在黄河冰凌监测中直接把经过预处理的基础影像产品作为输入数据。

黄河冰凌作为内陆河冰，可以借鉴海冰和积雪的监测方法。经综合考虑，主要采用归一化冰雪指数（NDSI）算法来监测黄河冰凌。

1. 冰凌监测模型的建立

积雪具有很强的可见光反射性和短波红外吸收性，在 MODIS 第四波段有高反射率；在 MODIS 第六波段反射率接近于零，而云的反射率在该波段很高，因此常用 MODIS 的 NDSI 监测冰凌（参见 3.1.5）。国外学者还提出了一种新的归一化冰雪指数（NDSII）（Keshri et al.，2009；Xiao et al.，2001；Willmes et al.，2009），该算法是针对有些影像中不包含绿波段（在 MODIS 中对应第 4 波段）而提出的，计算公式为

$$\text{NDSII} = \frac{R_{\text{红}} - R_{\text{中红}}}{R_{\text{红}} + R_{\text{中红}}} \tag{3-30}$$

实际上，流凌比稳定封冻的冰更易引起洪水等灾害，所以在黄河冰凌监测中冰、水的区分非常重要。由于水在近红外波段反射率较低，而冰很高，因此可以使用红波段反射率来区分冰和水。

在影像处理过程中，云的存在会使得冰凌监测结果存在较大误差，因此在冰凌监测中需要先去除云的影响。经过预处理后得到的 MODIS 反射率产品只有 7 个波段，在这里采用近红外反射率去云法。通过给近红外波段反射率设定一个阈值来得到云模板。该阈值是通过实验对比和经验分析得到的，其大小根据影像去云效果进行调整。实验证明，影像中的云经过近红外反射率去云法处理可以被有效去除，而无云区域的信息保留量良好。去云效果的评价可以通过对影像统计结果进行分析和验证。分析遥感影像的空间域可知，云覆盖的区域具有能量大、区域灰度平均值高、方差小等特点，因而可以使用标准差、灰度均值、熵等标准来评价去云效果。

2. MODIS 数据冰凌监测方法

遥感技术应用于冰凌监测需要解决以下 4 个关键问题。

（1）冰与水体的区分。由于水在近红外波段反射率低，而冰在近红外波段反射率较高，如图 3-38 所示，因此该波段适于区分冰和水。

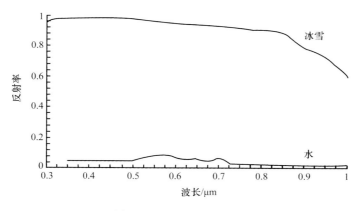

图 3-38　冰、水光谱曲线

(2)排除云的干扰。利用云和冰雪光谱反射特性的区别,选择合适的波段去除云的影响,由图 3-39 得出红外波段可以作为云的过滤器。

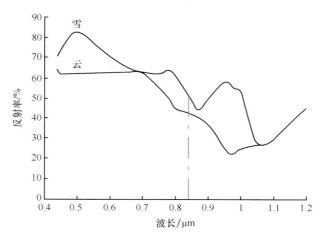

图 3-39　云、冰雪光谱曲线

(3)准确提取河道范围。由于冰雪和水在近红外的反射率小于红光反射率,所以可以利用 NDVI 准确提取河道范围。

(4)提高自动化处理效率。较少人工干预、准自动化监测处理,设定默认阈值与自动化处理得到提取结果,对精度较差的结果进行人工阈值调整,以达到较高精度。

基于 MODIS 数据的黄河冰凌监测的算法的步骤如下。

(1)建立河道模板:在遥感影像中,水体有红波段反射性强、近红外波段吸收能力高的特点,所以水体的 NDVI 值一般小于 0。模型中把 0 作为 NDVI 的设定阈值,可以得到河道模板,从而能减少其他地物对冰凌监测的影响。

(2)NDSI 的计算及冰雪模板提取:利用 MODIS 第七波段和第四波段计算 NDSI,得到 NDSI 指数。用 NDSI>0.4 这个阈值范围来表示有积雪覆盖的区域。

(3)建立去云模板:使用近红外反射率去云法去除影像中的云。设定 0.25 作为去云阈值,得到去云模板。

（4）区分冰与水：由地物反射光谱特性得知，冰在近红外波段反射率比水体要高，因此通过近红外波段反射率可以区分出冰和水体。模型中使用 0.11 作为划分阈值，区分出冰与水。

（5）叠置显示：对河道模板、冰雪模板、去云模板及冰水区分模板进行叠置处理，可以在研究区域中检测出冰凌区域和水体区域。使用 IDL 语言进行二次开发，生成分类影像的.jpg 格式快视图。

上述冰凌监测的算法流程如图 3-40 所示。

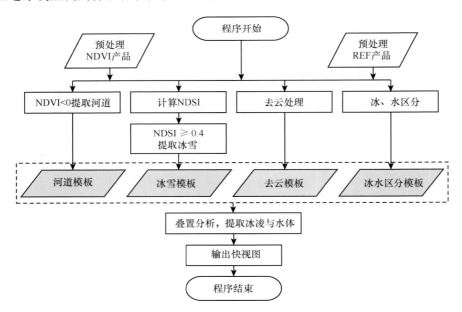

图 3-40　基于 MODIS 影像的黄河冰凌监测模型流程

3. 基于 MODIS 数据的凌汛监测情况分析

以 2012 年 12 月 12 日在黄河宁蒙河段的 MODIS 影像为例提取冰凌，如图 3-41 所示。

图 3-41（a）为假彩色合成影像，图 3-41（b）为不考虑河道提取时得到的结果（传统算法），图 3-41（c）为改进后得到的监测结果。可以看出，图 3-41（b）看起来很模糊，难以分辨出黄河冰凌，而图 3-41（c）中可以清晰地辨别出河道走向及冰凌分布范围。

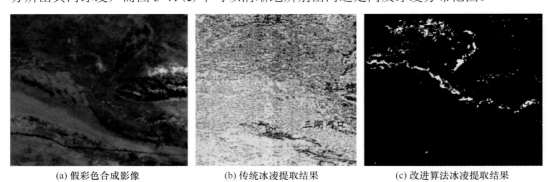

(a) 假彩色合成影像　　　　　　(b) 传统冰凌提取结果　　　　　　(c) 改进算法冰凌提取结果

图 3-41　2012 年 12 月 12 日 MODIS 影像在黄河冰凌提取方面的对比图

利用本方法对该河段进行连续监测，如图 3-42 所示，对 2012 年 12 月 3 日、5 日、12 日影像进行冰凌提取，很容易看出，该时段内河道冰雪凝结，受灾面积扩大，长度增加，封河面积呈快速扩大趋势。

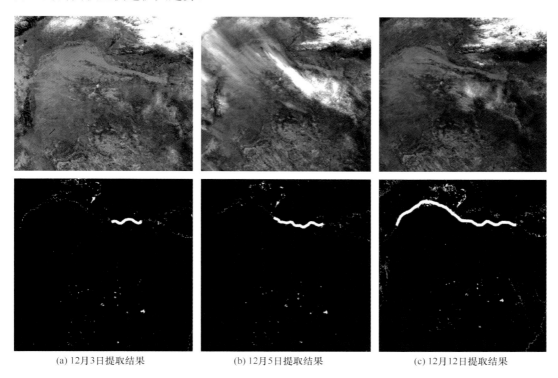

(a) 12月3日提取结果　　(b) 12月5日提取结果　　(c) 12月12日提取结果

图 3-42　2012 年 12 月 3 日、5 日、12 日 MODIS 影像冰凌监测结果

3.4.3　基于环境减灾卫星数据的冰凌监测

1. 冰凌光谱特性分析

在实测数据的基础上，利用专家知识对 HJ-1 CCD 反射率数据中河道旁的代表地物（如冰凌、积雪、水体、沙漠、城镇和耕地）进行目视判别，随机取样提取出不同时期、不同河段的样本点进行统计分析，得到这些地物的反射光谱特性。可以得出，冰凌、水体在红波段的反射率比在近红外波段的反射率大；积雪、耕地、沙漠、城镇在红光波段的反射率等于或小于在近红外波段的反射率；水体在可见光波段区域的反射率总体小于冰凌；但冰凌的可见光反射率数值的分布范围相对较大，水体和部分冰凌可见光反射率接近，难以区分；积雪在近红外和可见光波段的反射率则明显要大于其他地物。

主成分分析（PCA）是在统计特征基础上进行的一种多维正交线性变换，旨在减少数据的维数。对选取的数据进行主成分处理可以发现，环境星 CCD 的 4 个波段的反射率数据具有相当强的相关性，地物的大部分信息集中在第一主成分和第二主成分的数据上。随机选取一定数量的冰凌、积雪、水体、沙漠、城镇和耕地的样本点，统计地物主成分上构成的散点图，分析可得，积雪一般分布在特征空间的右方，分布范围比较松散；冰凌位于积雪的左下方，水体和冰凌相隔比较近，位于冰凌的左上方；城镇、耕地、沙漠位于特征空间的左上方，彼此相隔比较近，分布集中。经过实验验证可以得到，主成分分析的第一主成分与第二主成分的差值在不同的阈值内对应着不同类型的地物。根据这个结论，可以基于主成分分析将冰凌从影像中提取出来。

对于主成分分析的第一主成分与第二主成分的差值，可以设定常数 H 作为阈值，同时，这个阈值可以手动进行调整，如果较多的冰凌未被提取，则减少 H，反之就增大 H，反复调整直至提取出来的冰凌和实际冰凌范围基本一致(目视判读即可完成)。还有一种设定阈值 H 的方法是选取一定数量的冰、水体和其他地物的样本点，统计样本点差值，以得到分布情况，计算冰、水体和其他地物差值的最大值和最小值，取冰样本点的差值最小值和水体样本点的差值最大值作为 H。一般刚封河时取 H 为 35，稳封期取 H 为 42，开河期取 H 为 45。

2. 环境减灾卫星数据冰凌监测方法

基于 HJ-1 数据的黄河冰凌监测算法的核心步骤如下。

(1)建立河道模板：过程与基于 MODIS 数据的冰凌监测中建立河道模板的方法一致。

(2)PCA(分级分析)变换并建立冰凌模板：根据主成分分析后的第一主成分 PC1 和第二主成分 PC2 的差值设定阈值(PC1−PC2＞H 常数)，得到冰凌模板。

(3)建立去云模板：使用近红外反射率法去除影像中的云。设定 0.25 作为默认去云阈值，得到去云模板。

(4)叠置显示：对河道模板、冰凌模板、去云模板进行叠置处理，可以在研究区域中检测出冰凌区域和水体区域。使用 IDL 语言进行二次开发，生成分类影像的 .jpg 格式快视图。

上述冰凌监测算法流程如图 3-43 所示。

3. 基于环境减灾卫星数据的凌汛监测情况分析

以 2012 年 2 月 28 日黄河不同河段 HJ-1 数据为例，不同河段的提取结果如图 3-44 所示，图中白色代表冰，灰色代表水。2012 年 2 月 28 日一般情况下为黄河稳封期，由假彩色和冰凌提取结果对比图可以看出，稳封冰提取精度较高。

虽然利用 HJ-1 监测冰凌对稳封冰提取精度较高，但对于新雪的提取效果不佳，主要原因是新雪的近红外波段反射率和红光反射率的差距不大，所以在利用 NDVI 提取河道时会受到影响，可能会出现漏提的情况。因此，在提取冰凌之前先利用凌汛期冰凌范围最大时的小卫星影像初步提取河道范围，然后对比初步提取的河道范围和小卫星彩色合成影像，手工对河道范围进行修正，制作河道范围模板影像。这样就避免了利用 NDVI 提取河道时将新雪漏掉的情况。使用该方法对 2012 年 12 月 11~12 日的河段进行监测，结果如图 3-45 所示。

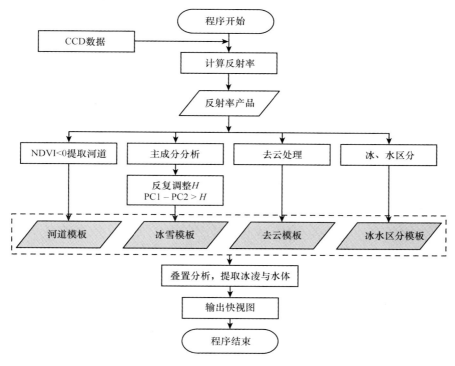

图 3-43 基于 HJ-1 影像的黄河冰凌监测模型流程

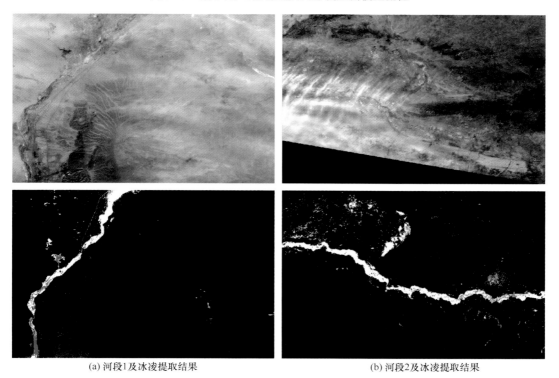

(a) 河段1及冰凌提取结果   (b) 河段2及冰凌提取结果

图 3-44 2012 年 2 月 28 日 HJ-1 影像冰凌监测结果

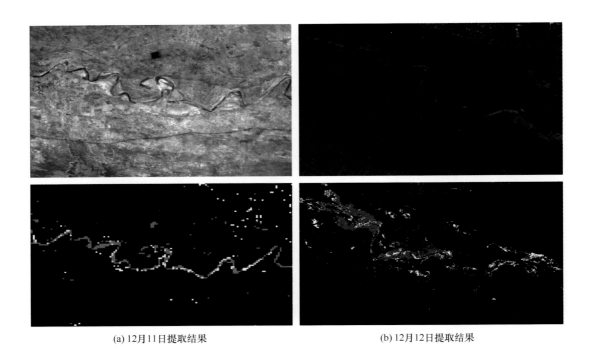

(a) 12月11日提取结果　　　　　　　　(b) 12月12日提取结果

图 3-45　2012 年 12 月 11～12 日 HJ-1 影像冰凌监测结果

可以看出，由于封河影响，河流附近非河道地区出现了水(灰色)，即发生了凌汛现象，该结果可为相关部门提供凌汛治理依据。而图 3-45(b)图中，影像质量较差，整体色调偏暗，但该方法依旧有效地提取出了冰凌信息。

3.4.4　MODIS 与环境减灾卫星数据结合的冰凌监测

由 3.4.2 节和 3.4.3 节可知，MODIS 和 HJ-1 在冰凌监测方面各具优势，通过增加河道约束的方法，极大地提高了冰凌监测的正确率和可读性。但同时，MODIS 与 HJ-1 分别受到空间分辨率和时间分辨率的制约，难以实现真正的业务化。本节将分析比较两种影像的冰凌监测结果，并介绍一种更适合业务化的结合两种影像进行冰凌监测的方法。

取几张日期极为接近的 HJ-1 影像和 MODIS 影像进行冰凌监测和对比分析，如图 3-46 所示。图 3-46(a)是 2012 年 2 月 29 日的 MODIS 影像的提取结果，图 3-46(b)是两张 2012 年 2 月 28 日的 HJ-1 影像宁蒙河段冰凌提取结果的拼接图。

由图 3-46 中的白色区域可以看出，两种数据提取结果中的冰凌变化趋势基本一致。箭头指向的放大区域显示了两幅图提取冰凌结果的细节。

由图 3-46 的实验结果可以定性地看出，MODIS 和 HJ-1 的冰凌提取结果精度在同一尺度上，因此，将 HJ-1 影像用于对 MODIS 黄河冰凌宏观动态监测进行补充比较合适。

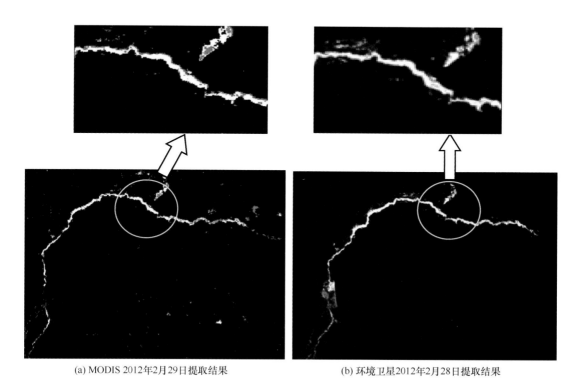

(a) MODIS 2012年2月29日提取结果　　　　(b) 环境卫星2012年2月28日提取结果

图 3-46　MODIS 与 HJ-1 冰凌提取结果对比

针对两种影像的特点，从业务化需求出发，将 MODIS 与 HJ-1 结合进行冰凌监测的方法流程可描述如下：将 MODIS 和 HJ-1 数据进行融合，用主成分变换方法提取冰凌，以满足冰凌监测对高时间分辨率和高空间分辨率的双重需求，从而实现空间分辨率与时间分辨率上的互补，具体流程如图 3-47 所示。

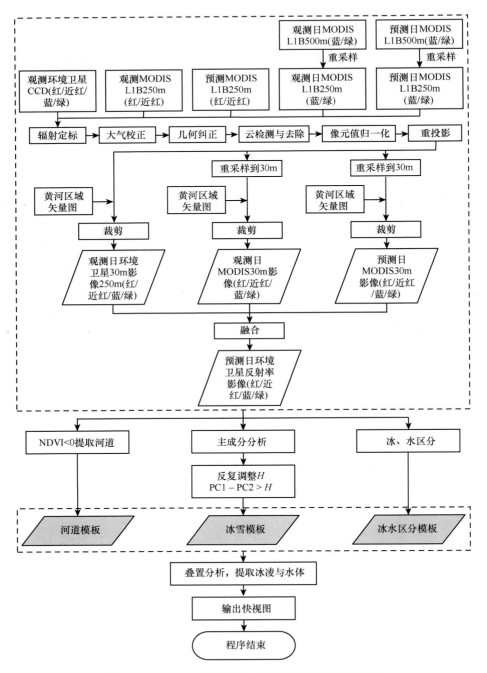

图 3-47 MODIS 和环境减灾卫星结合提取冰凌流程图

参 考 文 献

陈蕾, 邓孺孺, 陈启东, 等. 2012. 基于水质类型的 TM 图像水体信息提取. 国土资源遥感, 24(1): 90-94.

邓劲松, 王珂, 李君, 等. 2005. 决策树方法从 SPOT-5 卫星影像中自动提取水体信息研究. 浙江大学学报(农业与生命科学版), 31(2): 171-174.

都金康, 黄永胜. 2001. SPOT 卫星影像的水体提取方法及分类研究. 遥感学报, 5(3): 214-219.

范登科, 李明, 贺少帅. 2012. 基于环境小卫星 CCD 影像的水体提取指数法比较. 地理与地理信息科学, 28(2): 14-19.

韩晶, 邓喀中, 范洪冬. 2012. 利用波段合成研究 SPOT 多光谱影像水体提取方法. 全球定位系统, (5): 76-80.

胡德勇, 李京, 陈云浩, 等. 2008. 单波段单极化 SAR 图像水体和居民地信息提取方法研究. 中国图象图形学报, 13(2): 257-263.

黄奇瑞. 2012. 基于粗糙集理论和 SVM 分类算法的遥感影像分类. 昆明理工大学硕士学位论文.

黄昕, 张良培, 李平湘. 2006a. 基于小波的高分辨率遥感影像纹理分类方法研究. 武汉大学学报(信息科学版), 13(1): 66-69.

黄昕, 张良培, 李平湘. 2006b. 高空间分辨率遥感图像分类的 SSMC 方法. 中国图象图形学报, 11(4): 529-534.

黄昕, 张良培, 李平湘. 2007. 基于多尺度特征融合和支持向量机的高分辨率遥感影像分类. 遥感学报, 11(1): 48-54.

可素娟, 王敏, 饶素秋. 2002. 黄河凌冰研究. 郑州: 黄河水利出版社.

李德仁. 2003. 论 21 世纪遥感与 GIS 的发展. 武汉大学学报(信息科学版), 28(2): 127-131.

李峰, 蔡碧野, 陈志坚. 2003. 一种基于纹理的图像分割方法. 计算技术与自动化, 22(2): 18-20.

李军, 周月琴. 1997. 小波变换用于影像分割的研究. 中国图象图形学报, 2(4): 213-219.

刘兆祎, 李鑫慧, 沈润平, 等. 2014. 高分辨率遥感图像分割的最优尺度选择. 计算机工程与应用, 50(6): 144-147.

吕琪菲. 2015. 国产高分辨率遥感影像水体提取技术研究. 武汉大学博士学位论文.

毛先成, 熊靓辉, 高岛.勋. 2007. 基于 MOS-1b/MESSR 的洪灾遥感监测. 遥感技术与应用, 22(6): 685-689.

王培培. 2009. 基于 ETM 影像的水体信息自动提取与分类研究. 首都师范大学学报(自然科学版), 30(6): 75-79.

徐德启, 汪志华. 2002. 综合纹理和颜色的图像分割方法. 计算技术与自动化, 21(3): 77-83.

徐涵秋. 2005. 利用改进的归一化差异水体指数(MNDWI)提取水体信息的研究. 遥感学报, 9(5): 589-595.

徐涵秋. 2008. 从增强型水体指数分析遥感水体指数的创建. 地球信息科学, 10(6): 776-780.

闫霈, 张友静, 张元. 2007. 利用增强型水体指数(EWI)和 GIS 去噪音技术提取半干旱地区水系信息的研究. 遥感信息, (6): 62-67.

杨莹, 阮仁宗. 2010. 基于 TM 影像的平原湖泊水体信息提取的研究. 遥感信息, (3): 60-64.

张利, 计时鸣, 沈建冰. 2003. 基于小波和高斯马尔可夫随机场的纹理方法. 计算机工程与设计, 24(7): 94-96.

周成虎, 骆剑承. 2008. 高分辨率卫星遥感影像地学计算. 北京: 科学出版社.

周亚男, 朱志文, 沈占锋, 等. 2012. 融合纹理特征和空间关系的 TM 影像海岸线自动提取. 北京大学学报(自然科学版), 48(2): 273-279.

朱超波, 陈康力, 郑小松. 2000. 基于小波包框架的纹理分割. 模式识别与人工智能, 13(4): 399-340.

朱树先, 张仁杰. 2008. 支持向量机核函数选择的研究. 科学技术与工程, 8(16): 4513-4517.

Acharyya M, De R K, Kundu M K. 2003. Segmentation of remotely sensed images using wavelet features and their evaluation in soft computing framework. IEEE Transactions on Geoscience and Remote Sensing, 41(12): 2900-2905.

Adams R, Bischof L. 1994. Seeded region growing. IEEE Transactions on Pattern Analysis and Machine Intelligence, 16(6): 641-647.

Amini J. 2010. A method for generating floodplain maps using IKONOS images and DEMs. International Journal of Remote Sensing, 31(9): 2441-2456.

Arévalo V, González J, Ambrosio G. 2008. Shadow detection in colour high-resolution satellite images. International Journal of Remote Sensing, 29(7): 1945-1963.

Billa L, Mansor S, Mahmud A R, et al. 2006. Modelling rainfall intensity from NOAA AVHRR data for operational flood forecasting in malaysia. International Journal of Remote Sensing, 27(23): 5225-5234.

Bischoff S, Kobbelt L P. 2004. Snakes with topology control. Visual Computer, 20(4): 217-228.

Bow S T. 1992. Pattern Recognition and Image Preprocessing. New York: Academic Press.

Cheung Y. 2002. Rival Penalization Controlled Competitive Learning for Data Clustering with Unknown Cluster Number. Proc. of 9th Inter. Conf. on Neural Information Processing, Singapore, 22(2): 467-471.

Comaniciu D, Meer P. 1997. Robust analusis of feature spaces: color image segmentation. Proc. of IEEE Conf. Computer Vision and Pattern Recognition, 750-755.

Dong Y，Forester B C，Milne A K. 1999. Segmentation of radar imagery using the Gaussian Markov random field model. Int. J. Remote Sensing，20(8)：1617-1639.

Dong Y，Forster B C，Milne A K. 2003. Comparison of radar image segmentation by Gaussian and Gamma-Markov random field models. Int. J. Remote Sensing，24(4)：711-722.

Fernandes R，Zhao H. 2008. Mapping Daily Snow Cover Extent over Land Surfaces using NOAA AVHRR Imagery//Paper Presented at 5th EARSeL Workshop: Remote Sensing of Land Ice and Snow. Bern，Switzerland: European Association of Remote Sensing Laboratories：1-8.

Frazier P，Page K，Louis J，et al. 2003. Relating wetland inundation to river flow using Landsat TM data. International Journal of Remote Sensing，24(19)：3755-3770.

Fung T，Ledrew E. 1988. The determination of optimal threshold levels for change detection using various accuracy indices. Photogrammetric Engineering & Remote Sensing，54(10)：1449-1454.

Gao Y，Xie H，Lu N，et al. 2010. Toward advanced daily cloud-free snow cover and snow water equivalent products from Terra-Aqua MODIS and Aqua AMSR-E measurements. Journal of Hydrology，385(1)：23-35.

Hall D K，Riggs G A. 2007. Accuracy assessment of the MODIS snow products. Hydrological Processes，21(12)：1534-1547.

Hall D K，Riggs G A，Salomonson V V. 1995. Development of methods for mapping global snow cover using moderate resolution imaging spectroradiometer data. Remote Sensing of Environment，54(2)：127-140.

Haris K，Efstratiadis S N，Maglaveras N. 1998. Hybrid image segmentation using watersheds and fast region merging. IEEE Trans. On Image Processing，7(12)：1684-1699.

Harvey R，Bangham J A. 2003. A fully unsupervised texture segmentation algorithm. Proc. of British Machine Vision Conference，Norwich，UK，519-528.

Henry J B，Chastanet P，Fellah K，et al. 2006. Envisat multi-polarized ASAR data for flood mapping. International Journal of Remote Sensing，27(10)：1921-1929.

Jiang Z，Qi J，Su S，et al. 2012. Water body delineation using index composition and his transformation. International Journal of Remote Sensing，33(11)：3402-3421.

Jin Y Q. 1999. A flooding index and its regional threshold value for monitoring floods in China from SSM/I data. International Journal of Remote Sensing，20(5)：1025-1030.

Kass M，Witkin A，Terzopoutos D. 1988. Snakes: active contour models. International Journal of Computer Vision，1(4)：321-331.

Keshri A K，Shukla A，Gupta R P. 2009. ASTER ratio indices for supraglacial terrain mapping. International Journal of Remote Sensing，30(2)：519-524.

Kiage L M，Walker N D，Balasubramanian S，et al. 2005. Applications of Radarsat-1 synthetic aperture radar imagery to assess hurricane-related flooding of coastal louisiana. International Journal of Remote Sensing，26(24)：5359-5380.

Klein A G，Barnett A C. 2003. Validation of daily MODIS snow cover maps of the upper rio grande river basin for the 2000-2001 snow year. Remote Sensing of Environment，86(2)：162-176.

Lacava T，Filizzola C，Pergola N，et al. 2010. Improving flood monitoring by the robust AVHRR technique (RAT) approach: the case of the April 2000 hungary flood. International Journal of Remote Sensing，31(8)：2043-2062.

Li M，Zhou X，Wang X. et al. 2011. Genetic Algorithm Optimized SVM in Object-based Classification of Quickbird Imagery. Fuzhou，China: IEEE International Conference on Spatial Data Mining and Geographical Knowledge Services，Icsdm 2011，June 29-July：348-352.

Lira J. 2006. Segmentation and morphology of open water bodies from multispectral images. International Journal of Remote Sensing，27(18)：4015-4038.

Liu Z，Huang F，Li L. et al. 2002. Dynamic monitoring and damage evaluation of flood in north-west jilin with remote sensing. International Journal of Remote Sensing，23(18)：3669-3679.

Lu D，Mausel P，Brondízio E. et al. 2004. Change detection techniques. International Journal of Remote Sensing，25(12)：2365-2401.

Marikhu R，Dailey M N，Makhanov S，et al. 2007. A Family of Quadratic Snakes for Road Extraction. Computer Vision-ACCV 2007，Lecture Notes in Computer Science，4843：85-94.

McFeeters S K. 1996. The Use of the Normalized Difference Water Index (NDWI) in the Delineation of Open Water Features. International Journal of Remote Sensing，17(7)：1425-1432.

McInerney T，Terzopoulos D. 2000. T-snakes：topology adaptive snakes. Medical Image Analysis，4（2）：73-91.

MacQueen J. 1967. Some Methods for Classification and Analysis of Multivariate Observations. In Proceedings of the Fifth Berkeley Symposium on Mathematical Statistics and Probability，1（14）：281-297.

Mehnert，Jackway P. 1997. An improved seeded region growing algorithm. Pattern Recognition Letters，18（10）：1065-1071.

Metternicht G. 1999. Change detection assessment using fuzzy sets and remotely sensed data：an application of topographic map revision. ISPRS Journal of Photogrammetry & Remote Sensing，54（4）：221-233.

Nagarajan R，Marathe G T，Collins W G. 1993. Technical note identification of flood prone regions of rapti river using temporal remotely-sensed data. International Journal of Remote Sensing，14：1297-1303.

Nico G，Pappalepore M，Pasquariello G，et al. 2000. Comparison of SAR amplitude vs. coherence flood detection methods-a GIS application. International Journal of Remote Sensing，21：1619-1631.

Park S H，Yun I D，Lee S U. 1998. Color image segmentation based on 3-D clustering：morphological approach. Pattern Recognition，31（8）：1061-1076.

Ranchin T，Wald L. 2000. Fusion of high spatial and spectral resolution images：the arsis concept and its implementation. Photogrammetric Engineering & Remote Sensing，66（1）：49-61.

Roli F，Fumera G. 2001. Support Vector Machines for Remote Sensing Image Classification. Europto Remote Sensing. International Society for Optics and Photonics.

Rudorff C M，Galvã O L S，Novo E M L M. 2009. Reflectance of floodplain waterbodies using EO-1 hyperion data from high and receding flood periods of the Amazon River. International Journal of Remote Sensing，30（10）：2713-2720.

Sheng Y，Gong P，Xiao Q. 2001. Quantitative dynamic flood monitoring with NOAA AVHRR. International Journal of Remote Sensing，22（9）：1709-1724.

Sirguey P，Mathieu R，Arnaud Y，et al. 2008. Improving MODIS spatial resolution for snow mapping using wavelet fusion and arsis concept. IEEE Geoscience & Remote Sensing Letters，5（1）：78-82.

Waisurasingha C，Aniya M，Hirano A，et al. 2008. Use of Radarsat-1 data and a digital elevation model to assess flood damage and improve rice production in the lower part of the Chi River Basin，Thailand. International Journal of Remote Sensing，29（20）：5837-5850.

Wang Y. 2004. Using Landsat 7 TM data acquired days after a flood event to delineate the maximum flood extent on a coastal floodplain. International Journal of Remote Sensing，25（5）：959-974.

Wang Y，Colby J D，Mulcahy K A. 2002. An efficient method for mapping flood extent in a coastal floodplain using landsat TM and DEM data. International Journal of Remote Sensing，23（18）：3681-3696.

Wang Z，Bovik A C. 2002. A universal image quality index. IEEE Signal Processing Letters，9（3）：81-84.

Westra T，de Wulf R R. 2009. Modelling yearly flooding extent of the Waza-Logone floodplain in Northern Cameroon based on MODIS and rainfall data. International Journal of Remote Sensing，30（21）：5527-5548.

Willmes S，Bareiss J，Haas C，et al. 2009. Observing snowmelt dynamics on fast ice in Kongsfjorden，Svalbard，with NOAA/AVHRR data and field measurements. Polar Research，28（2）：203-213.

Xiao X，Shen Z，Qin X. 2001. Assessing the potential of vegetation sensor data for mapping snow and ice cover：a normalized difference snow and ice index. International Journal of Remote Sensing，22（13）：2479-2487.

Xu H. 2006. Modification of normalised difference water index（NDWI）to enhance open water features in remotely sensed imagery. International Journal of Remote Sensing，27（14）：3025-3033.

Xu L，Krzyzak A，Oja E. 1993. Rival penalized competitive learning for clustering analysis，RBF net，and curve detection. IEEE Transactions on Neural Networks，4（4）：636-649.

Yilmaz K K，Adler R F，Tian Y，et al. 2010. Evaluation of a satellite-based global flood monitoring system. International Journal of Remote Sensing，31（14）：3763-3782.

Zheng L，Chan A，Liu J S. 1999. DWT based MMRF Segmentation Algorithm for Remote Sensing Image Processing. Geoscience and Remote Sensing Symposium，Proc. of IGARSS，2：1332-1334.

Zheng S. 2010. An intensive restraint topology adaptive snake model and its application in tracking dynamic image sequence. Information Sciences，180（16）：2940-2959.

Zhou Y，Wang S，Zhou W，et al. 2004. Applications of CBERS-2 Image Data in Flood Disaster Remote Sensing Monitoring. Anchorage AK，USA：International Geoscience and Remote Sensing Symposium，IGARSS'04，20-24 Sept.

第4章 旱情遥感监测方法

受自然变化和人类活动的共同影响，全球气候正经历着一场以变暖为主要特征的显著变化(Dai，2011，2013)。气候变暖会加速大气环流和水文循环过程，影响水资源的时空分布。我国是一个水资源缺乏的国家，空间降水量呈东南地区降水较多、西北地区降水较少的特点。随着气候变暖等因素的影响，我国干旱灾害频繁发生，影响范围不断扩大，造成极为严重的经济损失(王丽涛等，2011；Zhang and Jia，2013)。表4-1为2000～2016年全国干旱灾害统计数据，数据来源于水利部发布的2016年中国水旱灾害公报。

表4-1 2000～2016年全国干旱灾害统计表

年份	受灾面积 /10^3hm^2	成灾面积 /10^3hm^2	绝收面积 /10^3hm^2	粮食损失 /亿 kg	饮水困难人口 /万人	饮水困难牲畜 /万头	直接经济损失 /亿元
2000	40 540.67	26 783.33	8 006.00	599.60	2 770.00	1 700.00	—
2001	38 480.00	23 702.00	6 420.00	548.00	3 300.00	2 200.00	—
2002	22 207.33	13 247.33	2 568.00	313.00	1 918.00	1 324.00	—
2003	24 852.00	14 470.00	2 980.00	308.00	2 441.00	1 384.00	—
2004	17 255.33	7 950.67	1 677.33	231.00	2 340.00	1 320.00	—
2005	16 028.00	8 479.33	1 888.67	193.00	2 313.00	1 976.00	—
2006	20 738.00	13 411.33	2 295.33	416.50	3 578.23	2 936.25	986.00
2007	29 386.00	16 170.00	3 190.67	373.60	2 756.00	2 060.00	1 093.70
2008	12 136.80	6 797.52	811.80	160.55	1 145.70	699.00	545.70
2009	29 258.80	13 197.10	3 268.80	348.49	1 750.60	1 099.40	1 206.59
2010	13 258.61	8 986.47	2 672.26	168.48	3 334.52	2 440.83	1 509.18
2011	16 304.20	6 598.60	1 505.40	232.07	2 895.45	1 616.92	1 028.00
2012	9 333.33	3 508.53	373.80	116.12	1 637.08	847.63	533.00
2013	11 219.93	6 971.17	1 504.73	206.36	2 240.54	1 179.35	1 274.51
2014	12 271.70	5 677.10	1 484.70	200.65	1 783.42	883.29	909.76
2015	10067.05	5577.04	1005.39	144.41	836.43	806.77	579.22
2016	9872.76	6130.85	1018.20	190.64	469.25	649.73	484.15

注：表中"—"表示没有统计数据。

从统计资料完整的年份来看，2006～2016年由旱灾导致的年均直接经济损失为922.71亿元，其中2010年全国有13 258.61×10^3 hm^{2}作物因旱受灾，成灾面积达到8 986.47×10^3hm^2，绝收面积为2 672.26×10^3 hm^2，因旱造成粮食损失达168.48亿 kg，直接经济损失高达1 509.18亿元。旱灾对我国农作物和生态环境造成严重威胁，制约着经济社会发展。因此，对旱情问题展开深入研究，了解其变化和发展趋势，提高预报预警水平和能力，为决策部门提供决策依据，最大限度地降低干旱对农业造成的损失，对我国的国民经济，尤其是农业生产有着十分重要的意义。

本章主要介绍旱情的遥感监测方法，结合实例对干旱时空特征进行分析，并阐述研发的基于分布式存储环境的旱情监测系统。

4.1　传统旱情监测方法

　　传统的气象干旱监测主要是利用全国范围内的气象站、墒情站提供的气象及土壤墒情等数据监测旱情，利用这些气象要素，根据一定的计算方法，计算不同的气象干旱指数，以评估不同区域在某时间段内的水分亏缺程度。气象干旱指数主要包括帕默尔干旱指数（PDSI）、标准化降水指数（SPI）、作物湿度指数（crop moisture index，CMI）、地表供水指数（surface water supply index，SWSI）、标准化降水蒸散指数（standardized precipitation evapotranspiration index，SPEI）等，其中帕默尔干旱指数 PDSI、标准化降水指数 SPI 和标准化降水蒸散指数 SPEI 在国内外旱情监测业务中得到广泛应用。中国气象局于 2006 年发布《气象干旱等级》（GB/T20481—2006）国家标准，该标准适用于气象、水文、农业和林业等相关行业开展旱情监测评估使用，该标准规定了包括标准化降水指数 SPI 和帕默尔干旱指数 PDSI 在内的 5 种干旱监测单项指标，以及一种综合气象干旱指数 CI，除帕默尔干旱指数和标准化降水指数以外，另外 3 种单项指标分别为降水量距平百分率、相对湿润度指数和土壤湿度干旱指数。

1. 帕默尔干旱指数

　　帕默尔干旱指数（PDSI）基于土壤水分平衡方程建立，其构建过程综合考虑前期降水、水分供给、水分需求、蒸散量等要素，可以表征某一地区实际水分供应持续少于当地气候适宜水分供应的水分亏缺情况（Palmer，1965）。

　　首先利用蒸散量、径流量、土壤含水量建立水分平衡方程，得到气候适宜降水量，水分供应达到气候适宜时的水分平衡方程可表示为

$$\hat{P} = \hat{ET} + \hat{RO} + \hat{R} - \hat{L} \tag{4-1}$$

式中，$\hat{P}$ 为气候适宜降水量；$\hat{ET}$ 为气候适宜蒸散量；$\hat{RO}$ 为气候适宜径流量；$\hat{R}$ 为气候适宜补水量；$\hat{L}$ 为气候适宜失水量。

　　再结合实际降水量获得水分距平值，水分距平 d 表示为实际降水量与气候适宜降水量的差：

$$d = P - \hat{P} \tag{4-2}$$

　　当计算出 d 后，将其与指定地点给定月份的气候权重系数 K 相乘，得到 Palmer-Z 指数：

$$Z = dK \tag{4-3}$$

　　Palmer-Z 指数表示给定地点、给定月份处，实际气候干湿状况与其多年平均水分状态的偏离程度，最后进行递推反演即可得到 PDSI。表 4-2 为帕默尔干旱指数（PDSI）的干旱等级划分标准。

表 4-2 帕默尔干旱指数（PDSI）干旱等级

等级	类型	PDSI
1	无旱	PDSI>−0.1
2	轻旱	−2.0<PDSI≤−1.0
3	中旱	−3.0<PDSI≤−2.0
4	重旱	−4.0<PDSI≤−3.0
5	特旱	PDSI≤−4.0

PDSI 综合考虑降水、气温和土壤有效含水量等因素，物理意义明确，在旱情监测（Guttman et al.，1992；Scian and Donnari，1997；Lohani et al.，1998；Cook et al.，1999；Mika et al.，2005；Karnauskas et al.，2008）、土壤水分估算（Dai et al.，2004；Mika et al.，2005；Szep et al.，2005）等业务中得到广泛应用。

2. 标准化降水指数

由于不同时间、不同地区降水量变化幅度较大，直接用降水量很难在不同时空尺度上相互比较，McKee 等（1993）在评估美国科罗拉多干旱状况时提出标准化降水指数（SPI），表征某时段降水量出现的概率大小。因为降水分布是一种偏态分布，在降水分析中首先引入 Γ 分布计算降水量累计概率，然后对 Γ 分布概率进行正态标准化处理，即可获得 SPI 值。其具体计算步骤如下。

（1）假设某时段降水量为随机变量 x，其 Gamma 分布概率密度函数为

$$f(x) = \frac{1}{\beta^\gamma \Gamma(\gamma)} x^{\gamma-1} e^{-x/\beta}, \quad x>0 \tag{4-4}$$

$$\Gamma(\gamma) = \int_0^\infty x^{\gamma-1} e^{-x} dx \tag{4-5}$$

式中，β、γ 分别为尺度和形状参数；$\Gamma(\gamma)$ 为 Gamma 函数。β、γ 可用最大似然估计方法求得

$$\hat{\gamma} = \frac{1}{4A}\left(1 + \sqrt{1+\frac{4A}{3}}\right) \tag{4-6}$$

$$\hat{\beta} = \bar{x}/\hat{\gamma} \tag{4-7}$$

$$A = \ln \bar{x} - \frac{1}{n}\sum_{i=1}^n \ln x_i \tag{4-8}$$

式中，x_i 为降水量资料样本数据；$\bar{x}$ 为降水量多年平均值；n 为总样本数。

确定概率密度函数中的参数后，对于某一年的降水量 x，可求出随机变量 x 累积概率为

$$F(x) = \int_0^x f(x) dx \tag{4-9}$$

由于 Gamma 函数没有定义 $x=0$ 时的情况，但实际的降水序列有可能出现零值，累计概率通常定义为

$$H(x) = q + (1-q)F(x) \tag{4-10}$$

式中，q 为降水量为 0 时的概率。降水量为 0 时的事件概率一般由式(4-11)估计：

$$q = \frac{m}{n} \tag{4-11}$$

式中，m 为降水量为 0 的样本数。

(2)对累计概率分布进行标准正态化处理，即可得到 SPI，一般进行近似求解：

$$\text{SPI} = -\left\{ t - \frac{(c_2 t + c_1)t + c_0}{[(d_3 t + d_2)t + d_1]t + 1} \right\}, \quad 0 < H(x) \leqslant 0.5 \tag{4-12}$$

$$\text{SPI} = +\left\{ t - \frac{(c_2 t + c_1)t + c_0}{[(d_3 t + d_2)t + d_1]t + 1} \right\}, \quad 0.5 < H(x) < 1 \tag{4-13}$$

其中，

$$t = \sqrt{\ln \frac{1}{[H(x)]^2}}, \qquad 0 < H(x) \leqslant 0.5 \tag{4-14}$$

$$t = \sqrt{\ln \frac{1}{[1-H(x)]^2}}, \qquad 0.5 < H(x) < 1 \tag{4-15}$$

常数项分别为

c_0=2.515 517　　c_1=0.802 853　　c_2=0.010 328
d_1=1.432 788　　d_2=0.189 269　　d_3=0.001 308

表 4-3 为标准化降水指数(SPI)的干旱等级划分标准。

表 4-3　标准化降水指数(SPI)干旱等级

等级	类型	SPI
1	无旱	SPI>−0.5
2	轻旱	−1.0<SPI≤−0.5
3	中旱	−1.5<SPI≤−1.0
4	重旱	−2.0<SPI≤−1.5
5	特旱	SPI≤−2.0

SPI 能反映不同时间、不同地区降水的气候特点(Guttman，1998，1999)，同时具有从不同时间尺度进行干旱监测的能力，可以满足多种水分监测需求，如 1 个月时间尺度的 SPI 适合监测气象干旱(Caccamo et al.，2011；Zhang and Jia，2013)；3～6 个月时间尺度的 SPI 适合对农业干旱状态进行分析(Rouault and Richard，2003；Rhee and Carbone，2010；Gebrehiwot et al.，2011)；12 个月时间尺度的 SPI 能反映长期降水变化，与河流水位、水库水位及地下水位相关度较高(Wu et al.，2001；Ji and Peters，2003；Raziei et al.，2014)。标准化降水指数计算简单，仅需降水量数据便可计算获得，同时具有多尺度分析能力，被广泛应用于国内外旱情监测业务中(Hayes et al.，1999；Lloyd-Hughes and Saunders，2002；Bonaccorso et al.，2003；Bhuiyan et al.，2006；Vicente-Serrano，2006；

Jain et al.，2010；Mishra and Singh，2010；Vicente-Serrano et al.，2013）。

3. 标准化降水蒸散指数

由于标准化降水指数（SPI）只考虑了降水因素，Vicente-Serrano 等（2010a）在 SPI 的基础上引入潜在蒸散，构建了一种新的适用于气候变暖背景下的干旱监测与评估旱情指数——标准化降水蒸散指数（SPEI），该指数可以更客观地描述当前的地表干湿变化情况（Vicente-Serrano et al.，2010a，2010b；Begueria et al.，2014；Stagge et al.，2015）。SPEI 的计算方法与 SPI 类似，但用月水分亏缺值替代 SPI 计算中的月降水量数据。其具体计算过程如下。

（1）计算潜在蒸发量。潜在蒸发量是实际蒸发量的理论上限，通常也是计算实际蒸发量的基础。常用的计算潜在蒸发量的方法包括 Penman-Monteith 法和 Thornthwaite 法（Thornthwaite，1948）。由于 Penman-Monteith 法计算潜在蒸发量依赖较多气象参数，包括平均气温、太阳角、风速、相对湿度等，而 Thornthwaite 法的计算主要依靠平均气温，这里主要介绍采用 Thornthwaite 法估算潜在蒸发量（PET）。

$$PET = 16K \left(\frac{10T}{I} \right)^m \tag{4-16}$$

$$m = 6.75 \times 10^{-7} I^3 - 7.71 \times 10^{-5} I^2 + 1.79 \times 10^{-2} I + 0.492 \tag{4-17}$$

式中，K 为修正系数；T 为月平均气温；I 为年热量指数。

（2）计算月水分亏缺值，即降水与潜在蒸散的差值

$$D_i = P_i - PET_i \tag{4-18}$$

式中，P_i 为月降水量；PET_i 为月潜在蒸发量。

（3）采用三参数的 Log-Logistic 分布对 D_i 进行拟合，Log-Logistic 概率密度函数为

$$f(x) = \frac{\beta}{\alpha} \left(\frac{x - \gamma}{\alpha} \right)^{\beta-1} \left[1 + \left(\frac{x - \gamma}{\alpha} \right)^{\beta} \right]^{-2} \tag{4-19}$$

式中，α、β、γ 分别为尺度、形状及位置参数，可通过矩量法得到

$$\alpha = \frac{(\omega_0 - 2\omega_1)\beta}{\Gamma\left(1 + \frac{1}{\beta}\right)\Gamma\left(1 - \frac{1}{\beta}\right)} \tag{4-20}$$

$$\beta = \frac{2\omega_1 - \omega_0}{6\omega_1 - \omega_0 - 6\omega_2} \tag{4-21}$$

$$\gamma = \omega_0 - \alpha\Gamma\left(1 + \frac{1}{\beta}\right)\Gamma\left(1 - \frac{1}{\beta}\right) \tag{4-22}$$

式中，ω_0、ω_1、ω_2 为概率加权矩；n 为样本总量，计算方法为

$$\omega_s = \frac{1}{n}\sum_{i=1}^{n}\left(1-\frac{i-0.35}{n}\right)^s D_i \tag{4-23}$$

Log-Logistic 概率分布函数为

$$F(x) = \left[1+\left(\frac{\alpha}{x-\gamma}\right)^{\beta}\right]^{-1} \tag{4-24}$$

(4) 对概率分布函数进行标准化处理，即可获得 SPEI 值，一般通过如下方法得到近似解：

$$\text{SPEI} = -\left\{\omega-\frac{(c_2\omega+c_1)\omega+c_0}{[(d_3\omega+d_2)\omega+d_1]\omega+1}\right\}\quad 0<F(x)\leqslant0.5 \tag{4-25}$$

$$\text{SPEI} = +\left(\omega-\frac{(c_2\omega+c_1)\omega+c_0}{[(d_3\omega+d_2)\omega+d_1]\omega+1}\right)\quad 0.5<F(x)<1 \tag{4-26}$$

其中，

$$\omega = \sqrt{\ln\frac{1}{[F(x)]^2}}\quad\quad 0<F(x)\leqslant0.5 \tag{4-27}$$

$$\omega = \sqrt{\ln\frac{1}{[1-F(x)]^2}}\quad\quad 0.5<F(x)<1 \tag{4-28}$$

常数项分别为

$c_0=2.515\,517$　　　$c_1=0.802\,853$　　　$c_2=0.010\,328$
$d_1=1.432\,788$　　　$d_2=0.189\,269$　　　$d_3=0.001\,308$

表 4-4 为标准化降水蒸散指数(SPEI)的干旱等级划分标准。

表 4-4　标准化降水蒸散指数(SPEI)干旱等级

等级	类型	SPEI
1	极端湿润	SPEI$\geqslant$2.0
2	严重湿润	1.5$\leqslant$SPEI$<$2.0
3	中度湿润	1.0$\leqslant$SPEI$<$1.5
4	正常	$-1.0<$SPEI$<$1.0
5	中度干旱	$-1.5<$SPEI$\leqslant-1.0$
6	严重干旱	$-2.0<$SPEI$\leqslant-1.5$
7	极端干旱	SPEI$\leqslant-2.0$

　　SPEI 结合了 PDSI 对蒸散的响应，以及 SPI 多时间尺度等特点，较短时间尺度的 SPEI 与土壤湿度关系密切，主要用于监测农业旱情，而长时间尺度的 SPEI 主要与水资源变化有关系，常用于研究水文干旱(Begueria et al.，2010；Potop et al.，2014)。SPEI 监测效果已在全球区域的应用中得到了很好的验证(Lorenzo-Lacruz et al.，2010；Potop et al.，2012；Kharuk et al.，2013；Martin-Benito et al.，2013；Sohn et al.，2013；Li et al.，2014；Tao et al.，2014；Wang et al.，2015)。

4. 土壤相对湿度

土壤墒情测定方法通常有两种：第一种是测量土壤的干、湿质量差来确定质量含水量。将一定体积的土壤在 105℃条件下烘干至恒重，对比两者间的质量差，从而确定土壤所含水分百分比。第二种是指通过测算土壤中的水分所占的容积占土壤总容积的百分比，从而得到土壤墒情。两种方法的本质是相同的，且都需要预先了解每个测站的田间持水量基础数据。

土壤含水量所测定的是土壤中的实际水量值。在实际研究中发现，由于受到不同地域土质变化等因素的影响，不能将土壤绝对湿度指数与土壤实际干旱状态建立映射关系。为了屏蔽因土壤质地所引起的评价差异性，研究人员对土壤绝对湿度数据进行了二次加工，将质量含水量与田间持水量相除，从而获取到土壤相对湿度（relative soil moisture，RSM），其计算公式为

$$R = \frac{\omega}{f_c} 100\% \tag{4-29}$$

式中，ω 为土壤质量含水量；f_c 为土壤田间持水量。f_c 是一种基本恒定量，所表述的是区域土壤中所能持有的悬着水的最大值，是生长作物所能利用水量的峰值，其高低直接反映出土壤保水性能的好坏。

RSM 可用于监测某时刻土壤水分盈亏的情况。由于实际使用的要求，水利部门主要采集深度在 0～40cm 的土壤样本进行湿度分析和干旱程度评估[《旱情等级标准》（SL424—2008）]。空间地域的土质差异性会导致土壤相对湿度有所不同，因此在实际使用过程中可根据需求的不同对等级划分范围做适当调整[《气象干旱等级》（GB/T20481—2006）]。

表 4-5 为 10～20cm 深度土壤相对湿度等级划分标准（张强等，2006），主要适用于旱地农作区。不同等级对应不同的干旱影响程度，其中轻旱类别说明地表蒸发量较小，近地表空气干燥；中旱类别说明土壤表面干燥，地表植物叶片有萎蔫现象；重旱类别说明土壤已出现较厚的干土层，地表植物萎蔫，叶片干枯，果实脱落；特旱类别说明基本无土壤蒸发，地表植物干枯、死亡。

表 4-5　10～20 cm 深度土壤相对湿度干旱等级

等级	类型	土壤相对湿度指数
1	无旱	$R > 60\%$
2	轻旱	$50\% < R \leq 60\%$
3	中旱	$40\% < R \leq 50\%$
4	重旱	$30\% < R \leq 40\%$
5	特旱	$R \leq 30\%$

5. 降水量距平百分率

降水量距平百分率(percentage of precipitation anomalies，Pa)是表征某时段降水量较常年值偏多或偏少的指标，能直观反映降水异常引起的干旱。其计算公式为

$$\text{Pa} = \frac{P - \overline{P}}{\overline{P}} \times 100\% \tag{4-30}$$

式中，P 为某时段降水量；$\overline{P}$ 为多年同期降水量平均值。表 4-6 为月尺度的降水量距平百分率干旱等级划分标准。

表 4-6　降水量距平百分率干旱等级

等级	类型	Pa 指数(月尺度)
1	无旱	Pa>−40%
2	轻旱	−60%<Pa≤−40%
3	中旱	−80%<Pa≤−60%
4	重旱	−95%<Pa≤−80%
5	特旱	Pa≤−95%

6. 相对湿润度指数

相对湿润度指数(relative moisture index)是指某时段降水量和同时段内可能蒸散量之差与同时段内可能蒸散量的比值，可表征降水量与蒸发量之间的平衡关系。其计算公式为

$$M = \frac{P - \text{PE}}{\text{PE}} \tag{4-31}$$

式中，P 为某时段的降水量；PE 为某时段的可能蒸散量，可利用 Penman-Monteith 法和 Thornthwaite 法估算。

表 4-7 为相对湿润度指数干旱等级划分标准。

表 4-7　相对湿润度指数干旱等级

等级	类型	相对湿润度指数
1	无旱	$M>-0.40$
2	轻旱	$-0.65<M\leq-0.40$
3	中旱	$-0.80<M\leq-0.65$
4	重旱	$-0.95<M\leq-0.80$
5	特旱	$M\leq-0.95$

7. 综合气象干旱指数

《气象干旱等级》国家标准利用标准化降水指数和相对湿润度指数建立了一种综合气象干旱指数(CI)(张强等，2006)，该指数是中国气象局国家气候中心用于实时监测全国

范围干旱实况的主要旱情指数之一。CI 计算方法为

$$CI = \alpha Z_{30} + \beta Z_{90} + \gamma M_{30} \tag{4-32}$$

式中，Z_{30} 与 Z_{90} 分别为近 30 天和近 90 天尺度的标准化降水指数；M_{30} 为近 30 天相对湿润度指数；α、β、γ 为调节参数，经验取值分别为 0.4、0.4 和 0.8。

　　表 4-8 为综合气象干旱指数(CI)的干旱等级划分标准。不同干旱等级对应干旱对生态环境的不同影响程度，其中无旱说明降水正常或比常年偏多，地表较湿润；轻旱等级表明降水与常年相比偏少，地表空气干燥，土壤水分轻度不足；中旱等级说明与常年相比，降水持续偏少，土壤表面干燥，土壤出现水分不足，地表植物叶片白天有萎蔫现象；重旱等级说明土壤水分持续严重不足，土壤出现较厚的干土层，地表植物萎蔫，叶片干枯，果实脱落，对农作物和生态环境造成较严重影响，对工业生产、人畜饮水产生一定影响；特旱等级说明土壤水分出现长时间严重不足，地表植物干枯、死亡，对农作物和生态环境造成严重影响，对工业生产、人畜饮水产生较大影响。

表 4-8　综合气象干旱指数干旱等级

等级	类型	CI
1	无旱	CI > −0.6
2	轻旱	−1.2 < CI ≤ −0.6
3	中旱	−1.8 < CI ≤ −1.2
4	重旱	−2.4 < CI ≤ −1.8
5	特旱	CI ≤ −2.4

4.2　旱情遥感监测常用方法

　　虽然基于站点实测数据的气象干旱监测方法较为成熟，但这种方法只能获得少量的站点数据，特殊地区信息采集困难，同时还受人力、物力、财力等多种因素的制约，难以及时获得大范围的旱情信息，不能满足大面积干旱分析与评估业务的需求。相对于气象站点监测方法，遥感技术具有在时间上和空间上快速获取大范围地物光谱信息的能力，能够快速、动态地反映大面积地表信息(Malingreau，1986；Son et al.，2012；Keshavarz et al.，2014)，在干旱监测业务中潜力巨大。国内外学者基于遥感技术研究并建立了众多旱情监测方法和模型，并取得了不少应用成果。

4.2.1　热惯量方法

　　热惯量 P 是土壤的一种热特性，在地物温度变化中，热惯量起着决定性的作用，其计算公式为

$$P = \sqrt{\lambda \rho c} \tag{4-33}$$

式中，λ 为土壤的热传导率；ρ 为土壤密度；c 为比热容。土壤热惯量值与土壤含水量关系密切，可以通过估算土壤热惯量来反演土壤水分，但直接利用遥感方法获取参数存在困难，实际应用中，主要是利用 Price(1977)提出的表观热惯量方法代替热惯量。表观热惯量只涉及地表温差和地表反射率两个参数。由于该方法依靠土壤热特性估测土壤水分，当植被覆盖度高时，精度会受混合像元影响而降低，因此这种方法主要适用于裸土和植被覆盖较低的地区。

国内学者对热惯量法也进行了大量研究，张仁华(1990)利用地面定标方法提出一种考虑地表显热通量及潜热通量的热惯量模式，该模式充分利用热像图的空间分布信息，在一定程度上提高了土壤水分估算精度。余涛和田国良(1997)通过对热惯量平衡方程的 B 值进行改进，得到了一种新的求解土壤表层热惯量的方法，可直接依靠遥感数据得到真实的热惯量值，进而得到土壤水分含量分布，也进一步提高了反演精度。刘振华和赵英时(2005，2006)提出一种新的遥感热惯量方法，该方法直接通过地表最大温度求得，同时在植被覆盖区采用双层模型的土壤热平衡方程，提高了在植被覆盖较大区域的反演精度。

4.2.2 基于可见光、近红外波段的植被指数法

植被长势与土壤水分关系密切，水分供应充足，植被生长良好；反之，生长变差。通过植被指数区分植被类型及植被覆盖度，比较不同时期的长势情况，是遥感监测旱情状态的重要途径。典型绿色植被在红光波段处有一个叶绿素吸收带，而在近红外波段处有一个较强的反射峰，一些学者根据植被这种红光波段强吸收、近红外波段强反射的光谱特征，通过波段组合方法，构建了多种植被指数，包括归一化植被指数(NDVI)、简单植被指数(SVI)、比值植被指数(RVI)等。其中，Rouse 等(1974)建立的归一化植被指数(normalized difference vegetation index，NDVI)应用最为广泛，其计算公式为

$$NDVI = \frac{R_{NIR} - R_{Red}}{R_{NIR} + R_{Red}} \tag{4-34}$$

式中，R_{Red} 与 R_{NIR} 分别为红波段反射率和近红外波段反射率。植被长势越好，NDVI 值就越高，研究表明，NDVI 能广泛应用于植被监测(Carlson and Ripley，1997；Xiong et al.，2010；Boschetti et al.，2013；Hmimina et al.，2013)、作物产量估算(Basso et al.，2001；Jakubauskas et al.，2002；Prasad et al.，2006；Wardlow et al.，2007；Pena-Barragan et al.，2011)和干旱监测(Basso et al.，2001；Jakubauskas et al.，2002；Peters et al.，2002；Tadesse et al.，2005；Prasad et al.，2006；Wardlow et al.，2007；Pena-Barragan et al.，2011)中。也有研究发现，NDVI 指数在植被生长旺盛时期的监测效果更有优势(Ji and Peters，2003)。

由于不同区域生态环境因素存在差异，不同作物可能处在不同的生长阶段，因此它们的需水情况也不同，直接利用 NDVI 值不能准确评估干旱状态。为了减少地理或生态系统变量的影响，Kogan(1990)将长时序获取的 NDVI 最大、最小值作为量化气候影响的指标，利用时序数据绝对最大、最小值对 NDVI 进行归一化处理，提出植被状态指数(vegetation condition index，VCI)：

$$VCI = \frac{NDVI - NDVI_{min}}{NDVI_{max} - NDVI_{min}} \tag{4-35}$$

式中，$NDVI_{max}$ 与 $NDVI_{min}$ 分别为长时序数据中的 NDVI 最大值和最小值。与 NDVI 相比，VCI 是基于 NDVI 数据反演得到的，能更好地描述植被时空变化的情况（Kogan and Sullivan，1993；Maselli et al.，1993），而且能反映气候条件对植被的影响，在旱情监测业务中得到广泛应用。冯强等（2003）研究了 NDVI 和 VCI 在中国区域内的时空变化，发现 VCI 具有明显的季节变化性，呈冬春高、夏秋低的变化趋势，在对 VCI 与土壤湿度作相关性分析的基础上，提出了 VCI 反演土壤湿度的近似线性模型，并作为全国的干旱监测标准（冯强等，2003；Domenikiotis et al.，2004；Quiring and Ganesh，2010）。也有研究发现，VCI 在作物生长播种期和成熟期后监测效果不甚理想（Liu and Kogan，1996；Rhee et al.，2010；Gebrehiwot et al.，2011）。

此外，Burgan 和 Hartford（1993）提出相对绿度的概念，将当前 NDVI 值与给定时间段内同季相 NDVI 均值的百分比率定义为相对绿度指数，可判断出当前作物的生长状况，进而对作物受旱程度进行判断。Huete 等（2002）通过引入背景调节参数和大气修正参数，利用红波段和近红外波段建立增强型植被指数（enhanced vegetation index，EVI）：

$$EVI = G_a \frac{R_{NIR} - R_{Red}}{R_{NIR} + C_1 R_{Red} - C_2 R_{Blue} + L} \tag{4-36}$$

式中，R_{Red} 与 R_{NIR} 分别为红波段反射率和近红外波段反射率；L 为土壤调节参数，取值为 1；C_1 为大气修正红光校正参数，取值为 6；C_2 为大气修正蓝光校正参数，取值为 7.5；G_a 为增益系数。EVI 考虑了土壤背景对植被指数变化的影响，在高植被覆盖区有较强敏感性（Xiao et al.，2004；Matsushita et al.，2007）。

Ghulam 等（2007b）依据地表光谱特征与土壤水分的变化关系，利用 NIR-Red 特征空间中任意一点到土壤基线的垂直距离表征干旱状况，建立垂直干旱指数（perpendicular drought index，PDI）：

$$PDI = \frac{R_{Red} + MR_{NIR}}{\sqrt{M^2 + 1}} \tag{4-37}$$

式中，R_{Red} 与 R_{NIR} 分别为红波段反射率和近红外波段反射率；M 为土壤基线斜率。使用 MODIS 数据对 PDI 指数在我国北部地区的有效性进行验证，结果发现，PDI 适用于裸土区及植被生长季初期。朱琳等（2010）利用 FY-3A/MERSI 第 3 通道（红光）和第 4 通道（近红外）的反射率影像建立 PDI 干旱指数模型，并利用该指数模型对我国北方典型干旱/半干旱区域进行干旱监测试验，结果证明，PDI 指数与实地观测的 20cm 土壤持水百分含量有较好的负相关关系。鉴于 PDI 适用于裸土区及植被生长季初期，Ghulam 等（2007a）在 NIR-Red 特征空间中引入植被覆盖信息对 PDI 进行改进，提出修正的垂直干旱指数（modified perpendicular drought index，MPDI），试验证明，MPDI 能较好地反映研究区旱情动态变化，而且在高植被覆盖区 MPDI 的干旱监测效果明显优于 PDI。其他相关研究（冯海霞等，2011；杨学斌等，2011；Shahabfar et al.，2012）也表明，MPDI 对干旱变化的响应比 PDI 敏感，且在植被覆盖较高的地区 MPDI 的监测效果比 PDI 更为有效。

4.2.3　热红外遥感监测方法

地表温度是旱情监测需要考虑的一个重要指标，Kogan(1995)基于地表温度建立了温度状态指数(temperature condition index，TCI)，TCI 与植被状态指数(VCI)类似，都是由多年时序地表亮温数据获取，其计算公式为

$$TCI = \frac{T_{max} - T}{T_{max} - T_{min}} \tag{4-38}$$

式中，T 为某特定时期像元地表温度；T_{max} 和 T_{min} 分别为长时序数据中某时期像元地表温度的最大值和最小值。TCI 不受作物生长季的限制，在作物播种或收割期间也可以对旱情进行监测，TCI 值越小，旱情越严重(Unganai and Kogan，1998；Seiler et al.，2000；Singh et al.，2003；Bayarjargal et al.，2006；牟伶俐，2006；Ezzine et al.，2014；Bokusheva et al.，2016)。

植被生长状况和地表温度从不同侧面反映水分胁迫情况。当旱情发生时，植被受到水分胁迫，植被状态变差，地表温度相对正常时期上升。不少学者对如何综合利用植被指数和热红外温度数据的复合信息展开旱情监测研究。Carlson 等(1990)利用归一化植被指数(NDVI)与冠层温度(T_s)的比值建立植被供水指数(vegetation supply water index，VSWI)：

$$VSWI = \frac{NDVI}{T_s} \tag{4-39}$$

VSWI 可以表示受旱程度的相对大小，发生旱情时，土壤供水受到影响，植被生长受阻，引起植被指数降低，作物无法提供足够的水分用于叶子表面蒸发，使得部分气孔关闭，从而导致作物冠层的温度升高，VSWI 值越小，说明旱情越严重。研究证明，VSWI 指数与降水量、土壤湿度关系密切(Cunha et al.，2015)，VSWI 在植被覆盖较高的区域的旱情监测效果更好，该指数也被广泛应用于我国旱情监测中(李海亮等，2012；陈修治等，2013)。

Kogan(1995)通过对植被状态指数(VCI)和温度状态指数(TCI)加权，提出植被健康指数(vegetation health index，VHI)：

$$VHI = \alpha VCI + (1-\alpha)TCI \tag{4-40}$$

式中，α 用于界定两种指数的权重，在大部分研究中，α 取值为 0.5，VHI 指数可以有效地指示作物生长状况(Unganai and Kogan，1998；Kogan et al.，2004)。Karnieli 等(2006)通过比较 VHI 指数在内蒙古 6 种不同生态研究区的监测精度时发现，该指数在干旱/半干旱及半湿润的低纬度地带效果更好。

Price(1990)将地表温度作为坐标横轴、植被指数 NDVI 作为坐标纵轴构建特征空间，发现当研究区植被覆盖度较大时，T_s–NDVI 特征空间散点图呈三角形分布。Sandholt 等(2002)在简化的 T_s–NDVI 特征空间中考虑植被指数与地表温度的关系后，提出温度植被干旱指数(TVDI)：

$$\text{TVDI} = \frac{T_s - T_{s_{min}}}{a + b\text{NDVI} - T_{s_{min}}} \tag{4-41}$$

式中，$T_{s_{min}}$ 为 T_s–NDVI 特征空间中的最低温度，a、b 分别为特征空间中干边的截距和斜率。Wang 等(2004)利用 TVDI 指数对 2000 年 3～5 月我国旱情进行监测，并分析该指数土壤湿度估测能力，发现该指数与实测土壤湿度数据具有明显的负相关关系。Patel 等(2009)利用 TVDI 指数与实测土壤湿度数据进行相关性回归分析发现，当植被覆盖度较低时相关性更高。齐述华等(2003)也利用 TVDI 指数对全国 2000 年 3 月和 5 月各旬的旱情进行监测，研究结果表明，TVDI 能较好地反映表层土壤水分变化趋势。

国内学者王鹏新等(2001)也在 T_s–NDVI 特征空间散点图呈三角形分布的基础上提出植被温度状态指数(VTCI)的概念，并利用该方法对陕西省关中平原地区 2000 年 3 月下旬的旱情进行监测，实验结果表明，VTCI 能较好地监测研究区的相对干旱程度，进而可评估旱情的空间分布及其变化趋势。

4.2.4　微波遥感监测方法

微波具有全天时、全天候的观测能力，能穿透土壤到达一定深度。微波遥感数据也被广泛用于旱情监测中，其中基于被动微波的土壤湿度反演更是受到不少学者的关注。Njoku 等(2003)对 AMSR-E 土壤水分反演理论及实现方法进行了研究。Reichle 等(2007)对 AMSR-E 及多通道扫描微波辐射计(scanning multichannel microwave radiometer, SMMR)土壤湿度产品进行比较并将两种数据集进行同化，实验结果发现，由于反演算法不同，不同土壤湿度数据集也表现出较大差异，而且融合后的数据集与实测数据的相关性优于融合前的数据集。Wagner 等(2007)通过比较 3 种土壤湿度数据(AMSR-E、ERS 和 METEOSAT 卫星数据)与实测土壤湿度数据的关系发现，这 3 种数据集都能有效地判断地表土壤水分的变化趋势，但都不能较精准地估算出具体的土壤水分值。不少研究学者对 AMSR-E 土壤湿度数据在不同区域的精度也进行了验证(Draper et al.，2009；Jackson et al.，2010；Brocca et al.，2011)。

欧洲空间局气候变化计划项目(climate change initiative, CCI)是全球基本气候变量监测项目的组成部分，其目的是基于主动和被动微波传感器生成完整的长时间序列的全球土壤湿度数据。目前，2.2 版的 CCI 土壤湿度数据集已发布，这个数据集涵盖了 1978～2014 年全球土壤湿度数据。近几年，ESA CCI 数据集也受到研究学者的关注，被广泛应用于土壤湿度监测业务中(Dorigo et al.，2015；Ikonen et al.，2016；McNally et al.，2016；Rahmani et al.，2016)。

由美国国家航空航天局(NASA)和日本国家空间发展局(NASDA)联合研制的热带降水测量卫星(tropical rainfall measuring mission, TRMM)于 1997 年 11 月成功发射，该卫星共搭载测雨雷达(PR)、微波图像仪(TMI)、可见光和红外扫描仪(VIRS)、云和地球辐射能量感应器(CERES)、雷电图像仪(LIS)5 个传感器，主要用于测量热带和亚热带降水及能量交换，已被不少学者用来开展旱情监测研究。

国内学者对微波遥感监测方法也进行了大量研究。杨绍锷等(2012)提出一种基于

AMSR-E 数据估测田间持水量的方法，估测数据与实测值有显著的相关关系（R^2=0.522）。杜灵通等（2012）利用热带降雨测量卫星（TRMM）逐月降水量数据和 Z 指数方法得到 TRMM-Z 指数，并利用该指数对山东省 1998～2010 年的干旱过程进行监测，结果表明，TRMM-Z 指数旱情监测的结果与实际旱情状态吻合度高，同时该指数与实测站点 SPI 之间的相关性也比较高。陈修治等（2013）通过改进植被供水指数构建了基于 AMSR-E 数据的被动微波遥感气象干旱指数，并利用该指数对 2009 年我国旱情进行监测，实验结果表明，该指数与 AMSR-E L3 土壤湿度数据有着显著的负相关关系，能基本反映实际的气象干旱状况。王永前等（2014）利用微波植被指数 MVI 对温度植被干旱指数 TVDI 进行改进，得到一种新的温度微波植被干旱指数 TMVDI，并以 2006 年夏季四川省干旱为对象，比较不同指数的监测效果，结果表明，该指数在植被覆盖区域的旱情监测效果最好。

4.2.5　集成多源数据的遥感旱情监测方法

　　旱情的发生发展涉及大气降水、植被生长、土壤水分胁迫、下垫面等众多因素，近年来学者们提出了一些集成多源信息的综合干旱监测方法，Rhee 等（2010）在研究同时适用于干旱区和湿润区的农业干旱监测方法中，综合考虑植被、温度和降水 3 种因素，利用归一化植被指数（NDVI）、地表温度数据（LST）和热带降雨测量卫星（TRMM）降雨数据构建归一化干旱状态指数（scaled drought condition index，SDCI），并使用实测指数对 SDCI 进行验证，这些实测指数包括帕默尔干旱指数（PDSI）、帕默尔 Z 指数，以及标准化降水指数（SPI）（3 个月和 6 个月尺度），实验结果表明，SDCI 在干旱地区和湿润地区的旱情监测效果均好于归一化植被指数（NDVI）和植被健康指数（VHI）。Zhang 和 Jia（2013）在对我国北方短期气象干旱进行研究时提出了一种新的集成多源微波数据的干旱指数（microwave integrated drought index，MIDI），该指数综合了 TRMM 降水数据、AMSR-E 土壤湿度和地表温度 3 种数据，并使用标准化降水指数 SPI 对 MIDI 在我国北方草地和农田区域的旱情监测效果进行验证，结果表明，MIDI 能很好地消除单一干旱指数在不同区域、不同时段干旱监测中的差异，具有时间和空间上的可比性，由 MIDI 反演得到的旱情空间分布及演变特征与实测值有很好的一致性。Du 等（2012）对植被状态指数（VCI）、温度状态指数（TCI），以及降水状态指数（PCI）3 类旱情特征进行研究，考虑到这 3 种特征之间的相关性，尝试采用主成分分析方法对 3 类指数综合信息进行提取，进而构建一种综合旱情指数（synthesized drought index，SDI），并利用 SDI 指数对 2010 年和 2011 年山东省的干旱灾害进行监测，监测结果表明，该指数不仅能监测气象干旱旱情信息，在一定程度上也能反映出旱情对农业资源的影响。

　　Brown 等（2008）利用决策树方法对多源旱情因子综合信息进行挖掘，建立植被干旱响应指数（vegetation drought response index，VegDRI），该指数集成了传统的气象干旱指标、植被遥感数据及生态环境数据 3 类信息，能有效评估近实时旱灾情况，以该指数为基础制作的空间分辨率为 1 km 的干旱监测图是目前美国国家干旱减灾中心（National Drought Mitigation Center，NDMC）使用的主要的干旱监测产品。Wu 等（2013）依据 VegDRI 指数的构建思想，利用回归决策树技术，提取地表水热环境信息、植被生长状况和地球表层生物物理特征变量综合信息,建立了综合地表干旱指数(integrated surface drought index,ISDI),利用该指数对我国中东部地区 2000～2009 年的干旱状态进行了监测。

4.3　干旱时空特征分析

气候变化是长时期大气状态变化的反映,指一个特定区域或全球范围内降水、平均气温、日照、最高气温、最低气温等气象因子平均值和离差值出现统计意义上的显著变化的现象。本节主要以全国所有数据完整气象站的实测气象数据,以及不同时间尺度的 SPI 和 SPEI 气象干旱指数为研究对象,对不同气象因子的时空分布特征进行分析,在此基础上结合两种气象干旱指数评估 1961～2012 年全国范围,以及不同区域范围内的旱情形势,最后利用统计检验方法对气象因子和气象干旱指数变化趋势进行估测。

4.3.1　数　据　介　绍

气象数据来源于中国气象科学数据共享服务网(http://cdc.cma.gov.cn/),具体包括 1961～2012 年全国范围内 756 个气象站的月降水量、平均气温、平均最高气温、平均最低气温、极端最高气温和极端最低气温数据。对所有气象数据进行完整性校验,对于数据量不足 52 年记录的站点不参与后续实验分析。最终有 537 个站点月降水量数据无缺失,533 个站点月平均气温数据无缺失。气象站点分布如图 4-1 所示。

图 4-1　气象站点分布

注:香港、澳门、台湾资料暂缺

4.3.2　气象因子时空特征分析

本节主要对全国所有数据完整气象站的实测气象数据时空分布特征进行分析,首先计算出单个站点 1961～2012 年长时序年降水量均值和月降水量均值,以及长时序平均气温、平均最高气温、平均最低气温、极端最高气温和极端最低气温数据集的年均值和月均值。然后,利用反距离加权算法对站点处的气象因子数据进行空间插值,得到全国范围的气象数据空间分布图,以分析全国区域降水、气温的空间分布特征。此外,还计算出 1961～2012 年全国所有数据完整站点在不同时间段内的降水量及平均气温算术平均值时序统计特征,以分析气象因子时序特征,统计量主要包括平均值、标准差、峰度、偏度、最大值和最小值。

1. 降水量特征

全国 537 个降水数据完整的站点在 1961～2012 年的平均年降水量为 14.92～2730.03 mm,所有站点的平均年降水量为 807.10mm,降水量空间分布图如图 4-2 所示。

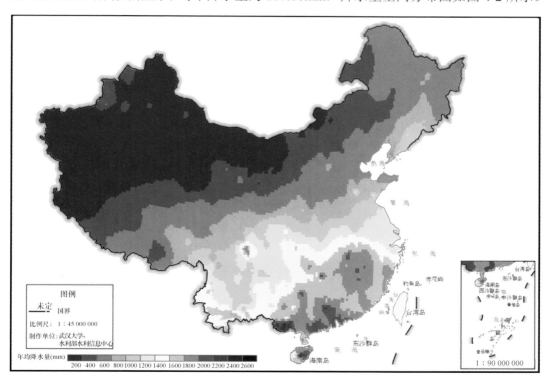

图 4-2　1961～2012 年年均降水量空间分布示意图

由图 4-2 可以发现,年均降水量呈现出自东南向西北递减的特点,华东地区的江西、福建、浙江省份的大部分区域,以及华南地区的广西东部、广东、海南省份的大部分区域内的年均降水量均达到 1500 mm 以上,其中广东佛岗、阳江、上川岛,广西东兴、钦州，海南琼中、琼海等站点年均降水量均超过 2000 mm。而大部分西北内陆地区的年均降水量不足 400 mm，新疆绝大部分区域、甘肃西北部等地区的年均降水量不足 200mm，其中新疆吐鲁番、且末，青海冷湖等站点的降雨最少，年均降水量不足 30mm。

表 4-9 为 1961～2012 年全国所有数据完整站点的年降水量算术平均值，以及月降水量算术平均值的时序统计特征结果。

表 4-9　不同时段内的站点降水量算术平均值时序统计特征

项目	均值	标准差	峰度	偏度	最大值	最小值
1 月	17.57	7.38	−0.24	0.42	33.73	2.18
2 月	23.7	8.42	1.67	0.94	49.26	5.39
3 月	39.14	10.24	2.23	1	76.6	21.41
4 月	63.32	11.76	1.33	−0.02	96.56	27.66
5 月	93.21	13.13	−0.09	0.33	130.69	65.83
6 月	126.96	15.01	−0.57	−0.28	155.11	95.77
7 月	142.85	16	−0.41	0.01	177.32	107.18
8 月	127.91	15.56	−0.57	−0.15	157.09	97.42
9 月	81.21	13.31	0.7	0.35	116.02	46.97
10 月	49.02	12.59	0.18	−0.01	78.11	18.95
11 月	27.07	11.12	−0.32	0.66	54.24	9.6
12 月	15.12	7.6	−0.1	0.62	36.01	2.34
全年	807.1	48.21	−0.14	0.49	922.89	699.77

由表 4-9 可以看出，在不同时间段内降水呈现出不同的特点：夏季降水最多，单站点处 6～8 月的降水总和达到 397.72 mm，占年降水总量的 49.3%，其中 7 月平均降水量为 142.85 mm，这与我国东部地区受夏季风影响有关，降水较多；冬季月份(11 月、12 月、1 月)降水量最低，仅占到年均降水量的 7%。从标准差的统计结果来看，不同年份的站点处年降水量差异也较大，年均降水量最大值达到 922.89 mm，最小值仅有 699.77 mm。2～4 月、9～10 月的峰度系数均大于 0，表明这几个月份的降水量分布与正态分布相比更为陡峭，其他时间的降水量分布与正态分布相比更平缓。4 月、6 月、8 月及 10 月的偏态系数小于 0，表明这几个月份的降水量分布为左偏分布，其他月份的降水量分布为右偏分布。

2. 平均气温特征

气温气象因子主要包括平均气温、平均最高气温、平均最低气温、极端最高气温和极端最低气温。全国范围内平均气温空间分布差异较大，东南部地区气温较高，西北部地区气温相对较低，站点统计数据发现，1961～2012 年全国站点年平均气温为−5.25～26.79 ℃，海南西沙站平均气温最高，青海伍道梁站平均气温最低，全国平均气温为 11℃左右。图 4-3 为 1961～2012 年全国平均气温空间分布图，可以看出年均气温较高的地区主要为海南、广西、广东、江西及福建大部分地区。

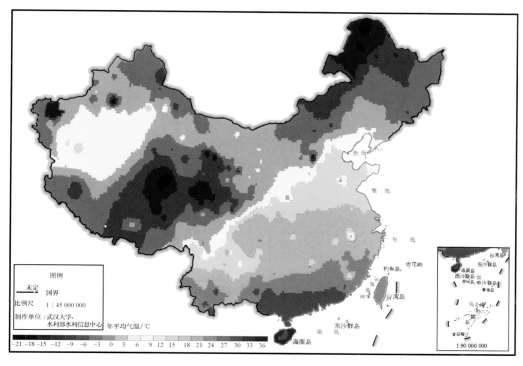

图 4-3　1961～2012 年年均气温空间分布图

　　通过比较 1961～2012 年全国所有数据完整站点的年均气温可以发现，近 20 年全国年均气温有上升趋势，表 4-10 为 1961～2012 年全国所有站点的年平均气温算术平均值和月平均气温算术平均值的时序统计特征结果。

表 4-10　不同时段内的站点平均气温算术平均值时序统计特征

项目	均值	标准差	峰度	偏度	最大值	最小值
1 月	−3.35	1.1	0.82	−0.51	−0.67	−6.53
2 月	−0.43	1.77	−0.03	−0.1	3.56	−4.51
3 月	5.43	1.13	1.09	−0.24	8.18	2.03
4 月	12.38	0.92	−0.15	0.36	14.93	10.58
5 月	17.71	0.54	−0.15	0.51	19.09	16.69
6 月	21.42	0.54	−0.67	−0.02	22.63	20.29
7 月	23.51	0.48	−0.23	0.3	24.62	22.36
8 月	22.58	0.46	−0.15	0.02	23.71	21.64
9 月	18.22	0.64	−0.68	0.26	19.6	17.13
10 月	12.21	0.76	0.54	0.46	14.44	10.58
11 月	4.93	1.09	0.02	−0.25	7.04	2.08
12 月	−1.29	1.11	0.33	−0.64	0.54	−4.63
全年	11.11	0.51	−0.59	0.35	12.24	10.21

　　由表 4-10 可以发现，所有站点的年平均气温为 11.11℃，1961～2012 年所有站点的年平均气温最大值为 12.24℃。长时序月平均气温最低值出现在 1 月，该月份全国站点平均气温为−3.35℃；7 月平均气温达到最高值，该月份全国站点平均气温及最大值分别为 23.51℃和

24.62 ℃。1月、3月、10月、11月和12月的峰度系数均大于0，表明这几个月份的平均气温分布与正态分布相比更陡峭。1月、2月、3月、6月、11月及12月的偏态系数小于0，表明这几个月份的平均气温分布为左偏分布，其他月份的平均气温分布为右偏分布。

图4-4分别为全国1961～2012年长时序的4种年均气温因子(平均最高气温、平均最低气温、极端最高气温及极端最低气温)空间分布图，它们与年平均气温空间变化相似，区域差异较为明显，总体呈现东南高、西北低的态势。这4类气温相关气象因子在所有站点处的数值变化范围分别为2.01～30.63 ℃(平均最高气温)，−12.62～25 ℃(平均最低气温)，8.59～35.90 ℃(极端最高气温)及−22.16～22.36 ℃(极端最低气温)。

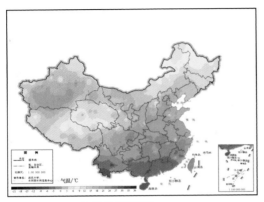

(a) 平均最高气温

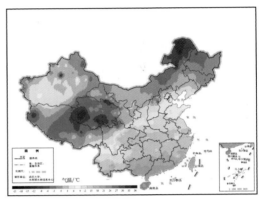

(b) 平均最低气温

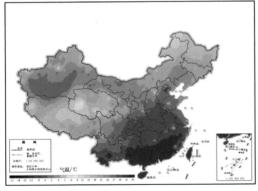

(c) 极端最高气温

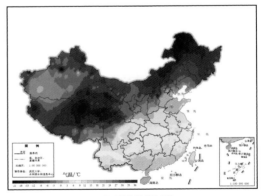

(d) 极端最低气温

图4-4　1961～2012年年均气温因子空间分布图

4.3.3　SPI 与 SPEI 时序变化特征及分析

利用站点处气象数据分别计算出5种时间尺度(1个月、3个月、6个月、9个月和12个月)的标准化降水指数(SPI)，以及标准化降水蒸散指数(SPEI)值，再利用所有站点处的气象干旱指数算术平均值作为全国范围的旱情指标。1961～2012年全国不同时间尺度的气象干旱指数时序变化如图4-5所示。

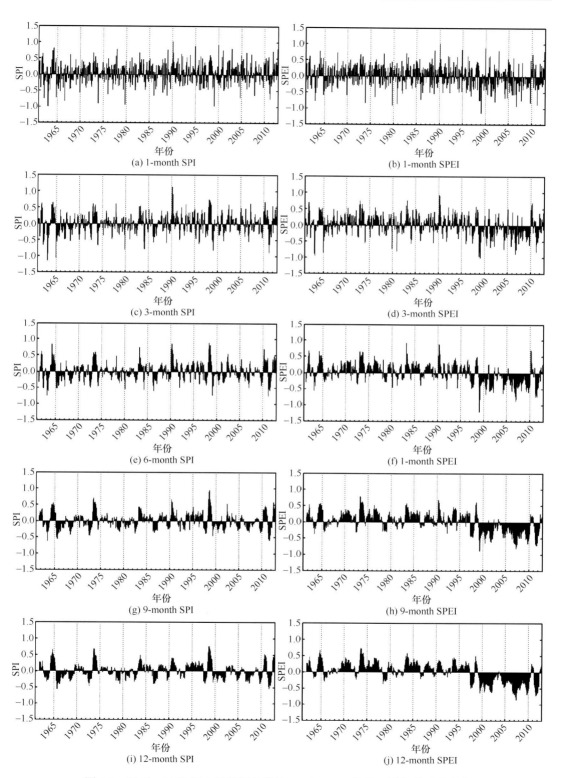

图 4-5　1961～2012 年 5 种时间尺度的 SPI 与 SPEI 气象干旱指数时序变化

可以看出，当时间尺度较小（如 1 个月和 3 个月）时，SPI 与 SPEI 变化频率快，说明较小时间尺度的气象干旱指数表征的干旱或湿润状态持续周期较短，而随着时间尺度的增大（如 9 个月和 12 个月），干旱与湿润状态持续时间变长，变化频率降低。两种干旱指数反映的全国旱情形势基本类似，但是在 2000～2010 年，与 SPI 相比，SPEI 表现出的旱情更严重，从图 4-5(f)、图 4-5(h)、图 4-5(j)得知，从 1999 年开始，SPEI 表现出较为明显的降水偏少的趋势，而 SPI 并没有反映出这种长期的旱情持续状态。造成这种区别的原因在于 SPI 主要依靠降水量建立，没有参考气温因素，而 SPEI 除了考虑降水量以外，气温也对其有影响，而由 4.3.2 节分析可知，近 20 年全国年均气温有上升趋势，这在一定程度上也会影响 SPEI 值的分布。也有研究表明，在当前这种全球变暖的气候背景下，利用 SPEI 对旱情进行监测效果更好（Vicente-Serrano et al.，2010a，2010b；Begueria et al.，2014；Stagge et al.，2015）。

此外，本节进一步以河北、黑龙江、湖北、贵州、宁夏 5 省（自治区）的长时序 SPI 和 SPEI 为对象，研究不同区域的旱情分布特征，利用区域内所有站点处的气象干旱指数算术平均值作为该区域范围的旱情指标。由于 12 个月时间尺度的 SPI 考虑的是该月份与之前 11 个月份的总体降水盈亏特征，同样地，12 个月时间尺度的 SPEI 考虑的是该月份与之前 11 个月份的降水及气温综合特征，因此本节主要基于每个年份 12 月份的 12 个月时间尺度的 SPI 和 SPEI 值分析区域旱情情况。

图 4-6 为 1961～2012 年两种气象干旱指数在上述 5 省（自治区）的时序变化结果。

从图 4-6(a)、图 4-6(b)可以看出，两种气象干旱指数都反映出 1999～2002 年河北省遭受旱情，尤其是 1999 年，12 个月时间尺度的 SPI 值与 SPEI 值都小于–1，由两类干旱指数的干旱等级划分标准（表 4-3 和表 4-4）可知，1999 年河北省遭受中度旱灾，经过气象统计资料了解到，河北省该年份站点处年均降水量只有 349.22 mm，明显低于该地区长时序年降水量均值（约为 512.47 mm）。2001 年，由于降水偏少，全国大部分地区都遭

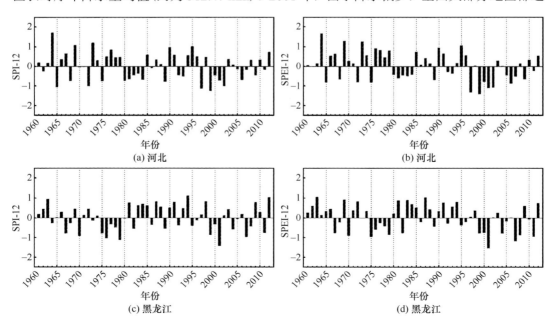

(a) 河北　　　　　　　　　　　　　　　　　　　(b) 河北

(c) 黑龙江　　　　　　　　　　　　　　　　　　(d) 黑龙江

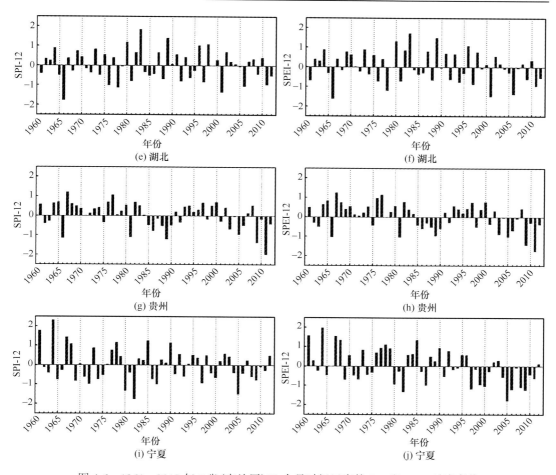

图 4-6　1961～2012 年 5 省(自治区)12 个月时间尺度的 SPI 和 SPEI 时序变化

受到不同程度的旱情,从图 4-6(d)、图 4-6(f)可以看出,由 12 个月时间尺度 SPEI 值反映出 2001 年黑龙江、湖北两地旱情严重,气象统计资料显示,2001 年黑龙江省所有站点年降水量均值为 372.99mm,明显低于长时序年降水量均值(该地区长时间序列的单站点年降水均值约为 507.14mm);2001 年湖北省所有站点年降水量均值为 869.66 mm,比长时序单站点年降水均值约低 300 mm,且 2001 年湖北省年平均气温比长时序的平均气温均值约高 0.8℃。两种气象干旱指数也反映出贵州省在 2009 年及 2011 年遭受的大旱情况[图 4-6(g)、图 4-6(h)],从气象统计资料了解到,贵州省在 2009 年和 2011 年站点处年均降水量分别为 921.37mm 和 825.21mm,明显低于该地区长时序年降水量均值(约为 1137.32mm)。2004～2011 年,宁夏范围内所有站点处的 12 个月时间尺度 SPEI 均值都小于 0[图 4-6(j)],尤其是 2005 年,SPEI-12 值小于−1.5,说明宁夏在 2005 年遭受严重旱情,气象资料显示 2005 年宁夏所有站点处的年降水量均值为 184.55mm,与该地区长时序单站点年降水量均值(约为 275.69mm)相比明显偏低。

　　整体来看,12 个月时间尺度的 SPI 和 SPEI 气象干旱指数反映出的各地区旱情情况基本类似,但也存在少量区别,如 SPEI-12 指数显示出 2001 年湖北省遭遇严重干旱,但

SPI-12 值反映出的干旱等级为中等旱情程度；2005 年宁夏 SPEI-12 指数小于–1.5，说明该地区遭遇严重干旱，但 SPI-12 值也反映出中等旱情程度。这主要是因为 *SPI* 的建立仅依靠降水量数据，而 SPEI 会综合考虑降水量和气温两种气象因子。当前全球气温上升会对 SPEI 值大小造成影响，SPEI 监测出的旱情形势更为严重。

4.3.4　旱情变化趋势分析

Mann-Kendall 检验方法是一种秩次非参数统计检验方法（Mann，1945），与其他参数检验方法相比，Mann-Kendall 检验方法实用性更强，因为该方法对数据样本分布没有要求，不需要样本遵循正态分布。Mann-Kendall 检验方法在气象、水文等时序数据分析中得到了广泛应用（Partal and Kahya，2006；Mourato et al.，2010；Yu et al.，2014）。本节利用该方法分析全国气象因子和气象干旱指数变化趋势。

Mann-Kendall 检验方法的原假设 H_0 表示时间序列数据是独立同分布的随机变量，不存在变化趋势；备择假设 H_1 表示时间序列数据中存在一个单调上升或下降的变化趋势。在原假设 H_0 下，统计量 S 定义为

$$S = \sum_{i=1}^{n-1} \sum_{j=i+1}^{n} \text{sgn}(x_j - x_i) \tag{4-42}$$

其中，

$$\text{sgn}(x_j - x_i) = \begin{cases} +1 & x_j > x_i \\ 0 & x_j = x_i \\ -1 & x_j < x_i \end{cases} \tag{4-43}$$

当 n 较大时，统计量 S 近似服从正态分布，均值为 0，标准差为

$$\text{Var}(S) = \frac{n(n-1)(2n+5)}{18} \tag{4-44}$$

标准化的统计量 Z 为

$$Z = \begin{cases} \dfrac{S-1}{\sqrt{\text{Var}(S)}} & S > 0 \\ 0 & S = 0 \\ \dfrac{S+1}{\sqrt{\text{Var}(S)}} & S < 0 \end{cases} \tag{4-45}$$

Z 收敛于标准正态分布，可直接使用统计量 Z 进行双侧趋势检验，在给定显著性水平 α 下，若 $|Z| < Z_{1-\alpha/2}$，则接受 H_0，认为在 α 显著性水平上时间序列数据变化趋势不显著；若 $|Z| > Z_{1-\alpha/2}$，则拒绝 H_0，认为在 α 显著性水平上时间序列数据存在明显的上升或下降趋势。当 $Z > 0$ 时，时间序列数据具有上升趋势；当 $Z < 0$ 时，时间序列数据具有下降趋势。

为预测全国旱情变化趋势，利用 Mann-Kendal 非参数检验方法对降水量、平均气温及 SPEI 气象干旱指数进行分析，计算出每一个站点在 1961～2012 年植被生长季期间（4～10 月）月降水量、平均气温和不同时间尺度（1 个月、3 个月、6 个月、9 个月和 12

个月)SPEI 的算术平均值,利用式(4-45),针对每一个站点的 52 年时序数据计算出标准化的统计量 Z。这里分别对 90%、95% 及 99% 的置信区间进行检验,当统计量 Z 的绝对值大于标准正态分布对应显著性水平的临界值时,拒绝原假设 H_0,认为在 α 显著性水平上时间序列数据存在明显的上升或下降趋势。

表 4-11 为月降水量、平均气温和 5 种时间尺度的 SPEI 在 4～10 月的算术平均值在不同置信度(90%、95%、99%)上的 Mann-Kendall 趋势检验结果,以及相对应的站点统计数据。图 4-7 为降水量、平均气温和 5 种时间尺度的 SPEI 的 Mann-Kendall 趋势检验空间分布图。

表 4-11　降水量、平均气温和 5 种时间尺度 SPEI 趋势检验结果及站点统计个数

统计量 Z	趋势	置信度/%	降水量	平均气温	SPEI-1	SPEI-3	SPEI-6	SPEI-9	SPEI-12
$Z \leqslant -2.575$		99	4	2	97	63	48	85	81
$-2.575 < Z \leqslant -1.96$	下降	95	13	2	87	55	50	67	66
$-1.96 < Z \leqslant -1.645$		90	21	2	43	40	38	49	38
$1.645 \leqslant Z < 1.96$		90	7	16	2	4	3	6	9
$1.96 \leqslant Z < 2.575$	上升	95	16	42	5	3	4	5	8
$Z \geqslant 2.575$		99	13	395	1	3	2	3	8

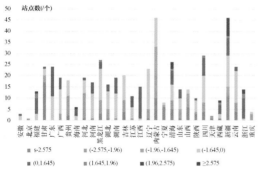

(a) 降水量

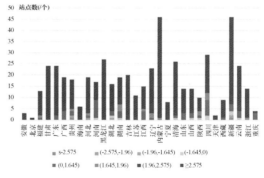

(b) 平均气温

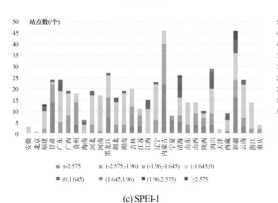

(c) SPEI-1

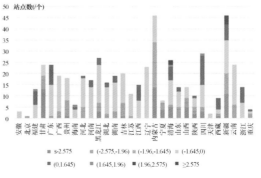

(d) SPEI-3

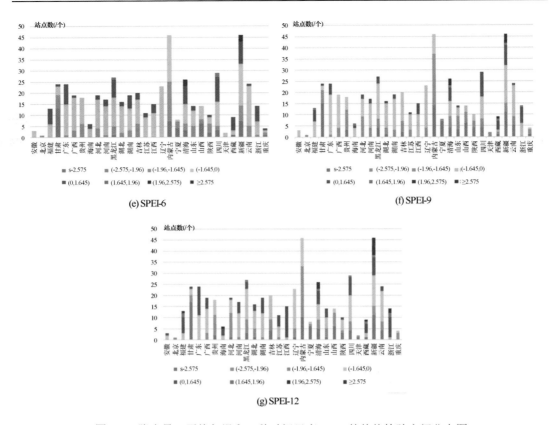

(e) SPEI-6

(f) SPEI-9

(g) SPEI-12

图 4-7　降水量、平均气温和 5 种时间尺度 SPEI 的趋势检验空间分布图

从表 4-11 可以看出，共有 38 个站点的月均降水量呈现下降趋势且达到显著水平，其中，有 4 个站点统计值在 99%置信区间内，月均降水量呈现极显著下降趋势，有 13 个和 21 个站点统计值分别在 95%和 90%置信区间内，月均降水量呈显著下降趋势，另外还有 277 个站点的月降水量也呈现出下降趋势（表中未列出），但非显著下降；有 36 个站点处的月均降水量呈现上升趋势且达到显著水平。从图 4-7(a)可知，降水量上升的站点主要位于西北地区的新疆和青海等区域，而降水量下降的站点主要位于贵州、四川等西南地区，以及华北山西、西北陕西等区域，东北地区也有部分站点月降水量呈现显著下降趋势。

从月平均气温的变化趋势检验结果来看，全国所有数据完整的气象站点中有绝大部分站点的平均气温都呈现出显著的上升趋势，其中有 395 个站点统计值在 99%置信区间内，约占所有站点的 75.7%，这些站点的月平均气温上升趋势极为显著。

5 种时间尺度 SPEI 值的趋势检验结果也表明绝大部分站点的 SPEI 值有下降趋势，干旱趋势明显。所有气象站点中，有 97 个站点的 1 个月时间尺度的 SPEI 统计值在 99% 置信区间内，存在极显著的下降趋势，有 87 个站点的 SPEI-1 统计值在 95%置信区间内，下降趋势显著，还有 237 个站点的 SPEI-1 统计值显示出下降趋势但不显著（表中未列出）。有 63 个站点的 SPEI-3 统计值在 99%置信区间内，下降趋势极为显著，有 55 个和 40 个站点的 SPEI-3 统计值分别在 95%和 90%置信区间内，也表现出显著的下降趋势，还有 277 个站点的 SPEI-3 统计值表现出下降趋势但不显著(表中未列出)。

从 6 个月时间尺度的 SPEI 检验结果来看，有 48 个站点的 SPEI-6 统计值在 99%置信区间内，有 50 个站点的 SPEI-6 统计值在 95%置信区间内，下降趋势显著。另外，有 85 个站点的 SPEI-9 统计值，以及 81 个站点的 SPEI-12 统计值在 99%置信区间内，另外还有 67 个站点的 SPEI-9 统计值和 66 个站点的 SPEI-12 统计值在 95%置信区间内，这些站点处的长时间尺度的 SPEI 也都表现出较为显著的下降趋势。从空间分布图[图 4-7(c)～图 4-7(g)]来看，5 种时间尺度的 SPEI 存在下降趋势的站点空间分布类似，主要集中在华北(内蒙古、河北、山西)、东北(辽宁、吉林、黑龙江)、西北(陕西、甘肃、宁夏、青海北部、新疆东南部)，以及西南(四川东南部、云南、重庆、贵州)地区。

4.4　基于短波红外光谱特征空间的旱情监测方法

农业干旱指农业生长季节内因长时间降水异常短缺造成土壤缺水，农作物生长发育受抑，导致作物产量减少甚至无收的一种农业气象灾害(Wilhite，2000)。土壤含水量是表征农业旱情的一项重要指标，传统的土壤含水量测量方法是在全国范围内的农业气象站位置利用测量仪器对土壤湿度进行测量，这种方法单站点精度高，但只能获得少量的站点数据，而且农业气象站分布不均，部分地区站点数量较少，同时这种方法也受人力、物力等因素影响，在反映大面积农业旱情信息业务中受限；而遥感技术能够快速、及时、动态地反映大面积地物信息，在农业干旱监测中潜力巨大。

土壤光谱是组成土壤不同种类的矿物、有机质和水的光谱特征的综合反映(徐彬彬 1991)。对于同一种类型的土壤，影响其反射率的主要因素是土壤含水量，土壤含水量增加，土壤反射率就会下降。依据土壤水分在不同波段处表现出的不同波谱特征，利用对水分变化较为敏感的波段构建光谱特征空间，分析土壤含水量分布情况，进而评估农业旱情形势的干旱监测方法引起学者关注。

由于短波红外的光谱特征可以有效鉴定土壤中有机物、水分含量及土壤化学组分等(Bendor and Banin，1990)，本节将进一步探讨短波红外波段与植被土壤水分变化的关系，利用 MODIS 第 6 波段和第 7 波段构建短波红外光谱特征空间，并综合分析土壤水分变化规律及植被覆盖信息，在考虑不同植被类型及不同物候期植被长势影响的基础上构建一种新的旱情指数，并利用干旱/半干旱区实测土壤水分对该指数的准确性进行验证，同时使用农业实测气象灾情旬值数据集对该指数的适用性进行评估。

4.4.1　研究区与数据

1. 研究区域

本节选择宁夏作为研究区。宁夏地处黄土高原与内蒙古高原的过渡地带，地势南高北低，地理坐标为(104.16°～107.69°E，35.22°～39.42°N)。依据气候、灌溉条件和降水量信息，一般将银川、石嘴山、中卫、青铜峡等县(市)的引黄灌溉区称为宁夏北部；将

盐池、同心、灵武、海原县的北部等区域
称为宁夏中部；将固原、西吉、隆德、泾
源、彭阳及海原县的南部山区称为宁夏南
部。宁夏北部地区以黄河水灌溉为主，中
部干旱带和南部山区主要靠降水灌溉，其
中南部山区降水量相对丰富，而中部干旱
带降水较少。宁夏最主要的土地覆盖类型
为灌区、草地和旱作区，依据 MODIS 土
地覆盖产品 MCD12Q1 统计结果可知，这
3 种类型所占比例分别为 12.8%、71.1%、
5.3%（2005 年）。图 4-8 是 2005 年宁夏
MODIS IGBP 土地覆盖类型分类图，其中
部分土地类型合并为一个类型。

　　宁夏作物主要包括春小麦、冬小麦、
玉米等。宁夏是我国典型的西北干旱/半干
旱区，在常见的自然灾害中，干旱是最常
见、影响范围最广、对农业生产影响最大
的灾害。

　　为分析宁夏地区降水空间分布特征，

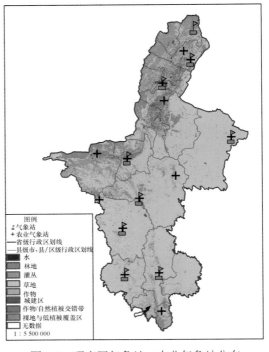

图 4-8　研究区气象站、农业气象站分布
及土地覆盖类型分类图

计算了研究区单站点 1961～2012 年的长时间序列年均降水量，宁夏所有站点平均年降
水量变化范围为 174～450mm，利用反距
离加权算法对站点数据进行空间插值，得
到如图 4-9 所示的全区范围的空间降水分
布图。

　　其中，站点位置用大小不同的圆圈来
区分该站点降水量分布情况，圆圈越大表
示该站点年均降水量越丰富。从图 4-9 可以
看出，宁夏地区空间降水量分布呈现自南
向北递减的特点，南部山区降水量相对丰
富，固原、西吉年均降水量分别为
446.42mm 和 404.42mm；中部干旱带降水
相对南部地区偏少，盐池、同心两地年均
降水量分别为 289.96mm 和 266.34mm，均
不足 300mm；北部地区降水更少，其中惠
农、陶乐和银川站点年均降水不足 200mm，
宁夏北部地区以黄河水灌溉为主。

　　为分析宁夏地区降水时序变化情况，
计算研究区内 9 个气象站点 1961～2012

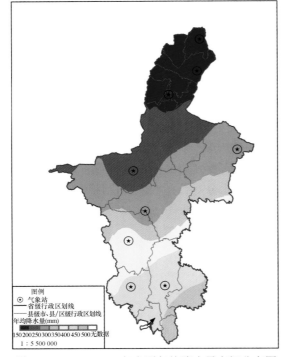

图 4-9　1961～2012 年宁夏年均降水量空间分布图

年共 52 年的年降水量算术平均值,进而得到年降水量距平百分率值,并用其评估研究区不同年份的干旱情况,如图 4-10 所示。1961～2012 年,宁夏地区年降水量总体呈现下降趋势,尤其是 1990 年以后,降水偏少年份明显多于降水较丰富年份,1964 年降水量距平百分率值最大,降水量最多,而 1982 年和 2005 年降水量较少。

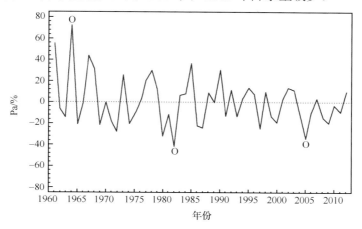

图 4-10 年降水量距平百分率(1961～2012 年)

通过对研究区 9 个气象站点的平均气温数据进行完整性检验,最终确定 8 个数据完整的站点,计算出每一个站点在 1961～2012 年的年平均气温,在此基础上采用 6 种统计度量分析站点处年平均气温时序特征,统计量分别为平均值、标准差、峰度、偏度、最大值和最小值;此外,还利用 Mann-Kendall 非参数检验方法对时序平均气温数据进行分析,以判断宁夏地区气温变化趋势。针对每一个站点的 52 年年均气温时序数据计算出标准化的统计量 Z,并对 Z 进行双侧趋势检验。这里分别对 90%、95% 和 99% 的置信区间进行检验,当统计量 Z 的绝对值大于标准正态分布对应显著性水平的临界值时,就拒绝原假设 H_0,认为在 α 显著性水平上时间序列数据变化存在明显的上升或下降趋势。

表 4-12 为 8 个气象站点年平均气温的时序统计特征和 Mann-Kendall 趋势检验结果,52 年的年平均气温均值最大的站点是中宁站,该站点年平均气温为 9.61℃,年平均气温最大值和最小值分别为 10.98 ℃ 和 8.17 ℃,银川和同心两个站的年平均气温也在 9℃ 以上,而宁夏南部地区的西吉、固原和海原站点年平均气温相对较低,分别为 5.6℃、6.64℃ 和 7.4℃,这 3 个地区在 1961～2012 年的年平均气温最大值和最小值也比其他站点低。从峰度和偏度的结果可以看出,除了盐池以外,其他站点的峰度系数均小于 0。所有站点的偏度系数都大于 0,说明年平均气温分布都呈右偏平峰分布,从 Mann-Kendall 趋势检验结果可以看出,宁夏地区所有数据完整的气象站点的年平均气温都存在极为显著的上升趋势。

表 4-12 站点平均气温时序统计特征

站点	均值	标准差	峰度	偏度	最大值	最小值	Mann-Kendall 趋势检验	
							趋势	置信度/%
银川	9.15	0.81	−0.72	0.17	10.87	7.4	上升	99
陶乐	8.63	0.75	−0.63	0.18	10.29	7.07	上升	99

站点	均值	标准差	峰度	偏度	最大值	最小值	Mann–Kendall 趋势检验	
							趋势	置信度/%
中宁	9.61	0.73	−0.82	0.17	10.98	8.17	上升	99
盐池	8.2	0.74	0.04	0.39	9.98	6.52	上升	99
海原	7.4	0.71	−0.41	0.2	8.93	5.73	上升	99
同心	9.07	0.78	−0.58	0.1	10.64	7.24	上升	99
固原	6.64	0.8	−0.58	0.39	8.47	5.23	上升	99
西吉	5.6	0.63	−0.44	0.39	7.17	4.42	上升	99

2. 气象数据

为比较研究区气候变化情况,选择 1961～2012 年研究区地面气候资料中降水量数据和平均气温数据进行对比研究,通过对研究区内所有站点气候数据进行整理和分析,排除数据缺失较多的站点,最终研究区共有 9 个气象站点满足要求(图 4-8),分别为西吉、固原、海原、同心、中宁、盐池、银川、陶乐和惠农,降水量和平均气温数据包含 1961～2012 年共 52 年的日值数据集。

为验证不同遥感干旱指数的适用性和敏感性,本节选取农田土壤湿度旬值数据与遥感指数进行相关性对比分析,通过对站点数据进行完整性检验,确定 14 个数据完整的农业气象站点(图 4-8),分别为平罗、银川、陶乐、永宁、中卫、中宁、兴仁堡、盐池、海原、同心、固原、韦州、西吉和泾源,并利用农业气象灾情旬值数据验证遥感指数旱情评估能力。气象数据来源于中国气象科学数据共享服务网(http://cdc.cma.gov.cn/)。

3. 遥感数据

MODIS(moderate resolution imaging spectroradiometer)数据提供了丰富的光谱波段,光谱范围为 0.4～14.4μm,本节利用 MODIS 产品数据构建干旱指数,使用的数据产品主要包括 MODIS 8 天合成的地表反射率产品 MOD09A1,该数据拥有 7 个波段,空间分辨率为 500m。在 USGS EROS 数据中心获取 2001～2012 年共 12 年 MOD09A1 产品作为基础数据源,这里主要研究每一个年份的第 97 天到 297 天植被生长季(4～10 月)的数据。尽管 MOD09A1 已经过大气和气溶胶校正及卷云处理,但部分数据依然存在云覆盖情况,利用 MOD09A1 质量控制数据对云覆盖区域、未进行 BRDF 校正区域及数据质量不高区域进行掩模,使之不参与运算。另外,还获取 2001～2012 年共 12 年的 MODIS 土地覆盖类型产品 MCD12Q1。利用 NASA 网站提供的 MRT(MODIS reprojection tool)重投影工具,对 MODIS 产品数据进行投影转换及研究区裁剪等预处理。

4.4.2　MODIS 短波红外特征空间

水存在两个强烈的吸收峰,中心分别在 1.42μm 和 1.96μm 波段处,在 1.65μm 波段处有一个吸收低谷。当土壤含水量增加时,土壤反射率会降低,且在 1.42μm 和 1.96μm

附近水的吸收峰处形成反射谷，谷深与含水量呈正比关系。Bendor 和 Banin(1990)的研究表明，短波红外的光谱特征可用于鉴定土壤中有机物、水分含量及土壤化学组分等。在 1.1～2.5μm 波段，植被的光谱反射率基本被液态水的吸收特征所控制，叶内含水量增加，其光谱反射率降低；在 1.42μm 和 1.96μm 附近反射率跌落，存在两个反射谷，其谷深与液态含水量有关，在 1.65μm 附近有一个小的反射峰。

上述分析表明，在短波红外 1.1～2.5μm，土壤及植被的反射率特征与含水量密切相关，水在不同波段处的吸收特征是影响土壤及植被波谱曲线变化的一个重要因素。土壤和植被在 1.42μm 和 1.96μm 附近的反射谷对应水的吸收峰，在 1.65μm 处的反射峰对应水的吸收谷。Fensholt 和 Sandholt(2003)研究表明，植被土壤水分状态的微小变化就能引起短波红外光谱反射率的巨大变化，因此可利用短波红外波段的这种水分敏感特性构建旱情监测指数。MODIS 数据有 36 个波段，光谱范围为 0.4～14.4μm，其提供的短波红外波段即第 6 波段和第 7 波段都位于水汽吸收区，分别近似对应水汽的吸收谷和吸收峰，对水分状态的变化较为敏感，第 6 波段和第 7 波段一定形式的组合能用来反映植被和土壤含水量的变化。

本节利用 MODIS 第 6 波段和第 7 波段经过大气纠正的反射率数据建立短波红外光谱特征空间，图 4-11(a)是研究区 2005 年第 193 天构建的短波红外光谱特征空间，发现该光谱特征空间呈现三角形分布，各种地物按一定规律分布在此空间。第 6 波段近似对应水汽的吸收谷，植被对第 6 波段强烈反射，而且植被在第 7 波段的反射率明显小于其在第 6 波段的反射率，因此 MODIS 两个短波红外波段数据散点图主要集中在短波红外特征空间左上方，而且 AC 为土壤基线，离基线 AC 越远，植被覆盖越高，靠近 AC 区域主要是裸土区及低植被覆盖。依据 MODIS 2005 年土地覆盖分类产品提取出 2005 年第 193 天不同地物类型并构建散点图，水体区域短波红外波段散点图如图 4-11(b)所示，图中显示三角形分布中水体区域最靠近原点，离原点越近，土壤含水量越高，图 4-11(c)为裸地及低植被覆盖区域短波红外波段散点图，发现植被覆盖越低越靠近土壤基线 AC。

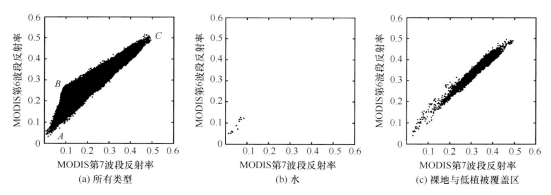

图 4-11　MODIS 短波红外光谱特征空间不同土地覆盖类型散点图分布(2005 年第 193 天)

综合分析土壤与植被波谱特性可知，图 4-11(a)中 A 点为湿润裸土区，C 点为干燥裸土区，B 点为全植被覆盖区。

4.4.3　短波红外水分胁迫指数构建方法

基于 MODIS 第 6 波段与第 7 波段构建的短波红外光谱特征空间散点图呈三角形分布，且存在土壤基线 AC，裸土及部分低植被覆盖区都落在这条线上，并且离原点越远，土壤含水量越低，旱情越严重，可以用短波红外特征空间[图 4-12（f）]的任意一点到短波红外基线 AC 垂线 L 的距离来描述干旱情况。

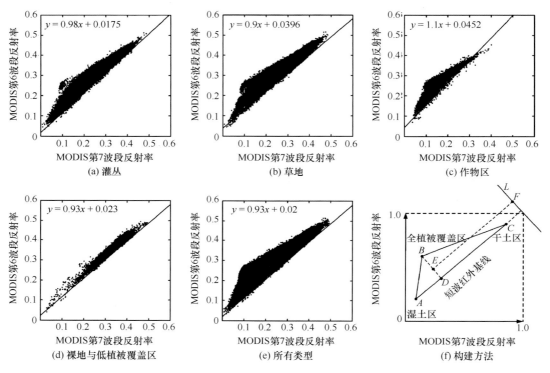

图 4-12　主要土地覆盖类型散点图分布及基线确定

考虑到不同植被在不同物候期长势不同，在短波红外特征空间中的反射率分布范围存在差异，依据 MODIS 2005 年土地覆盖分类产品，分别提取出研究区 2005 年第 193 天主要土地覆盖类型并构建散点图（图 4-12），发现灌丛、草地、作物区散点图虽呈三角形分布，但形状并非完全一致，图 4-12（a）是灌丛区二维散点图，提取的基线斜率为 0.98；图 4-12（b）是草地二维散点图，提取的基线斜率为 0.9；图 4-12（c）是作物区二维散点图，提取的基线斜率为 1.1；而利用裸地与低植被覆盖区[图 4-12（d）]，以及研究区所有类型[图 4-12（e）]二维散点图提取的基线斜率均为 0.93，说明依据一个时期所有地物类型构成的三角形分布提取统一的土壤基线并不能充分反映不同土地覆盖类型在散点图中的不同分布，因此在模型构建中需要考虑不同土地覆盖类型的影响，针对不同土地覆盖类型提取相对应的基线。需要说明的是，不同时期灌丛、草地及作物区不一定存在纯裸土区域，但其植被覆盖度较低的区域分布在靠近土壤基线的位置，本节将不同区域提取的三角形散点图最长边基线称为土壤基线。图 4-12(f) 中可以用特征空间上的任意一点 $E(R_6, R_7)$ 到短波红外特征空间土壤基线 AC 垂线 L 的距离 EF 来描述干旱情况，同时垂线 L 经过点 $(1,1)$。根据点到直线的距离方程，可以得到从 $E(R_6, R_7)$ 到直线 L 的距离 EF。

$$EF = \frac{M_\alpha + 1}{\sqrt{M_\alpha^2 + 1}} - \frac{R_7 + M_\alpha R_6}{\sqrt{M_\alpha^2 + 1}} \tag{4-46}$$

式中，R_6 和 R_7 分别为 E 点第 6 波段和第 7 波段反射率；α 为土地覆盖类型；M_α 为短波红外土壤基线斜率，对于不同的土地覆盖类型，M_α 值不同。EF 值越小，表明土壤含水量越低，旱情越严重。

由于特征空间三角形内部的点是土壤和植被的综合反映，图 4-12(f) 中垂直于土壤基线 AC 的方向可以表示植被覆盖状况，离基线越远，说明植被覆盖越好，线 $B\text{-}E\text{-}D$ 上，B 点为全植被覆盖区，E 点为半植被覆盖区，D 点为裸土区。植被覆盖的干扰会影响土壤信息反演精度，本节借鉴 MPDI 指数建立方法 (Ghulam et al., 2007a)，在考虑土壤湿度的同时也考虑植被覆盖度，结合像元二分模型建立 MODIS 短波红外水分胁迫指数 (shortwave infrared water stress index，MSIWSI)。MSIWSI 可表示为

$$\text{MSIWSI} = \frac{M_\alpha + 1}{\sqrt{M_\alpha^2 + 1}} - \frac{R_7 + M_\alpha R_6 - f_v[R_{7,v(\alpha)} + M_\alpha R_{6,v(\alpha)}]}{(1 - f_v)\sqrt{M_\alpha^2 + 1}} \tag{4-47}$$

式中，R_6 和 R_7 分别为该像元第 6 波段和第 7 波段反射率；α 为该像元土地覆盖类型；M_α 为该类型在短波红外特征空间中的土壤基线斜率；f_v 表示该像元植被覆盖度；$R_{6,v(\alpha)}$ 和 $R_{7,v(\alpha)}$ 分别代表该土地覆盖类型在 MODIS 第 6 波段和第 7 波段的反射率，若该像元为非植被类型，则 $R_{6,v(\alpha)}$ 和 $R_{7,v(\alpha)}$ 均赋值为 0。对于同一时期不同的植被类型，$R_{6,v(\alpha)}$ 和 $R_{7,v(\alpha)}$ 不同；同一种植被在不同物候期，$R_{6,v(\alpha)}$ 和 $R_{7,v(\alpha)}$ 也不同。为满足快速反演要求，针对每一时期影像每一种植被类型分别统计出该时期该植被类型在覆盖度最大时所对应的第 6 波段和第 7 波段反射率，并将其确定为该植被的 $R_{6,v(\alpha)}$ 和 $R_{7,v(\alpha)}$。

植被覆盖度是衡量地表植被状况的一个重要指标。研究发现，光谱植被指数和植被覆盖度具有较高的相关性，Carlson 和 Ripley (1997) 提出，基于均一化的 NDVI 光谱植被指数可用来描述植被覆盖度；Jiang 等 (2006) 发现，该均一化 NDVI 光谱植被指数反演得到的植被覆盖度平均误差为 8.11%，这里利用该光谱植被指数计算植被覆盖度，如式 (4-48) 所示：

$$f_v = \left(\frac{\text{NDVI} - \text{NDVI}_{\min}}{\text{NDVI}_{\max} - \text{NDVI}_{\min}} \right)^2 \tag{4-48}$$

式中，$\text{NDVI}_{\max}$ 与 $\text{NDVI}_{\min}$ 分别对应纯植被与裸土的 NDVI 值，可以通过所使用的 MODIS 影像 NDVI 值统计分析获得。利用研究区 MOD09A1 反射率产品数据第 6 波段和第 7 波段构建短波红外特征空间，对于 MCD12Q1 IGBP 分类的不同地物类型，依据式 (4-47) 和式 (4-48) 可以计算得到 MSIWSI。

4.4.4　短波红外水分胁迫指数空间分布

从 4.3 节研究区气象因子分布特征结果可以看出，2005 年宁夏年降水量偏低，2007

年降水量相对较高。本节利用 2005 年和 2007 年实测农业气象灾情旬值数据、站点降水量及平均气温数据与 MSIWSI 反演得到的旱情空间分布进行对比，以验证该指数的旱情评估能力。

表 4-13 为盐池、海原、同心、固原 4 个站点处的实地观测的农业气象灾情情况，盐池、同心和海原位于宁夏中部干旱带，固原位于宁夏南部山区地带，从表 4-13 可以发现，2005 年和 2007 年植物生长季期间，这 4 个地方均遭受不同程度的旱灾。其中，固原和同心分别于 2005 年 4 月中旬、2007 年 6 月中旬遭受轻度干旱，而在其他时期，4 个地区均遭受中度甚至严重干旱。

表 4-13　实地观测农业气象灾情（盐池、海原、同心、固原）

站点	经度（°E）	纬度（°N）	年份	灾害名称	干旱发生时间	受害程度
盐池	107.40	37.78	2005	干旱	4 月上旬至 7 月下旬	中度至严重
海原	105.65	36.57	2005	干旱	4 月上旬至 7 月中旬	中度至严重
同心	105.91	36.98	2005	干旱	4 月下旬至 5 月中旬	严重
固原	106.26	36.00	2005	干旱	4 月上旬	中度
固原	106.26	36.00	2005	干旱	4 月中旬	轻度
固原	106.26	36.00	2005	干旱	4 月下旬至 7 月上旬	中度至严重
盐池	107.40	37.78	2007	干旱	5 月上旬至 8 月中旬	中度
海原	105.65	36.57	2007	干旱	4 月中旬至 6 月上旬	中度至严重
同心	105.91	36.98	2007	干旱	5 月中旬至 6 月上旬	严重
同心	105.91	36.98	2007	干旱	6 月中旬	轻度
固原	106.26	36.00	2007	干旱	4 月中旬至 6 月中旬	中度至严重

图 4-13 为这 4 个地区 2005 年 4 月和 2007 年 6 月的站点降水量数据及平均气温数据。利用 MSIWSI 反演得到 2005105（2005 年 4 月 15 日）、2005113（2005 年 4 月 23 日）、2007153（2007 年 6 月 2 日）和 2007169（2007 年 6 月 18 日）这 4 个时期的旱情监测结果，并与实地观测灾情数据进行对比。

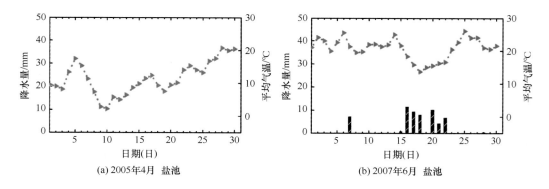

(a) 2005年4月　盐池　　　　　　　　　　(b) 2007年6月　盐池

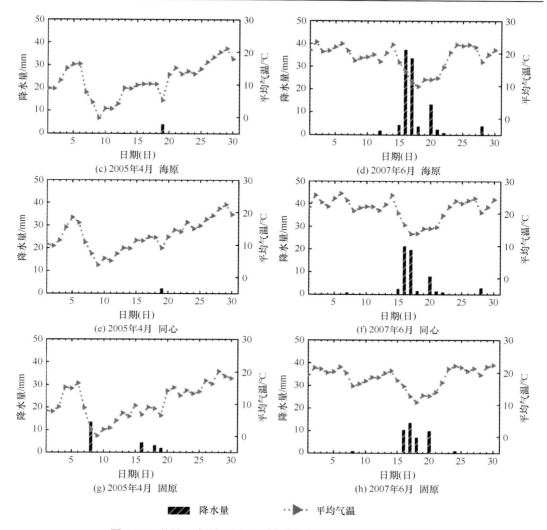

图 4-13 盐池、海原、同心、固原降水量和平均气温变化情况

图 4-14 为由 MSIWSI 干旱指数反演得到的研究区 2005 年第 105 天与第 113 天、2007 年第 153 天与第 169 天的旱情空间分布图。图 4-14(a)表明，2005 年 4 月 15 日，研究区大部分地区遭受不同程度的旱灾，其中位于宁夏中部干旱区的盐池、同心及海原北部地区的旱情较为严重，而从气象数据记录得知，这 3 个地区在 2005 年 4 月前半个月均没有降水[图 4-13(a)、图 4-13(c)、图 4-13(e)]；与中部地区相比，位于南部山区的固原旱情相对较弱。到 2005 年 4 月 23 日，中部盐池区域旱情仍然严重，从图 4-13(a)得知，2005 年 4 月盐池没有降水，平均温度也呈增高趋势。研究区中部以南地区旱情稍减弱，而南部区域旱情较 4 月中旬加强[图 4-14(b)]，由表 4-13 反映出的实地观测农业气象灾情数据也显示，固原地区 2005 年 4 月中旬到下旬遭受中度至严重干旱。

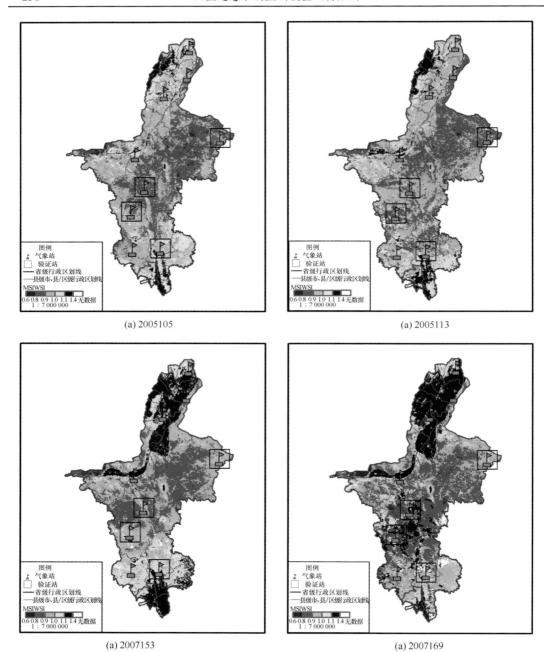

(a) 2005105　　　　　　　　　　　　　　(a) 2005113

(a) 2007153　　　　　　　　　　　　　　(a) 2007169

图 4-14　宁夏 MSIWSI 空间分布图

　　图 4-14(c)、图 4-14(d) 分别为 2007 年 6 月 2 日和 2007 年 6 月 18 日 MSIWSI 反演获得的旱情空间分布图,与 2005 年相比,整个研究区,尤其是北部黄河灌溉区旱情好转,但中南部地区旱情仍然严重。2007 年 6 月中上旬,中部盐池及南部固原部分区域一直遭受旱情,但在 6 月 18 日,海原和同心旱情得到缓解,这主要是由于从 2007 年 6 月 15 日开始,海原、同心两地开始降水,2007 年 6 月 15～18 日,两地累计降水量分别为 79.3mm

和 45.5mm[图 4-13(d)、图 4-13(f)]，使旱情得到缓解。将 MSIWSI 旱情空间分布图与农业气象灾情数据及实测降水温度数据进行对比发现，MSIWSI 反映的干旱空间分布特征与区域降水量分布、实际干旱情况基本吻合，说明 MSIWSI 在反演区域旱情状况时有一定的应用价值。

4.4.5　相关性验证及不同指数敏感性对比分析

本节选取农田实测土壤湿度旬值数据与包括 MSIWSI 在内的 3 种遥感干旱指数进行相关性分析，另外两种遥感干旱指数分别是增强型植被指数(EVI)与修正的垂直干旱指数(MPDI)，比较不同指数的土壤湿度反演能力。以 2005 年为对象，分别计算 MSIWSI、EVI、MPDI 三种干旱指数与研究区 14 个农业气象站点 20cm 深土壤相对湿度的 Pearson 线性相关性系数，以及均方根误差 RMSE，来对比分析不同指数的敏感性。

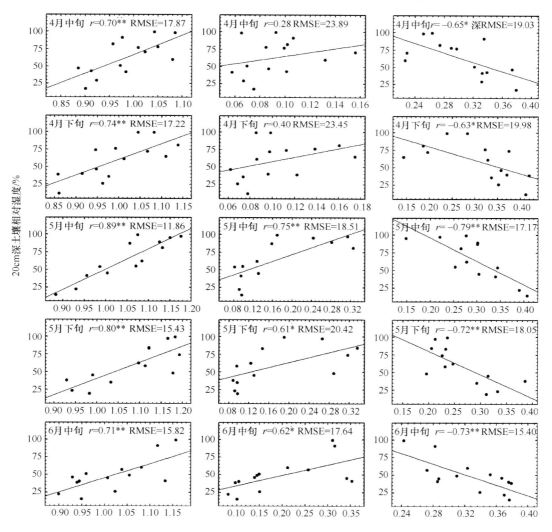

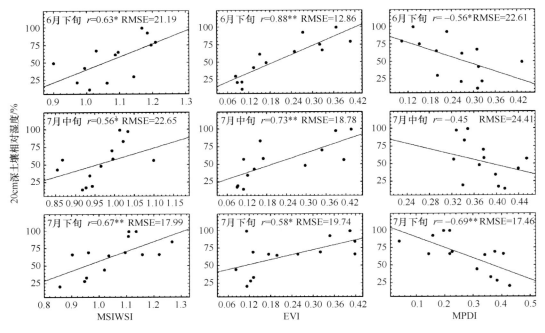

图 4-15　MSIWSI、EVI、MPDI 与 20cm 土壤相对湿度线性关系

图 4-15 为 4～7 月中下旬实测土壤水分与 3 种遥感干旱指数相关性分析结果。由于云覆盖等区域未参与运算及存在实测数据缺失，部分时期进行相关性分析站点不足 14 个。

图 4-15 中，*表示 $p<0.05$，**表示 $p<0.01$。可以看出，MSIWSI 由对水分敏感的短波红外波段构建，同时考虑不同植被类型影响，对土壤湿度变化的响应更为敏感，MSIWSI 在植被生长季期间相关系数为 0.56～0.89，且均通过 0.05 显著性水平检验，除了 6 月下旬、7 月中旬外，都通过 0.01 显著性水平检验，5 月中旬时相关性达到最大，相关系数 r 为 0.89，均方根误差（RMSE）为 11.86。

与 EVI 相比，除 6 月下旬和 7 月中旬外，MSIWSI 与实测土壤水分相关性都高于 EVI 与实测土壤水分相关性，同时均方根误差相对较小；除 6 月中旬和 7 月下旬外，MSIWSI 模型反映的监测效果均优于 MPDI，表明 MSIWSI 模型能更稳定地反映土壤水分变化趋势。

在整个 4～7 月，除 7 月中旬外，MPDI 与实测数据相关性也都通过 0.05 显著性水平检验，相关系数 r 为 -0.79～-0.45，其中，MPDI 与实测数据相关性在 5 月中旬和 6 月中旬较高，均方根误差（RMSE）较小，RMSE 分别为 17.17 和 15.40。EVI 在 5～7 月的相关性也达到 0.05 显著性水平，其中，在 6 月下旬和 7 月中旬，EVI 与实测数据相关性优于 MPDI，6 月下旬，EVI 与实测数据相关性最高，相关系数 r 达到 0.88，均方根误差（RMSE）为 12.86，Ghulam 等（2007a）发现，MPDI 与 0～20cm 平均土壤湿度相关性最好，而这里使用的实测数据是 20cm 处土壤相对湿度，这可能是 MPDI 相关性不高的一个原因。另外，验证站点处作物多为春小麦，在 6～7 月春小麦生长旺盛，用植被指数 EVI、VCI 等监测旱情效果可能更好，Shahabfar 和 Eitzinger（2011）利用 4 种指数（PDI、MPDI、VCI、EVI）监测伊朗农业旱情，实验结果也显示出植被指数 EVI、VCI 在 6～7 月的监测效果优于 PDI 和 MPDI，但 EVI 在 4 月的监测效果不够理想。整体来看，相对于 EVI，MPDI

旱情监测效果更为稳定。

通过比较 MSIWSI、EVI、MPDI 干旱指数与实测土壤水分相关性发现，MSIWSI 由对水分变化敏感的短波红外波段构建，其与 20cm 实测土壤相对湿度的相关性比 EVI、MPDI 高，说明 MSIWSI 能较好地反映土壤水分变化趋势，在实际干旱监测业务中具有一定的适用性。

4.5　基于 BP 神经网络的旱情监测方法

干旱形成的原因复杂，气候、地理空间和社会活动等多种因素的变化都可能导致旱灾。同时，旱情发展还涉及降水、植被状况、土壤水分胁迫等多种因素。而现有的遥感旱情监测方法多侧重于监测土壤或植被等单一干旱影响因子，只能对特定区域进行较高精度的旱情监测与评价，在描述大范围地区干旱状态时具有一定的局限性。因此，在定量描述旱情空间分布特征和发展变化趋势时，需要综合考虑植被生长状态、地表温度、土壤及气象降水等多种旱情相关因子。

随着对地观测手段的日趋多样化，观测信息源和信息量得到极大丰富，可用的遥感数据日益增多，目前已逐渐累积长时间序列的历史数据信息，一些学者尝试将机器学习和数据挖掘方法应用于旱情监测，从多源海量遥感观测信息中发掘出相互关联规律并建立旱情监测模型，利用实测数据对模型进行校验与改进，这类方法取得了较好的实践应用效果。

Tadesse 等(2004)在研究海洋参数与旱情指标关系时，利用 Representative Episodal Association Rule(REAR) 和 Minimal Occurrences With Constraints and Time Lags (MOWCATL)两种时间序列数据挖掘算法，对标准化降水指数(SPI)及帕默尔干旱指数 (PDSI)与海洋大气指标[南方涛动指数(SOI)、多变量 ENSO 指数(MEI)、太平洋年代际振荡指数(PDO)等]的关系进行研究，结果表明，海洋参数的变化与旱情的发生存在相关关系，海洋参数在一定程度上能够作为旱情发生发展的指示指标，该研究工作也表明将数据挖掘方法应用于旱情监测业务潜力巨大，利用数据挖掘技术建立综合模型能够提高旱情监测精度。Farokhnia 等(2011)以伊朗北部德黑兰平原为研究区，利用自适应神经模糊推理系统(ANFIS)对海面温度(SST)和海平面气压(SLP)在旱情预测中的适用性进行探讨，该研究工作进一步说明了数据挖掘方法在旱情预测中具有较强的实用性。Srivastava 等(2013)分别利用线性加权算法、多元线性回归方法、卡尔曼滤波法，以及人工神经网络算法对土壤含水量进行估测，结果表明，人工神经网络算法和卡尔曼滤波法相对前两种方法效果更好、精度更高。杜灵通等(2014)综合考虑土壤水分胁迫、植被生长状态和气象降水盈亏等因素，利用分类回归树方法构建综合干旱监测指数(SDI)，并利用该指数对山东省近 10 年来的干旱过程进行监测，实验结果表明，由该模型监测出的山东省近年来所经历的重大干旱过程与实际旱情吻合度高。

利用数据挖掘技术发现旱情因子相互关联规律、探究旱情发生发展趋势是当前干旱监测手段中一类重要的方法，本节利用神经网络方法对包括植被生长状况、地表温度、气象降水在内的多源信息进行集成并拟合出实测指数，以对研究区旱情进行监测，最后利用实测数据对综合模型监测精度进行验证。

4.5.1　研究区介绍

本节研究区域为我国北方地区，经纬度覆盖范围为 33°54'～46°43' N 与 107°54'～131°41'E，研究区总面积约为 163.69 万 km^2，覆盖范围包括吉林、辽宁、北京、天津、河北、山西、山东及内蒙古、黑龙江、陕西、河南部分区域，如图 4-16 所示。

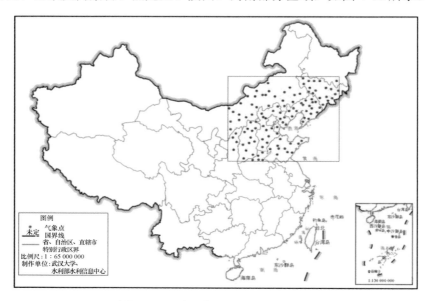

图 4-16　研究区概况及气象站点分布

依据全球 MODIS 土地覆盖分类产品 MCD12C1 的分类结果，研究区主要土地覆盖类型为草原、作物区和林地，其中，草原地区主要分布在内蒙古、山西北部和河北北部部分地区，山东省以作物覆盖为主，作物区还分布在河北南部、吉林和辽宁部分区域。研究区位置所处的气候环境主要是温带草原气候(BSk)和温带大陆性气候(Dw)，不同气候类型区域处的降水与气温存在较大差异。受东亚季风气候影响，研究区降水不均，年降水量自东南向西北减少，平均气温空间分布差异较大，东南地区气温较高，西北地区气温相对较低，易受旱涝等自然灾害影响。

4.5.2　数据及预处理

1. 气象数据

从中国气象科学数据共享服务网(http://cdc.cma.gov.cn/)获取研究区内所有气象站点 1961～2012 年月降水量数据和平均气温数据。对站点数据进行完整性检验，只保留包含 1961～2012 年所有气象数据记录的站点。最终选择研究区内 135 个气象站，如图 4-16 所示。计算各省(自治区、直辖市)内所有站点的月降水量算术平均值和平均气温算术平均值，以评估该省(自治区、直辖市)的区域旱情状况。

由于不同时间、不同地区降水量变化幅度很大，直接用降水量很难在不同时空尺度上相互比较，McKee 等(1993)提出的标准化降水指数(SPI)能反映不同时间和不同地区的降水气候特点，还具有从不同时间尺度进行干旱监测的能力，已广泛应用于国内外旱情监测(Begueria et al.，2010；Bhuiyan et al.，2006；Gebrehiwot et al.，2011；Jain et al.，2010；Ji and Peters，2003)。本节利用站点月降水量数据，分别计算 3 种时间尺度(1 个月、3 个月和 6 个月)的 SPI 值，并将其作为参考变量辅助建立并评估模型精度。此外，降水距平百分率(Pa)也是一个简单的气象干旱指数，主要用来评估某时段的降水量与常年同期平均降水量相比偏多或偏少的程度，本节也利用月降水量数据计算研究区所有站点及不同省份的降水距平百分率值。

2. 遥感数据

在 NASA Reverb 数据中心(http：//reverb.echo.nasa.gov/reverb/)能够获取 2003～2012 年时间范围内的 MODIS 月值数据集 MOD13A3 产品和 MOD11A2 产品(h26v04、h26v05、h27v04 及 h27v05)，其中 MOD11A2 是由 8 天均值合成得到的地表温度产品，MOD13A3 是由最大值合成法得到的植被指数产品，这两类数据产品均为 1km 空间分辨率数据。对 MODIS 产品数据进行拼接、重投影、研究区裁剪等预处理，并利用数据自带的质量控制文件对噪声数据点进行掩模处理，使噪声点不参与后续运算。由于本节主要计算月值数据集，为与其他数据时间分辨率统一，采用权重均值合成方法，将 8 天时间分辨率的地表温度产品合成为 1 个月时间尺度的地表温度产品。

本节用到的遥感降水量数据来源于 TRMM 3B43 数据集，获取时间范围为 2003～2012 年，该数据集单位为 mm/h，表示降水速率，数据覆盖全球 50°S～50°N，空间分辨率为 0.25°×0.25°，TRMM 数据可在 NASA 数据信息服务中心站(http：//mirador.gsfc.nasa.gov/)获得。为方便后续研究，对 TRMM 3B43 产品进行研究区裁剪，并由速率数据换算成月降水总量数据，同时也计算出 3 个月、6 个月的累积降水量，以探索最优旱情指数。

利用 MODIS NDVI 数据和 LST 数据的时序最大、最小值，对 NDVI 和 LST 数据进行归一化处理。同样，利用月降水总量的时序最大、最小值，对 3 种时间尺度的降水数据进行归一化处理，归一化后的指数记为 PCI1、PCI3 和 PCI6。归一化过程类似于 Kogan 处理 NDVI 值获取植被状态指数(VCI)的过程。归一化后的指数数值范围为[0，1]，其中 0 和 1 分别代表最干旱和最湿润状态。此外，为与其他数据集空间分辨率保持一致，利用双线性插值方法对不同时间尺度的降水数据进行重采样，使空间分辨率变为 1km。归一化方法见表 4-14。

表 4-14　干旱指数计算方法

干旱指数	公式
Scaled LST（TCI）	$(LST_{max} - LST) / (LST_{max} - LST_{min})$
Scaled NDVI（VCI）	$(NDVI - NDVI_{min}) / (NDVI_{max} - NDVI_{min})$
Scaled TRMM（PCI）	$(TRMM - TRMM_{min}) / (TRMM_{max} - TRMM_{min})$

4.5.3　基于 BP 神经网络的旱情指数构建方法

1. 相关性分析及模型输入数据确定

植被、降水、气温等不同旱情相关因子在不同旱情阶段的表现不同，利用植被状态指数（VCI）、温度状态指数（TCI），以及 3 种时间尺度的归一化降水指数（PCI1、PCI3 和 PCI6），分别与 3 种时间尺度（1 个月、3 个月和 6 个月）的标准化降水指数（SPI）进行 Pearson 相关性分析，并依据相关性结果选择相应指数作为不同时间的模型输入数据。

图 4-17 为 5～9 月的相关性分析结果。可以看出，除了 5 月和 9 月 VCI 与实测数据 SPI-1 的相关性未通过 0.05 显著性检验外，其他相关性均通过 0.05 显著性检验。

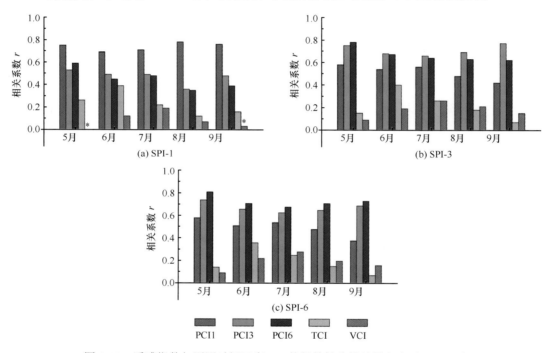

图 4-17　遥感指数与不同时间尺度 SPI 的相关性分析结果（∗表示 $P > 0.05$）

从不同指数在不同时间表现出的相关性可以看出，植被状态指数（VCI）与 SPI 实测指数的相关系数在植被生长旺盛时期较高，在植被生长季初期，相关性较低，在整个 5～9 月，相关性先增大后减少，以植被状态指数（VCI）与 6 个月尺度 SPI 相关性为例[图 4-17(c)]，5～7 月，VCI 与 SPI-6 的相关系数由 0.1（5 月）增大至 0.28（7 月），8 月开始，VCI 与 SPI-6 的相关性又逐渐递减，9 月份相关系数变为 0.16。这说明植被状态指数在不同生长季的监测效果不同，以植被状态指数建立起来的旱情模型在植被生长较为旺盛的阶段监测结果更具有参考价值，Ji 和 Peters（2003）的研究也得到类似的结论。温度状态指数（TCI）与不同时间尺度 SPI 的相关性均在 6 月达到最高。

在 3 类旱情相关指数中，降水类与实测指数的相关性普遍较强，这是由于标准化降水指数(SPI)主要依靠实测站点降水量计算获得。另外，由对应月份累积起来的降水指数与相对应时间尺度 SPI 的相关性基本都强于其与其他时间尺度 SPI 的相关性，如由 6 个月累积降水量建立起来的归一化降水指数 PCI6 与 SPI-6 的相关性均高于 PCI1、PCI3 与 SPI-6 的相关性。

SPI 能从不同时间尺度进行有针对性的旱情监测，1 个月尺度的 SPI 主要适合监测气象干旱(Caccamo et al.，2011；Zhang and Jia，2013)；3 个月和 6 个月尺度的 SPI 适合分析农业干旱状态(Rouault and Richard，2003；Rhee et al.，2010；Gebrehiwot et al.，2011)；12 个月尺度的 SPI 能反映长期降水变化，通常与河流水位、水库水位，甚至地下水位相关度较高(Wu et al.，2001；Ji and Peters，2003；Raziei et al.，2014)。由于本节侧重于研究农业旱情，在后续模型构建中主要以 6 个月尺度的 SPI 值为基础进行建模。依据上述相关性分析结果，选择 VCI、TCI 和 PCI6 作为分类模型输入数据，将每个月的输入数据分别集成起来，按照 5∶5 的比例随机抽样得到训练样本和测试样本，训练样本用于建立回归模型，测试样本用于评价模型精度。

2. BP 神经网络拟合模型构建

BP 神经网络(back-propagation neural network，BPNN)是目前应用最广泛的神经网络模型之一，最初由 Rumelhart 和 McCelland 等科学家提出，能有效逼近任意非线性函数，具有较强的泛化和容错能力，算法推导清晰，学习精度较高，在许多领域都得到广泛应用(Jiang et al.，2004；Zhang et al.，2008；Pradhan and Lee，2010；余凡等，2012；夏天等，2013)。

BP 神经网络模型拓扑结构包括输入层(一层)、隐含层(一层或多层)和输出层(一层)，逐层传递信息。网络的学习过程主要包括输出信息的正向传播和误差值的反向传播两部分，是一种按误差逆传播算法训练的多层前馈网络学习算法。在正向传播过程中，每一层神经元的状态只影响下一层神经元网络。输入信息经输入层传递到隐含层，经过激活函数处理和运算后，信息经输出层输出，主要通过调节各层的连接权和阈值参数来学习样本信息。

以一个三层结构的 BP 神经网络为例，假设激活函数为 sigmoid 函数，则隐含层第 j 个节点处的输出值可表示为

$$Y_{1,j} = \frac{1}{1 + \exp\left[-\left(\sum_{i=1}^{m} \omega_{ij} x_{1,i} - \theta_j\right)\right]} \tag{4-49}$$

式中，m 为输入层节点数；$x_{1,i}$ 为输入层的输出值；ω_{ij} 为输入层与隐含层的连接权值；θ_j 为隐含层的阈值。同样地，输出层第 k 个节点处的输出值可表示为

$$Y_{2,k} = \frac{1}{1 + \exp\left[-\left(\sum_{j=1}^{n} v_{jk} Y_{1,j} - \gamma_k\right)\right]} \tag{4-50}$$

式中，n 为隐含层节点数；v_{jk} 为隐含层与输出层的连接权值；γ_k 为输出层的阈值。

当利用已有权重和阈值得到的输出层结果不符合预期要求，实际输出值与期望输出值之间误差较大时，就转入反向传播过程，将误差信号沿原正向传播途径返回，基于梯度下降法修改各层神经元的权值阈值参数信息，直到误差满足预期要求，网络的学习过程就结束。

本节将 BP 神经网络设置为 3 层，利用训练样本集中的 TCI、VCI 和 PCI6 作为输入

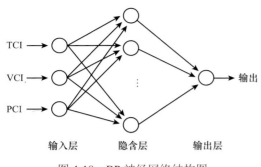

数据，输入层节点数为 3。经多次试验确定隐含层节点数为 26，结构如图 4-18 所示，这里输出层只有 1 个节点。

利用 BP 神经网络方法分别对 5~9 月的训练样本进行学习并构建实测指数反演模型，最终得到 5 个月的实测指数回归模型，模型拟合结果称为多因子集成旱情状态指数或综合旱情状态指数（integrated drought condition index，IDCI）。

图 4-18　BP 神经网络结构图

4.5.4　综合旱情状态指数验证与应用

1. 测试样本精度验证

利用测试样本数据对回归模型泛化能力进行评估，图 4-19 为各月份测试样本集实测气象指数 SPI-6 与拟合数据 IDCI 的散点图分析结果。

不难看出，所有相关关系都通过 0.005 显著性水平检验，5~9 月的相关系数 r 依次为 0.82、0.74、0.65、0.72 和 0.72，其中 5 月测试集共包含 560 个样本，相关系数值最大（r 为 0.82），其他月份实测数据与拟合数据的相关系数也都在 0.65 以上，说明由 BP 神经网络方法得到的拟合模型能很好地估测实测指数，可用于实际旱情监测应用中。

2. IDCI 在不同空间尺度上的敏感性分析

为比较 IDCI 在不同区域监测的精度，分别提取出研究区 9 个主要省（自治区）（黑龙江、吉林、河北、山西、辽宁、山东、内蒙古、陕西、河南）的 IDCI 值，以及实测指数 SPI-6 值，并作散点图分析和相关性验证。

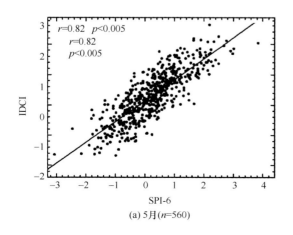

(a) 5月（n=560）

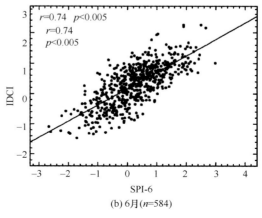

(b) 6月（n=584）

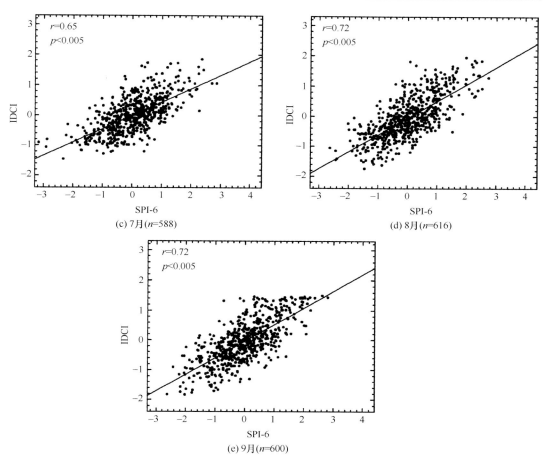

图 4-19　5～9 月测试样本实测数据 SPI-6 与拟合数据 IDCI 的散点图分析

图 4-20 为上述 9 个省份 2003 年至 2012 年 5～9 月 IDCI 与实测指数 SPI-6 的散点图，以及相关性分析结果，可以看出，9 个省份的两种指数的相关系数介于 0.63～0.82，所有相关关系都通过 0.005 显著性检验，说明 IDCI 在不同区域范围均能较好地拟合实测指数。

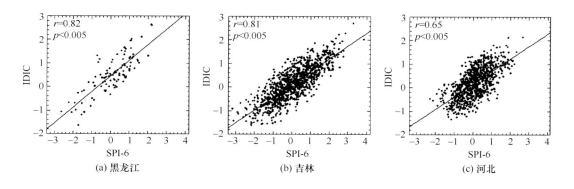

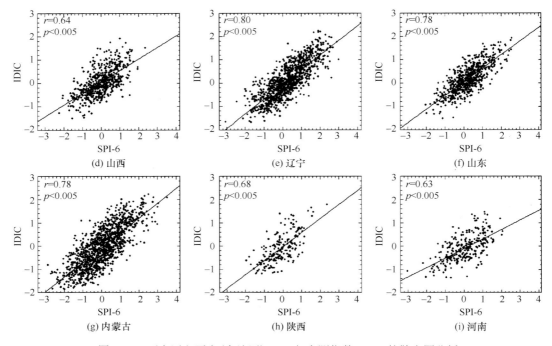

图 4-20　研究区主要省(自治区)IDCI 与实测指数 SPI-6 的散点图分析

3. IDCI 空间分布

依据不同月份回归模型输入数据要求，分别提取研究区所有像素位置在 2003 年至 2012 年 5~9 月的遥感数据，利用各月份神经网络回归模型，计算 2003~2012 年植被生长季期间研究区各像素点的 IDCI 值，进而得到不同年份、不同月份的 IDCI 空间分布图。图 4-21 为 2011 年 5~9 月的 IDCI 旱情空间分布图，为评估 IDCI 旱情监测精度，不同站点的实测指数 SPI-6 值也依据点的大小进行区分，站点位置处点越大，说明实测指数值越小，旱情越严重，反之亦然。

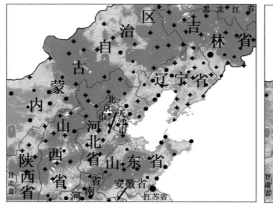

(a) 5月

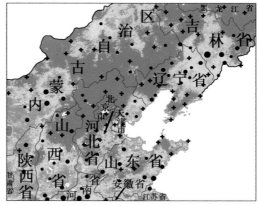

(b) 6月

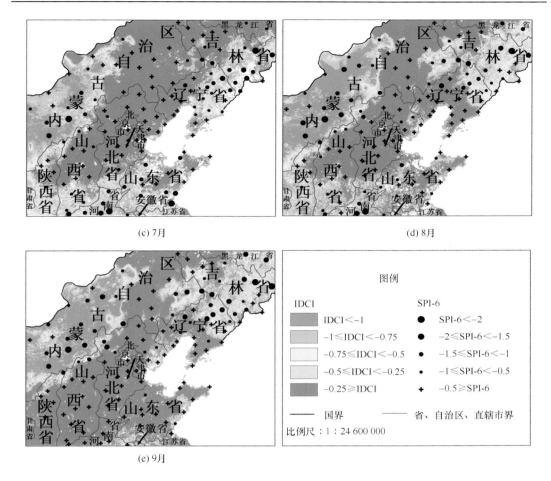

(c) 7月   (d) 8月

(e) 9月

图 4-21 2011 年 5~9 月 IDCI 空间分布图及实测指数 SPI-6 分布情况

此外，还获取研究区 9 个省份的月降水量、平均气温和降水距平百分率值，以辅助评估旱情，如图 4-22 所示。

从图 4-21 可以看出，由 IDCI 图反映的 2011 年 7~9 月黑龙江旱情加重，站点处点变大，说明 SPI-6 值变小，旱情越来越严重[图 4-21(c)~图 4-21(e)]，从图 4-22(a)可知，黑龙江区域降水从 6 月开始减少，9 月时单站点平均降水量不足 15mm，而 7~9 月的降水距平百分率值与常年同期相比，也说明 2011 年这 3 个月的降水偏少。

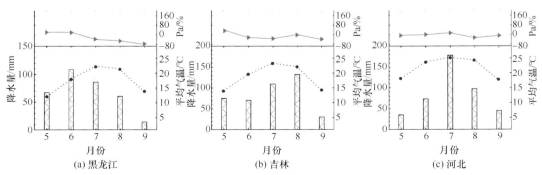

(a) 黑龙江   (b) 吉林   (c) 河北

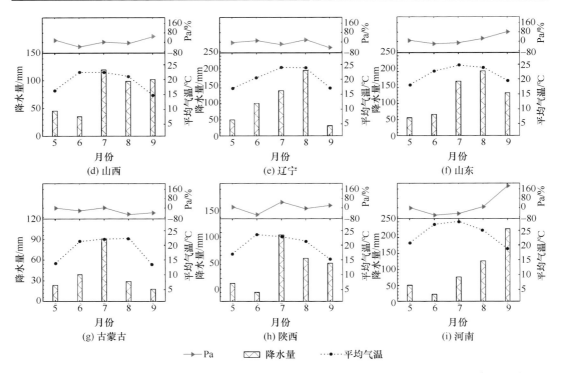

图 4-22　9 个省(自治区)在 2011 年 5～9 月的月降水量、平均气温和降水距平百分率变化趋势

IDCI 旱情图显示，2011 年 5～9 月研究区内内蒙古地区出现旱情，尤其是 8 月和 9 月，旱情较为严重，从站点大小可以看出，站点处实测指数 SPI-6 值较小[图 4-21(d)和图 4-21(e)]，也说明旱情严重，从图 4-22(g)得知，2011 年 8 月和 9 月内蒙古地区单站点平均降水量分别为 29.2mm 和 17.9mm，降水距平百分率均小于 0(依次为-59%和-42%)，这两个月降水量严重低于常年同期降水量。

从图 4-22(d)可知，山西在 2011 年 6 月的降水量相对于其他年份偏少，平均气温相对较高，IDCI 旱情分布图也显示出在 2011 年 6 月该地区遭受旱情，尤其是山西南部地区实测指数 SPI-6 值偏小[图 4-21(b)]。此外，2011 年 6 月的 IDCI 图也显示研究区内陕西省出现旱情，站点处 SPI-6 值较小[图 4-21(b)]，与 IDCI 图反映的旱情一致，从图 4-22(h)得知，该区域 2011 年 6 月站点平均降水量不足 20mm，与常年同期相比降水偏少。

从以上分析可知，IDCI 空间分布图反映的研究区旱情状态与实测指数 SPI-6 分布特征有较好的一致性，2011 年 5～9 月的 IDCI 旱情空间分布图能较精确地指出研究区干旱受灾区域，也能在一定程度上描绘出不同区域旱情程度及变化趋势，与实测气象数据吻合度高，说明 IDCI 在大区域范围旱情形势监测业务中具有较大的应用潜力。

4.6　基于 TileCube 模型的旱情监测方法

前面几节阐述了在不同研究区采用不同方法构建的几种旱情监测模型，比较了反演结果和实测结果，验证了各个模型的有效性。对于模型的具体实现及在原型系统构建方面的技术并未述及。结合第 2 章的 TileCube 模型，本节拟以集成多光谱遥感信息的大面积旱情监测为典型应用，构建面向旱情主题的 TileCube 多维分析模型，阐述其设计与构建过程，分析旱情监测和分析应用中 TileCube 模型的高效性。按照 TileCube 模型在旱情中的应用目的与方式，从旱情时空聚集与交互式旱情分析两个方面阐述遥感旱情应用实例。前者侧重于数据方体的整体性构建，涉及的数据量较大，属于数据驱动或批处理任务；后者侧重于方体的交互式分析，涉及的计算复杂度高，属于用户驱动的交互式任务，对时间响应要求高。

4.6.1　面向旱情主题的 TileCube 结构设计

旱情监测时首先需要对接收的 MODIS 数据进行投影和标准格网化处理，并通过多景影像地理拼接与多天合成等聚集计算，建立海量的遥感影像资源库，再结合其他实时水文报送与传感数据进行集成分析和信息提取，业务流程如图 4-23 所示。

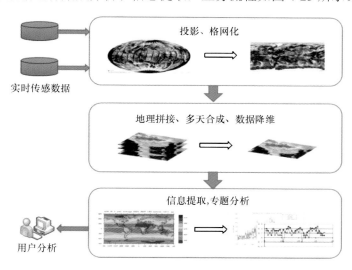

图 4-23　旱情监测业务流程示意图

本节的 TileCube 模型和旱情监测原型系统是一个基于 Hadoop/HBase 建立的分布式计算与存储环境，基于 MMA Lib 实现面向旱情聚集与分析主题的 SOLAP M-R Job，采用 Java 语言构建，内嵌了 IDL 代码，可以为影像渲染与出图提供支持，利用多个开源项目与软件包构筑各种需要的功能，包括 JTS（http：//www.vividsolutions.com/jts/ JTSHome.htm）、GDAL（http：//www.gdal.org）、Tomcat（http：//tomcat.apache.org）、GeoServer（http：//geoserver.org）、Flex（http：//flex.apache.org）等。其逻辑架构分为 3 层，如图 4-24 所示。

物理层：由局域网络连接、多个 DCN 组成的计算与存储环境。

引擎层：包括计算存储、查询驱动层和旱情应用层。计算存储层由 MapReduce 计算框架、基于 HBase0.96.0 的旱情相关数据方体存储，以及基于 GFarm 的中间计算存储组成，其中 GFarm 已集成 MapReduce 本地化计算特性的 GFarm 2.5.7，可利用 POSIX 特

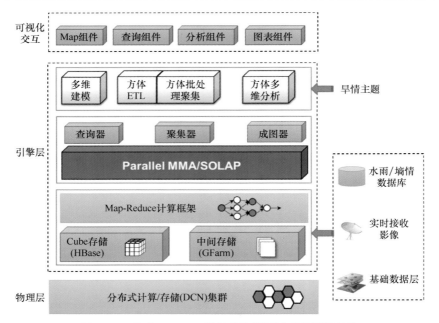

图 4-24　基于 TileCube 的旱情监测原型系统逻辑结构

性，将分布式存储目录挂载为统一的本地文件系统。实时接收的 MODIS、环境星等影像数据直接进入 GFarm 作为 ETL 数据源。行政区、土地利用、DEM、水系湖泊等基础数据层、水雨情及墒情等数据由原始数据库导入 HBase 中存储。查询驱动层包含基于 MapReduce 计算框架的并行 MMA 与 SOLAP，即 MMA Lib。通过查询器、聚集器解析上层传递的查询分析请求，通过成图器生成部分查询/分析结果的可视化图。旱情应用层针对旱情监测流程特点集成了方体构建、聚集与分析等功能，包括多维建模模块(即对旱情 SOLAP 立方体模型进行扩充和重组)、方体 ETL 模块(遥感旱情基本立方体构建)、方体批处理聚集模块(遥感旱情立方体聚集)，以及方体多维分析模块(遥感旱情多维分析功能函数实现)。

　　SOLAP 可视化交互层：包括查询组件、分析组件、Map 组件及图表组件，它与其他层的数据通信方式如图 4-25 所示。

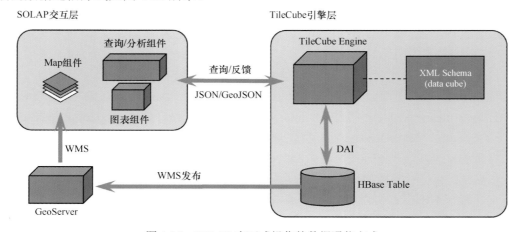

图 4-25　SOLAP 交互式操作的数据通信方式

其中，查询/分析组件与 TileCube 引擎以 JSON 协议进行交互式地数据查询与分析。TileCube 引擎在内部以封装 HBase 访问接口的 DAI 存取方体数据，并以 GeoJSON 形式返回矢量型度量信息到 Map 组件，在 Map 组件中实时绘制；以 JSON 形式返回数值信息到图表组件，以 WMS 形式发布栅格型度量到 GeoServer，并通知 Map 组件加载服务图层。通过上述过程，查询分析的反馈结果能够以多样化的形式在交互层直观展示。

4.6.2　旱情时空聚集模型及应用

在旱情监测中，遥感旱情聚集主要包括时间维、空间维聚集，以及不同旱情指数间的聚集。其中，时间维聚集主要综合特定时段内的数据，清晰刻画该时段内信息变化的趋势。空间维聚集通过降低空间分辨率或数值统计来概化地表传感特征，实现宏观监测。旱情指数间聚集基于若干个基本环境参量指数或信息，经过明确的计算步骤，进一步获取更高层次的信息。

本小节构建了以每日 NDVI 和 LST 为基本度量的 SOLAP 立方体模型，如图 4-26 所示。

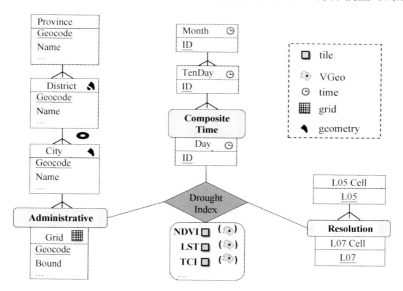

图 4-26　旱情指数聚集的 Tile Cube 模型实例

所用维度包括合成时间维(composite time)、行政区域维(administrative)和分辨率维(resolution)。时间层次由日、旬、月组成，为时间包含的拓扑聚集关系。行政区域维包括县市级(city)、地区级(district)和省级(province)，为空间包含的拓扑聚集关系。分辨率维分为 250m(L05) 和 1000m(L07) 两级分辨率。该立方体模型度量包含若干旱情指数，如 NDVI、LST、TCI 等，每种旱情指数对应于一个数据方体，所有方体共用上述维度。

基本度量的 ETL 过程如下：由 MODIS L1B 数据计算固定时刻的 NDVI 和 LST，经过格网化后再聚集生成日度 NDVI 和 LST 数据集，并按照上述模型存储于 2.4.4 节所述的 BigTable 存储模型中。基于基本数据立方体，遥感旱情时空聚集过程实际上是对上述模型中所有数据方体的逐层构建过程。SOLAP 交互端引入了工作流模式，使得每个配置好的聚集任务（即操作步骤）以链接方式加入到工作流中，以便以批处理的形式一次性完成所有的聚集计算。在该工作流中，前一步聚集结果将作为下一步聚集的输入，所有中间操作结果能够以可视化形式展现出来。下面以几种典型聚集场景为例，介绍各种聚集的应用方法。

1. 时间维聚集（Time Roll-Up）

NDVI 或 LST 在时间维的聚集也称为数据合成（data composition），这两种信息按照日、旬和月尺度进行合成。其中，固定时刻获取的 NDVI 通过 MVC（maximum value composite）法聚集至日度 NDVI。MVC 法是指采用所有数据中每个地理位置上的最大像素值作为合成后的数据的像素值，若该数据集中该位置仅存在一个像素值，则直接采用该数值（Ramon et al.，2010），该方法能够减少云雾对 NDVI 计算的影响，从而获取接近地表真实情况的 NDVI。由于植被状况在短时间内比较稳定，所以日度 NDVI 也通过 MVC法聚集到旬度 NDVI，同时记录每个像素位置的合成日期，该方法将同时生成合成值和合成日期模板。月度 NDVI 采用 Mean 法合成。地表温度在一天之中的变化较为明显，所以LST 的日度合成采用一天之中固定时段内的平均值合成法。LST 旬度值采用像元时间法（pixel time composite，PTC）（Li et al.，2010），该方法参考同期同时间尺度 NDVI 合成值的像元时间，对该旬内的 LST 进行合成，并记录每个像素位置的合成日期。与 NDVI 类似，该方法也将同时生成合成值和合成日期模板。此外，LST 月度合成也采用 Mean 方法。

NDVI/LST 的日度合成属于基本立方体的 ETL 过程，本例将该 ETL 过程一起纳入到时间维的聚集计算流程中。图 4-27 为 NDVI 沿时间维聚集的整个流程图和 MapReduce 的任务链。其中，以 MODIS L1B 数据为起始输入，该任务链中的每个 MapReduce Job 都以上一个 MapRedcue Job 的输出为输入。在 ETL 阶段，中间输出以自定义的$<K，V>$格式文件分布式存储于 GFarm 中；在 Cube 构建阶段，中间结果保存在本地，同时输出至 HBase的事实表中，以物化方体。

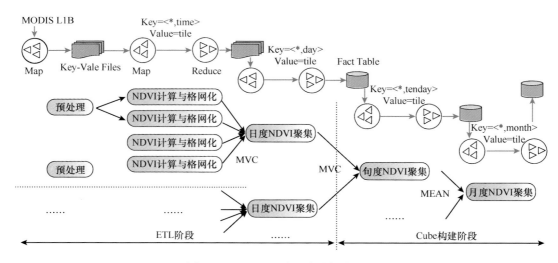

图 4-27　NDVI 沿时间维聚集流程图

实验选取 2011 年全国区域的 NDVI 日度产品，执行 Time Roll-Up 操作将完成由日度到旬度的 NDVI 合成计算。图 4-28 为 2011 年 5 月下旬的全国 NDVI 分布图。

在 Cube 操作模块中定义好方体后，选择沿时间维聚集的起始层"day"和终止层"tenday"，执行批处理。计算完成后，通过 Cube 操作模块中的方体查询功能，可在地图上可视化聚集结果。

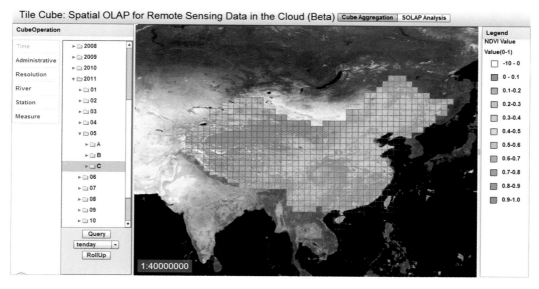

图 4-28　NDVI 旬聚集结果可视图

2. 指数间聚集（Drill-Across）

在 TileCube 模型中，旱情指数间聚集是基于方体间聚集图进行的，如图 4-29 所示。

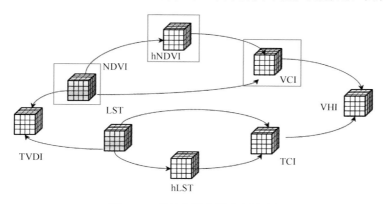

图 4-29　旱情指数间聚集图实例

其中，每个方体代表一种旱情指数，每个单向箭头记录了指数间的聚集计算关系，VHI 指数用于大尺度宏观监测，在具体区域分析时采用 TVDI 指数进行精细化监测。实验选取上小节实验生成结果（2011 年全国区域的 NDVI 旬度产品）与历史累计方体 hNDVI

连接，执行 Drill-Across 操作，计算并输出全国区域在该年内的旬度 VCI 旱情指数。该过程包括两个子步骤。

（1）将旬度 NDVI 与 hNDVI 连接，以更新 hNDVI；

（2）将旬度 NDVI 与更新后的 hNDVI 进行 Local 计算，获取 VCI。

在底层实现中，这两个步骤封装于一个 MapReduce 任务中，在 EMIT 过程同时输出更新的 hNDVI 和生成的 VCI。图 4-30 为 2011 年 5 月下旬的全国 VCI 指数的聚集结果。

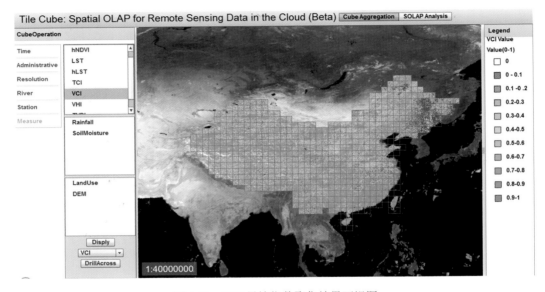

图 4-30　VCI 旱情指数聚集结果可视图

在 Cube 操作模块中确定好数据方体，选择 NDVI 和历史累计 hNDVI 为输入节点，同时选择 VCI 为输出节点，执行 Drill-Across 批处理。计算完成后，通过方体查询功能，可在地图上可视化 VCI 聚集结果。

3. 空间维聚集（Spatial Roll-Up）

NDVI、LST 等旱情指数在空间维的聚集也称为区域值统计，即基于县市、地市、省等不同的区域层次，对 NDVI、LST 等栅格值进行 Zonal 统计，统计方法可采用 Mean/Max/Min/Count 等，如图 4-31 所示。

图 4-31　旱情指数沿空间维聚集流程图

该批处理流程将完成基本度量值沿行政区维层的 3 次 Spatial Roll-Up 运算，并生成县级统计值方体、地区级统计值方体和省级统计值方体。为得到各行政地区在 2011 年的旱情分布概况,基于上小节实验结果(2011 年全国区域的旬度 VCI),在 Cube 操作模块中,选择沿行政区域维聚集的起始层"Grid"和终止层"City",以及聚集函数"Mean",在地区 Zone 的支持下,利用 Time Roll-Up 分别统计县市级的旬度 VCI 均值。基于聚集结果进一步上卷至地市级及省级 VCI 均值统计。每步聚集结果如图 4-32 所示。

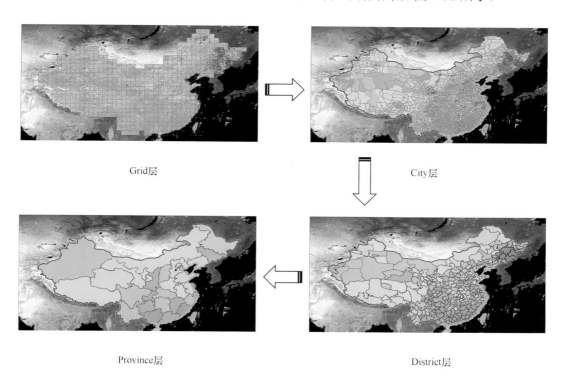

图 4-32　沿"Grid→City→District→Province"方向聚集的 VCI 均值统计结果可视图

4.6.3　交互式旱情多维分析应用

旱情聚集流程以自动化或批处理方式构建了 TileCube 的数据立方体,从而为大面积旱情的动态监测提供了基础的信息依据。针对旱情多维分析应用,TileCube 可进行灵活的主题重组,而不用改变原有模型结构及底层数据存储与组织结构。如图 4-33 所示,新的 TileCube 模型在原有旱情聚集 TileCube 模型的基础上,以度量主题 HydroInfo 集成了地面测站信息(如墒情站点 Soil Moisture、降雨站点 Rainfall 等),以度量主题 LandSurface 集成了地形地貌 DEM 和土地利用 Land Use 等下垫面信息,以并行空间维 River 集成了水系湖泊等陆表水信息。

上述信息被存储于 HBase 数据库中,其中下垫面以栅格形式存储于 Tile Table 的基本列中,水系和站点等矢量信息以类似于高级度量表的形式存储于新的 Table 中,并建立具有与 Tile Table 相同 Key 的反向索引。此外,在 MMA Lib 中实现了相关性分析、特征空间分析等分析功能。分析者仅需通过简单的界面交互操作,就能够进行直观且复杂的数据分析与查询。下面以几种典型场景为例，介绍 TileCube 在信息高效挖掘方面的应用能力。

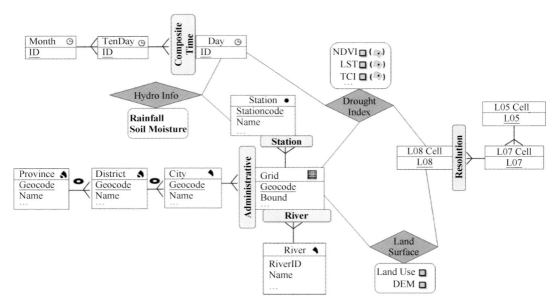

图 4-33   旱情分析的 TileCube 模型实例

1. 区域统计值下钻及长时序分析

基于逐级聚集的立方体，从高层到低层的 Drill-Down 操作，可为局部旱情分析提供细致、多样化的信息。通过分析局部旱情信息的长时序变化曲线，并对比分析多种旱情信息或多个区域的长时序曲线变化，可敏锐捕捉某变量随时间变化时的异常点或片段，从而为准确了解区域干旱程度和旱情发展趋势提供重要依据。

以 2011 年 4~5 月长江中下游大面积干旱为例，首先查询长江中下游部分省份的旬度 VHI 统计分布，从而了解流域各省份出现旱灾的严重程度，如图 4-34 所示。

通过专题图和柱状图形式统一显示 VHI 统计值的分布趋势，其中，VHI 值从 1 到 0 代表由湿润到干旱的程度加重。经对比发现，河南省、湖北省、江苏省灾情较为严重。对"湖北省"进一步下钻操作，可获得湖北省各地级市的 VHI 统计分布，其中天门市灾情最为严重，如图 4-34(b) 所示。在行政区划维的 City 层选取了湖南岳阳、湖北石首和江苏苏州三地，以查询各地级市 2000~2012 年历史同期的长时序旬度 NDVI 统计值。图 4-34(c) 的结果显示，石首与岳阳的 NDVI 在 2011 年 5 月下旬达到了历史同期的最低值。在 2011 年伊始，这 3 个地区的 NDVI 值一直处于低水平状态，揭示了该段时期内降水量较往年偏少。

2. 联合多个方体的钻过分析

通过 Drill-Across 操作，联合多个度量方体进行钻过分析是一种比较常见的旱情综合分析过程。TileCube 中，度量方体类型可以是矢量、栅格等多种类型，不同类型的度量方体在 Grid 层支持下，通过格网化地理对象实现数据的统一与空间标准化。钻过操作分

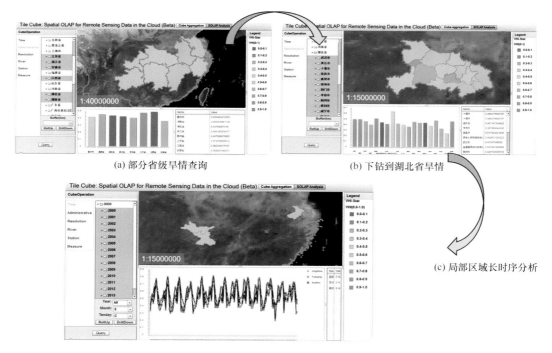

(a) 部分省级旱情查询　　　　　　　　　　　(b) 下钻到湖北省旱情

(c) 局部区域长时序分析

图 4-34　旱情区域下钻和长时序查询示意图

为基于 Local 函数和基于 Zonal 函数两种。前述介绍的旱情指数间聚集计算属于基于 Local 函数的钻过分析，而基于 Zonal 函数的钻过分析一般应用于空间计算区域，如地表覆盖类型分布等，或者由时间和空间共同组成的计算区域，如地表覆盖与变化时间组成的地表覆盖时空立方体。基于这些计算区域可以分析不同区域内的旱情状况，从而有助于发现不同地理要素对旱情的影响及敏感程度，减少时空异变性对旱情分析的干扰。

　　以 2011 年长江中下游干旱为背景，以武汉地区的 TVDI 计算为例，分别在结合/不结合地表覆盖的情况下，基于旬度 NDVI 和旬度 LST 执行钻过操作，计算该时期的 TVDI 分布。结合了地表覆盖情况的 TVDI 计算可简要表达为图 4-35 和式(4-51)。该过程涉及两种钻过操作：地区范围的 NDVI 和 LST 以土地覆盖(LandUse)为计算区域划分，每个区域内的 NDVI 和 LST 独立进行 TVDI 计算，即 F_{TVDI}；在每个区域内，F_{TVDI} 又可表达为基于 Local 函数的钻过计算。

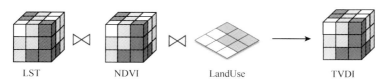

LST　　　　　NDVI　　　　　LandUse　　　　　TVDI

图 4-35　结合了地表覆盖分类的 TVDI 计算

$$\begin{cases} \text{TVDI} = \text{Zonal\_}F_{\text{TVDI}}[(\text{NDVI, LST), LandUse}] \\ F_{\text{TVDI}} = \text{Local\_}F(\text{NDVI, LST}) \end{cases} \quad (4\text{-}51)$$

将结合/不结合地表覆盖这两种情况下的 TVDI 计算结果与土壤墒情（点状矢量度量）数据进行钻过操作，并进行相关性分析，以验证每种情况对于旱情分布趋势解释的精度。图 4-36 为两种 TVDI 结果及其与土壤墒情的相关性，其中 Map1 是结合地表覆盖的计算结果，Map2 是不结合地表覆盖的计算结果。

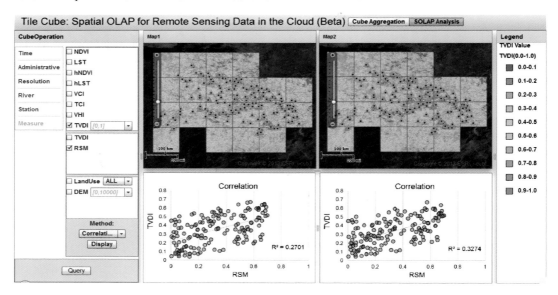

图 4-36　在有地表覆盖/无地表覆盖情况下得到的不同的 TVDI 结果

3. 联合多维度多度量的地理查询

地理查询通常涉及多个空间或非空间要素。在传统空间数据库中，复杂地理查询通过多表连接实现，时间开销大，效率低。TileCube 在 SOLAP 多维模型支持下，以 NoSQL 分布式数据库存储方体，在模型中通过对多个维度和度量的快速定位实现集成栅格能力的高性能地理查询。

以 2011 年长江中下游干旱为应用场景，若查询请求为在旱情涉及省份所覆盖水系的 20km 缓冲区内，DEM 小于 300m、土地覆盖（LandUse）为耕地（FarmLand）、VHI 栅格值小于 0.3 的 VHI 区域分布情况，等价于如下所示的地理 SQL 查询语句：

Select V1. geocode **From** VHI V1，DEM D1，LandUse L1
Where ST_Overlap（V1.geom，**ST_Buffer**（
　（**Select ST_Intersection**（geom1，geom2）**From** River **Where ST_Intersects**（geom1，
　（**Select** geom **From** Province p **Where** p.name='Jiangsu' or p.name='Anhui' or ….)
　geom2）），20））= 1
　　And V1.time = '201105C' **And** V1.value＜0.3 **And** D1.value＜300
　　And L1.value='farmland' **And** V1.geocode= D1.geocode
　　And V1.geocode = L1.geocode

　　其中，VHI、DEM 和 LandUse 分别为 VHI 栅格表、DEM 栅格表和地表覆盖栅格表；River 为水体矢量数据表。该 SQL 查询涉及 5 个表的 3 次 Select 查询、1 次缓冲区分析、1 次叠加分析和 1 次相交分析。基于图 4-33 所示的 TileCube 模型，该查询仅需要联合维度 Water 和数据方体 VHI、DEM、LandUse 执行两次钻过分析。这些分析在可视化接口上对分析者是透明的，分析者仅需定义好的数据方体的两个维度条件：Geom=Buffer (Admin.['Anhui', 'Jiangsu', …], 20) 和 Time=TH.2011.05.C，并定义 3 个度量值域：DEM <300、VHI<0.3、LandUse = 'farmland'，就能直接得到查询结果。若预先建立了度量值域维度，则值域条件可直接转化为度量值域维度的定义，TileCube 在查询时直接采用物化结果，因此无需实时计算，大幅缩短了响应时间。上述查询结果如图 4-37 所示。

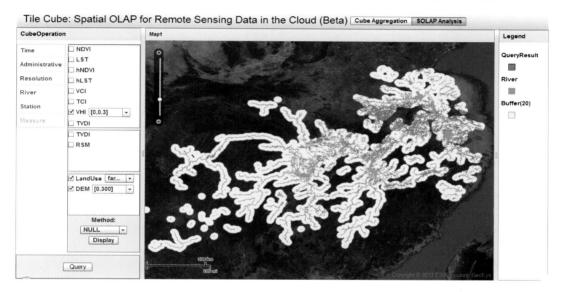

图 4-37　结合多个维度和方体度量的水域缓冲区内旱情查询示意图

参 考 文 献

陈修治, 苏泳娴, 李勇, 等. 2013. 基于被动微波遥感的中国干旱动态监测. 农业工程学报, (16)：151-158, 293.

董婷. 2016. 基于多源数据的遥感旱情监测方法研究. 武汉大学博士学位论文.

杜灵通, 田庆久, 黄彦, 等. 2012. 基于 TRMM 数据的山东省干旱监测及其可靠性检验. 农业工程学报, (2)：121-126.

杜灵通, 田庆久, 王磊, 等. 2014. 基于多源遥感数据的综合干旱监测模型构建. 农业工程学报, 30(9)：126-132.

冯海霞, 秦其明, 蒋洪波, 等. 2011. 基于 HJ-1A/1B CCD 数据的干旱监测 农业工程学报, (S1)：358-365.

冯强, 田国良, 柳钦火. 2003. 全国干旱遥感监测运行系统的研制. 遥感学报, (1)：14-18, 81.

李海亮, 戴声佩, 胡盛红, 等. 2012. 基于空间信息的农业干旱综合监测模型及其应用. 农业工程学报, (22)：181-188, 295.

李继园. 2014. 集成遥感信息的 SOLAP 多维聚集与分析模型. 武汉大学博士学位论文.

刘振华, 赵英时. 2005. 一种改进的遥感热惯量模型初探. 中国科学院研究生院学报, (3)：380-385.

刘振华, 赵英时. 2006. 遥感热惯量反演表层土壤水的方法研究. 中国科学 (D 辑). 地球科学, (6)：552-558.

牟伶俐. 2006. 农业旱情遥感监测指标的适应性与不确定性分析. 中国科学院研究生院(遥感应用研究所)博士学位论文.

齐述华, 王长耀, 牛铮. 2003. 利用温度植被旱情指数(TVDI)进行全国旱情监测研究. 遥感学报, 7(5)：420-427.

王丽涛, 王世新, 周艺, 等. 2011. 旱情遥感监测研究进展与应用案例分析. 遥感学报, 15(6)：1315-1330.

王鹏新, 龚健雅, 李小文. 2001. 条件植被温度指数及其在干旱监测中的应用. 武汉大学学报 (信息科学版), 26(5)：412-418.

王永前，施建成，刘志红，等. 2014. 微波植被指数在干旱监测中的应用. 遥感学报，(4)：843-867.

夏天，吴文斌，周清波，等. 2013. 冬小麦叶面积指数高光谱遥感反演方法对比. 农业工程学报，(3)：139-147.

徐彬彬. 1991. 我国土壤光谱线之研究. 环境遥感，(1)：61-71.

杨绍锷，吴炳方，闫娜娜. 2012. 基于 AMSR-E 数据估测华北平原及东北地区土壤田间持水量. 土壤通报，43(2)：301-305.

杨学斌，秦其明，姚云军，等. 2011. PDI 与 MPDI 在内蒙古干旱监测中的应用和比较. 武汉大学学报(信息科学版)，36(02)：195-198.

余凡，赵英时，李海涛. 2012. 基于遗传 BP 神经网络的主被动遥感协同反演土壤水分. 红外与毫米波学报，(3)：283-288.

余涛，田国良. 1997. 热惯量法在监测土壤表层水分变化中的研究. 遥感学报，(1)：24-31，80.

张强，邹旭恺，肖风劲，等. 2006. 气象干旱等级(GB/T20481—2006). 北京：中国标准出版社.

张仁华. 1990. 改进的热惯量模式及遥感土壤水分. 地理研究，(2)：101-112.

朱琳，刘健，张晔萍，等. 2010. FY-3A/MERSI 数据在中国北方干旱监测中的应用. 遥感学报，14(5)：1004-1016.

Basso B，Ritchie J T，Pierce F J，et al. 2001. Spatial validation of crop nodels for precision agriculture. Agricultural Systems, 68(2)：97-112.

Bayarjargal Y，Karnieli A，Bayasgalan M，et al. 2006. A comparative study of NOAA-AVHRR derived drought indices using change vector analysis. Remote Sensing of Environment，105(1)：9-22.

Begueria S，Vicente-Serrano S M，Angulo-Martinez M. 2010. A multiscalar global drought dataset：the SPEIbase：a new gridded product for the analysis of drought variability and impacts. Bulletin of the American Meteorological Society，91(10)：1351-1354.

Begueria S，Vicente-Serrano S M，Reig F，et al. 2014. Standardized precipitation evapotranspiration index(SPEI) revisited：parameter fitting，evapotranspiration models，tools，datasets and drought monitoring. International Journal of Climatology，34(10)：3001-3023.

Bendor E，Banin A. 1990. Near-infrared reflectance analysis of carbonate concentration in soils. Applied Spectroscopy，44(6)：1064-1069.

Bhuiyan C，Singh R P，Kogan F N. 2006. Monitoring drought dynamics in the Aravalli Region(India) using different indices based on ground and remote sensing data. International Journal of Applied Earth Observation and Geoinformation，8(4)：289-302.

Bokusheva R，Kogan F，Vitkovskaya I，et al. 2016. Satellite-based vegetation health indices as a criteria for insuring against drought-related yield losses. Agricultural and Forest Meteorology，220：200-206.

Bonaccorso B，Bordi I，Cancelliere A，et al. 2003. Spatial variability of drought：an analysis of the spi in sicily. Water Resources Management，17(4)：273-296.

Boschetti M，Nutini F，Brivio P A，et al. 2013. Identification of environmental anomaly hot spots in West Africa from time series of NDVI and rainfall. ISPRS Journal of Photogrammetry and Remote Sensing，78：26-40.

Brocca L，Hasenauer S，Lacava T，et al. 2011. Soil moisture estimation through ASCAT and AMSR-E sensors：an intercomparison and validation study across Europe. Remote Sensing of Environment，115(12)：3390-3408.

Brown J F，Wardlow B D，Tadesse T，et al. 2008. The vegetation drought response index(VegDRI)：a new integrated approach for monitoring drought stress in vegetation. GIScience & Remote Sensing，45(1)：16-46.

Burgan R E，Hartford R A. 1993. Monitoring vegetation greenness with satellite data.

Caccamo G，Chisholm L A，Bradstock R A，et al. 2011. Assessing the sensitivity of MODIS to monitor drought in high biomass ecosystems. Remote Sensing of Environment，115(10)：2626-2639.

Carlson T N，Perry E M，Schmugge T J. 1990. Remote estimation of soil moisture availability and fractional vegetation cover for agricultural fields. Agricultural and Forest Meteorology，52(90)：45-69.

Carlson T N，Ripley D A. 1997. On the relation between NDVI，fractional vegetation cover，and leaf area index. Remote Sensing of Environment，62(3)：241-252.

Cook E R，Meko D M，Stahle D W，et al. 1999. Drought reconstructions for the continental United States. Journal of Climate，12(4)：1145-1162.

Cunha A P M，Alvala R C，Nobre C A，et al. 2015. Monitoring vegetative drought dynamics in the Brazilian Semiarid Region. Agricultural and Forest Meteorology，214：494-505.

Dai A，Trenberth K E，Qian T T. 2004. A global dataset of palmer drought severity index for 1870-2002：relationship with soil moisture and effects of surface warming. Journal of Hydrometeorology，5（6）：1117-1130.

Dai A G. 2011. Drought under global warming：a review. Wiley Interdisciplinary Reviews-Climate Change，2（1）：45-65.

Dai A G. 2013. Increasing drought under global warming in observations and models. Nature Climate Change，3（1）：52-58.

Domenikiotis C，Spiliotopoulos M，Tsiros E，et al. 2004. Early cotton yield assessment by the use of the NOAA/AVHRR derived vegetation condition index（VCI）in Greece. International Journal of Remote Sensing，25（14）：2807-2819.

Dorigo W A，Gruber A，de Jeu R A M，et al. 2015. Evaluation of the ESA CCI soil moisture product using ground-based observations. Remote Sensing of Environment，162：380-395.

Draper C S，Walker J P，Steinle P J，et al. 2009. An evaluation of AMSR-E derived soil moisture over Australia. Remote Sensing of Environment，113（4）：703-710.

Du L，Tian Q，Yu T，et al. 2012. A comprehensive drought monitoring method integrating MODIS and TRMM data. International Journal of Applied Earth Observation and Geoinformation，23：245-253.

Ezzine H，Bouziane A，Ouazar D. 2014. Seasonal comparisons of meteorological and agricultural drought indices in Morocco using open short time-series data. International Journal of Applied Earth Observation and Geoinformation，26：36-48.

Farokhnia A，Morid S，Byun H R. 2011. Application of global SST and SLP data for drought forecasting on Tehran Plain using data mining and ANFIS techniques. Theoretical and Applied Climatology，104（1-2）：71-81.

Fensholt R，Sandholt I. 2003. Derivation of a shortwave infrared water stress index from MODIS near-and shortwave infrared data in a semiarid environment. Remote Sensing of Environment，87（1）：111-121.

Gebrehiwot T，van der Veen A，Maathuis B. 2011. Spatial and temporal assessment of drought in the Northern Highlands of Ethiopia. International Journal of Applied Earth Observation and Geoinformation，13（3）：309-321.

Ghulam A，Qin Q M，Teyip T，et al. 2007a. Modified perpendicular drought index（MPDI）：a real-time drought monitoring method. Isprs Journal of Photogrammetry and Remote Sensing，62（2）：150-164.

Ghulam A，Qin Q M，Zhan Z M. 2007b. Designing of the perpendicular drought index. Environmental Geology，52（6）：1045-1052.

Guttman N B. 1998. Comparing the palmer drought index and the standardized precipitation index. Journal of the American Water Resources Association，34（1）：113-121.

Guttman N B. 1999. Accepting the standardized precipitation index：a calculation algorithm. Journal of the American Water Resources Association，35（2）：311-322.

Guttman N B，Wallis J R，Hosking J R M. 1992. Spatial comparability of the palmer drought severity index. Water Resources Bulletin，28（6）：1111-1119.

Hayes M J，Svoboda M D，Wilhite D A，et al. 1999. Monitoring the 1996 drought using the standardized precipitation index. Bulletin of the American Meteorological Society，80（3）：429-438.

Hmimina G，Dufrene E，Pontailler J Y，et al. 2013. Evaluation of the potential of MODIS satellite data to predict vegetation phenology in different biomes：an investigation using ground-based NDVI measurements. Remote Sensing of Environment，132：145-158.

Huete A，Didan K，Miura T，et al. 2002. Overview of the radiometric and biophysical performance of the MODIS vegetation indices. Remote Sensing of Environment，83（1）：195-213.

Ikonen J，Vehvilainen J，Rautiainen K，et al. 2016. The Sodankyla in situ soil moisture observation network：an example application of ESA CCI soil moisture product evaluation. Geoscientific Instrumentation Methods and Data Systems，5（1）：95-108.

Jackson T J，Cosh M H，Bindlish R，et al. 2010. Validation of advanced microwave scanning radiometer soil moisture products. IEEE Transactions on Geoscience & Remote Sensing，48（12）：4256-4272.

Jain S K，Keshri R，Goswami A，et al. 2010. Application of meteorological and vegetation indices for evaluation of drought impact：a case study for Rajasthan，India. Natural Hazards，54（3）：643-656.

Jakubauskas M E，Legates D R，Kastens J H. 2002. Crop identification using harmonic analysis of time-series AVHRR NDVI data. Computers and Electronics in Agriculture，37（1-3）：127-139.

Ji L，Peters A J. 2003. Assessing vegetation response to drought in the Northern Great Plains using vegetation and drought indices. Remote Sensing of Environment，87（1）：85-98.

Jiang D，Yang X，Clinton N，et al. 2004. An artificial neural network model for estimating crop yields using remotely sensed information. International Journal of Remote Sensing，25（9）：1723-1732.

Jiang Z，Huete A R，Chen J，et al. 2006. Analysis of NDVI and scaled difference vegetation index retrievals of vegetation fraction. Remote Sensing of Environment，101（3）：366-378.

Karnauskas K B，Ruiz-Barradas A，Nigam S，et al. 2008. North American droughts in ERA-40 global and NCEP North American Regional Reanalyses：a palmer drought severity index perspective. Journal of Climate，21（10）：2102-2123.

Karnieli A，Bayasgalan M，Bayarjargal Y，et al. 2006. Comments on the use of the vegetation health index over Mongolia. International Journal of Remote Sensing，27（9-10）：2017-2024.

Keshavarz M R，Vazifedoust M，Alizadeh A. 2014. Drought monitoring using a soil wetness deficit index（SWDI）derived from MODIS satellite data. Agricultural Water Management，132：37-45.

Kharuk V I，Im S T，Oskorbin P A，et al. 2013. Siberian pine decline and mortality in Southern Siberian Mountains. Forest Ecology and Management，310：312-320.

Kogan F，Stark R，Gitelson A，et al. 2004. Derivation of pasture biomass in Mongolia from AVHRR-based vegetation health indices. International Journal of Remote Sensing，25（14）：2889-2896.

Kogan F，Sullivan J. 1993. Development of global drought-watch system using NOAA AVHRR data. Advances in Space Research，13（5）：219-222.

Kogan F N. 1990. Remote sensing of weather impacts on vegetation in Non-homogeneous Areas. International Journal of Remote Sensing，11（8）：1405-1419.

Kogan F N. 1995. Application of vegetation index and brightness temperature for drought detection. Advances in Space Research，15（11）：91-100.

Li B Q，Liang Z M Yu Z B，et al. 2014. Evaluation of drought and wetness episodes in a cold region（Northeast China）since 1898 with different drought indices. Natural Hazards，71（3）：2063-2085.

Li J，Meng L，Chen Z，et al. 2010. The Calculation of TVDI based on the Composite Time of Pixel and Drought Analysis[C]. The International Archives of the Photogrammetry，Remote Sensing and Spatial Information Sciences，Hong Kong，38（II）：519-524.

Liu W T，Kogan F N. 1996. Monitoring regional drought using the vegetation condition index. International Journal of Remote Sensing，17（14）：2761-2782.

Lloyd-Hughes B，Saunders M A. 2002. A drought climatology for Europe. International Journal of Climatology，22（13）：1571-1592.

Lohani V K，Loganathan G V，Mostaghimi S. 1998. Long-term analysis and short-term forecasting of dry spells by palmer drought severity index. Nordic Hydrology，29（1）：21-40.

Lorenzo-Lacruz J，Vicente-Serrano S M，Lopez-Moreno J I，et al. 2010. The impact of droughts and water management on various hydrological systems in the headwaters of the Tagus River（Central Spain）. Journal of Hydrology，386（1-4）：13-26.

Malingreau J P. 1986. Global vegetation dynamics-satellite-observations over Asia. International Journal of Remote Sensing，7（9）：1121-1146.

Mann H B. 1945. Nonparametric tests against trend. econometrica，13（3）：245-259.

Martin-Benito D，Beeckman H，Canellas I. 2013. Influence of drought on tree rings and tracheid features of *Pinus nigra* and *Pinus sylvestris* in a Mesic Mediterranean Forest. European Journal of Forest Research，132（1）：33-45.

Maselli F，Conese C，Petkov L，et al. 1993. Environmental monitoring and crop forecasting in the Sahel through the use of NOAA NDVI data-a case-study-niger 1986-1989. International Journal of Remote Sensing，14（18）：3471-3487.

Matsushita B，Yang W，Chen J，et al. 2007. Sensitivity of the enhanced vegetation index（EVI）and normalized difference vegetation index（NDVI）to topographic effects：a case study in high-density cypress forest. Sensors，7（11）：2636-2651.

Mckee T B，Doesken N J，Kleist J. 1993. The Relationship of Drought Frequency and Duration to Time Scales. Boston：Proceedings of the Proceedings of the 8th Conference on Applied Climatology，American Meteorological Society Boston，MA，17-22 Jan.

McNally A，Shukla S，Arsenault K R，et al. 2016. Evaluating ESA CCI soil moisture in East Africa. International Journal of Applied Earth Observation and Geoinformation，48：96-109.

Mika J，Horvath S，Makra L，et al. 2005. The palmer drought severity index（PDSI）as an indicator of soil moisture. Physics and Chemistry of the Earth，30（1-3）：223-230.

Mishra A K，Singh V P. 2010. A review of drought concepts. Journal of Hydrology，391（1-2）：204-216.

Mourato S，Moreira M，Corte-Real J. 2010. Interannual variability of precipitation distribution patterns in Southern Portugal. International Journal of Climatology，30（12）：1784-1794.

Njoku E G，Jackson T J，Lakshmi V，et al. 2003. Soil moisture retrieval from AMSR-E. IEEE Transactions on Geoscience & Remote Sensing，41（2）：215-229.

Palmer W C. 1965. Meteorological Drought. Washington，D.C.

Partal T，Kahya E. 2006. Trend analysis in Turkish precipitation data. Hydrological Processes，20（9）：2011-2026.

Patel N R，Anapashsha R，Kumar S，et al. 2009. Assessing potential of MODIS derived temperature/vegetation condition index（TVDI）to infer soil moisture status. International Journal of Remote Sensing，30（1）：23-39.

Pena-Barragan J M，Ngugi M K，Plant R E，et al. 2011. Object-based crop identification using multiple vegetation indices，textural features and crop phenology. Remote Sensing of Environment，115（6）：1301-1316.

Peters A J，Walter-Shea E A，Ji L，et al. 2002. Drought monitoring with NDVI-based standardized vegetation index. Photogrammetric Engineering and Remote Sensing，68（1）：71-75.

Potop V，Boroneant C，Mozny M，et al. 2014. Observed spatiotemporal characteristics of drought on various time scales over the Czech Republic. Theoretical and Applied Climatology，115（3-4）：563-581.

Potop V，Mozny M，Soukup J. 2012. Drought evolution at various time scales in the lowland regions and their impact on vegetable crops in the Czech Republic. Agricultural and Forest Meteorology，156：121-133.

Pradhan B，Lee S. 2010. Regional landslide susceptibility analysis using back-propagation neural network model at Cameron Highland，Malaysia. Landslides，7（1）：13-30.

Prasad A K，Chai L，Singh R P，et al. 2006. Crop yield estimation model for iowa using remote sensing and surface parameters. International Journal of Applied Earth Observation and Geoinformation，8（1）：26-33.

Price J C. 1977. Thermal inertia mapping：a new view of the earth. Journal of Geophysical Research，82（18）：2582.

Price J C. 1990. Using spatial context in satellite data to infer regional scale evapotranspiration. IEEE Transactions on Geoscience & Remote Sensing，28（5）：940-948.

Quiring S M，Ganesh S. 2010. Evaluating the utility of the vegetation condition index（VCI）for monitoring meteorological drought in Texas. Agricultural and Forest Meteorology，150（3）：330-339.

Rahmani A，Golian S，Brocca L. 2016. Multiyear monitoring of soil moisture over iran through satellite and reanalysis soil moisture products. International Journal of Applied Earth Observation and Geoinformation，48：85-95.

Ramon S，Kamel D，Andree J. 2010. MODIS VI User Guide. http：//vip.arizona.edu/documents/MODIS/MODIS_VI_UsersGuide_01_2012.pdf. [2014-04-08].

Raziei T，Daryabari J，Bordi I，et al. 2014. Spatial patterns and temporal trends of precipitation in Iran. Theoretical and Applied Climatology，115（3-4）：531-540.

Reichle R H，Koster R D，Liu P，et al. 2007. Comparison and assimilation of global soil moisture retrievals from the advanced microwave scanning radiometer for the earth observing system（AMSR-E）and the scanning multichannel microwave radiometer（SMMR）. Journal of Geophysical Research-Atmospheres，112（D9）：139-155.

Rhee J，Im J，Carbone G J. 2010. Monitoring agricultural drought for arid and humid regions using multi-sensor remote sensing data. Remote Sensing of Environment，114（12）：2875-2887.

Rouault M，Richard Y. 2003. Intensity and spatial extension of drought in South Africa at different time scales. Water SA，29（4）：489-500.

Rouse J W，Hass R H，Schell J A，et al. 1974. Monitoring Vegetation Systems in the Great Plains with ERTS. Washington，D. C：Proceedings of the Proceedings of the 3rd Earth Resources Technology Satellite-1 Symposium.

Sandholt I，Rasmussen K，Andersen J. 2002. A simple interpretation of the surface temperature/vegetation index space for assessment of surface moisture status. Remote Sensing of Environment，79：213-224.

Scian B，Donnari M. 1997. Retrospective analysis of the palmer drought severity index in the Semi-arid Pampas Region，Argentina. International Journal of Climatology，17（3）：313-322.

Seiler R A，Kogan F，Wei G. 2000. Monitoring weather impact and crop yield from NOAA AVHRR data in Argentina. Advances in

Space Research, 26(7): 1177-1185.

Shahabfar A, Eitzinger J. 2011. Agricultural drought monitoring in Semi-arid and Arid Areas using MODIS data. Journal of Agricultural Science, 149: 403-414.

Shahabfar A, Ghulam A, Eitzinger J. 2012. Drought monitoring in iran using the perpendicular drought indices. International Journal of Applied Earth Observation and Geoinformation, 18: 119-127.

Singh R P, Roy S, Kogan F. 2003. Vegetation and temperature condition indices from NOAA AVHRR data for drought monitoring over India. International Journal of Remote Sensing, 24(22): 4393-4402.

Sohn S J, Ahn J B, Tam C Y. 2013. Six month-lead downscaling prediction of winter to spring drought in South Korea based on a multimodel ensemble. Geophysical Research Letters, 40(3): 579-583.

Son N T, Chen C F, Chen C R, et al. 2012. Monitoring agricultural drought in the lower mekong basin using MODIS NDVI and land surface temperature data. International Journal of Applied Earth Observation and Geoinformation, 18: 417-427.

Srivastava P K, Han D W, Rico-Ramirez M A, et al. 2013. Data fusion techniques for improving soil moisture deficit using SMOS satellite and WRF-NOAH land surface model. Water Resources Management, 27(15): 5069-5087.

Stagge J H, Tallaksen L M, Gudmundsson L, et al. 2015. Candidate distributions for climatological drought indices(SPI and SPEI). International Journal of Climatology, 35(13): 4027-4040.

Szep I J, Mika J, Dunkel Z. 2005. Palmer drought severity index as soil moisture indicator: physical interpretation, statistical behaviour and relation to global climate. Physics and Chemistry of the Earth, 30(1-3): 231-243.

Tadesse T, Brown J F, Hayes M J. 2005. A new approach for predicting drought-related vegetation stress: integrating satellite, climate, and biophysical data over the US Central Plains. Isprs Journal of Photogrammetry and Remote Sensing, 59(4): 244-253.

Tadesse T, Wilhite D A, Harms S K, et al. 2004. Drought monitoring using data mining techniques: a case study for Nebraska, USA. Natural Hazards, 33(1): 137-159.

Tao H, Borth H, Fraedrich K, et al. 2014. Drought and wetness variability in the Tarim River Basin and connection to large-scale atmospheric circulation. International Journal of Climatology, 34(8): 2678-2684.

Thornthwaite C W. 1948. An approach toward a rational classification of climate. Geographical Review, 38(1): 55-94.

Unganai L S, Kogan F N. 1998. Drought monitoring and corn yield estimation in Southern Africa from AVHRR data. Remote Sensing of Environment, 63(3): 219-232.

Vicente-Serrano S M. 2006. Differences in spatial patterns of drought on different time scales: an analysis of the Iberian Peninsula. Water Resources Management, 20(1): 37-60.

Vicente-Serrano S M, Begueria S, Lopez-Moreno J I. 2010a. A multiscalar drought index sensitive to global warming: the standardized precipitation evapotranspiration index. Journal of Climate, 23(7): 1696-1718.

Vicente-Serrano S M, Begueria S, Lopez-Moreno J I, et al. 2010b. A new global 0.5 degrees gridded dataset(1901-2006) of a multiscalar drought index: comparison with current drought index datasets based on the palmer drought severity index. Journal of Hydrometeorology, 11(4): 1033-1043.

Vicente-Serrano S M, Gouveia C, Camarero J J, et al. 2013. Response of vegetation to drought time-scales across global land biomes. Proceedings of the National Academy of Sciences of the United States of America, 110(1): 52-57.

Wagner W, Naeimi V, Scipal K, et al. 2007. Soil moisture from operational meteorological satellites. Hydrogeology Journal, 15(1): 121-131.

Wang C Y, Qi S H, Niu Z, et al. 2004. Evaluating soil moisture status in China using the temperature-vegetation dryness index(TVDI). Canadian Journal of Remote Sensing, 30(5): 671-679.

Wang W, Zhu Y, Xu R G, et al. 2015. Drought severity change in China during 1961-2012 indicated by SPI and SPEI. Natural Hazards, 75(3): 2437-2451.

Wardlow B D, Egbert S L, Kastens J H. 2007. Analysis of time-series MODIS 250m vegetation index data for crop classification in the US central great plains. Remote Sensing of Environment, 108(3): 290-310.

Wilhite D A. 2000. Drought as a natural hazard: concepts and definitions. Drought A Global Assessment, 1: 3-18.

Wu H, Hayes M J, Weiss A, et al. 2001. An evaluation of the standardized precipitation index, the China-Z index and the statistical Z-score. International Journal of Climatology, 21(6): 745-758.

Wu J，Zhou L，Liu M，et al. 2013. Establishing and assessing the integrated surface drought index (ISDI) for agricultural drought monitoring in Mid-eastern China. International Journal of Applied Earth Observation and Geoinformation，23：397-410.

Xiao X M，Zhang Q Y，Braswell B，et al. 2004. Modeling gross primary production of temperate deciduous broadleaf forest using satellite images and climate data. Remote Sensing of Environment，91 (2)：256-270.

Xiong J，Wu B F，Yan N N，et al. 2010. Estimation and validation of land surface evaporation using remote sensing and meteorological data in North China. IEEE Journal of Selected Topics in Applied Earth Observations and Remote Sensing，3 (3)：337-344.

Yu M X，Li Q F，Hayes M J，et al. 2014. Are droughts becoming more frequent or severe in China based on the standardized precipitation evapotranspiration index：1951&ndash；2010?. International Journal of Climatology，34 (3)：545-558.

Zhang A Z，Jia G S. 2013. Monitoring meteorological drought in semiarid regions using multi-sensor microwave remote sensing data. Remote Sensing of Environment，134：12-23.

Zhang L P，Wu K，Zhong Y F，et al. 2008. A new sub-pixel mapping algorithm based on a BP neural network with an observation model. Neurocomputing，71 (10-12)：2046-2054.

第 5 章　卫星遥感水利监测应用系统
设计与实现

　　针对水利行业监测的业务化应用需求，本章结合多源遥感数据获取的优势，阐述卫星遥感水利监测应用系统的设计方法，通过系统的研发和运行，实现多源遥感数据与多种水利行业业务应用的结合，从而为提升水利行业监测能力和信息化水平奠定良好的基础。

5.1　卫星遥感水利监测应用系统需求分析

　　卫星遥感水利监测应用系统包括卫星遥感水利数据存储与交换子系统、卫星遥感水利业务处理与分析子系统、卫星遥感水利服务管理与发布子系统 3 部分。各子系统及其相关数据库均部署在水利业务网中，资源目录服务及遥感影像服务通过 B/S 方式面向外网用户发布。系统中的各类数据根据所属子系统的不同被分别存储在各数据库中。其中，遥感原始影像、业务产品元数据及服务资源数据元数据由卫星遥感水利数据存储与交换子系统进行存储管理，存储与交换子系统获取原始数据、提供访问接口，并将数据传输至业务处理与分析子系统；业务处理与分析子系统存储管理各级产品数据，提供的访问接口由服务管理与发布子系统调用并获取产品；最终对外发布的服务资源数据由服务发布子系统管理。此外，在业务处理与分析子系统和服务管理与发布子系统中管理数据的元管理与数据需提交至存储与交换子系统进行统一管理。

5.1.1　卫星遥感水利数据存储
与交换子系统需求分析

　　卫星遥感水利数据存储与交换子系统是根据卫星遥感水利数据的存储、共享与使用需要而开发的一个子系统。该系统存储并管理包括遥感原始影像、业务产品元数据及服务资源数据元数据在内的多种资源数据，同时为业务处理与分析子系统提供数据来源，它主要包括以下功能。

1. 原始数据的存储

　　针对当前卫星遥感水利数据存储位置分散、类型复杂、数据海量等特点，利用现有技术实现卫星遥感数据逻辑上集中管理、物理上分布存储、数据库与文件系统并存的管理模式，保持已有原始卫星遥感数据存储的独立性。原始卫星遥感数据只能在线存储一定时间，系统会根据实际存储情况决定数据的保留时间，当数据达到预定存储上限时，较早的数据被删除，具有重要保留价值的数据通过刻录 DVD 的方式进行离线存储，但是系统会保存其元数据。

2. 三种数据交换方式

存储与交换子系统需要和第三方数据提供商(如中国资源卫星应用中心)协商，就数据提供方式进行详细调研。初步确定的数据交换方式有 3 种，包括：①建立专用传输通道进行数据主动推送；②通过提交查询条件，获取对应数据的下载地址(如 FTP 地址)进行数据下载；③使用存储介质拷贝数据入库。因此，系统中需要设计一个卫星遥感数据交换模块来实现原始数据多种方式的接收与入库。特别地，对于离线存储的卫星遥感数据需要提前预订，系统将其从 DVD 中拷贝至特定的地址，供用户在规定的时间内下载。

3. 两种数据共享模式

当实现了多源数据的有效存储并建立完整元数据后，需要对水利部内部提供共享服务，其共享模式有两种，包括：①自动数据推送接口，即针对实时数据(如 MODIS 卫星影像等)，提供每天定时向外推送的接口，用户系统使用该接口可以每天定时获取实时数据；②提供统一的查询界面，在该页面中可以查询到本地影像数据库，同时也可以查询到第三方数据提供商的数据产品。

4. 统一查询界面

存储与交换子系统提供统一的查询平台，针对满足特定条件(如基于时间、地理位置、卫星传感器种类、分辨率等)的某一组卫星遥感数据提供快速查询功能，并展示查询结果(如 GIS 矢量或者图片，该图片能够清晰地显示其地理范围)，同时提供鹰眼功能，并能保证物理上分布存储的卫星遥感数据对查询用户来说是透明的。

本地数据查询较易实现，难点在于对第三方软件的查询，这需要和第三方数据提供商协商查询接口，最终实现在交换系统中查询第三方数据。

5. 自动数据交换机制

当用户通过统一的查询界面查询到第三方数据提供商的相关数据产品后，点击下载，系统能够自动获取对方资源存储地址信息(如 FTP 地址)进行数据下载，完成元数据信息的录入和入库操作。

6. 元数据的注册

系统建立遥感影像元数据库，针对注入系统的原始卫星遥感数据，由数据交换模块建立相应的元数据并注册到元数据库中。对于遥感影像产品和遥感资源服务，系统提供相应的 API 遥感原始影像。对于元数据，系统利用已有的数据库管理系统建立元数据库，遥感影像元数据采用 XML 来描述和存储。

7. 质量保证

系统需要建立一套机制用于保证卫星遥感数据的完备性。对于原始数据，由数据交换模块控制数据的完备性；对于遥感产品和遥感资源服务，需建立"注册–发布–检索"

机制，以保证元数据的完整性，从而进一步确保卫星遥感数据的完整性，并支持数据交换中的断点续传，避免系统因为队列阻塞而引起数据丢失，使队列里的数据在规定的时间内能发送到接收端，并反馈信息。

5.1.2　卫星遥感水利业务处理与分析子系统需求分析

卫星遥感水利业务处理与分析子系统是卫星遥感水利监测应用系统的核心部分，它针对旱情监测、洪涝监测及冰凌监测 3 类应用，分别采用不同的数据处理模型，对多种遥感影像进行自动化处理，生成遥感监测产品，并将产品提交至服务管理与发布子系统进行 Web 发布。其主要功能需求如下。

1. 数据自动化预处理

数据预处理的目的是将进入本业务处理与分析子系统的原始数据进行初级加工，得到适用于再次加工处理生成应用产品的中间产品。在卫星遥感水利监测应用系统中，参与到预处理的数据不仅包括遥感影像数据，还包括相关矢量文件，以及气象、实时水雨情、土壤墒情等实测数据。数据自动化预处理需要实现数据接收自动化监测、遥感影像数据自动化几何纠正、辐射纠正和其他数据的自动化插值、校正等步骤。这一过程将根据不同分辨率的遥感影像的容量和处理要求施行并行运算，从而提高预处理的效率。

2. 产品自动化/半自动化再加工处理

数据再加工处理是将经过预处理过程生成的中间产品数据按照不同监测业务的需要，利用相关处理模型分别进行数据产品深加工，提取各种业务所需要的最终产品的过程。对于再加工处理功能的自动化程度，需要根据不同业务处理过程的复杂程度来决定。一般来说，类似于将中间产品输入处理模型，便可直接输出成果的流程，可以选择全自动化处理方式；而对于处理流程中需要人工干预的，则需要选择半自动化处理方式。数据自动化/半自动化再加工处理实现了中间产品的融合、信息提取、镶嵌分割等更为专业的处理步骤，也是本子系统的核心功能。

3. 各级产品数据管理

数据预处理、再加工处理过程中所生成的各级数据产品需要进行统一管理。针对各级产品类型复杂、数据海量等特点，需采用不同的管理方案。对于数据量大且更新频率较高的产品，直接使用数据库方式进行存储；对于数据量较大但更新频率较低的产品，则使用数据库与文件系统同步的方案进行存储。此外，数据库的记录中也包括产品的元数据信息文件，产品元数据被录入产品库的同时，还要将其录入存储交换子系统的元数据库中，以便对整个系统元数据进行统一管理。

4. 系统接口

卫星遥感水利业务处理与分析子系统为卫星遥感水利服务管理与发布子系统提供数

据访问接口。接口通过服务配置方案 XML 文档实现。业务处理系统按一定时间频率动态发布服务配置方案的 XML 文档，服务发布子系统通过读取 XML 文档中的数据访问、图层及其他内容安排方式生成遥感信息服务。

5. 数据处理可视化操作界面

数据处理系统提供可视化的流程监控及手动操作界面。专业数据处理管理人员直接通过软件可视化界面对自动化处理过程进行监控，及时发现并排查流程中的错误，还可以在可视化界面中手动控制半自动化处理流程，包括输入参数、选择处理模式等。

5.1.3　卫星遥感水利服务管理与发布子系统需求分析

卫星遥感水利服务管理与发布子系统负责管理卫星遥感数据的最终产品和服务的展示。它根据遥感业务处理与分析子系统生成产品数据的需要，以一定的服务配置方案生成并管理遥感监测服务，可通过 GIS 平台予以展现。本系统的功能需求如下。

1. 基本需求

1）动态服务框架

整个系统的数据显示是通过调用后台发布的各种数据浏览服务（支持 OGC 标准）来完成的。根据数据类型的不同，可以分为遥感产品数据服务、底图数据服务、水情数据服务等。其中，要求整个服务框架是一个动态的、可扩展的框架，即当有新的数据类型需要发布服务供前端显示时，能够通过后台的服务管理来有效发布服务。

2）支持多尺度产品浏览

用户可以指定底层数据是矢量底图或栅格底图，影像数据产品的展现方式需要通过建立影像金字塔进行有效缩放。例如，用户查询鄱阳湖地区的水体干旱信息，在小比例尺下调取的是 MODIS 等干旱产品服务，在大比例尺下调取的是 HJ-1 卫星等干旱产品服务（如果该区域有更清晰的数据产品）。每个服务针对一种数据应用，后台管理人员可在服务管理中设置服务的显示比例尺。

3）支持简单方式的产品查询

按照用户选取的产品类型，组织不同尺度下的产品查询，主要包括按空间查询和按属性查询两类：按空间查询实现简单的拉框查询；按属性查询可以针对产品元数据的关键选项进行查询，如时间、数据种类、云覆盖度等。

4）支持 GIS 在线功能

GIS 在线功能包括放大、缩小、漫游、显示经纬网、多边形量测、距离量测、影像产品元数据查询、矢量图属性数据查询等。

5）支持三维 GIS 场景展示方式

建立 DEM 金字塔和影像金字塔，构建统一的四叉树索引，支持客户端的三维浏览和漫游，可在三维场景中一体化叠加矢量服务、卫星遥感数据服务，以及其他属性数据的集成展示。

6）支持用户专题图层的发布

用户在获取有关权限许可后，可以向系统提交发布自己的专题图层，该专题图层服务入库管理后能在客户端浏览显示。

2. 系统架构和性能需求分析

良好的架构设计是系统生命力的保证。首先，卫星遥感水利服务管理与发布子系统需要具备可伸缩性，以适应国家、流域、省以及地市级的应用需求，为各级业务部门提供卫星遥感数据共享服务。其次，系统应具备良好的可扩展性、技术先进性和较强的自适应性，可以通过元数据、数据目录及配置参数的调整，适应应用功能、用户界面、数据结构和业务需求的变化，以充分发挥其支撑系统的作用。

系统要有可扩展性，可以通过网络、硬件、基础软件、数据库和应用软件的扩展和升级，满足应用领域的扩展和用户量增加的需要，通过自适应和可扩展实现业务敏捷。

高效、稳定、安全可靠的性能是系统的必要保障，系统的空间数据是国家和水利行业的基础性和战略性信息资源，涉及国家安全，要在技术和管理层面建立信息安全保障体系，如建立严格的授权访问机制、合理的网络隔离措施、有效防止数据的非法访问和破坏等，确保信息的共享与服务符合国家相关的网络安全要求。

作为支撑系统，系统运行要保证其高可靠性，实现信息资源高效和可靠共享。在系统的设计和开发中，要加强开发过程的管理，提高软件开发质量，通过严格的系统测试，减少软件缺陷，以确保系统稳定运行。

3. 与其他子系统接口

卫星遥感水利服务管理与发布子系统和业务处理分析子系统之间的接口是数据接口，业务处理与分析子系统通过自动化的要素提取及各种模型的处理，形成遥感业务产品库，服务管理与发布子系统根据业务处理与分析子系统所提供的服务配置方案，读取、生成和发布遥感业务产品库中的卫星遥感数据，并提供动态框架和自动化发布功能，实现遥感业务产品库的自动化发布。

卫星遥感水利服务管理与发布子系统和卫星遥感水利数据存储与交换子系统之间的接口也是数据接口，服务管理与发布子系统通过数据管理平台，从存储与交换子系统的存储库中提取相关数据到遥感服务资源库，实现卫星遥感数据的服务发布，服务管理与发布子系统支持元数据目录管理，支持一致的元数据目录服务发布。

5.2　卫星遥感水利监测应用系统总体设计

考虑到卫星遥感水利监测应用系统建设的目标和功能要求，从总体上将系统划分为卫星遥感水利数据存储与交换子系统、卫星遥感水利业务处理与分析子系统、卫星遥感水利服务管理与发布子系统 3 部分。系统总体设计框架如图 5-1 所示。

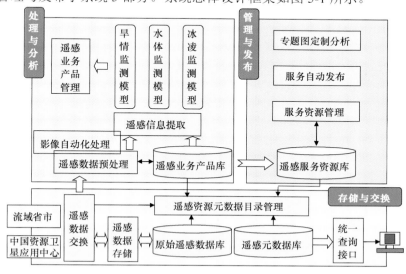

图 5-1　系统总体设计框架

卫星遥感水利数据存储与交换子系统实现统一的遥感资源元数据目录管理、遥感数据交换，以及遥感源数据文件的存储，它提供 3 部分交换功能：①对交换单位(如中国资源卫星应用中心)的数据进行查询接口的集成，查询并获取数据，自动入库管理；②对交换单位主动发送的实时数据予以接收并入库管理；③对遥感业务层及交换单位提供的遥感资源目录下的数据进行接口查询并获取接口。

卫星遥感水利业务处理与分析子系统通过存储交换子系统的数据查询接口，获取原始卫星遥感数据进行处理，具体包括预处理和信息提取处理。通过建立遥感业务监测模型，结合业务数据库对数据进行分析处理，最终将处理结果(遥感影像、矢量数据、文本描述、图片，以及以上资源配图的组织方案)存储到遥感业务产品数据库中，中间生成的数据产品也存储于遥感业务库中。

卫星遥感水利服务管理与发布子系统实现遥感源数据文件库、遥感业务产品库，以及地图服务资源库的统一资源检索、管理与共享，实现统一的用户身份验证管理，提供基于 GIS 引擎的最终业务数据服务管理与展示功能。具体而言，从遥感业务产品库中提取业务图层配置方案自动发布成遥感业务服务图层(水体或洪涝服务图层、旱情服务图层、冰凌服务图层)，从基本信息库中提取水文要素结合遥感地图发布成基本服务图层，建立地图服务资源库，并组织存储以上服务图层。最后根据业务分类目录，将业务图层在 GIS 的 Web 引擎上以二、三维相结合的方式显示，同时支持浏览器端基本图层服务和用户专题图层服务的灵活发布与共享。

5.3 卫星遥感水利监测应用系统
设计与实现

本节重点阐述数据存储与交换、业务处理与分析、服务管理与发布 3 个子系统的设计与实现技术。

5.3.1 卫星遥感水利数据存储与交换子系统设计与实现

1. 总体框架设计

卫星遥感水利数据存储与交换子系统包括数据源管理模块、交换模块、元数据注册模块、统一查询模块、用户管理模块、系统辅助模块、资源分类管理模块。总体功能框架如图 5-2 所示。

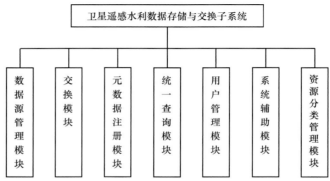

图 5-2 卫星遥感水利数据存储交换子系统功能组织结构

数据源管理模块实现遥感数据源的管理和资源的共享；交换模块负责遥感原始数据和产品数据的订阅与下载的交换功能；元数据注册模块负责原始数据、产品数据和遥感服务的元数据注册；统一查询模块负责提供对 3 种类型遥感资源的统一查询服务；用户管理模块实现用户的授权和访问控制；系统辅助模块负责系统运行的基本功能(如日志、菜单配置等)；资源分类管理模块负责遥感资源分类体系的管理。

2. 主要功能模块设计

1) 数据源管理模块

平台用户可以利用本模块进行新建、编辑、删除数据源等操作，以及对数据源中的数据进行抽取、查看、备份等操作，其具体流程如图 5-3 所示。

2) 交换模块

交换模块会支持用户选择订阅条件进行订阅，并返回订阅结果。用户每次进入交换模块时，系统会自动把满足订阅条件的信息显示给用户。该模块分为订阅管理和 FTP 主动推送两个子模块，其中订阅管理模块具体流程如图 5-4 所示。

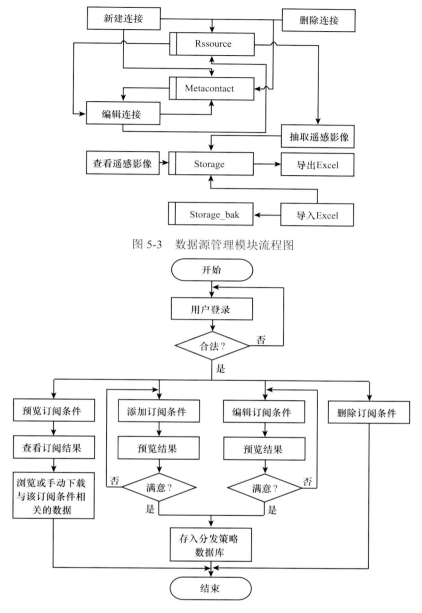

图 5-3　数据源管理模块流程图

图 5-4　订阅管理模块流程图

3) 元数据注册模块

元数据注册模块提供一个可供其他系统注册元数据的接口。当有非本系统的模块需将元数据注册到本系统中时，可调用这个接口进行注册，其流程如图 5-5 所示。

4) 统一查询模块

统一查询模块为交换存储系统提供统一的查询平台，针对满足特定条件(如基于时

间、地理位置、卫星传感器种类、空间分辨率等)的某一组遥感数据提供快速查询功能,
并展示查询结果(GIS 形式或者图片,该图片能够清晰显示其地理范围)。统一查询模块
保证物理上分布存储的遥感数据对于查询用户来说是透明的。

5) 用户管理模块

用户管理模块的主要功能有激活和禁用用户、编辑用户信息、授予用户权限和用户
安全等级管理等,其处理流程如图 5-6 所示。

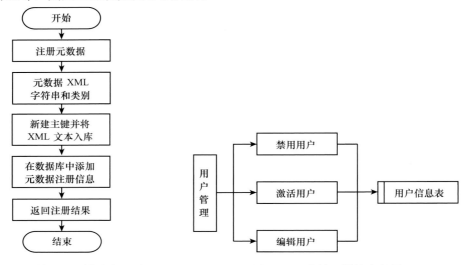

图 5-5　元数据注册模块流程图　　　　图 5-6　用户管理模块流程图

3. 功能实现

1) 数据存储模块

数据存储模块的运行界面如图 5-7 所示。

图 5-7　数据存储模块

2) 交换模块

交换模块的运行界面如图 5-8 所示。

图 5-8　交换模块

3) 元数据注册模块

元数据注册模块的运行界面如图 5-9 所示。

图 5-9　元数据注册模块

4）统一查询模块

统一查询模块支持用户根据业务需要对数据进行统一查询，该模块的运行界面如图 5-10 所示。

图 5-10　统一查询模块

5）资源分类管理模块

资源分类管理模块对目录的管理分为新建目录节点、编辑目录节点和删除目录节点 3 部分，该模块的运行界面如图 5-11 所示。

图 5-11　资源分类管理模块

6) 辅助管理模块

辅助管理模块实际上包含了用户管理模块和系统辅助模块(日志管理、菜单管理),主要实现系统管理,该模块的运行界面如图 5-12 所示。

图 5-12　辅助管理模块

5.3.2　卫星遥感水利业务处理与分析子系统设计与实现

1. 总体框架设计

卫星遥感水利业务处理与分析子系统分为自动化产品生产加工系统和半自动化产品生产加工系统两部分。其中,自动化产品生产加工系统主要针对 MODIS 产品自动化加工,以及水体信息提取等能够自动化运行的加工模块,以数据驱动为主线,完成常规化的数据产品生产任务。半自动化产品生产加工系统为整个系统的监控和数据的手动处理提供良好的平台。系统以插件的方式进行组装,为系统的扩展性提供了空间。手动处理系统主要对个别需要手动操作的处理进行人工干预,为数据及产品的定位查询提供支撑。

自动化产品生产加工系统由 MODIS 自动化产品加工模块、旱情监测自动化产品加工模块和环境星自动化水体产品加工模块 3 部分构成。实现数据产品从数据接收、数据预处理、数据产品加工、产品入库等一系列数据处理,完成自动化的数据监测、数据传输、信息提取等工作。

半自动化产品加工系统主要包括自动化产品加工系统监控模块、水体提取半自动化数据处理插件、旱情监测半自动化数据处理插件、冰凌监测半自动化数据处理插件和产品管理与数据查询模块。

目前，卫星遥感水利数据的处理分析方法还处于研究和发展阶段，特别是针对已经发射的高分 1 号～高分 4 号国产高分辨率系列卫星遥感影像的处理，大多处于探索阶段，因此考虑到系统的可扩展性，本系统采用了插件式技术进行开发，以便适应未来新的处理方法和分析模型的快速应用。系统的组织结构如图 5-13 所示。

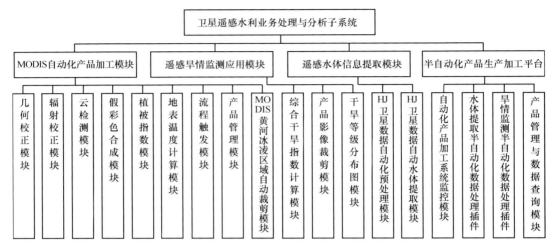

图 5-13　卫星遥感水利业务处理与分析子系统组织结构

如图 5-14 所示，自动化产品生产加工系统主要包括 MODIS 数据自动化预处理模块、MODIS 数据日产品自动化处理模块、MODIS 数据旬产品自动化处理模块、MODIS 旱情监测自动化处理模块、MODIS 黄河冰凌区域自动化裁剪模块、HJ-1 数据自动化预处理模块和 HJ-1 数据自动水体提取模块。其中，数据预处理模块为数据加工生产提供支撑，日产品数据为旬产品数据的生产提供支撑，自动化产品生产加工系统为半自动化产品生产加工系统提供支撑。

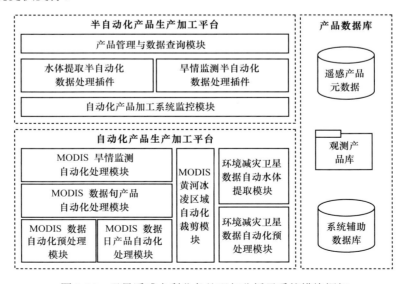

图 5-14　卫星遥感水利业务处理与分析子系统模块框架

2. 系统业务流程设计

自动化产品生产加工系统通过实时动态监测原始影像数据库来动态触发影像处理流程，进而完成对干旱和水体信息的提取。自动化产品生产加工系统将处理状态实时反馈给半自动化处理系统中的监控模块，实现对多台服务器上的自动化运行状态的动态监控。自动化产品生产加工系统和半自动化处理系统的关系如图 5-15 所示。

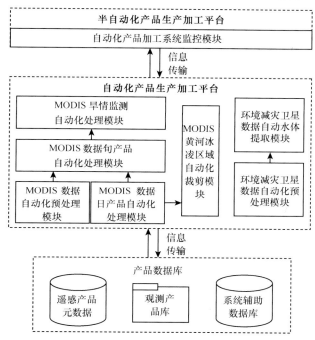

图 5-15　卫星遥感水利业务处理与分析子系统业务流程

自动化产品生产加工系统的生产流程：服务器 A 监测到广播数据集，开始启动数据处理流程，在服务器 A 上完成数据预处理任务后，数据传输至服务器 B，完成数据的入库，同时向产品元数据库(服务器 F)注入产品元数据。当服务器 C 监测到有新的数据入库时，则启动日处理程序，首先完成日程序的处理工作，接着对在冰凌区域范围内的反射率数据进行裁剪，最后把结果实时发布到网络，完成对日产品的元数据信息的入库工作。服务器 D 每月 1 日、10 日、20 日启动旬处理程序，对日产品进行综合，完成旬产品的生产。当旬产品入库后，启动旱情监测模块，对干旱相关反演产品进行生产，最终完成一景数据的生产工作。

以 MODIS 自动化处理过程为例，服务器之间的协同工作流程如图 5-16 所示。

环境星数据处理主要布设在服务器 F 上，数据预处理模块监测服务器 B 上的环境卫星原始文件，当有新的数据传输完毕后，启动数据预处理程序，对数据进行质量筛选和元数据入库工作。对质量优良的数据进行自动化水体提取处理，通过对水体信息进行反演来对水体信息进行提取，同时完成产品元数据的生成和入库工作，如图 5-17 所示。

3. 主要功能模块设计

卫星遥感水利业务处理与分析子系统主要有 5 个功能模块：植被指数计算模块、地

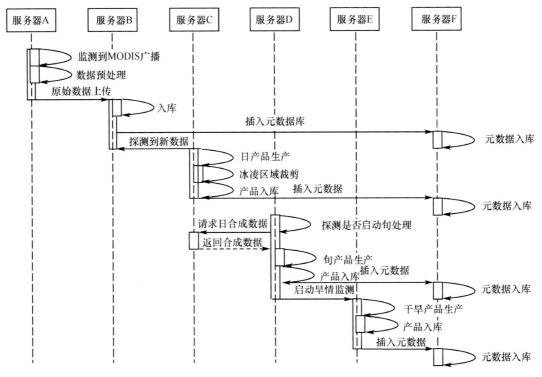

图 5-16 MODIS 自动化处理服务器交互

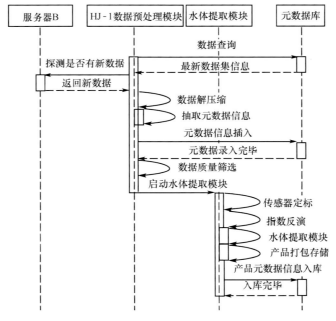

图 5-17 HJ-A/B 自动化处理交互

表温度计算模块、冰凌自动化裁剪模块、干旱等级分布图模块和产品影像裁剪模块。

植被指数计算模块是基本模块，通过该模块可以计算生成植被指数产品。植被指数是一个反映地面植被覆盖程度的指标，可用于后续的水体、干旱和冰凌的监测应用中。其基本原理是对红波段和近红外波段的反射率产品重采样，接着结合云二值图计算其归一化比值并去云得到植被指数产品，最后通过矢量文件生成快视图，流程如图 5-18 所示。

地表温度是旱情监测的一个重要参数，通过提取热辐射数据来计算辐射亮温，结合云二值图反演得到地表温度，并结合矢量文件生成快视图，其处理流程如图 5-19 所示。

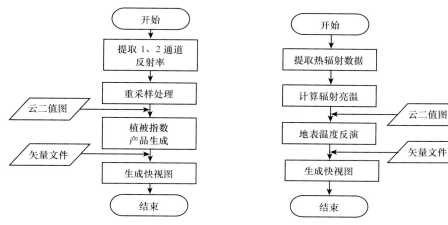

图 5-18　植被指数计算模块处理流程　　　图 5-19　地表温度计算模块处理流程

在对黄河中下游区域进行冰凌监测中，为突出感兴趣的区域，提高影像处理速度，通常需要对待处理的影像进行裁剪。图 5-20 为对 500 m 分辨率 MODIS 影像进行冰凌自动化裁剪的基本流程。首先，结合矢量文件进行黄河中下游区域的裁剪，对得到的反射率产品进行文件压缩；然后，上传到卫星通道 FTP 中。

为了展现感兴趣区域的干旱分布情况，需要制作干旱等级分布图。首先，计算得到区域综合干旱指数产品；然后，根据已有的干旱等级划分标准，对研究区域进行干旱等级划分；最后，结合水体矢量图生成干旱等级分布图。基本流程如图 5-21 所示。

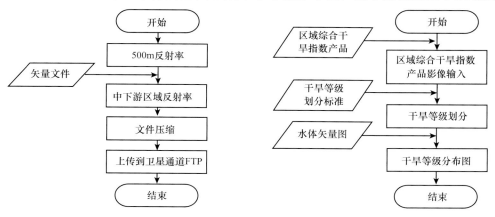

图 5-20　冰凌自动化裁剪模块处理流程　　　图 5-21　干旱等级分布图模块处理流程

要得到感兴趣区域的干旱产品，需要对全国干旱指数影像产品进行裁剪。首先，提取全国干旱指数产品影像；然后，结合感兴趣区域的矢量图进行区域掩模；最后，进行区域的影像裁剪，得到区域综合干旱指数产品，如图 5-22 所示。

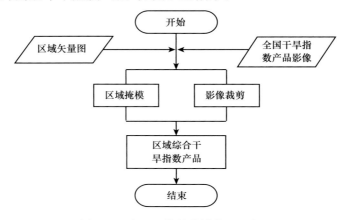

图 5-22　产品影像裁剪模块处理流程

4. 功能实现

1) 卫星数据查询模块

卫星数据查询模块如图 5-23 所示。

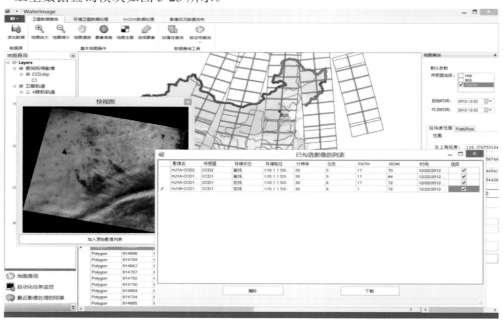

图 5-23　卫星数据查询模块

2) 环境星数据处理模块

环境星数据处理模块如图 5-24 所示。

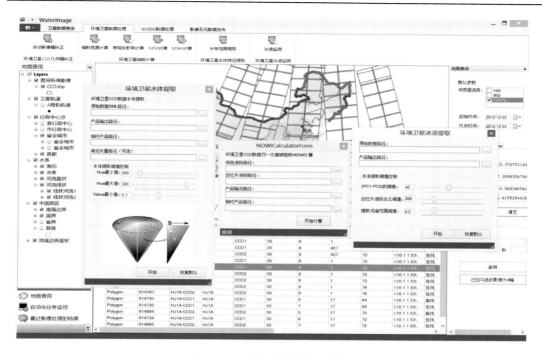

图 5-24　环境星数据处理模块

3）MODIS 数据处理模块

MODIS 数据处理模块如图 5-25 所示。

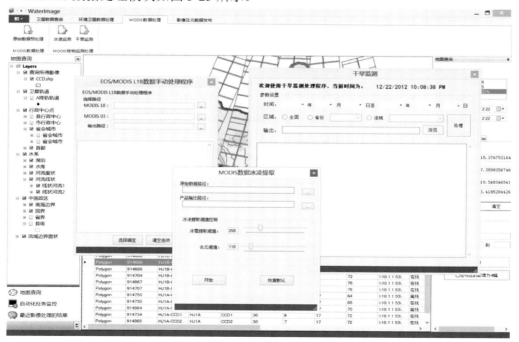

图 5-25　MODIS 数据处理模块

4) 影像和元数据模块

影像和元数据模块如图 5-26 所示。

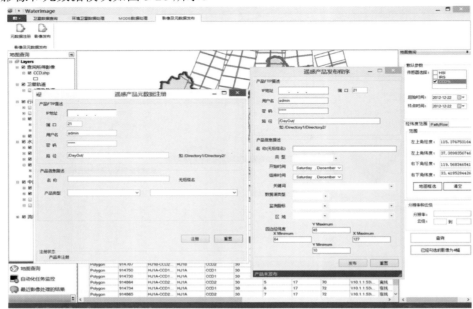

图 5-26　影像和元数据模块

5) 自动化任务监控模块

自动化任务监控模块如图 5-27 所示。

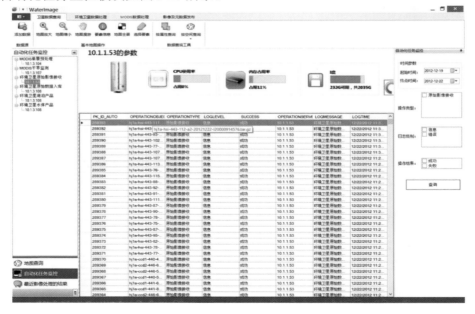

图 5-27　自动化任务监控模块

5.3.3　卫星遥感水利服务管理与发布子系统设计与实现

1. 总体框架设计

卫星遥感水利服务管理与发布子系统包括基本地图操作模块、地图查询模块、服务管理模块、服务发布模块、权限管理模块和水利专题应用模块。该子系统可以实现专题地图的人机交互操作、基本信息查询与分析，用户服务定制、管理与发布，以及用户管理、权限定制等。它所提供的水利专题应用模块具备可拓展接口，可以根据业务发展不断地进行功能更新和拓展集成。其总体功能框架如图 5-28 所示。

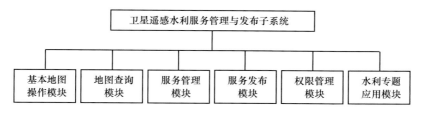

图 5-28　卫星遥感水利服务管理与发布子系统组织结构

2. 主要功能模块设计

1) 地图基本操作模块

地图基本操作模块支持通过鼠标或者键盘对地图缩放、平移和全幅显示等操作，且在地图缩放过程中，不同比例尺对应不同的图层信息；可以实现在地图上进行角度、面积、距离的量算；提供水利专题符号库，能够在地图上进行水利专题标注。其功能结构如图 5-29 所示。

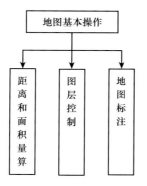

图 5-29　地图基本操作模块功能结构图

2) 地图查询模块

按照用户选取的产品类型，组织不同尺度下的产品查询，主要包括按属性条件查询地图和按地图要素查询属性两类。其中，按属性条件查询地图可以针对产品元数据的关键选项进行查询，如时间、地区、数据种类、云覆盖度等。其功能结构如图 5-30 所示。

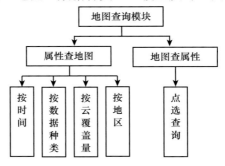

图 5-30　地图查询模块功能结构图

3）服务管理模块

服务管理模块主要用于对新建的服务或修改完成的服务进行动态发布。用户专题图层服务定制发布是指用户手动提交图层，系统将该图层以服务形式发布并共享。

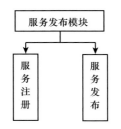

图 5-31　服务发布模块功能结构图

4）服务发布模块

服务发布模块主要实现服务的动态生成，确保当新的数据产品生成时，能够通过后台方便地建立服务、配置服务和发布服务，功能结构如图 5-31 所示。

通过系统的可扩展性，使用户在获取有关权限后能够向系统提交并发布自己的专题图层，将数据或服务添加到数据交换子系统的资源表单中，维护资源目录中服务资源表单上的服务的增减，同时在管理与发布子系统中注册并发布，以便后期服务的管理和共享。服务注册发布流程如图 5-32 所示。

5）权限管理模块

权限管理模块规定了用户对当前系统所能进行的管理程度，包括系统功能模块能否浏览、能否编辑、能否查询等权限，还包括数据资源的空间权限，如各流域的管理员只能对本流域的数据进行编辑、修改。系统还具有权限增加、修改和删除功能。权限管理模块的结构如图 5-33 所示。

6）水利专题应用模块

卫星遥感水利服务管理与发布子系统具备集成和展现其他业务系统的能力。通过开发功能接口，访问与其关联的业务数据库，并对其内容进行显示，用户可以轻松发布水利专题应用。通过开发使用标准服务接口，还可以集成和调用其他业务系统。

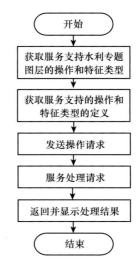

图 5-32　服务注册发布流程

该模块以集成实时水雨情数据库动态绘制降水等值线、等值面为典型范例，功能结构如图 5-34 所示。

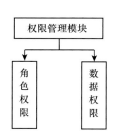

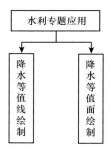

图 5-33　权限管理模块功能结构图　　　　图 5-34　水利专题应用模块功能结构图

水利专题应用模块提供数字地形数据产品生产功能，系统中以数字高程模型（DEM）为输入数据，通过人机交互式操作设定数字地形产品参数（等高线/等高面间距等），参数设定完成后执行运算（等高面生成过程中还需要制定运算数学模型），系统便能自动生成等高线/等高面等数字地形产品。

3. 功能实现

卫星遥感水利服务管理与发布子系统可以提供影像数据浏览、冰凌监测产品生产、地表水体监测产品生产，以及旱情监测产品生产等多种服务，其运行界面如图 5-35 所示。

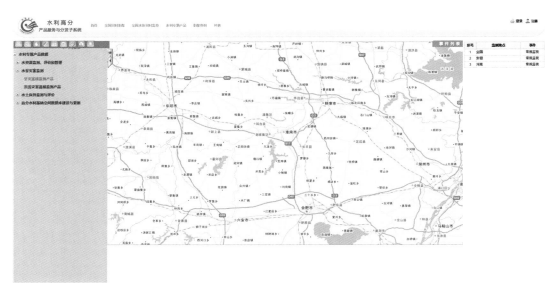

图 5-35　卫星遥感水利服务管理与发布子系统的运行界面

本章基于水利行业需求分析，应用软件工程方法和系统开发技术，设计、开发了卫星遥感水利监测应用系统，实现了多源遥感数据、先进实用的监测模型、各种信息提取算法与水利业务需求的有机结合，有助于提升水利遥感的实用化和业务化水平，促进水利信息化的进程。

第6章 卫星遥感水利监测典型应用

本章主要阐述卫星遥感水利监测技术在 2010 年到 2016 年间的应用情况,涉及旱情、洪涝和冰凌监测。需要说明的是,该技术在最近几年发生的各种涉水事件中都得到了有效应用,无论是业务化监测还是应急监测,均及时向相关决策部门提供了可供决策的监测成果,发挥了重要作用。

6.1 旱情遥感监测业务应用

采用 MODIS、环境减灾卫星遥感影像,利用卫星遥感旱情监测模型,结合地面水文监测数据,可以实现全国大部分区域的旱情监测,了解旱情的严重程度和发展趋势,为政府或行业生产单位制定抗旱措施提供决策支持。本节介绍了 2012 年 8 月湖北省和 2011 年 8 月贵州省开展旱情遥感监测的应用情况。

6.1.1 湖北省旱情遥感监测应用

湖北省位于我国的中南部,长江中游地区,洞庭湖以北,是我国中南部地区的经济中心兼交通枢纽。全省面积为 18.59 万 km²,地貌复杂,类型多样,山地、丘陵、岗地和平原兼备。2010 年到 2016 年,湖北省连续发生大旱,给农业生产和人民生活带来了困难。2011 年,湖北省连续 6 个多月降水异常偏少,导致了历史罕见的冬春连旱,全省 83 个县(市、区)均有干旱情况发生,受旱农田面积为 16 640 000 亩①,有 502 000 人、58 000 头大牲畜因旱饮水困难。与历史同期相比,2012 年湖北省大部分地区降水量减少三至五成,多地出现严重干旱。其中,随州等地更是遭遇 60 年一遇特大干旱,导致 120 000 亩良田绝收。2012 年 8 月 7 日,根据中国气象局农业综合干旱监测报道,湖北省西北部和中部局部地区发生了较为严重的干旱。新华网 2012 年 8 月 16 日和 8 月 30 日提供的信息表明,随州、荆门、襄阳、孝感等地局部地域受灾严重,给农业生产和群众生活用水带来了严重困难。

干旱发生后,本文作者所在单位从 2012 年 8 月起对湖北省旱情进行遥感监测,主要用到了综合干旱指数来分析与研究湖北省干旱的整体情况和发展趋势。

1. 卫星遥感数据源

湖北省旱情遥感监测中所使用的卫星遥感数据源为 Terra 和 Aqua 卫星的 MODIS 数据,时间范围为 2012 年 8 月 1~31 日,每日均有 4 幅 MODIS 单景影像,单景影像中的空间分辨率为 1000 m。

---

① 1 亩 ≈ 666.7 m²。

2. 监测方法

对每日的 MODIS 单景数据进行几何纠正、辐射校正、重投影、拼接裁剪等加工处理，得到归一化植被指数、地表温度及反射率等基础产品。使用最大值合成方法，将每日生产的基础产品加工为日合成产品，并将 10 天范围内的日合成产品加工成旬合成产品。在得到旬合成产品的基础上，结合上述卫星遥感干旱监测模型，反演出全国区域 8 月的旬综合干旱指数产品，经过裁剪，得到湖北省 2012 年 8 月上旬、中旬、下旬的旬综合干旱指数产品。

3. 监测结果与分析

根据上述监测方法，可以得到 2012 年 8 月湖北省区域上旬、中旬、下旬的旬综合干旱指数产品，如图 6-1～图 6-3 所示。

图 6-1～图 6-3 中的旱情监测产品为归一化后(使用 2002～2011 年 10 年历史库 MODIS 影像数据进行归一化处理)的综合干旱指数。

图 6-1　2012 年 8 月上旬湖北省综合干旱监测结果

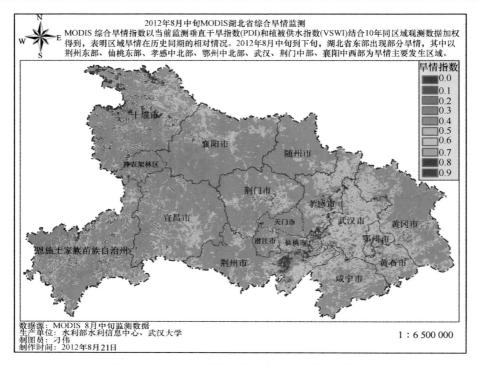

图 6-2　2012 年 8 月中旬湖北省综合干旱监测结果

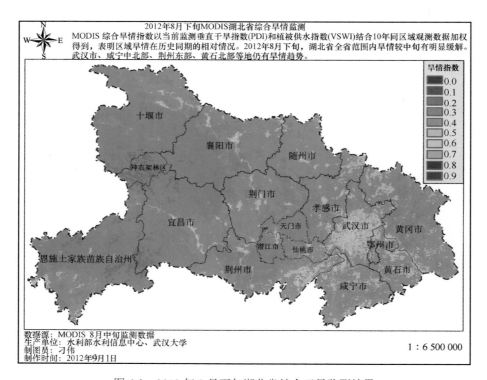

图 6-3　2012 年 8 月下旬湖北省综合干旱监测结果

从图 6-1～图 6-3 中可以明显地看出：

(1)2012 年 8 月上旬，湖北省全省范围内基本无明显干旱，武汉市、襄阳中北部、荆州东部等地明显有发生干旱的趋势。

(2)2012 年 8 月上旬至中旬期间，湖北省中东部、西北部、西南部等地出现明显干旱，其中荆州东部、仙桃东部、孝感中北部、鄂州中北部、武汉、荆门中部和襄阳中西部等地区为主要发生区域。

(3)2012 年 8 月下旬，湖北省全省范围内干旱程度较中旬有明显缓解，除了武汉市、咸宁中北部、荆州东部、黄石北部等地仍有一定程度的旱情外，其他地区基本无较为明显的干旱情况。

在此基础上，结合地面监测的旬降水距平数据和土壤墒情数据，可以得出以下结论：

(1)2012 年 7 月下旬至 2012 年 8 月上旬，湖北全省基本无降水，尤其是湖北中东部、西南部等地区降水异常偏少，较往年平均水平低 50% 以上，持续的无降水天气造成湖北地区较为严重的气象干旱，同时全省大部分地区墒情不足，尤其是西北、东北地区严重缺墒，造成较为严重的农业干旱。

(2)2012 年 8 月上旬至中旬期间，湖北西部和东部局部地区出现较多降水，土壤墒情适宜，而西北部和中部仍然降水偏少，土壤墒情不足，气象干旱和农业干旱程度加深。

(3)2012 年 8 月中旬至下旬期间，湖北西北西部、西南东部及东南大部有较多降水，湖北中部、东北西部、鄂西南西部降水略少，土壤墒情除了西北东部至东北西部仍有不足以外，其他地区均适宜或者充足，干旱程度得到明显缓解。

根据遥感监测成果，指导水文部门在墒情固定站的基础上增加移动墒情监测信息采集点，提高地面墒情信息采集频率，及时全面掌握全省旱情分布情况，为工程调度等抗旱措施拟定提供了重要依据。

6.1.2　贵州省旱情遥感监测应用

贵州省位于我国西南，地貌属于高原山地，境内地势西高东低，自中部向北、东、南三面倾斜，平均海拔在 1 100m 左右，省内高原山地居多，其中 92.5% 的面积为山地和丘陵；气候温暖湿润，属于亚热带湿润季风气候。

2011 年 6 月以后，受持续高温少雨影响，贵州旱情发展迅速。据统计，贵州铜仁、毕节、安顺、贵阳、黔西南、黔东南、黔南和遵义 8 个市(地、州)的 57 个县(市、区)遭受旱灾。干旱造成 837.2 万人受灾，181.6 万人饮水困难，农作物受灾面积达 $550.2 \times 10^3 hm^2$[①]，绝收面积达 $78.5 \times 10^3 hm^2$，直接经济损失达 18.2 亿元。本书选择 2011 年 8 月贵州省旱情监测情况，使用综合干旱指数来分析研究贵州干旱的整体情况和发展趋势。

1. 卫星遥感数据源

贵州省区域旱情遥感监测中所使用的卫星遥感数据源为 Terra 和 Aqua 卫星的 MODIS

---

① $1hm^2$（公顷）$=10 000 m^2$

数据，时间范围为 2011 年 8 月 1～31 日，每日均有 4 幅 MODIS 单景影像，单景影像中数据波段的分辨率为 1000m。

2. 监测方法

对每日的 MODIS 单景数据进行几何纠正、辐射校正、重投影、拼接裁剪等加工处理，得到归一化植被指数、地表温度及反射率等基础产品。使用最大值合成方法将每日生产的基础产品加工为日合成产品，并将 10 天范围内的日合成产品加工成旬合成产品。在得到旬合成产品的基础上，结合上述卫星遥感干旱监测模型，反演出全国区域 8 月的旬综合干旱指数产品，经过裁剪，得到贵州省 2011 年 8 月上旬、中旬、下旬的旬综合干旱指数产品。

3. 监测结果与分析

根据上述监测方法，可以得到 2011 年 8 月贵州省区域上旬、中旬、下旬的旬综合干旱指数产品，如图 6-4～图 6-6 所示。

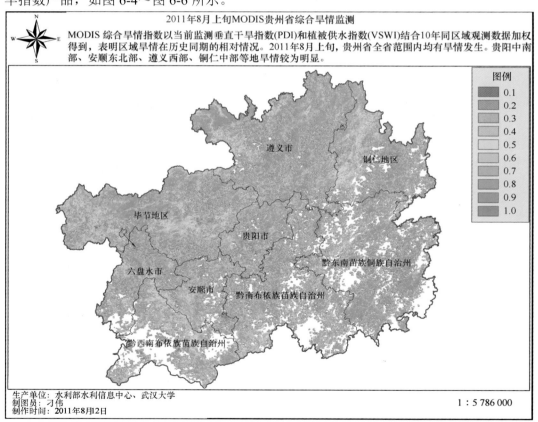

图 6-4　2011 年 8 月上旬贵州省综合干旱监测结果

图 6-5　2011 年 8 月中旬贵州省综合干旱监测结果

图 6-6　2011 年 8 月下旬贵州省综合干旱监测结果

图 6-4～图 6-6 中的旱情监测产品为归一化后（使用 2002～2011 年 10 年历史库 MODIS 影像数据进行归一化处理）的综合干旱指数。从图 6-4～图 6-6 可以很明显地看出：

（1）2011 年 8 月上旬，贵州省全省范围内均有干旱发生，整体范围较为分散，有明显干旱发生的聚集区域为贵阳中南部、安顺东北部、遵义西部、铜仁中部等地，但无干旱特别严重的地区。

（2）2011 年 8 月上旬至中旬，贵州省全省干旱持续，遵义、毕节、贵阳等部分地区有所缓解，但贵州中部、东南部、西部仍然有较为严重的旱情。

（3）2011 年 8 月中旬至下旬，贵州省全省范围内干旱程度明显加深，除了黔东地区以外，其他地区干旱程度均有加重，尤其是遵义中南部、铜仁西部、贵阳、毕节、六盘水西南部，以及黔西南西南部等部分地区干旱程度尤为严重。

受持续干旱影响，贵州水库的蓄水量不断减少。利用环境卫星 2011 年 5 月 19 日和 8 月 17 日 CCD 相机影像对贵州省的红枫水库、普定水库、北盘江河段和东风水库进行水体变化监测，如图 6-7 所示。

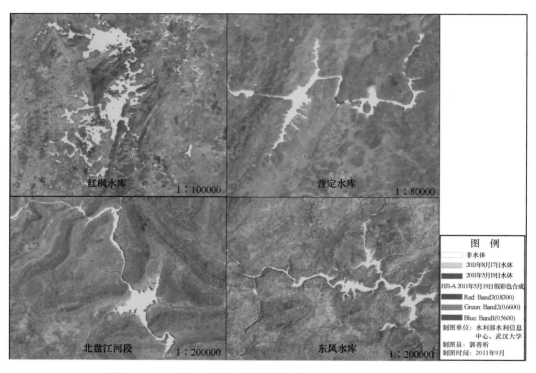

图 6-7　2011 年 8 月贵州省重点水域水体面积变化监测结果

结果显示，5～8 月，4 座水库的水体均出现了不同程度的萎缩。

防汛抗旱水文气象综合业务系统提供的旬降水距平数据和贵州省农业厅提供的土壤墒情数据显示以下内容。

（1）2011 年 7 月下旬至 2011 年 8 月上旬，贵州全省基本无降水，尤其是贵州中东部、东南部等地区降水异常偏少，较往年平均水平低 50%以上，持续的无降水天气造成贵州地区严重的气象干旱。相比较中东部地区，贵州的西北部有少量降水，对农业和气象干旱有一定的缓解作用。

（2）2011 年 8 月上旬至中旬期间，贵州北部和东部局部地区出现较多降水，土壤墒情适宜，而西北部和中南部虽有少量降水但仍然偏少，不过在一定程度上使农业干旱缓解。

（3）2011 年 8 月中旬至下旬期间，贵州全省基本无降水，大部分地区较往年平均水平低 50%以上，尤其是贵阳、毕节、铜仁等地降水极少。此外，贵州中部和南部地区土壤持续缺墒严重。

在本次旱情监测中，通过遥感综合旱情监测模型反演掌握了干旱程度、发展趋势等情况，加上高分辨率卫星遥感对局部水体的持续跟踪监测，结合地面实测数据和降水、墒情等地面监测数据，较全面和及时地掌握全省旱情发生和发展情况。卫星遥感监测有效弥补了地面墒情监测站稀少、水体水面地面监测缺乏等不足。就整体监测效果而言，基于遥感综合旱情模型对 MODIS 数据进行干旱程度和走势分析的方法具有很高的实用性和时效性。

6.2　水体遥感监测业务应用

自然界的水体主要包括江河、湖泊、湿地及水库等。这些水体随着季节的变化表现出不同的特征。湖泊和湿地受到上游供水河流的影响较大，其面积随季节呈现周期性的变化，形成丰水期和枯水期两大主要时期。湖泊和湿地对于生态环境的调节具有极其重要的意义，同时也为地下水提供了保障。水利工程中水体的变化受到人为主观因素的影响较大，通过水量调节和水资源合理调度，可以保证水资源得到科学合理的利用。因此，对水体范围的监测对于有效掌握水资源变化特征、科学合理地制定水资源调控方案具有重要意义。

传统观测方法观测周期长，需要耗费巨大的人力和物力，对于大面积水体的动态监测可谓力不从心。遥感技术的出现很好地解决了这一难题，对于同区域水体的观测从过去的约 6 个月一次，提高到现在的两天一次。遥感技术的应用为我们观测水体变化提供了更好的手段。

6.2.1　鄱阳湖水体遥感监测应用

鄱阳湖是长江干流重要的调蓄性湖泊，在我国长江流域中发挥着巨大的特殊生态功能，如调蓄洪水和保护生物多样性等，是我国十大生态功能保护区之一，也是世界自然基金会划定的全球重要的生态区之一，对维系区域和国家生态安全具有重要作用。

鄱阳湖汇集赣江、修水、鄱江（饶河）、信江、抚河等经湖口注入长江。湖盆由地壳陷落、不断淤积而成，形似葫芦，南北长 110km，东西宽 50～70 km，北部狭窄处仅 5～

15km。在平水位（14～15m）时湖水面积为 3150km²，高水位（20m）时为 4125km² 以上。但低水位（12m）时仅有 500km²，以致"夏秋一水连天，冬春荒滩无边"，使数百万亩湖滩地不能大量耕种，还易滋生草滩钉螺。

鄱阳湖体通常以都昌和吴城间的松门山为界，分为南北（或东西）两湖。松门山西北为北湖，或称西鄱湖，湖面狭窄，实为一狭长通江港道，长 40km，宽 3～5 km，最窄处约 2.8km。松门山东南为南湖，或称东鄱湖，湖面辽阔，是湖区主体，长 133km，最宽处达 74km。平水位时湖面高于长江水面，湖水北泄长江。经鄱阳湖调节，赣江等河流的洪峰可减弱 15%～30%，减轻了长江洪峰对沿岸的威胁。鄱阳湖及其周围的青山湖、象湖、军山湖等数十个大小湖泊的湖水温暖、水草丰美，有利于水生生物繁殖。滨湖平原盛产水稻、黄麻、大豆、小麦，是江西省主要的农业区。

该湖区秋冬季节受修河水系和赣江水系等水源不足的影响，每年的秋冬季节到第二年仲春，鄱阳湖进入枯水期，形成"碧野无根接天云"的广阔草洲。河滩与 9 个独立的小湖泊连接，成为北方候鸟迁徙越冬的最佳之地。1992 年鄱阳湖被列入《世界重要湿地名录》，主要保护对象为珍稀候鸟及湿地生态系统。

1. 遥感监测水体面积与地面经验水位、容积、面积关系曲线耦合

对于大型湖泊的遥感监测，需要借助于多源卫星遥感数据的综合利用，充分发挥光学遥感监测数据和微波遥感监测数据的作用，形成一套针对洪涝监测全过程的优势互补的监测体系和自动化动态监测湖库水体范围产品的生产体系，同时利用地面水位和降水信息加以有效校验。具体实施中，灾前、灾后采集光学遥感监测数据，灾中以微波遥感灾害监测产品为补充，对水体面积进行动态监测，准确把握洪涝发展现状与当前受灾情况，为防汛工作提供数据支撑。同时，在非汛期对水体提取算法精度与地面水位、容积、面积关系曲线进行对比和耦合校验，利用实测结果进一步修正和提高关系曲线的精度，为汛期数据缺失时的湖库面积和库容计算做好充分准备，继而对湖库蓄洪能力、抗洪防洪能力作出客观评估。

与地面监测数据的耦合校验主要依靠地方监测站点提供的经验水位、库容、面积曲线进行调整。目前，水位–库容–面积曲线主要来源于大型水库，自然湖泊由于观测条件较为复杂，尚未形成有效的关系曲线。因此，借助遥感观测的方法，希望为无关系曲线的湖泊建立很好的经验关系曲线模型，有效推动对现有湖泊、水库的监测。图 6-8 为鄱阳湖区域水体范围示意图。其中，鄱阳湖星子站水位是自 1998 年 8 月 2 日至影像获取当日近 10 年的最高水位，水位达 22.52 m（吴淞基面）。鄱阳湖湖区面积达 4384 km²，水体容积为 351 亿 m³。

鄱阳湖的水体面积监测选择环境卫星 1A、1B 的 CCD 传感器数据，数据质量要求 7 级以上数据，利用之前介绍的水体提取算法进行自动化水体提取。通过对 1998 年 8 月 2 日最大湖区面积矢量进行缓冲，得到鄱阳湖区域监测裁剪影像，对 2012 年 3～8 月的影像进行裁剪，得到不同时相鄱阳湖库区水体范围产品。为统计水体面积，需要将环境卫星原有的 UTM 投影方式转换为等面积投影方式，由计算机自动计算水体面积。图 6-9 是 2012 年 3～8 月枯水期到丰水期部分鄱阳湖区域的水体监测产品。

图例	比例尺	水利部水利信息中心，武汉大学
▬ 水体	1 : 1 200 000	2012年8月14日

图 6-8　鄱阳湖水体范围示意图

　　选择环境卫星 CCD 数据成像质量 7 级以上的数据源，保证鄱阳湖区域自动面积监测产品的精度。同时，收集当天卫星过境地方时(上午 10 时)星子水位观测数据，用于修正鄱阳湖区域水位–面积–库容曲线，从而为进一步估算鄱阳湖区域的水体容积奠定基础。

　　水位–面积曲线是表示水库或湖泊水位与其相应水体面积关系的曲线。它是以水位为横坐标，以水体面积为纵坐标绘制而成的。该曲线结合库容–面积曲线，是水库规划设计和管理调度的重要依据。表 6-1 记录了 2010 年 3 月至 2012 年 11 月鄱阳湖区域部分时相星子水位与同期水体面积。

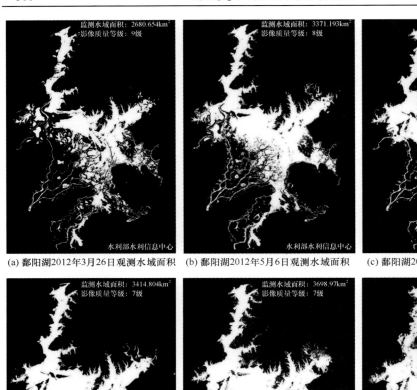

(a) 鄱阳湖2012年3月26日观测水域面积　　(b) 鄱阳湖2012年5月6日观测水域面积　　(c) 鄱阳湖2012年6月20日观测水域面积

(d) 鄱阳湖2012年7月3日观测水域面积　　(e) 鄱阳湖2012年7月26日观测水域面积　　(f) 鄱阳湖2012年7月28日观测水域面积

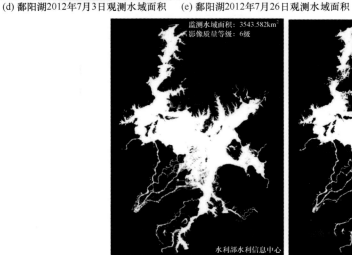

(g) 鄱阳湖2012年8月2日观测水域面积　　(h) 鄱阳湖2012年8月19日观测水域面积

图 6-9　2012 年 3～8 月部分鄱阳湖区域的水体监测产品

表 6-1 不同时相鄱阳湖水体面积与当日星子水位站地方时(上午 10 时)水位

时间(年/月/日)	面积/km²	当天水位/m	数据源
2010/3/19	2570.3	12.5	HJ1B-CCD1-455-80-20100319-L20000271862
2010/3/21	2214.1	12.12	HJ1A-CCD1-455-80-20100321-L20000269608
2010/12/31	1005.7	10.01	HJ1A-CCD1-455-80-20101231-L20000453856
2011/6/23	3405.59	17.38	HJ1A-CCD2-455-80-20110623-L20000552476
2011/12/9	703.04	8.89	HJ1A-CCD1-457-80-20111209-L20000667484
2011/12/10	764.79	8.77	HJ1B-CCD2-454-80-20111210-L20000668820
2011/12/24	647.77	8.23	HJ1A-CCD2-454-80-20111224-L20000679245
2012/1/1	869.43	8.02	HJ1A-CCD2-454-80-20120101-L20000683630
2012/3/13	3347.21	14.72	HJ1A-CCD2-455-80-20120313-L20000730401
2012/3/26	2680.654	12.66	HJ1B-CCD2-456-80-20120326-L20000738206
2012/4/1	2035.33	11.66	HJ1A-CCD1-454-80-20120401-L20000536569
2012/4/3	1774.186	11.41	HJ1B-CCD1-456-80-20120403-L20000743671
2012/5/6	3371.193	15.65	HJ1B-CCD2-455-80-20120506-L20000765623
2012/6/20	3442.783	17.72	HJ1B-CCD2-456-80-20120620-L20000795333
2012/7/3	3414.804	17.71	HJ1A-CCD2-455-80-20120703-L20000801282
2012/7/26	3698.971	18.92	HJ1A-CCD1-455-80-20120726-L20000814906
2012/7/28	4096.975	19.0	HJ1B-CCD1-455-80-20120728-L20000816098
2012/8/2	3543.582	19.01	HJ1A-CCD2-455-80-20120802-L20000819252
2012/8/19	3391.117	18.59	HJ1B-CCD2-456-80-20120819-L20000829396
2012/9/11	3597.0	15.77	HJ1B-CCD1-455-80-20120911-L20000845340
2012/9/18	3070.8	15.63	HJ1B-CCD2-455-80-20120918-L20000849609
2012/11/6	1161.5	10.76	HJ1B-CCD2-455-80-20121106-L20000880179

图 6-10 为卫星遥感观测鄱阳湖水体面积与星子水位站水位–面积曲线(蓝色)和传统经验曲线(红色)的对比。从图 6-10 中可以看出,两种曲线在整体上趋于一致,水位在 10~15m 为上升阶段,水体面积急速扩张,15m 之后由于部分区域触及提防,水体面积增长变缓,在高水位区域往往伴随有阴雨天气,所以卫星光学遥感无法获取有效的监测数据。

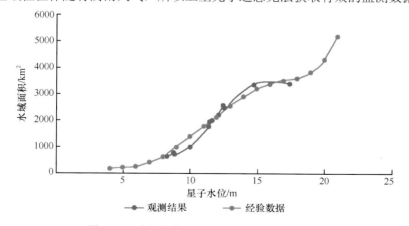

图 6-10 实测水位–面积曲线与经验曲线对比

2. 鄱阳湖水体面积变化监测

2011 年 5 月,鄱阳湖流域发生了 10 年一遇的重大干旱。根据《2011 年长江中下游干旱水文气象初步分析》记载,2011 年初以来,长江中下游地区降水持续偏少,江南大部分降水量偏少二至五成，其中部分省区的平均降水量比多年平均同期偏少一半以上，为近 61 年来同期最少，主要江河来水量比多年平均同期偏少二至八成。湖北、湖南、江西、安徽、江苏 5 省部分地区遭遇了新中国成立以来最为严重的干旱。到 5 月底，5 省耕地受旱面积达 45 350 000 亩，占全国受旱面积的 43.4%，3 29 万人、950 000 头大牲畜因旱饮水困难，分别占全国的 50.6%和 24%。

针对 2011 年 5 月的这次鄱阳湖流域重大干旱，通过不同时相卫星遥感数据第一时间获取了鄱阳湖湖区萎缩面积数据，如图 6-11 所示，对干旱严重程度进行了科学的评价。

通过测算，2010 年 3 月 21 日鄱阳湖及长江部分流域总面积约 4560.95km²，2011 年 5 月 27 日总面积约 1613.21 km²。鄱阳湖及长江部分流域水体面积减少约 2947.74 km²，水体减少百分比为 64.63%。

根据 2011 年 5 月 24 日中新网报道，24 日从江西省气象台获悉，5 月 21 日 8 时至 23 日 8 时，江西全省平均降水量为 41 mm，强降水主要位于九江市、宜春市西部、上饶市东部和抚州、赣州两市北部。先后有 24 个县(市)日降水量超过 50mm，1 个县(市)超过 100 mm。另据气象部门统计，本次强降水有 52 个县(市)，共 337 个乡镇的累积降水量超过 50 mm；永丰、黎川、修水、永修、星子、婺源、德安 7 个县(市)的 11 个乡镇超过 100 mm，以永丰县上溪镇 122 mm 为最大。江西省气象台专家认为，鄱赣大地喜迎及时雨，有利于遏制该省干旱发展，促进农作物生长，尤其是严重缺水的永修、星子、都昌、湖口等鄱阳湖滨湖地区干旱得到有效缓解。

卫星遥感实测数据显示，鄱阳湖及长江部分流域水体面积由 5 月 27 日的 1613.21 km² 增加至 6 月 8 日的 3740.2 km²，水体面积约增加 2126.99 km²，至此 2011 年 5 月鄱阳湖流域重大干旱得到有效缓解，如图 6-12 所示。

2011 年 12 月长江中下游再次迎来枯水期，根据卫星遥感观测判断，此次枯水为正常季节性枯水，其监测结果如图 6-13 及图 6-14 所示。

通过对鄱阳湖水体的持续监测，结合地面水文站水位监测等数据分析，获得的湖区遥感监测水位-面积关系曲线较已有经验曲线的精度有明显提升。该曲线在后续历年鄱阳湖遥感监测中发挥了不可或缺的作用，成为湖区重要基础性资料。

6.2.2　洞庭湖水体遥感监测应用

历史上洞庭湖曾是中国第一大淡水湖。由于近代的围湖造田及自然的泥沙淤积，洞庭湖面积由清顺治年间到清道光年间汛期最大的 6000 km² 骤减到 1998 年的 2820 km²，中华人民共和国成立后被鄱阳湖超过而成为第二大淡水湖。近年来，湖南省政府加强了对湖泊区域的保护，实行退耕还湖。

洞庭湖由东、西、南洞庭湖和大通湖四个较大的湖泊组成，其位于湖北省南部、湖南省北部、长江南岸，北有松滋、太平、藕池、调弦 4 口(1958 年堵塞调弦口)引江水来汇，南面和西面有湘江、资水、沅江、澧水四水注入。湖水经城陵矶排入长江。通常年份四口与四水入湖洪峰彼此错开。1952 年兴建荆江分洪工程和蓄洪垦殖区，使部分洪水泄入分洪区，

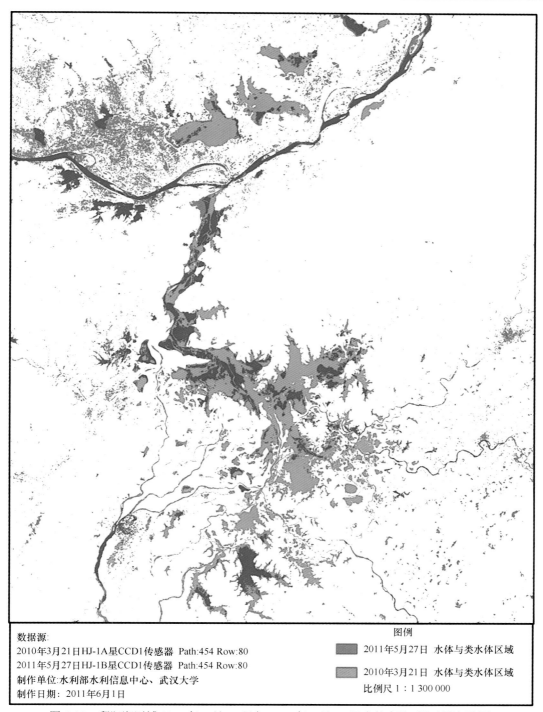

数据源:
2010年3月21日HJ-1A星CCD1传感器　Path:454 Row:80
2011年5月27日HJ-1B星CCD1传感器　Path:454 Row:80
制作单位:水利部水利信息中心、武汉大学
制作日期：2011年6月1日

图例
2011年5月27日　水体与类水体区域
2010年3月21日　水体与类水体区域
比例尺 1：1 300 000

图 6-11　鄱阳湖区域 2011 年 5 月 27 日与 2010 年 3 月 21 日水体变化对比(环境卫星)

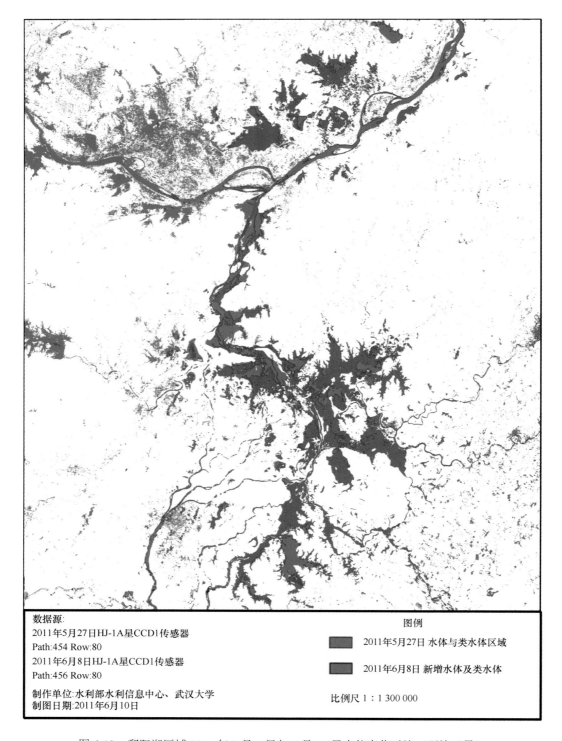

数据源:
2011年5月27日HJ-1A星CCD1传感器
Path:454 Row:80
2011年6月8日HJ-1A星CCD1传感器
Path:456 Row:80

制作单位:水利部水利信息中心、武汉大学
制图日期:2011年6月10日

图例

■ 2011年5月27日 水体与类水体区域

▨ 2011年6月8日 新增水体及类水体

比例尺 1∶1 300 000

图 6-12　鄱阳湖区域 2011 年 6 月 8 日与 5 月 27 日水体变化对比（环境卫星）

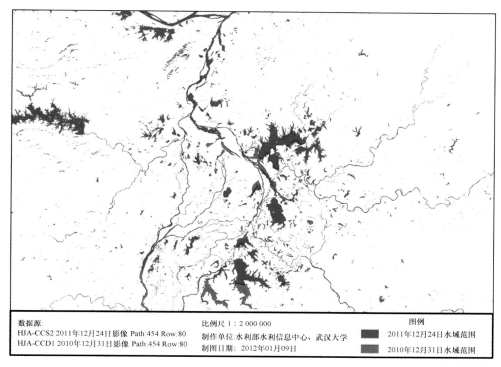

数据源:	比例尺 1：2 000 000	图例
HJA-CCS2 2011年12月24日影像 Path:454 Row:80	制作单位:水利部水利信息中心、武汉大学	■ 2011年12月24日水域范围
HJA-CCD1 2010年12月31日影像 Path:454 Row:80	制图日期：2012年01月09日	■ 2010年12月31日水域范围

图 6-13　鄱阳湖流域 2011 年 12 月下旬枯水期水体范围与上年同期对比

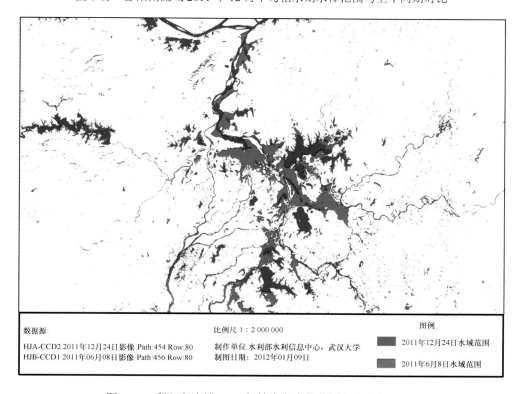

数据源:	比例尺 1：2 000 000	图例
HJA-CCD2 2011年12月24日影像 Path:454 Row:80	制作单位:水利部水利信息中心、武汉大学	■ 2011年12月24日水域范围
HJB-CCD1 2011年06月08日影像 Path:456 Row:80	制图日期：2012年01月09日	■ 2011年6月8日水域范围

图 6-14　鄱阳湖流域 2011 年枯水期水体范围与丰水期对比

并整修了湖区堤垸水道，减轻了洪水对洞庭湖区的威胁。洞庭湖湖滨平原地势平坦、土地肥美、气候温和、雨水充沛，盛产稻米、棉花，湖内水产丰富，航运便利。

利用环境卫星 CCD 传感器数据对洞庭湖区域进行观测，通过多时相影像湖域面积对比来确定洞庭湖区域水体面积变化情况，如图 6-15 和图 6-16 所示。

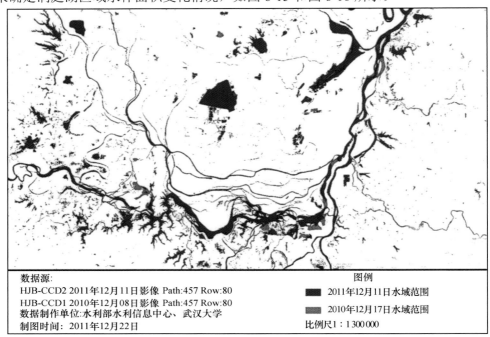

数据源:
HJB-CCD2 2011年12月11日影像 Path:457 Row:80
HJB-CCD1 2010年12月08日影像 Path:457 Row:80
数据制作单位:水利部水利信息中心、武汉大学
制图时间: 2011年12月22日

图例
■ 2011年12月11日水域范围
■ 2010年12月17日水域范围
比例尺1:1 300 000

图 6-15　2011 年 12 月 11 日洞庭湖流域枯水期水体面积与上年同期对比

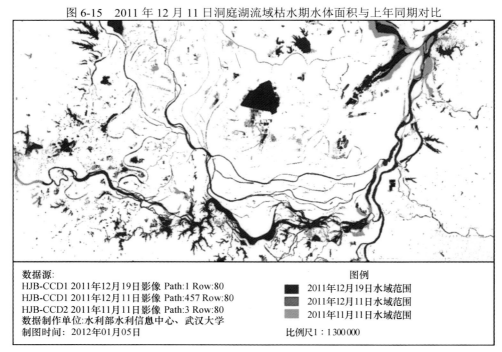

数据源:
HJB-CCD1 2011年12月19日影像 Path:1 Row:80
HJB-CCD1 2011年12月11日影像 Path:457 Row:80
HJB-CCD2 2011年11月11日影像 Path:3 Row:80
数据制作单位:水利部水利信息中心、武汉大学
制图时间: 2012年01月05日

图例
■ 2011年12月19日水域范围
■ 2011年12月11日水域范围
■ 2011年11月11日水域范围
比例尺1:1 300 000

图 6-16　洞庭湖流域枯水期三旬水体面积变化

6.2.3　云南楚雄旱期水体变化遥感监测

进入 2012 年以来，云南干旱加重。据云南省民政厅报告，截至 2012 年 2 月 16 日 10 时，持续干旱已造成曲靖、楚雄、文山、昭通、大理、临沧等 13 个自治州(市)91 个县(市、区)的 6 318 300 人受灾，饮水困难人口达 2 427 600 人，其中生活困难需政府救助的人口达 2 313 800 人，饮水困难牲畜达 1 554 500 头。根据人民网提供的消息，云南境内已有 390 座小型水库干涸，抚仙湖水位降至历史最低。针对局部范围的水体变化，利用分辨率较高的资源一号 02C 多光谱数据进行水体解译，如图 6-17 所示。

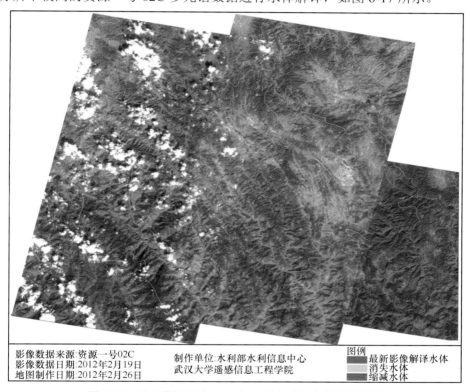

影像数据来源:资源一号02C
影像数据日期:2012年2月19日
地图制作日期:2012年2月26日

制作单位:水利部水利信息中心
武汉大学遥感信息工程学院

图例
最新影像解译水体
消失水体
缩减水体

图 6-17　云南楚雄区域 2012 年 2 月中下旬水体监测范围

解译步骤分为两步：

第一步　利用水体提取算法进行大范围水体面积提取；

第二步　由制图人员目视解译，去除自动化提取过程中产生的将山体、城区错分为水体的区域。

图 6-18 和图 6-19 为云南楚雄区域 2012 年 2 月中下旬水体监测范围的局部区域，其中黄色区域为消失的水体，红色区域为缩减的区域。通过监测可以看到干旱发生过程中，池塘及部分坑塘的干涸是十分迅速的，而这部分水体直接关系到农村农业用水的需要，因此当乡村中的坑塘和池塘大面积干涸时，往往预示着大面积干旱的来临。

通过本次高分辨率地面水体遥感监测，不难发现，塘坝、窖池、山塘等小微水体对干旱反应灵敏，但现有地面站网无法监测这些水体。通过对小微水体的高分辨率遥感监测，可以在干旱发展早期及时掌握旱情趋势,对于提前研判旱情以及旱情发生后组织抗旱等均具有重要意义。

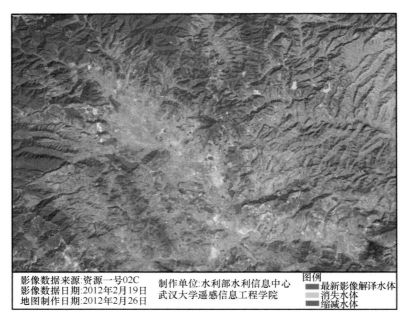

图 6-18　云南楚雄区域 2012 年 2 月中下旬水体监测范围局部区域一

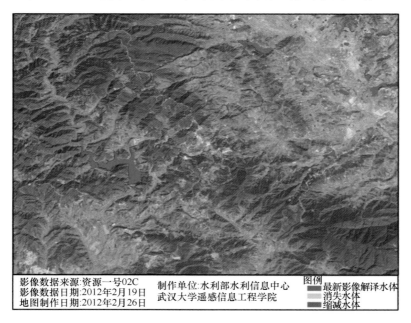

图 6-19　云南楚雄区域 2012 年 2 月中下旬水体监测范围局部区域二

6.2.4　黑龙江特大洪水遥感监测应用

2013 年夏季汛期,黑龙江省遭受多次强降水过程。降水频度高、持续强度大、雨区较为集中，与历年同期相比，降水较常年偏多近两成。受降水影响，大江大河水位持续偏高，32 条河流发生了超警戒水位洪水。黑龙江为国际界河，跨国界河流的地面监测能力非常薄弱，水文监测难度极大，调度手段也十分有限，形势相当严峻。通过利用遥感技术及时获取并处理最新的洪水演变信息，对河道水体、堤防、堤防溃口和堤防满溢水体持续展开了连续 24 期的遥感监测，为灾区水情预测预报、应急抢险指挥决策和排水除涝提供了可靠的第一手资料。

1. 卫星遥感数据源

主要采用 2013 年 8 月 15 日至 10 月 10 日过境且云覆盖少、质量较高的环境减灾卫星 CCD 影像、高分 1 号卫星全色、多光谱影像及雷达卫星影像，以及 1∶4 000 000 全国行政区划矢量数据。

2. 监测方法

对获取的环境减灾卫星 CCD 影像进行辐射、几何校正，利用复合光谱指数水体提取模型程序进行自动化水体提取；对于获取的高分 1 号卫星全色及多光谱影像数据，首先将多光谱和全色影像进行正射校正，然后以全色影像为基准影像，将多光谱影像配准到全色影像上去，再将全色和多光谱影像 HSV 融合，进行水体提取。雷达数据属于二级预处理数据，仅需将其配准到 1∶250 000 水系矢量图或者已经经过正射校正的高分 1 号卫星影像上，做几何校正即可，然后提取水体、计算水体面积。最后加上矢量数据，制作洪水淹没区专题图。

3. 监测结果与分析

1）黑龙江八岔赫哲族乡溃口受淹面积继续扩大

通过对 2013 年 7 月 10 日、8 月 15 日、8 月 20 日、8 月 27 日、8 月 29 日高分 1 号卫星影像，8 月 25 日、26 日环境卫星影像，8 月 27 日、8 月 29 日、8 月 31 日雷达卫星遥感影像进行分析，共发现 4 个堤防溃口淹没区：同江市八岔赫哲族乡堤防溃口淹没区、萝北县肇兴镇堤防溃口淹没区、绥滨县二九零农场堤防溃口淹没区和抚远县堤防溃口淹没区。截至 2013 年 8 月 31 日，黑龙江萝北县肇兴镇堤防溃口受淹面积约为 62km²；绥滨县二九零农场堤防溃口受淹面积为 191km²；同江段八岔赫哲族乡堤防溃口受淹面积达到 711km²，与 30 日相比面积约增加 38km²。受淹位置和分布如图 6-20～图 6-23 所示。松花江绥滨–同江段、黑龙江其他江段水面总体正常，未发现堤防防护区外大面积水体。

图 6-21 中深蓝色线状地物为河道常年正常水体范围，蓝紫色区域为堤防溃口洪水淹没范围，浅蓝色为河道洪水淹没范围。

图 6-22 中深蓝色线状地物为河道常年正常水体范围，灰蓝色区域为堤防溃口洪水淹没范围，浅蓝色为河道洪水淹没范围（图 6-23 同）。

图 6-20　黑龙江洪水堤防溃口位置及范围分布

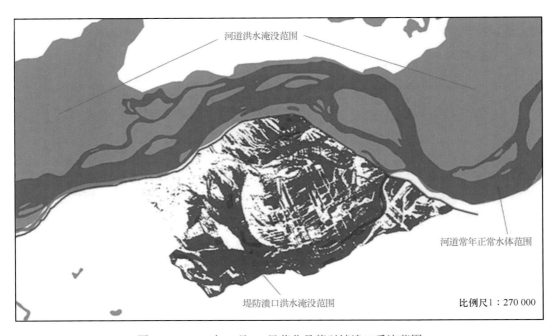

图 6-21　2013 年 8 月 31 日萝北县肇兴镇溃口受淹范围

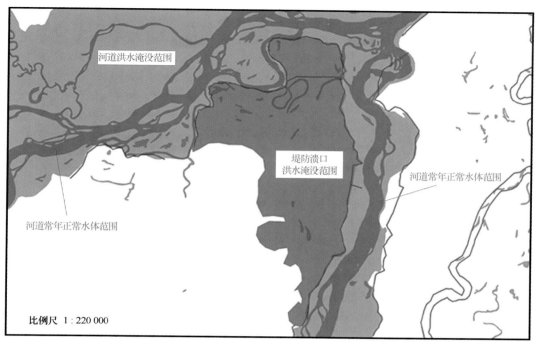

图 6-22　2013 年 8 月 31 日绥滨县溃口受淹范围

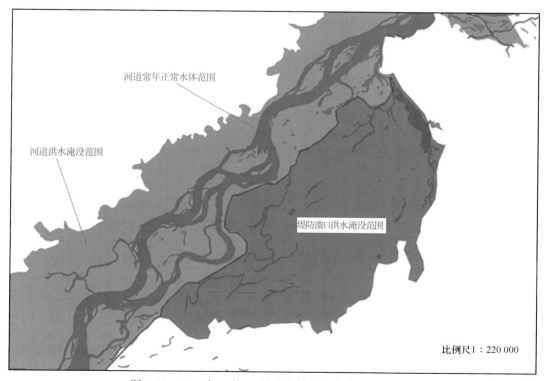

图 6-23　2013 年 8 月 31 日八岔赫哲族乡溃口受淹范围

2) 黑龙江绥滨县、八岔赫哲族乡堤防溃口受淹区洪水渐退

据 2013 年 9 月 4 日零时卫星遥感影像分析,黑龙江绥滨县二九零农场和八岔赫哲族乡堤防溃口受淹区均出现退水趋势。与 9 月 1 日相比,绥滨县溃口受淹区退水区域约为 48km²,八岔赫哲族乡溃口受淹区退水区域约为 38km²。绥滨和八岔赫哲族乡堤防溃口退水区域如图 6-24 和图 6-25 所示。

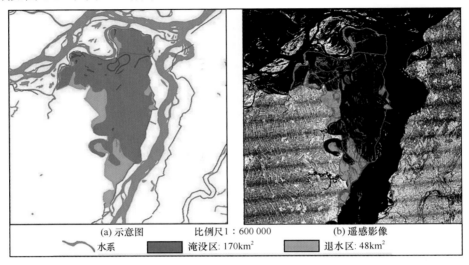

(a) 示意图　　　　比例尺 1 : 600 000　　　(b) 遥感影像

〜 水系　　■ 淹没区:170km²　　▨ 退水区:48km²

图 6-24　2013 年 9 月 4 日绥滨县二九零农场段溃口退水区域

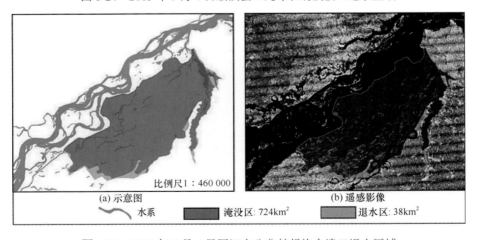

比例尺 1 : 460 000

(a) 示意图　　　　　　　　　　　　(b) 遥感影像

〜 水系　　■ 淹没区:724km²　　▨ 退水区:38km²

图 6-25　2013 年 9 月 4 日同江市八岔赫哲族乡溃口退水区域

3) 黑龙江萝北县、绥滨县、八岔赫哲族乡堤防溃口受淹区水势平稳

据 2013 年 9 月 6 日 8 时 GF-1 遥感影像、9 月 6 日和 9 月 5 日雷达遥感影像分析,黑龙江省萝北县肇兴镇、绥滨县二九零农场、同江市八岔赫哲族乡三地的堤防溃口受淹面积分别为 91.18 km²、211.97 km²、764.38 km²(图 6-26～图 6-28),与 9 月 4 日相比无明显变化。乌苏里江与黑龙江汇合处漫堤形成淹没区,面积为 177.84 km²(图 6-29)。

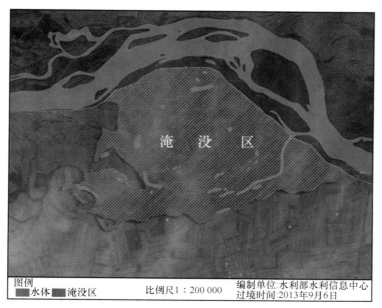

图例　水体　淹没区　　　比例尺 1 : 200 000　　　编制单位:水利部水利信息中心
过境时间:2013年9月6日

图 6-26　2013 年 9 月 6 日萝北县肇兴镇溃堤淹没范围图(淹没面积 91.18 km^2)

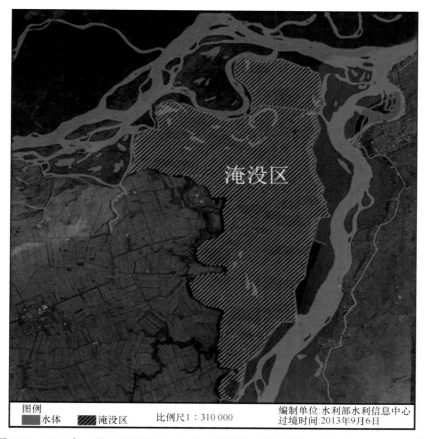

图例　水体　淹没区　　　比例尺 1 : 310 000　　　编制单位:水利部水利信息中心
过境时间:2013年9月6日

图 6-27　2013 年 9 月 6 日绥滨县二九零农场溃堤淹没范围图(淹没面积 211.97 km^2)

图例 水体 ■淹没区　　　比例尺1:620 000　　　编制单位:水利部水利信息中心

图 6-28　2013 年 9 月 5 日同江市八岔赫哲族乡溃堤淹没范围图(淹没面积 764.38 km^2)

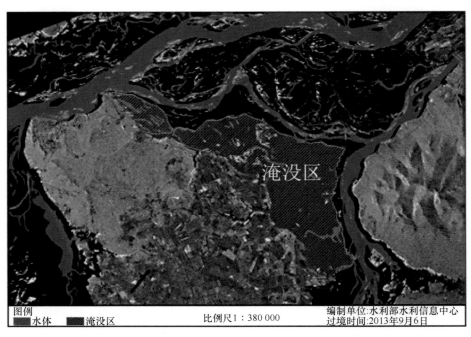

图例 水体 ■淹没区　　　比例尺1:380 000　　　编制单位:水利部水利信息中心
过境时间:2013年9月6日

图 6-29　2013 年 9 月 6 日抚远县黑龙江与乌苏里江汇合处漫堤淹没范围图(淹没面积 177.84 km^2)

　　4)黑龙江八岔赫哲族乡、肇兴镇堤防溃口受淹区退水趋势明显

　　据 2013 年 9 月 9 日 10 时高分 1 号卫星遥感影像分析,黑龙江省同江市八岔赫哲族乡堤防溃口
受淹区积水明显回落,总受淹面积为 764.38 km^2,退水区面积约为 220 km^2(图 6-30);萝北县肇兴镇

堤防溃口淹没区总受淹面积为91.18 km²，已退水的面积约为59 km²，持续积水区面积约为32 km²（图6-31）；绥滨县二九零农场溃口处水体无明显变化，淹没区面积为211.97 m²，如图6-32所示。

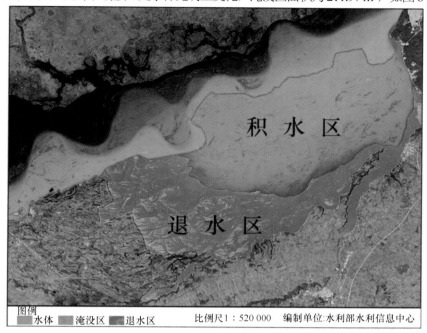

图例　　水体　淹没区　退水区　　　　　比例尺 1：520 000　　编制单位：水利部水利信息中心

图6-30　2013年9月9日同江市八岔赫哲族乡堤防溃口淹没区持续积水和退水范围图（退水区面积约220 km²）

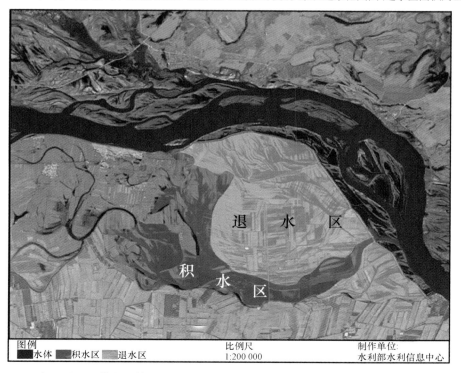

图例　　水体　积水区　退水区　　　比例尺　　　　制作单位：
　　　　　　　　　　　　　　　　1:200 000　　　水利部水利信息中心

图6-31　2013年9月9日萝北县肇兴镇堤防溃口淹没区持续积水和退水范围图（退水区面积约 59 km²）

图例

■ 水体　　■ 积水区　　■ 退水区　　　比例尺1∶190 000　　　编制单位:水利部水利信息中心

图 6-32　2013 年 9 月 9 日绥滨县二九零农场堤防溃口淹没区持续积水和退水范围图

5)黑龙江萝北县至同江市堤防溃口受淹区全线回落

据 2013 年 9 月 11 日 16 时雷达遥感影像分析,黑龙江萝北县至同江市河段堤防溃口受淹区积水全线回落,其中萝北县肇兴镇受淹区域积水约为 30 km²;绥滨县二九零农场溃口受淹区域积水约为 132 km²;同江市八岔赫哲族乡溃口受淹区域积水约为 615 km²。

6)黑龙江同江市八岔赫哲族乡溃口受淹区积水继续回落

据 2013 年 9 月 13 日高分 1 号光学遥感影像分析,黑龙江同江市八岔赫哲族乡溃口受淹区积水继续回落,滞留积水约为 319 km²,较最大受淹面积(764 km²,9 月 1 日)减少 445 km²。溃口位置及淹没范围图如图 6-33 所示。

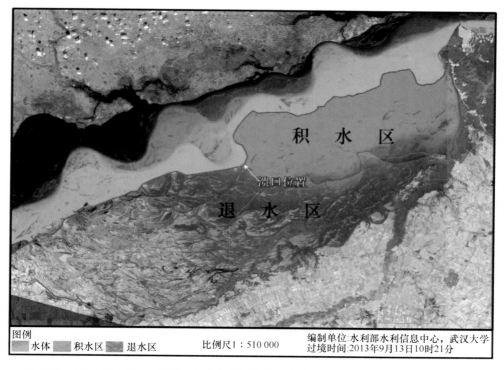

图 6-33　2013 年 9 月 13 日同江市八岔赫哲族乡堤防溃口淹没区持续积水和退水范围图

7)黑龙江萝北县至同江市堤防溃口受淹区情况跟踪

据 2013 年 9 月 18 日高分 1 号光学遥感影像分析(图 6-34～图 6-36),同江市八岔赫哲族乡溃口受淹区积水约为 188km²,同江市八岔赫哲族乡溃口宽度为 565 m;黑龙江萝北县肇兴镇受淹区积水基本排空;绥滨县二九零农场溃口受淹区域积水约为 107 km²。

抚远县北部的达里加湖的堤坝有 16 处自然溃口,该湖是由浓江河与鸭绿河汇合而成的,下游注入黑龙江。八岔赫哲族乡溃口淹没区在积水位较高的情况下,部分积水可通过达里加湖的堤坝溃口回流至黑龙江,但局部低洼地段积水将无法自然排出。当时,该地区最低温度已降至 2℃左右,若不及时采取有效措施加快排涝进度,积水将会封冻,势必影响当年的秋犁和来年的春播。

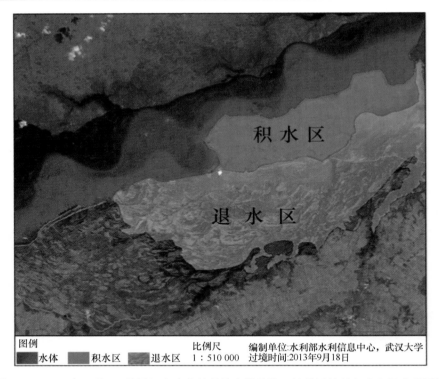

图 6-34　2013 年 9 月 18 日同江市八岔赫哲族乡堤防溃口淹没区持续积水和退水范围图

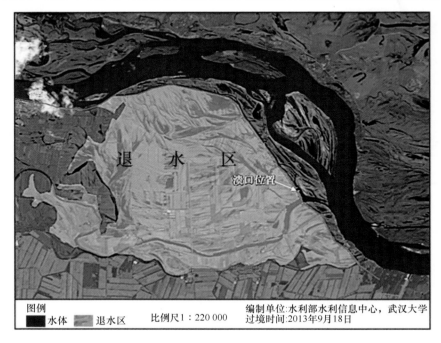

图 6-35　2013 年 9 月 18 日萝北县肇兴镇堤防溃口淹没区持续积水和退水范围图

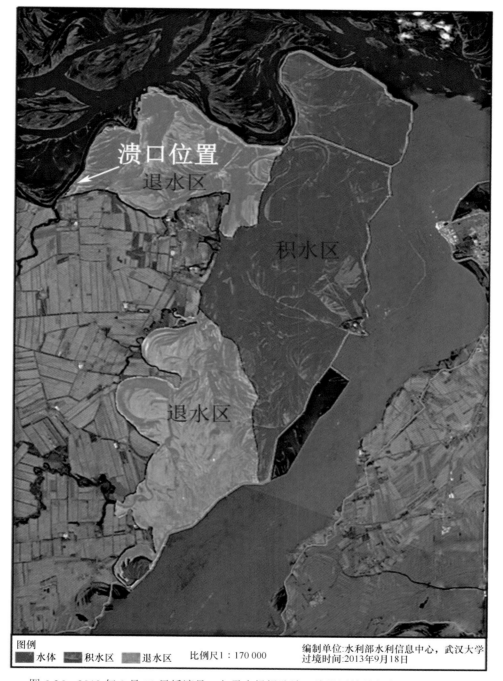

图 6-36　2013 年 9 月 18 日绥滨县二九零农场堤防溃口淹没区持续积水和退水范围图

　　随着洪水淹没区积水的回落，同抚公路在中断多天后实现全线通车。另外，据了解，当地政府也决定对同江市八岔赫哲族乡溃口实施堵口。

　　8)黑龙江八岔乡和绥滨县二九零农场堤防溃口受淹区情况跟踪

　　据 2013 年 9 月 21 日高分 1 号光学遥感影像分析，黑龙江绥滨县二九零农场溃口和同江市八岔赫哲族乡溃口受淹区积水情况与 9 月 18 日相比无明显变化。

另据 2013 年 9 月 25 日高分 1 号光学遥感影像分析(图 6-37 及图 6-38),黑龙江八岔赫哲族乡堤防溃口受淹区域积水 166km²,绥滨县二九零农场溃口受淹区积水基本排空。

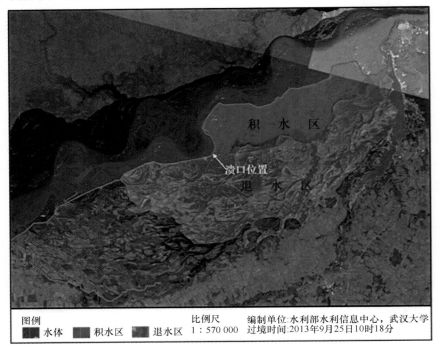

图 6-37　2013 年 9 月 25 日同江市八岔赫哲族乡堤防溃口淹没区持续积水和退水范围图

9)黑龙江八岔赫哲族乡堤防溃口受淹区积水基本排空

据 2013 年 10 月 8 日高分 1 号光学遥感影像分析,黑龙江八岔赫哲族乡堤防溃口受淹区积水基本排空(图 6-39)。

在黑龙江特大洪水防洪抢险中,缺少地面水文监测站,对河道及淹没性洪水均无有效地面采集手段,依托卫星遥感监测数据,结合地表地形等基础数据,为水情研判、防洪调度方案拟定等发挥了不可替代的作用,充分显示了地面监测设施缺乏或水文测验困难情况下卫星遥感监测的重大作用。

6.2.5　长江中下游洪水遥感监测应用

2016 年 6 月 30 日以来,我国长江中下游地区出现持续性强降雨,多地雨量破纪录。长江中下游沿江地区及江淮、西南东部等地出现入汛以来最强降雨过程。受此影响,江苏、湖北、江西、湖南、广西、贵州等省(自治区)近百条河流发生超警戒水位洪水。截至 7 月 3 日统计,全国已有 26 个省(区、市)1192 个县遭受洪涝灾害。2016 年 7 月,长江中下游发生特大洪水,通过对 7 月高分 1 号 16m 分辨率影像进行处理分析,辅以其他影像、矢量文件、实测信息等数据,对武汉市及其周边地区、鄱阳湖区域、洞庭湖区域、太湖区域等长江中下

溃口位置

退

水

区

图例

■ 水体　　■ 退水区　　　　比例尺1：180 000　　　编制单位:水利部水利信息中心，武汉大学
　　　　　　　　　　　　　　　　　　　　　　　　　　　过境时间:2013年9月25日10时18分

图 6-38　2013 年 9 月 25 日绥滨县二九零农场堤防溃口淹没区持续积水和退水范围图

游重点区域水体进行了监测。进一步，对武汉市鲁湖、斧头湖、汤逊湖等典型湖泊水体面积进行了计算，对疑似鱼塘进行了划分，分析结果为受灾最为严重的鲁湖分洪决策提供了数据支持，其他监测结果也为长江中下游区域的防汛工作提供了及时而重要的依据。

图 6-39　2013 年 10 月 8 日同江市八岔赫哲族乡堤防溃口淹没区退水范围图

1. 太湖警戒水位以上洪量估算

据 2016 年 5 月 11 日和 6 月 30 日高分 1 号卫星影像(多光谱 16 m)分析,太湖水体面积分别为 2354 km² 和 2361 km²,对应水位分别为 3.50 m 和 4.34 m,水体面积略有增加。

据 2016 年 6 月 30 日和 7 月 8 日高分 1 号卫星影像(多光谱 16 m)分析,太湖水体面积分别为 2361 km² 和 2363 km²,对应水位分别为 4.34 m 和 4.86 m,水体面积略有增加。

据 2016 年 7 月 8 日高分 1 号卫星影像(多光谱 16 m)和 7 月 11 日雷达影像数据分析,太湖水体面积分别为 2363 km² 和 2356 km²,总体水位平稳,水体面积略有减少。截至 7 月 11 日,太湖水体面积变化如图 6-40 所示。

2. 武汉市区水体遥感监测分析

2016 年 7 月 8 日,由于持续降雨,武汉地区鲁湖、汤逊湖等湖泊水位再涨,多个湖泊达到警戒水位。在获取数据后,及时对 7 月 8 日 11 时 34 分高分 1 号卫星影像(多光谱 16 m)进行了影像纠正、裁剪、水体区域提取等处理,并于 7 月 8 日当日获得武汉市水体遥感监测分析结果。结果显示,有云覆盖时,武汉市实时总体水面面积为 1303.07 km²,与洪水发生前(5 月 16 日,武汉市实时总体水面面积为 882.19 km²)相比,全市区域水面面积增加 420.88 km²;水体增加面积是洪水发生前水体面积的 48%,如图 6-41 和图 6-42 所示。

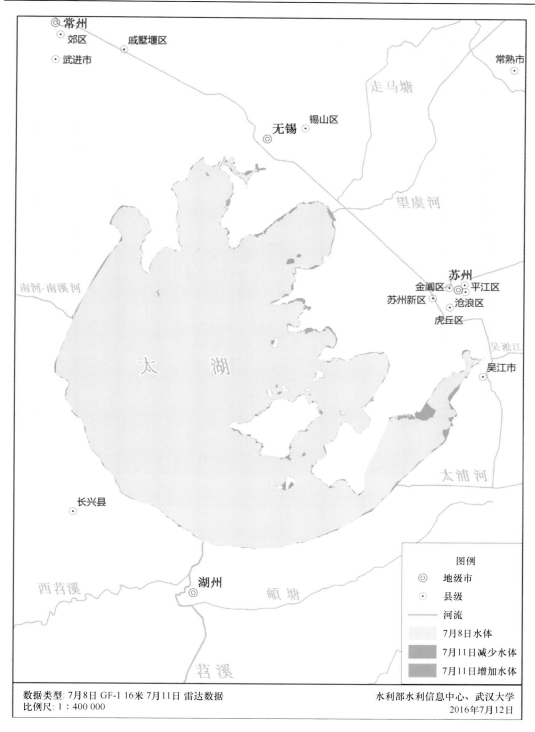

数据类型:7月8日 GF-1 16米 7月11日 雷达数据
比例尺:1:400 000

水利部水利信息中心、武汉大学
2016年7月12日

图 6-40 2016 年 7 月 11 日太湖遥感监测水面变化专题图

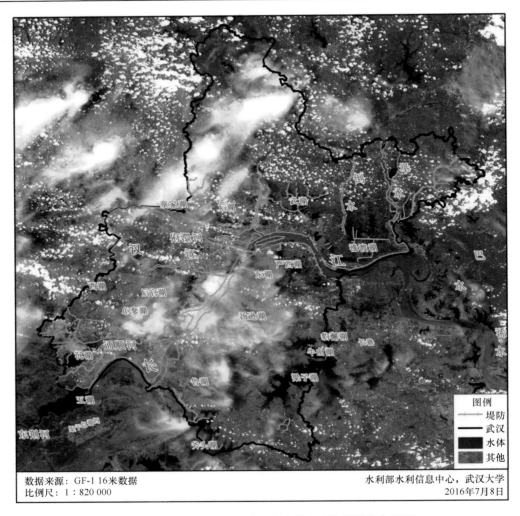

图 6-41　2016 年 7 月 8 日武汉市水体遥感监测影像专题图

其中，按照武汉市行政区划统计的各个市辖区水面面积变化情况见表 6-2（仅列出增加比例超过 30% 的部分）。

表 6-2　2016 年 7 月武汉市各市辖区水体面积变化表

项目	蔡甸	新洲	汉阳	武昌	汉南	江夏	合计
5 月面积/km²	120.7	79.88	13.76	13.76	34.39	353.59	616.08
7 月面积/km²	190.22	224.19	19.1	18.84	58.02	459.28	969.65
增加面积/km²	69.52	144.31	5.34	5.08	23.63	105.69	353.57
增加比例/%	58	181	39	37	69	30	57

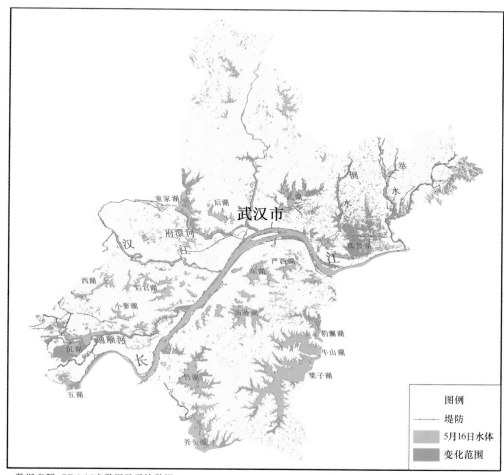

数据来源:GF-1 16米数据及雷达数据
比例尺:1:1 200 000

水利部水利信息中心、武汉大学
2016年7月8日

图 6-42　2016 年 5 月 16 日与 7 月 8 日武汉市水体遥感监测范围对比图

同时,针对武汉市重点河流及防洪形势较为严峻的湖泊,利用空间分析技术分别进行了水面面积、河流宽度等统计计算;根据鲁湖、斧头湖、汤逊湖可能进行泄洪分流的形势,结合 7 月 8 日遥感影像与历史影像、在线地图、堤防矢量等数据,对这些湖泊周边可能存在的鱼塘等生产生活设施进行了面积计算和位置分析(以鲁湖为例,监测结果如图 6-43 所示)。

表 6-3～表 6-6 为相关的统计结果。

表 6-3　2016 年 5～7 月武汉市主要河流水体面积变化表

项目	长江	汉江	举水河	倒水河	府澴河	通顺河	总计
5 月/km²	177.19	12.68	8.63	9.43	22.91	37.55	268.39
7 月/km²	235.74	18.99	37.45	27.3	46.48	75.33	441.29
变化面积/km²	58.55	6.31	28.82	17.87	23.57	37.78	172.9
增加比例/%	33	50	334	190	103	101	64

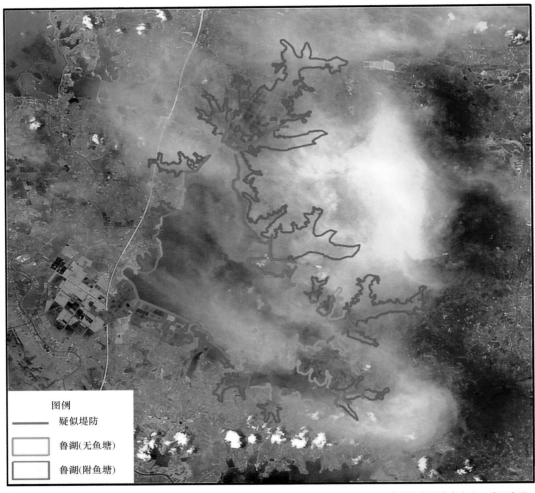

图例

───── 疑似堤防

☐ 鲁湖(无鱼塘)

☐ 鲁湖(附鱼塘)

数据来源：GF-1 16米数据　　　　　　　　　比例尺1:150 000　　　　　　　水利部水利信息中心、武汉大学
影像时间：2016-07-08 11:34　　　　　　　　　　　　　　　　　　　　　　　　　　　　　2016年7月8日

图 6-43　2016 年 7 月 8 日武汉市鲁湖水体范围监测图

表 6-4　2016 年 5～7 月武汉市主要河流平均宽度变化表

项目	长江	汉江	举水河	倒水河	府澴河	通顺河
5 月平均宽度/m	1373.6	243.4	271	282	670	260
7 月平均宽度/m	1769.2	527.9	550	560.4	930	600
平均增加宽度/m	395.6	284.5	279	278.4	260	340
最大增加宽度/m	1405	371	699	400	2050	950

表 6-5　2016 年 5～7 月武汉市主要湖泊水体面积变化表

项目	汤逊湖	鲁湖	武湖	斧头湖	东湖
5 月面积/km²	38.33	40.34	27.09	100.93	27.24
7 月面积/km²	50.58	77.41	45.54	194.45	29.36
增加面积/km²	12.25	37.07	18.45	93.52	2.12
增加比例/%	32	92	68	93	8

表 6-6　2016 年 5～7 月武汉市主要湖泊水体面积分类变化表

项目	汤逊湖	鲁湖	斧头湖
总体水体面积/km²	50.58	77.41	194.45
周边无鱼塘水体面积/km²	42.51	46.92	105.92
疑似鱼塘面积/km²	8.07	30.49	88.53
鱼塘所占比例/%	16.0	39.4	45.50

从总体情况来看，武汉市水体面积经历了下述变化过程。

(1) 2016 年 5 月：882.19 km^2；

(2) 2016 年 7 月 8 日：1303.07 km^2（有云覆盖），后与 7 月 9 日雷达数据结合分析，更新为 1904.68 km^2；

(3) 2016 年 7 月 21 日：1432.28 km^2，比 9 日减少 472.4 km^2，减幅达 24.8%，但仍比 5 月多出近 550 km^2 的水面面积；

(4) 2016 年 7 月 25 日：1441.08 km^2，增加 8.8 km^2，增幅 0.61%。

3. 洞庭湖和鄱阳湖遥感监测分析

受强降雨影响，我国第二大淡水湖洞庭湖的城陵矶水文站水位涨到了 32.5 m，进入警戒水位。至此，整个洞庭湖从西到东有 10 个监测站均进入甚至超过警戒水位。同时，受长江流域及鄱阳湖五河来水共同影响，鄱阳湖水位持续上涨，险情不断出现。据 2016 年 7 月 8 日 13 时 33 分高分 1 号卫星影像（多光谱 16m）分析，洞庭湖和鄱阳湖水位分别为 34.46 m 和 21.22m，对应水体面积分别为 2408.41 km^2 和 4023.92 km^2，与洪水发生前（5 月 16 日洞庭湖水位 29.70 m，面积 1680.35 km^2；鄱阳湖水位 17.71 m，面积 3856.45 km^2）相比，水面面积分别增加了 728.06 km^2 和 167.47 km^2，其中洞庭湖水体增加面积是洪水发生前水体面积的 43.33%，水体增加区域主要集中在洞庭湖西侧。根据洞庭湖和鄱阳湖当前水位，推算警戒水位（32.50 m、19.50 m）以上洪量分别为 44.27 亿 m^3 和 68.51 亿 m^3（表 6-7），其中，以洞庭湖为例，7 月 8 日水面面积变化如图 6-44 所示。

表 6-7　2016 年 5 月和 7 月 8 日洞庭湖、鄱阳湖水体面积变化和警戒水位以上水量表

湖泊	水位/m		水体面积/km²		水体面积变化		警戒水位以上水量/亿 m³
	5 月	7 月 8 日	5 月	7 月 8 日	增加面积/km²	变化率/%	
洞庭湖	29.70	34.46	1680.35	2408.41	728.06	43.33	44.27
鄱阳湖	17.71	21.22	3856.45	4023.92	167.47	4.34	68.51

据 2016 年 7 月 9 日 11 时 58 分高分 1 号卫星影像（多光谱 16 m）分析，洞庭湖和鄱阳湖对应水体面积分别为 2444.40 km^2 和 4008.02 km^2，与 7 月 8 日监测数据相比，洞庭湖水面面积增加了 36 km^2，鄱阳湖水面面积减少了 15.9 km^2。两湖总体水情平稳，见表 6-8。

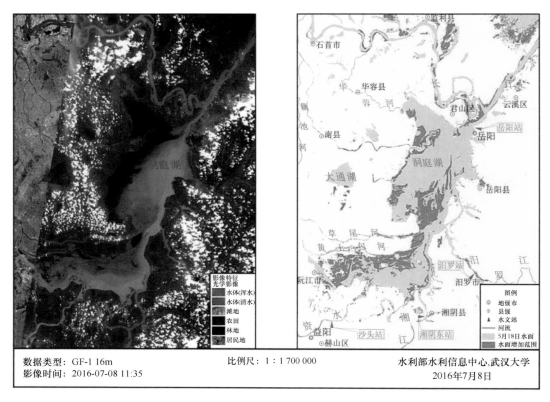

数据类型: GF-1 16m
影像时间: 2016-07-08 11:35

比例尺: 1:1 700 000

水利部水利信息中心,武汉大学
2016年7月8日

图 6-44 2016 年 7 月 8 日洞庭湖洪水遥感监测水面变化专题图

表 6-8 2016 年 7 月 8～9 日洞庭湖、鄱阳湖水体面积变化表

湖泊	水体面积/km²		水体面积变化	
	7 月 8 日	7 月 9 日	增加面积/km²	变化率/%
洞庭湖	2408.41	2444.40	35.99	1.49
鄱阳湖	4023.92	4008.02	−15.9	0.39

据 7 月 12 日 11 时 32 分高分 1 号卫星影像(多光谱 16m)分析,鄱阳湖对应水体面积分别为 3934.22km²,与 7 月 9 日监测数据相比,水面面积减少了 73.8km²,鄱阳湖总体水情平稳,见表 6-9。

表 6-9 2016 年 7 月 12 日鄱阳湖水体面积变化表

水体面积/km²		水体面积变化	
7 月 9 日	7 月 12 日	增加面积/km²	变化率/%
4008.02	3934.22	−73.8	1.84

之后水体面积变化情况:

鄱阳湖: 7 月 21 日 4064.36 km², 7 月 25 日 4043.02 km²,减少: 21.34 km²,减幅: 0.53%。

洞庭湖: 7 月 21 日 2345.02 km², 7 月 25 日 2165.89 km²,减少: 179.13 km²,减幅: 7.64%。

4. 城陵矶到汉口遥感监测专题图

利用高分 1 号影像(多光谱 16 m)对 2016 年 7 月 8 日、7 月 9 日长江中下游汉口到城陵矶一线进行了水体范围监测，如图 6-45 和图 6-46 所示。监测结果显示，汉口到城陵矶一线主要河段水体在 7 月 8～9 日水情相对平稳，水面面积无明显变化。

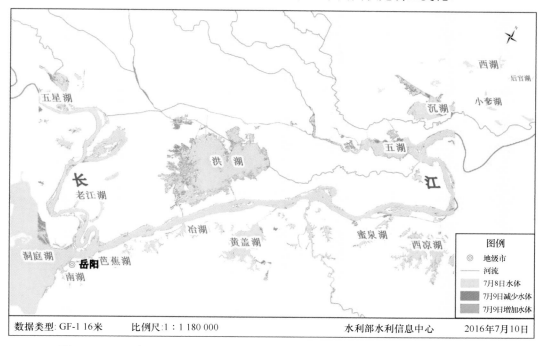

图 6-45　2016 年 7 月 9 日长江中下游洪水监测城陵矶到汉口遥感监测专题图(一)

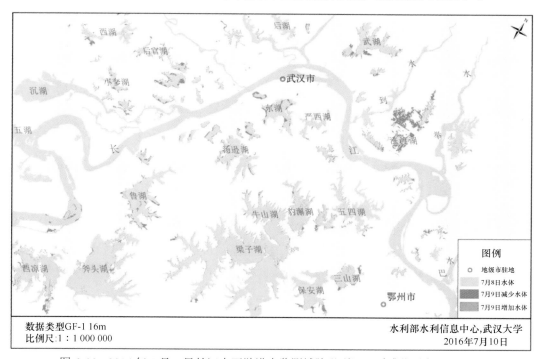

图 6-46　2016 年 7 月 9 日长江中下游洪水监测城陵矶到汉口遥感监测专题图(二)

本次遥感监测表明，对于河网水系发达、湖泊众多的长江中下游区域，面上水体的监测对于精细化防洪具有重要意义，但地面站网监测无法全面掌握面上水域分布和变化情况，卫星遥感监测是有效的补充。

6.3　冰凌遥感监测业务应用

1. 实验区介绍

黄河流域东西跨越 23 个经度，南北相隔 10 个纬度，而宁夏、内蒙古黄河河段(宁蒙河段)地处黄河流域最北端，冬季气候严寒而漫长，冰期长达约 4 个半月，都是从低纬度流向高纬度地区，每年封冻、开河存在时间差，当低纬度地区未封冻河段的河水流向高纬度地区封冻河段时，受河中冰坝阻挡，常发生漫滩，甚至决口，极易导致凌灾。宁蒙河段的分布图如图 6-47 所示。

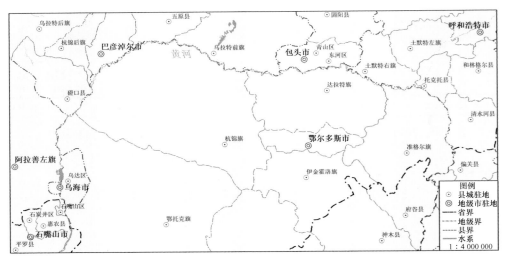

图 6-47　宁蒙河段示意图

这些年来，遥感宏观监测在黄河冰凌监测中发挥着越来越重要的作用。遥感监测具有宏观性、连续性特点，可以快速获得监测区河道的封冻情况，及时发现封河、开河时期可能出现的险情，并对险情程度作出评估，以便采取适当的凌汛防护措施。如图 6-48 所示，为利用环境减灾卫星监测的黄河内蒙古河段凌情示意图。

本书选择 2011 年 12 月至 2012 年 3 月黄河宁蒙河段凌汛期的卫星遥感数据进行示范性监测研究，数据获取时间分别在封河期、稳封期、开河期 3 个时段，研究区域主要覆盖了巴彦淖尔、包头等地区。

黄河内蒙古河段环境减灾卫星凌情遥感监测

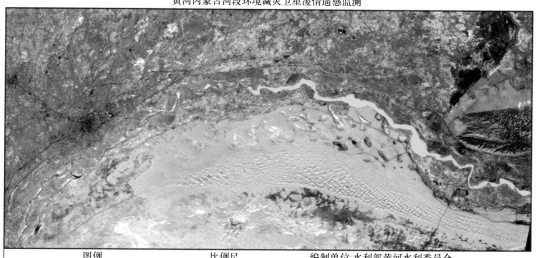

图例　　　　　　　　　比例尺　　　　　　　编制单位:水利部黄河水利委员会
　　　封冻河道　　　　1:1 000 000　　　　　　水利部水利信息中心　武汉大学
　根据2011年12月16日11时HJ-1B卫星遥感影像监测结果,内蒙古河段封河上首位于巴彦淖尔市五原县河段,包西铁路桥
以上河段封河长度约202km。
（一）

黄河内蒙古河段环境减灾卫星凌情遥感监测

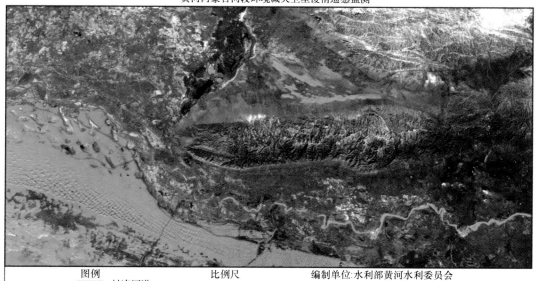

图例　　　　　　　　　比例尺　　　　　　　编制单位:水利部黄河水利委员会
　　　封冻河道　　　　1:1 000 000　　　　　　水利部水利信息中心　武汉大学
　根据2011年12月14日11时HJ-1A卫星遥感影像监测结果,内蒙古河段包头市九原区包西铁路桥以上河段封河
长度约113km,其中包西铁路桥至先锋河段封河长度85km,先锋至乌拉特前旗部分河段封河,封河长度28km。
（二）

图 6-48　黄河内蒙古河段凌情遥感监测示意图

2. 卫星遥感数据源

　　冰凌遥感监测过程中所使用的卫星遥感数据源如下:①Terra 和 Aqua 卫星的 MODIS
数据反射率数据, 单景影像中数据波段的分辨率为 500m, 时间范围为 2011 年 12 月 31
日至 2012 年 3 月 20 日, 选取其中云覆盖少、数据质量高的反射率数据;②环境减灾卫星多光谱反射率数据，分辨率为 30m，时间范围为 2011 年 12 月 31 日至 2012 年 3 月 20 日，选取其中云覆盖少、数据质量高的数据。

3. 监测方法

从黄河封河期、稳封期、开河期 3 个时段选取数据质量好的影像数据进行监测，并进行 MODIS 和环境卫星监测结果的对比。对 MODIS 数据进行几何纠正、辐射校正、重投影、拼接裁剪等加工处理得到反射率，然后进一步计算得到归一化冰雪指数和归一化植被指数，制定分类规则提取冰凌；对于环境减灾卫星数据进行定标、表观反射率计算、归一化植被指数计算，然后按照主成分分析法进行冰凌提取。

黄河冰凌监测模型确定之后，需要对模型算法进行多方面的验证，主要从以下 3 个方面来进行模型算法精度的评估验证。

(1)根据黄河水利委员会每天提供的站点观测的实时地面数据，对当天的监测结果进行分析。

(2)通过对其本身监测结果的不同时相数据进行比较，进一步验证结果。

(3)对基于 MODIS 数据的黄河冰凌提取结果与基于环境卫星数据的提取结果进行对比。首先，利用 MODIS 数据进行每天的宏观动态监测，全面掌握整个凌汛期凌情的演变情况。然后，在易发生冰凌洪水的重点时段选择环境卫星数据进行较为精细的监测，使两者互相补充。

4. 监测结果和分析

1)不同时期黄河冰凌分布变化

(1)封河期。取 2011 年 12 月 31 日和 2012 年 1 月 4 日的监测结果进行分析，如图 6-49 和图 6-50 所示。

在图 6-49 中，由两图对比可以得出，提取出来的结果与实地基本一致，封河上界为乌海市海勃湾水利枢纽工程导流明渠上 100m，由于影像质量问题，下界被遮挡物遮挡，无法提取出来，所以封河下界无法判断。由提取的结果图可以看出河道颜色青红相间，与实地 2011 年 12 月 31 日流凌状况相吻合。在图 6-50 中，由两图对比可以得出，提取出来的结果与实地基本一致，封河上界为乌海市海勃湾水利枢纽工程导流明渠上 26km，由于影像质量问题，下界被遮挡物遮挡，无法提取出来，所以封河下界无法判断。由提取结果图可以看出河道颜色青红相间，与实地 2012 年 1 月 4 日流凌状况相吻合。

(2)稳封期。取 2012 年 2 月 7 日和 2012 年 2 月 29 日的影像分别进行处理并分析，如图 6-51 和图 6-52 所示。

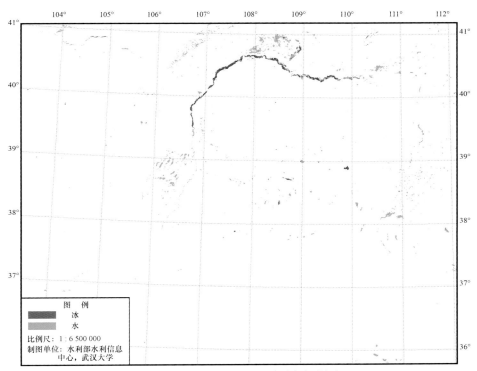

2011年12月31日黄河冰凌遥感监测结果

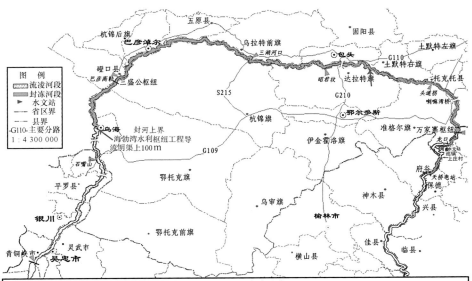

2011年12月31日流凌动态

　　截至12月31日10时,黄河累计封河689.5km,宁夏及小北干流河段流凌,凌情整体平稳。其中:
　　1.内蒙古河段累计封河长度644km,封河上界位于乌海市海勃湾水利枢纽工程导流明渠上100m处,下界位于万家寨坝址。封河水位基本平稳。封河界面以上流凌密度60%。龙口库区封冻20.5km。
　　2.黄河北干流天桥坝址以上封冻25km至河曲县上庄村段。

图 6-49　2011 年 12 月 31 日黄河冰凌分布变化

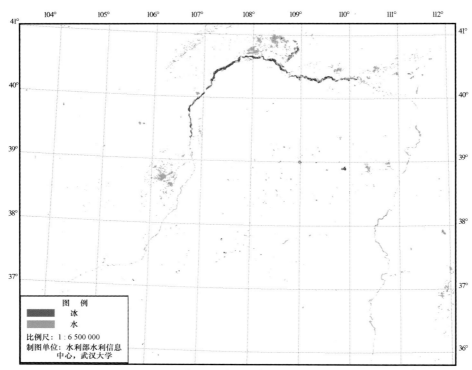

2012年1月4日黄河冰凌遥感监测结果

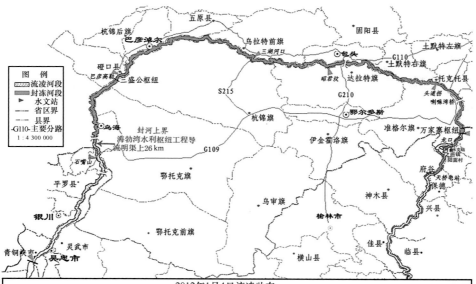

2012年1月4日流凌动态

　　截至1月4日10时,黄河累计封河715.5km,宁夏、小北干流河段和三门峡库区流凌,凌情整体平稳。其中:

　　1. 内蒙古河段累计封河长度670km,封河上界位于乌海市海勃湾工程导流明渠上26km处,下界位于万家寨坝址。封河水位基本平稳。封河界面以上流凌密度40%～80%。龙口库区封冻20.5km。

　　2. 黄河北干流天桥坝址以上封冻25km至河曲县巡镇阳面村。

　　3. 三门峡库区潼关至盘西之间23.8km河段出险流凌,流凌密度15%,冰厚1cm。

图 6-50　2012 年 1 月 4 日黄河冰凌分布变化

在图 6-51 中，由两图对比可以得出，提取出来的结果与实地基本一致，尤其是青铜峡市那一小段封冻区在提取结果上也显示了出来。在图 6-52 中，下界由于影像质量问题，无法正常提取。在提取的结果图中还可以看出整个河道均被红色渲染，与 2012 年 2 月 29 日稳封期实际状况相吻合。

(3) 开河期。取 2012 年 3 月 20 日的影像进行处理并分析，如图 6-53 所示。

图 6-53 反映了宁蒙河段开河期下界的分布，可以看出提取结果与实际基本一致。

2) MODIS 冰凌监测结果与环境卫星提取结果对比

由于 2012 年 2 月 29 日的环境卫星影像云覆盖量大、质量差，所以选择临近的 2012 年 2 月 28 日影像作为替代，与 2012 年 2 月 29 日的 MODIS 影像进行对比，如图 6-54 所示，左边是 2012 年 2 月 28 日的环境卫星影像的两张提取结果图的拼接图，右边是 2012 年 2 月 29 日的 MODIS 影像的提取结果图，由图 6-54 中的蓝框区域可以看出，两种数据提取结果图的冰凌的变化趋势是基本一致的。环境卫星中的黄框区域部分是由于云去除的原因未能正确将冰凌提取出，而 MODIS 影像图则正好弥补了这一缺失区域。

5. 后续监测及结果分析

在 2012 年的秋冬季，利用 MODIS 继续对黄河冰凌情况进行持续监测，封河期监测结果如图 6-55 所示。

2012 年 11 月 29 日是首封期的前一天，所以没有封河现象出现，只有少数零星的冰凌分布，提取结果与实际情况基本一致。

从 2012 年 12 月 3 日的结果图可以看出，提取的图像上有明显的红色区域，这个区域所处位置正好与实际封河数据相吻合。

2012 年 12 月 5 日，在提取结果中可以看到冰凌的范围 (红色区域) 明显扩大，而封河边界与实际结果也基本吻合，但由于半自动化提取中阈值设置的问题，可能未将冰凌全部提出。

从 2012 年 12 月 12 日的提取结果可以明显地看出，黄河冰凌分布范围仍在扩大。

将 2012 年 11 月 29 日到 12 月 12 日的 MODIS 数据监测到的冰凌数据进行对比，从图 6-55 中观察颜色的变化，可以比较容易地看出黄河冰凌分布范围呈逐步扩大的趋势。

冰凌具有典型的时空分布差异大的特点，特别是封冻、开河的时间和地点很难准确预测，地面站网监测点难以设置。采用高时间分辨率的卫星影像及时掌握封冻和开河情况，利用高空间分辨率的卫星影像反演冰凌空间分布详细情况，再结合地面巡视，是冰凌信息监测的有效方案。

本章以近几年几个典型应用为案例，围绕旱情、水情、冰凌的遥感监测业务，详细阐述了水利遥感监测模型和算法的业务化应用情况。旱情监测业务化应用以湖北省和贵

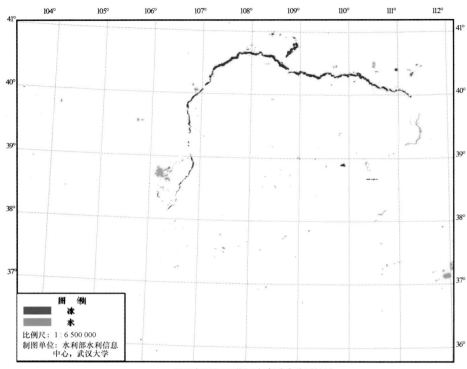

2012年2月7日黄河冰凌遥感监测结果

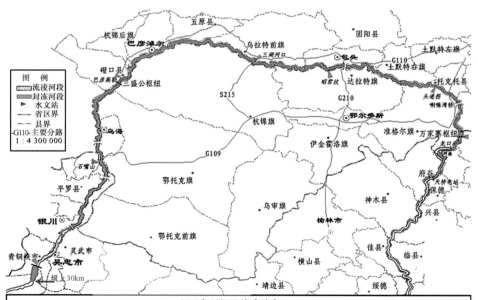

2012年2月7日流凌动态

截至2月7日,黄河累计封河918.7km,凌情整体平稳。其中:

1. 内蒙古河段全线稳定封河,累计封河长度680km(不含宁蒙交叉河段)。

2. 宁夏河段封河总长度170km,其中,麻黄沟至石嘴山大桥河段封河12km,石嘴山黄河大桥上游2km处至银川市横城封河127km,永宁太中银铁路大桥以上封河1km。青铜峡坝上至中宁跃进村封河30km。

3. 河曲河段天桥电站坝址以上至墙头村封冻48.2km。龙口库区封冻20.5km。

图6-51 2012年2月7日黄河冰凌分布变化

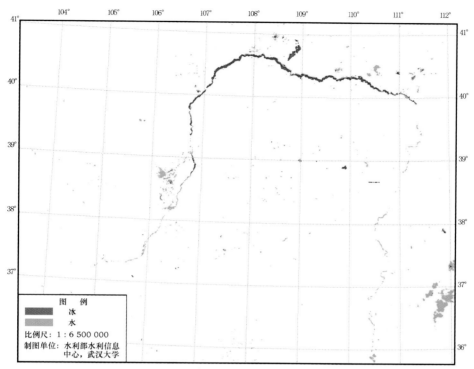

2012年2月29日黄河冰凌遥感监测结果

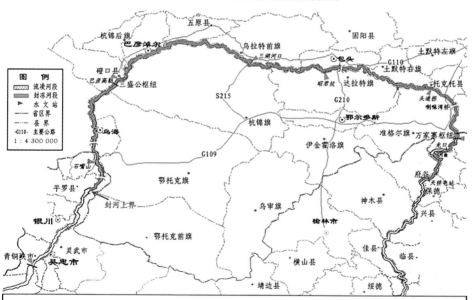

2012年2月29日流凌动态

　　截至2月29日,黄河封河长度尚有815km,凌情整体平稳。其中:

1. 内蒙古河段全线稳定封河,累计封河长度680km(不含宁蒙交叉河段)。
2. 宁夏段开河104km,石嘴山黄河沟至陶乐黄河大桥河段封河67km,无流凌。开河河段及封河上首水势平稳。
3. 北干流河段天桥电站坝址以上至石窑卜封冻47.5km。龙口库区封冻20.5km。

图 6-52　2012 年 2 月 29 日黄河冰凌分布变化

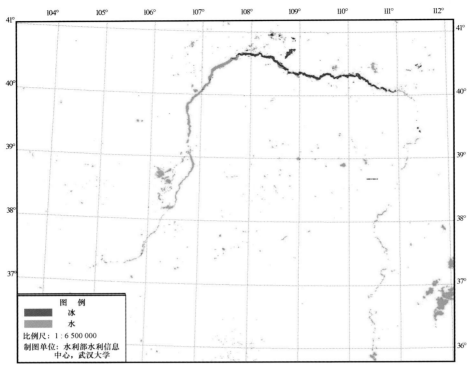

2012年3月20日黄河冰凌遥感监测结果

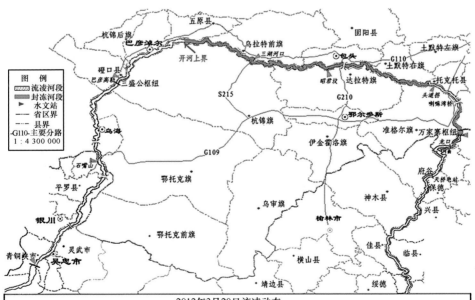

2012年3月20日流凌动态

截至3月20日10时,黄河封河长度尚有395km。其中:

1. 内蒙古封冻河段已开河至三盛公水利枢纽下游121km处(巴彦淖尔市五原白音赤佬段),下游喇嘛湾河段开河56km,累计开河337km(含宁蒙交叉河段),尚有封冻长度为383km。

2. 龙口库区封冻长度还有12km。

图 6-53　2012 年 3 月 20 日黄河冰凌分布变化

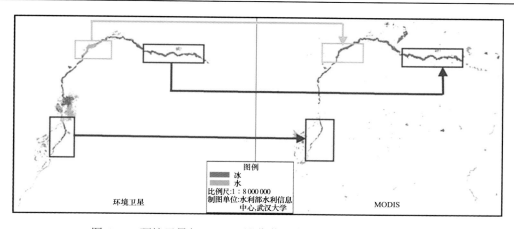

图 6-54　环境卫星与 MODIS 影像黄河冰凌提取结果对比分析图

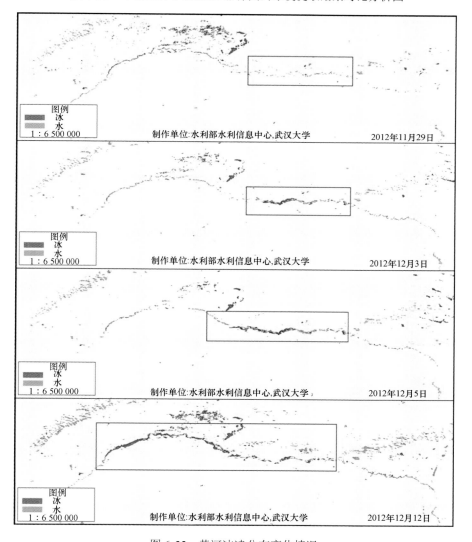

图 6-55　黄河冰凌分布变化情况

州省为代表；水体监测应用示范主要包括鄱阳湖水体变化监测、云南楚雄干旱期水体变化监测，以及黑龙江特大洪水和长江中下游区域洪水应急监测等；冰凌监测主要介绍了黄河宁蒙河段的冰凌监测应用。这些应用都是遥感监测在水利领域的成功典范，具有重要的示范意义和代表性，开辟了遥感监测技术在水利行业的业务化应用全新局面。